# 반도체 산업과
# 기술의 이해

# 서문

반도체 산업은 오늘날 우리의 삶에서 빼놓을 수 없는 핵심 기술로 자리잡고 있습니다. 스마트폰, 자동차, 가전 제품, 의료 기기, 인공지능(AI) 등 다양한 분야에서 반도체의 역할은 점점 더 중요해지고 있으며, 기술의 발전 속도에 맞춰 반도체의 기능과 응용 범위도 확장되고 있습니다. 반도체의 발전과 혁신은 우리 삶의 질을 향상시키고, 기술을 열어가는 중요한 원동력이 되고 있습니다.

이 책에서는 반도체의 기본 개념부터 시작하여, 반도체 제조 공정과 다양한 종류의 반도체, 그리고 그것이 실제로 활용되는 애플리케이션 및 반도체 기술의 전반적인 내용을 다루고자 합니다. 또한, 현재 반도체 산업의 동향과 관련된 글로벌 시장, 정책, 그리고 기술적 이슈에 대해서도 심도 있게 살펴볼 것입니다.

이 책을 통해 반도체의 중요성과 그 발전 가능성을 보다 깊이 이해하고, 앞으로의 기술 혁신이 가져올 변화를 함께 준비할 수 있는 시각을 제공하고자 합니다. 글로벌 경제와 산업의 흐름을 좌우할 만큼 중요한 역할을 하며, 각국의 경제 정책과 기술 혁신의 중심에 있습니다. 이 책은 반도체 산업에 대한 깊은 이해를 제공하며, 기술적, 경제적, 정책적 측면에서의 복합적인 시각을 통해 독자들이 반도체의 미래를 준비할 수 있도록 돕고자 합니다.

# CONTENTS

# I

# 반도체란

Chapter 01

# 반도체란

# 1.1 반도체 개념

## 1.1.1 반도체(semiconductor)란?

사전적으로는 도체와 부도체의 중간 영역에 속한 것이다.

**도체**는 전기 전도도가 높아 전기가 잘 흐르는 것을 말하고, 금, 구리, 철, 알루미늄이 여기에 속한다.

**부도체**는 전기 전도도가 낮아 전기자 잘 흐르지 않는 것을 말하고, 고무, 플라스틱, 나무, 다이아몬드가 여기에 속한다.

[그림 1] 도체, 부도체, 반도체
출처: https://www.samsungsemiconstory.com

**반도체**는 전기전도도 상 도체와 부도체의 두 전도도 사이에 속하고, 어떤 때는 전기가 통하고 어떤 때는 전기가 통하지 않는 물질을 말한다. 즉, 특성 불순물을 인위적으로 주입하여 전기가 통하기도 하고 통하지도 않게 하는 것이 반도체이다.

일반적으로는 전기적으로 도체와 부도체 사이의 성질을 띠고 있는 물질을 말한다. 전기를 통하고 통하지 않는 것은 그 물질이 가지고 있는 저항률과 관련이 있다.

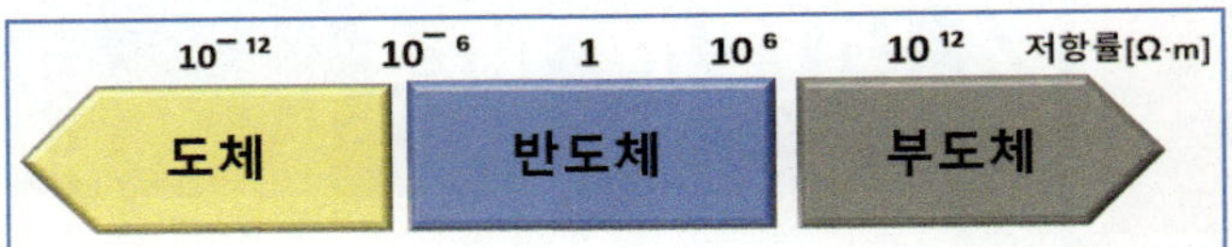


비저항[Ω·m]

| 도체 | | 반도체 | | 부도체 | |
|---|---|---|---|---|---|
| 은 | $1.62 \times 10^{-8}$ | 탄소 | $3.50 \times 10^{-5}$ | 나무 | $10^{8} \sim 10^{11}$ |
| 구리 | $1.69 \times 10^{-8}$ | 실리콘 | $2.30 \times 10^{3}$ | 고무 | $10^{13} \sim 10^{16}$ |
| 철 | $9.68 \times 10^{-8}$ | 게르마늄 | 0.50 | 유리 | $10^{10} \sim 10^{14}$ |

[그림 2] 저항률과 비저항

저항이 크면 전기를 통하기 어렵게 되고 저항이 작으면 전기가 쉽게 통하게 된다. 이처럼 여러 물질을 저항의 크기에 따라 도체, 부도체, 반도체로 나눈다. 반도체의 특징 가운데 하나는 물질에 따라 저항률의 차이가 10조 배나 되는 폭넓은 범위에 걸쳐 있다.

## I 반도체 역사

[그림 3] 알렉산더 그레이엄 벨, AT&T, Bell Lab
출처: The Science Times, 기술과 혁신 Vol.460

전화기를 발명한 알렉산더 그레이엄 벨에 의해 1885년 설립된(Bell Telephone Company) 미국의 세계 최대 통신기업인 AT&T(American Telephone and Telegraph Company)와 부설 연구소인 Bell Lab. 1925년 설립된 bell lab은 약 2만여 명의 기술자와 과학자들이 참단 전자 기술에 관련된 다양한 연구를 하고, 14명의 노벨과학상 수상자를 배출한 명문 연구소이다.

1947년 벨 연구소 출신 존 바딘, 월터 브래튼과 함께 트렌지스터를 발명한 윌리엄 쇼클리는 이후 1955년 쇼클리 반도체 연구소를 설립하였다.

**[그림 4] 윌리엄 쇼클리, 쇼클리 반도체 연구소, 강대원**
**출처: The Science Times, 기술과 혁신 Vol.460**

한국의 강대원 박사는 1959년 벨 연구소에서 마틴 아탈라와 함께 현재에도 가장 널리 사용되는 CPU(Center Process Unit), D램 등의 기초소자로 활용되는 MOSFET(Metal Oxide Semiconductor Field Effect Transistor)을 개발하였다.

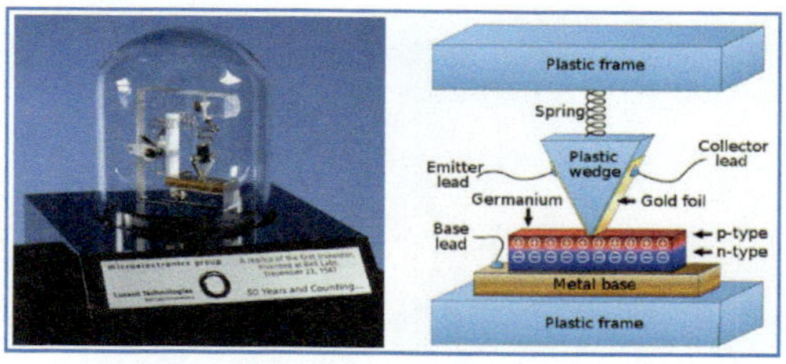


**[그림 5] 인류 최초의 트랜지스터**
**출처: 나무위키, hmn wiki**

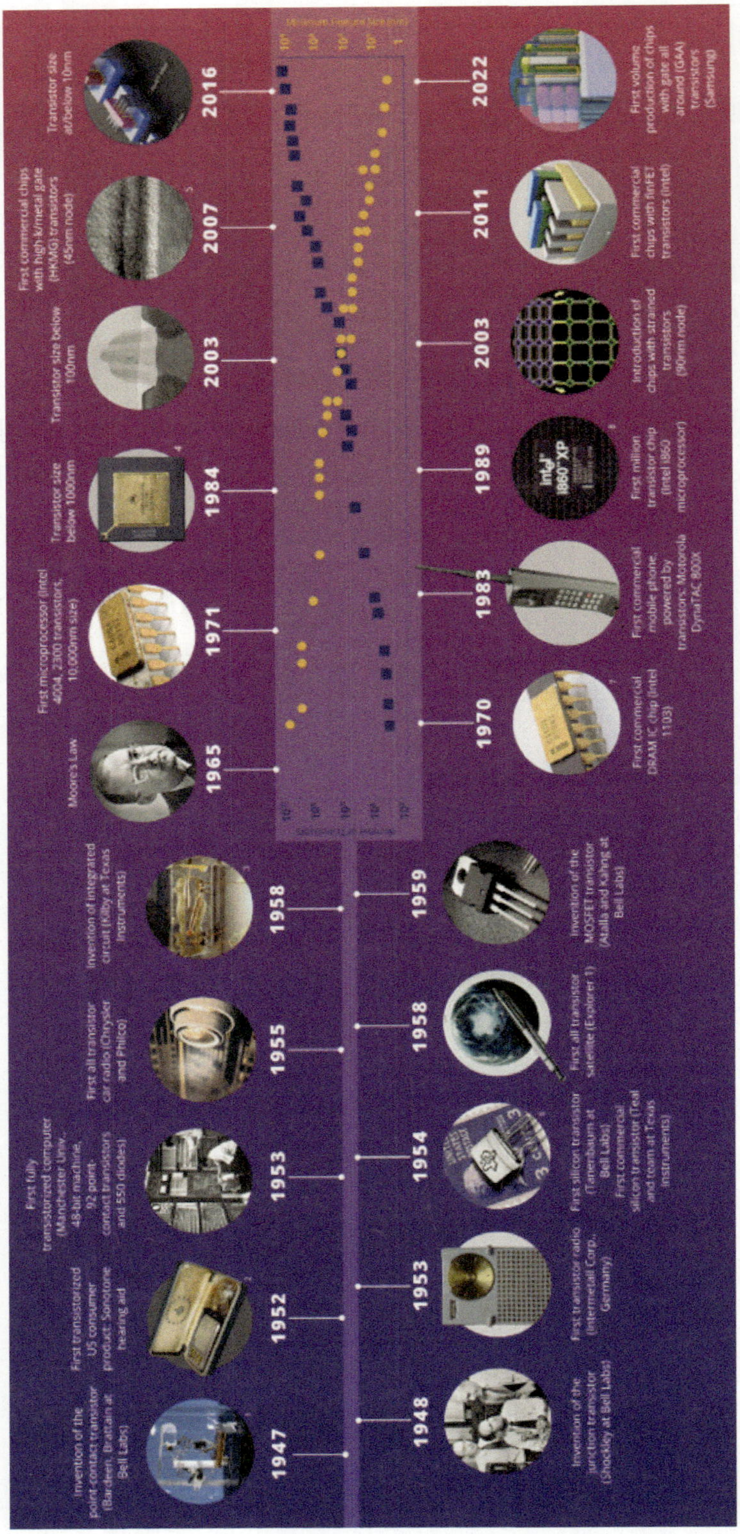


[그림 6] 반도체 역사
출처: Keep Looking Ahead

인텔의 공동 설립자 고든 무어 박사가 1965년에 제안한 무어의 법칙(Moore's Law)은 반도체 칩에 집적(integrated)할 수 있는 트랜지스터의 숫자가 2년 마다 2배씩 증가한다고 하였다.

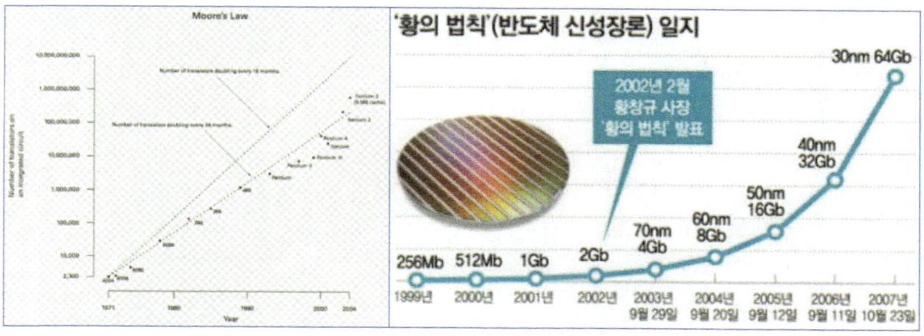


**[그림 7] Moore's law, 황의 법칙**
**출처: 동아일보 2007.10.24.**

삼성전자 황창규 전사장이 2002년 국제 반도체 회로 학술회의에서 제시한 화의 법칙은 반도체 메모리 용량이 1년마다 2배씩 증가한다고 하였다.

삼성전자는 1999년 256Mb NAND플래시 이후 매년 2배 용량을 갖는 메모리들을 개발하였다. 하지만 2008년 128Gb 메모리를 발표하지 못함에 따라 이 법칙 또한 깨지게 되었다.

1990년 초반 기초기술, 첨단기술, 공정기술 등 모든 기술에서 도시바, 히타치, 인텔, IBM, Texas Instruments, 모토로라 등의 기업에 뒤처져 있었다.

1991년 8월 29일 256메가 D램 개발을 발표(한일병합일에 맞춰) 하고, 반도체에서 한국이 일본을 앞서겠다는 다짐을 하게 된다. 이후 1994년 세계 최초로 개발을 완료 하였다.

2007년 30나노 기술이 적용된 64Gb NAND플래시가 개발되면서 당시 최첨단 제품 MP3인 아이팟에 적용되면서 이후 아이폰의 초석이 되었다.

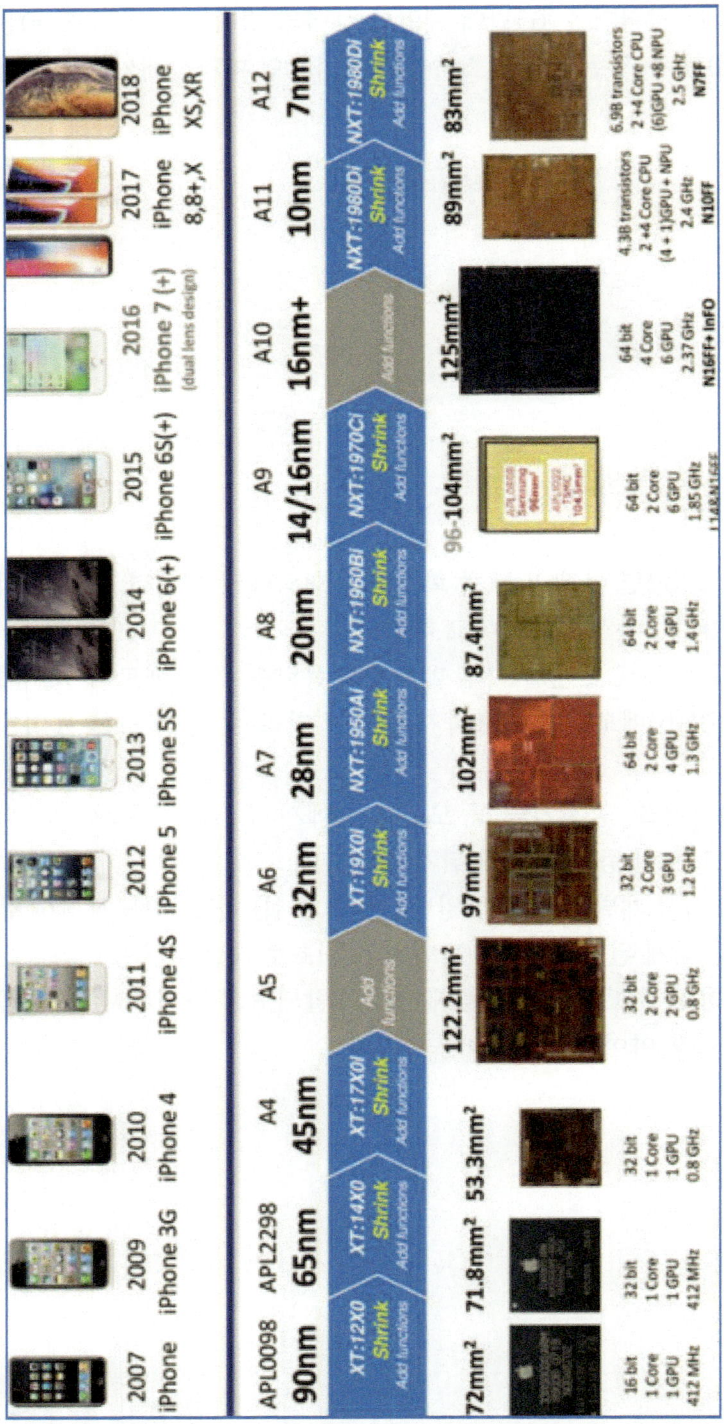


[그림 8] 시대별 iPhone의 발전과 내부에 실장되는 processor의 트랜지스터 수
출처: ASML, Market Research

2007년 최초 iPhone부터 2018년까지 실장된 processor는 선 폭이 90㎚에서 7㎚로 약 10배 작아졌고, 트랜지스터 수는 7천만 개에서 69.8억 개로 약 100배가 많아졌다.

## 1.1.2 반도체 특성

저항률의 차이는 물질의 상태에 따라 크게 변한다.

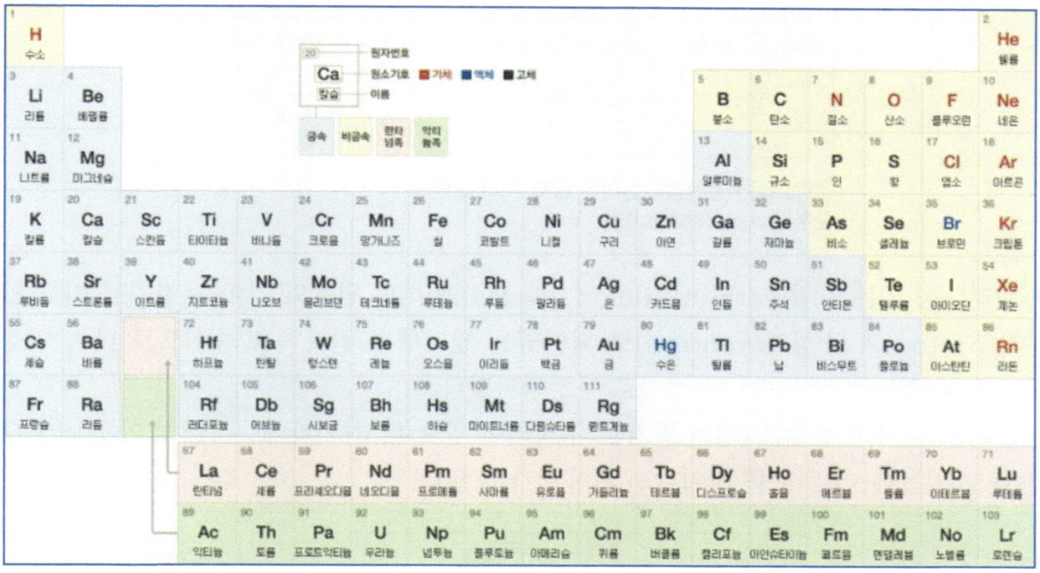


[그림 9] 원소 주기율표

반도체의 대표적인 물질은 **규소(silicon)**이다. 주로 모래나 흙에 들어있고, 지구를 구성하는 전체 지각 질량의 28%로 산소(49%) 다음으로 많은 물질이다. 순수한 규소는 전기 전도도가 낮고 저항은 높아 전기가 흐르지 않는데, 여기에 불순물을 첨가하여 상황에 따라 전기가 흐르거나 흐르지 않게 만드는 것이다.

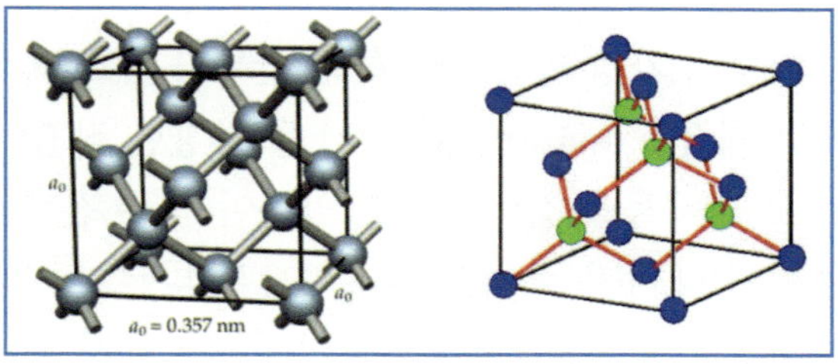


[그림 10] 실리콘 원자의 다이아몬드 결정 구조
출처: https://se-mi.tistory.com

각각의 실리콘 원자는 가장 가까운 이웃 원자로 4개의 다른 실리콘 원자들을 가지고 있다. 즉, 중심원자 하나가 4개의 이웃 원자들을 가지고 있는 것을 볼 수 있다. 이 구조를 기본 셀(primitive cell)이라고 한다.

이 단위 셀의 구조는 **다이아몬드 구조(diamond structure)**라고 부르는데, 이는 실리콘 원자에서 탄소 원자로 바뀐 모양이 다이아몬드 결정의 단위 셀과 같기 때문이다.

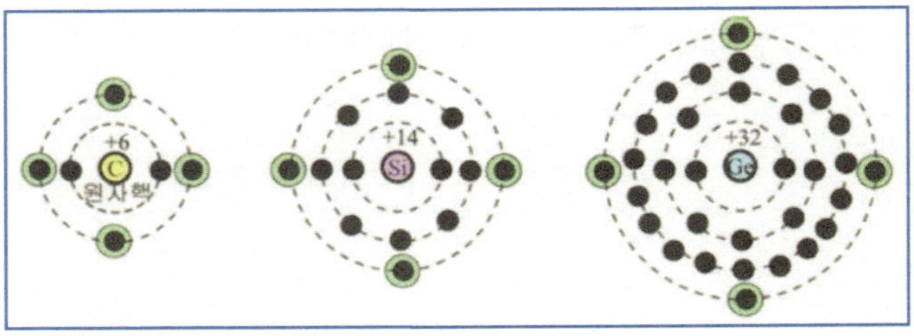


**[그림 11] 카본 원자, 실리콘 원자, 저마늄 원자**
**출처: http://sbtech,kr**

원자(atom)는 그림 carbon, silicon, germanium의 원자와 같이, +전기를 띠고 있는 양자(proton)와 중성자(neutron)로 되어있는 원자핵과 원자핵을 중심으로 하여 일정한 궤도를 돌고 있는 −전기를 띤 전자로 구성되어있다.

실리콘 원자의 경우 14개의 전자로 구성되어 있으며, 최외각에는 4개의 가전자가 궤도를 돌고 있는데 이 궤도를 벗어나면 자유전자가 된다.

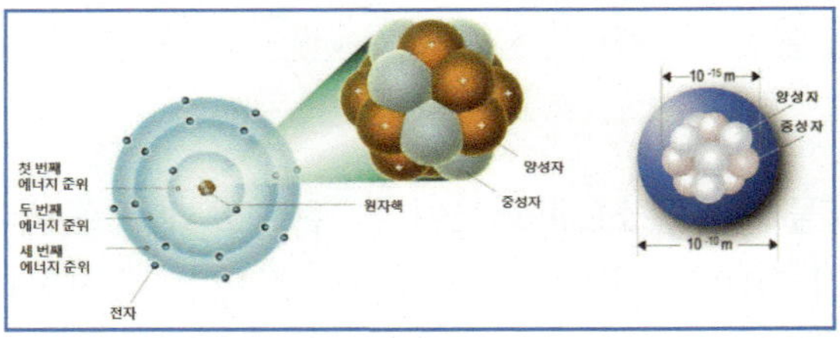


**[그림 12] 원자와 핵의 구조**

핵은 $10^{-15}$m인 f(femto) 단위이고, 원자는 $10^{-10}$m인 Å(angstrom) 단위이다. 실제 반도체를 구현하는 엔지니어들이 가장 많이 사용하는 단위가 옹스(Å)이다. 참고로, 핵은 헬륨(helium, 0.062㎙)에서 세슘(caesium, 0.52㎙) 등 다양한 직경이 있다.

지구와 태양이 중력으로 물체들을 잡아당기고 있듯이 핵은 전자를 잡아당기고 있는데, 첫 번째, 두 번째, 세 번째의 에너지 준위(level)는 모두 다르다. 원자핵에서 멀어질수록 에너지는 높고 불안정해서 외부의 힘이나 환경에 의해 궤도에서 이탈할 수 있는 자유전자가 될 가능성이 크다.

결정은 불순물을 포함하지 않고 원자가 규칙적으로 정렬된 상태에서는 저항률이 높아 전기가 거의 흐르지 않는다. 이와 같은 순수한 결정 상태를 **진성 반도체(intrinsic semiconductor)**라고 한다.

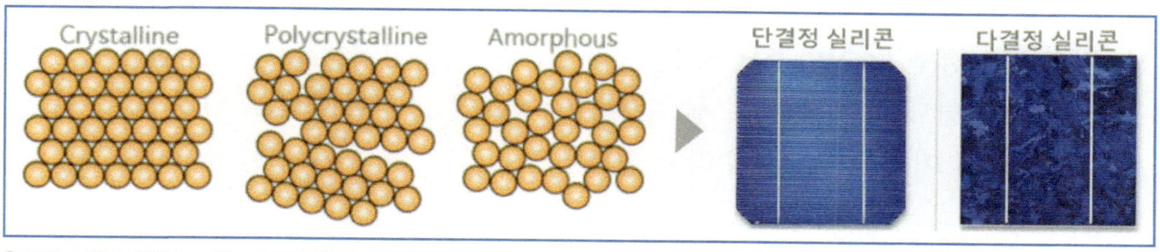


**[그림 13] 단결정, 다결정, 비정질, 태양광**

결정은 형성방법에 따라 단결정(crystalline)과 다결정(polycrystalline)으로 분류된다. 단결정은 시료의 어느 부분을 보아도 결정축의 방향이 같은 것이고, 다결정은 많은 단결정이 여러 방향으로 모여 있는 것을 말한다.

**단결정**은 실리콘 원자 배열이 규칙적이고 배열방식이 일정해 전자이동의 걸림돌이 없어 변환효율이 높다. 메모리, 비메모리 등의 반도체 산업에 사용되고 있다.

**다결정**은 공정이 간단해서 생산원가가 저렴하지만, 내구성 변환효율이 단결정보다는 떨어진다. 주로 카메라 등에 사용되는 소형 LCD 디스플레이 패널 혹은 태양전지 등에 사용된다.

이외에도 결정화되지 않는, 즉 원자 규칙성이 존재하지 않는 비정질(noncrystalline 또는 amorphous)이 있는데 주로 대형 LCD 디스플레이 패널에 사용되어 디스플레이 산업에 매우 중요하다.

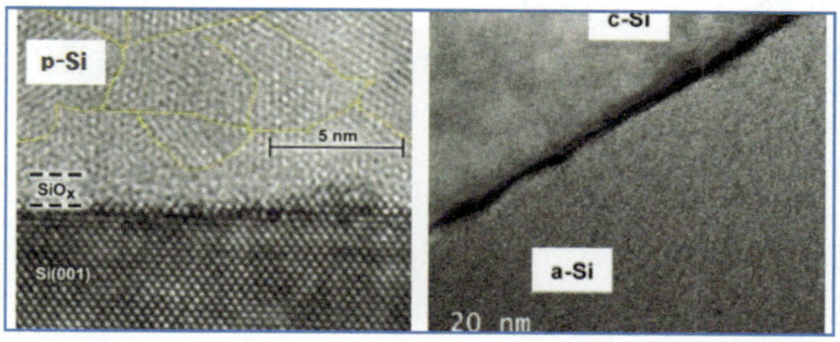


**[그림 14] poly silicon, crystal silicon, amorphous silicon TEM 이미지**
**출처: https://se-mi.tistory.com**

전자투과현미경(transmission electron microscopy) 이미지를 통해 본 실리콘의 결정이다. 점처럼 박힌 하얀색 동그란 원이 실리콘 원자이다. 왼쪽 poly silicon의 경우 노란색 선으로 둘러싸인 부분이 하나의 결정을 이루고 있고, 이러한 결정들이 여러 개 모여 있는 것을 볼 수 있다.

원자는 결정 방향에 따라 그 물질의 특성이 달라진다. 밀러 지수(miller index) 평면은 실리콘 웨이퍼에서 가장 많이 볼 수 있는 세 가지 평면(100, 110, 111)으로 나뉜다. 이 평면을 격자 평면(lattice plane)이라고도 하는데 격자는 결정이 규칙적으로 배열된 것을 뜻한다.

(100)평면의 경우, x축만 통과하고 y축과 z축은 어느 점에서도 만나지 않는다. 이 교차점을 x=1, y=무한대, z=무한대로 둘 수 있고, 역수인 1/무한대=0로 나타낼 수 있으므로 (1,0,0)이 되는데 이것을 밀러지수라고 한다.

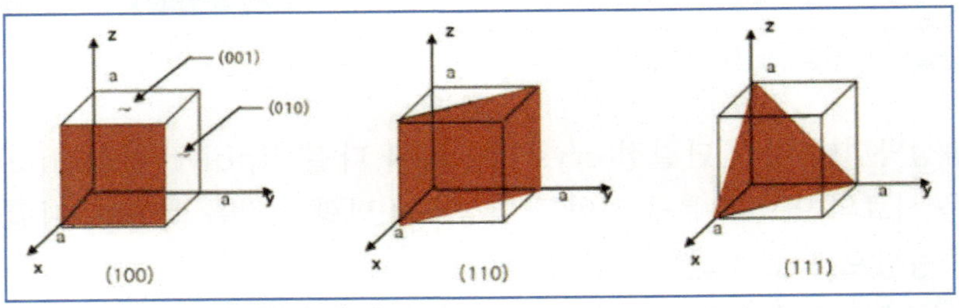


**[그림 15] (100)평면, (110)평면, (111)평면**

결정의 방향에 따라 소자의 이동도가 달라지는데, 전자의 이동도는 (100)>(111)>(110) 순으로 빠르고, 정공의 이동도는 (110)>(111)>(100) 순으로 빠르다. 어떤 물질이 만나는 면을 계면(interface)이라고 하는데, 물질에 따라 (100)면 또는 (110)면과 잘 맞아 계면 상태가 좋을 수 있다. 다시 말하면, 계면 상태가 좋다는 것은 두 물질 간에 격자 상수나 원자간 거리가 비슷한 것이고, 이는 최종적으로 만들어지는 소자의 전기적 특성이 좋다는 것을 뜻한다.

'Density of planes: 111>100, 110', 'Etch rate: 111<< 100, 110' 따라서, 식각률이 좋고 전자의 이동도가 좋은 100은 n-type 반도체에, 식각률이 좋고 전공의 이동도가 좋은 110은 p-type 반도체에, 식각률은 낮지만, 농도가 높은 111은 태양광에 좋은 성능을 발휘하지만 가격적인 이유로 polycrystalline을 많이 사용한다.

실리콘 웨이퍼는 고순도의 다결정 실리콘을 용융(melting)시켜 특정 방향으로 성장시킨 단결정 실리콘으로서 이 성장 방향은 디바이스 프로세스에 기계적 특징 (mechanical properties), 확산(diffusion), 이온 주입(ion implantation), 식각(etching) 등에 영향을 끼친다.

실리콘 단결정은 실리콘 원자가 규칙적으로 늘어서 있는 상태를 의미한다. 한 개의 실리콘 원자는 최외각에 4개의 전자를 가지기 때문에 이웃하는 원자끼리 굳게 결합해 결정을 이룬다. 이러한 수수한 실리콘에서는 최외각전자 8개가 채워진 상태로 원자핵에 결합하여 전자가 움직일 수 없는, 즉 원자들을 공유하여 결합해 편안한 상태를 **공유결합**

(covalent bond)이라 한다. 공유결합은 화학 결합중 전자를 원자들이 공유하였을 때 생성되는 결합을 이르는 말이다.

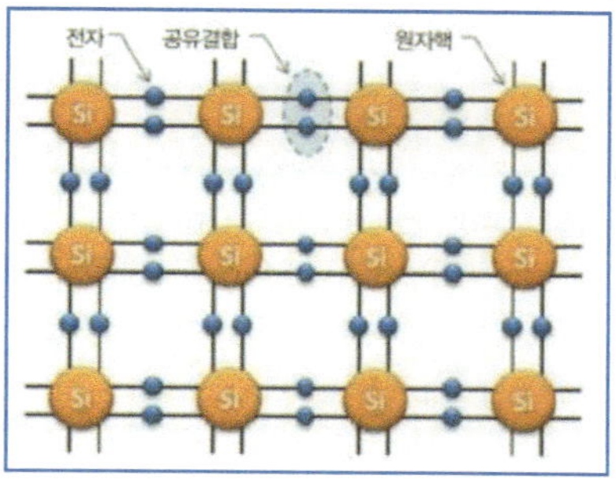


[그림 16] Si의 결합구조

이처럼 진성반도체는 부도체나 다를 바 없는 상태이지만, 특정 불순물을 주입해 주면 전류가 흐르는 현상이 발생한다. 여기서 불순물은 3족이나 5족의 물질을 말한다. 일반적으로 반도체에 도전성을 부여하기 위해서는 붕소(B), 갈륨(Ga), 인듐(In) 등 III족 원소나 인(P), 비소(As), 안티몬(Sb) 등 V족 원소를 주입한다. 불순물에 있는 전자나 정공이 전류를 흐르게 하는 매개체 역할을 하는 것으로, 이러한 불순물을 일정량 첨가함으로써 원하는 타입으로 변화될 수 있다. 이렇게 불순물로 자신의 전기전도도를 조절할 수 있는 반도체를 **외인성 반도체(extrinsic semiconductor)** 혹은 **불순물 반도체**라 한다.

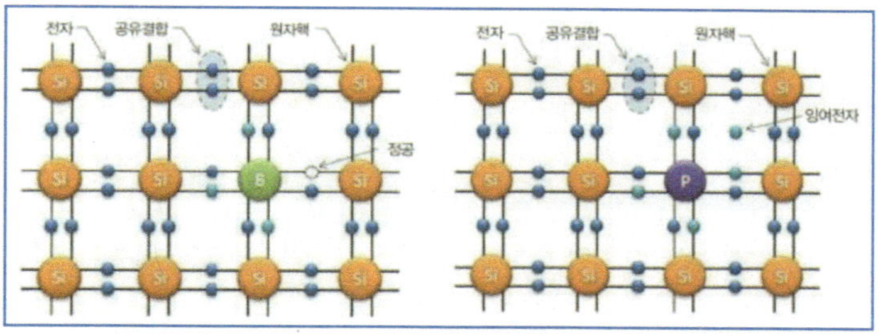


[그림17 ] P형 반도체와 N형 반도체의 격자구조

III족 원소를 doping 하여 생긴 전자의 빈 공간인 정공(Hole)으로 인해 전류가 흐를 수 있게 된다. 이 상태에서 실리콘에 전압을 걸어주면 전류가 흐르게 되는 것인데 이를 **P-type 반도체**라고 한다.

V족 원소를 doping 하여 전자들의 공유결합 후 남은 자유전자들로 인해 전류가 흐를 수 있게 된다. 이 상태에서 실리콘에 전압을 걸어주면 제자리를 못 찾은 잉여전자가 자유전자가 되어 전류가 흐르게 되는 것인데 이를 **N-type 반도체**라고 한다.

종합하면 진성반도체는 낮은 전기전도도로 전류가 거의 흐르지 않아 부도체와 유사한 성질을 갖지만 III족의 붕소를 첨가한 P형 반도체는 정공의 이동으로, V족의 인을 첨가한 N형 반도체는 전자의 이동으로 전류가 흐르면 전기전도도가 높아져서 도체와 유사하게 된다.

| 원소 반도체 | 화합물 반도체 | 산화물 반도체 |
|---|---|---|
| 실리콘(Si)<br>게르마늄(Ge)<br>석(Sn)<br>텔루르(Te) | GaAs, GaP, GaSb, AlN, AlP, AlAs, AsSb, InP, InAs, InSb, ZnSe, ZnTe, CdSe, CdTe, AlGaAs, GaInAs, AlLnAs, AlGaInAs | $SnO_2$, ZnO, $Fe_2O_3$, $TiO_2$, NiO, $Cr_2O_3$, $Cu_2O$, $MnO_2$, MnO |

**[표 1] 재료 측면에서의 반도체 종류**

이외에도 두 종류 이상의 원소가 화합한 **화합물 반도체(compound semiconductor)**와 금속이 산화하여 이루어진 **산화물 반도체(oxide semiconductor)** 등이 있다.

## 1.1.3 나노 기술

칩 크기가 작아지면 동일 면적의 웨이퍼 안에서 더 많은 반도체를 생산할 수 있어서 생산성은 물론 성능과 전력효율까지 확보할 수 있고 가격경쟁력과도 직결된다.

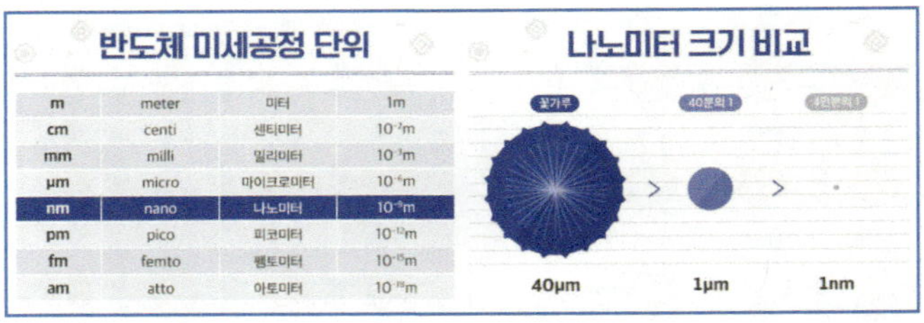


**[그림 18] 반도체 미세공정 단위**

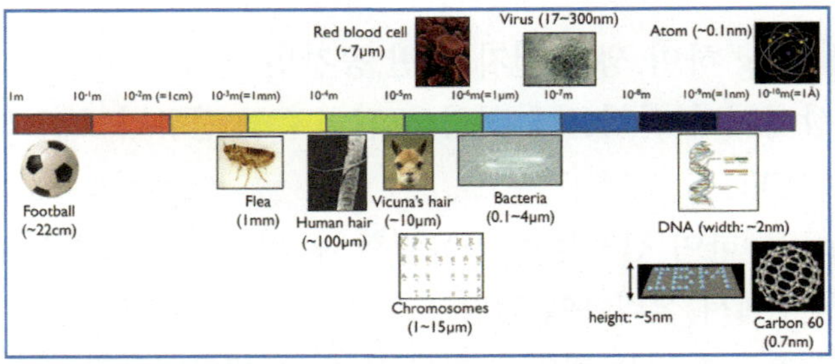


**[그림 19] 크기 비교**
**출처: 홍순구(나노과학개론)**

# 1.2 반도체 공정

## 1.2.0 서론

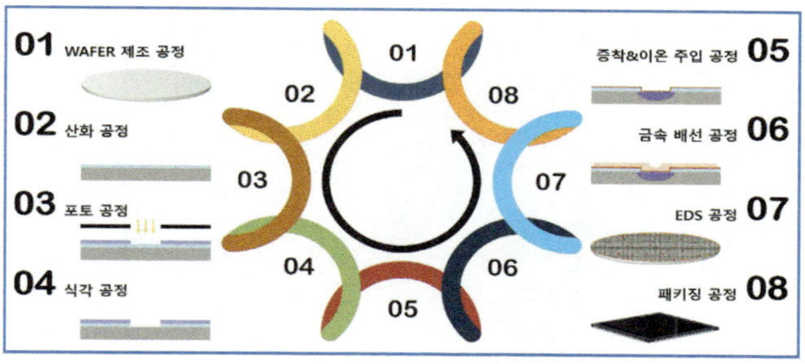


[그림 20] 반도체 8대 공정
출처: 연세대학교 시스템반도체공학과

- **wafer 제조 공정:** wafer는 반도체 집적회로를 만드는데 사용하는 주재료.
- **산화 공정(oxidation):** wafer 표면에 실리콘 산화막($SiO_2$)을 형성해 transistor의 기초를 만드는 공정.
- **포토 공정(photo lithography):** wafer 위에 반도체 회로를 그려 넣는 과정.
- **식각 공정(etching):** 반도체의 구조를 형성하는 pattern(필요한 회로 pattern을 제외한 나머지 부분을 제거)을 만드는 과정.
- **증착 & 이온 주입 공정:** 증착 공정은 회로 간의 구분과 연결 및 보호 역할을 하는 박막(thin film)을 만드는 과정, 이온 주입 공정은 반도체가 전기적인 특성을 갖도록 만드는 과정.
- **금속 배선 공정:** 반도체 회로에 전기적 신호가 잘 전달되도록 전기길(금속선)을 연결하

는 과정.

- **EDS(Electrical Die Sorting) 공정:** 전기적 특성검사를 통해 개별 칩들이 원하는 품질 수준에 도달했는지를 확인하는 공정.
- **패키징(packaging) 공정:** 반도체 칩이 외부와 신호를 주고받을 수 있도록 길을 만들고, 다양한 외부환경으로부터 안전하게 보호받는 형태로 만드는 과정.

## 1.2.1 wafer 제조 공정

웨이퍼는 silicon(Si), gallium arsenid(GaAs) 등을 성장시켜 만든 단결정 기둥을 적당한 두께로 얇게 썬 원판을 의미한다. 웨이퍼 대부분은 모래에서 추출한 규소, 즉 실리콘으로 만들어진다. 실리콘 기둥인 잉곳(ingot)은 나노미터의 세밀한 작업이 필요한 반도체를 만들기 위한 첫 단계이다.

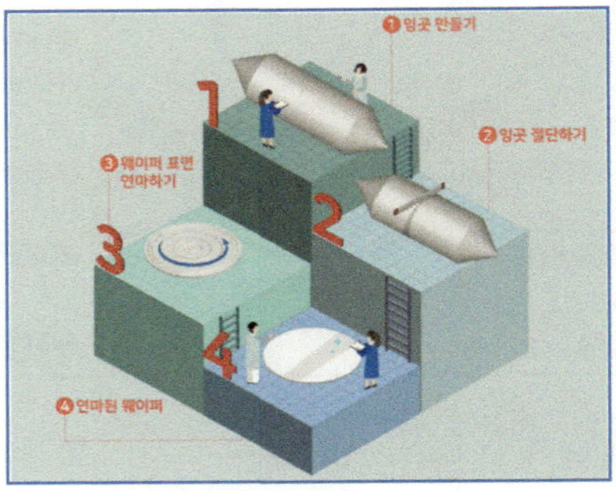


**[그림 21] 웨이퍼 제조 공정**
**출처: https://www.samsungsemiconstory.com**

1단계, **Ingot**: 모래에서 추출한 실리콘을 반도체 재료로 사용하기 위해서는 순도를 높이는 정제 과정이 필요하다. 실리콘 원료를 뜨거운 열로 녹여 고순도의 실리콘 용액을 만들고 이것을 결정 성장시켜 굳힌다. 수 나노미터(㎚)의 미세한 공정을 다루는 반도체용 잉곳은 실리콘 잉곳 중에서도 초고순도의 잉곳을 사용한다.

2단계. **Wafer Slicing**: 둥근 팽이 모양의 잉곳을 원판형의 웨이퍼로 만들기 위해서는 다이아몬드 톱을 이용해 균일한 두께로 얇게 써는 작업이 필요하다. 잉곳의 지름이 웨이퍼의 크기를 결정해 150㎜(6인치), 200㎜(8인치), 300㎜(12인치) 등의 웨이퍼가 된다. 웨이퍼 두께가 얇을수록 제조원가가 줄어들며, 지름이 클수록 한 번에 생산할 수 있는 반도체 칩 수가 증가하기 때문에 웨이퍼의 두께와 크기는 점차 얇고 커지는 추세이다.

3단계. Lapping & Polishing: 절단된 웨이퍼는 가공을 거쳐 거울처럼 매끄럽게 만들어야 한다. 절단 직후의 웨이퍼는 표면에 흠결이 있고 거칠어 회로의 정밀도에 영향을 미칠 수 있기 때문이다. 그래서 연마액과 연마 장비(polishing machine)를 통해 웨이퍼 표면을 매끄럽게 갈아낸다.

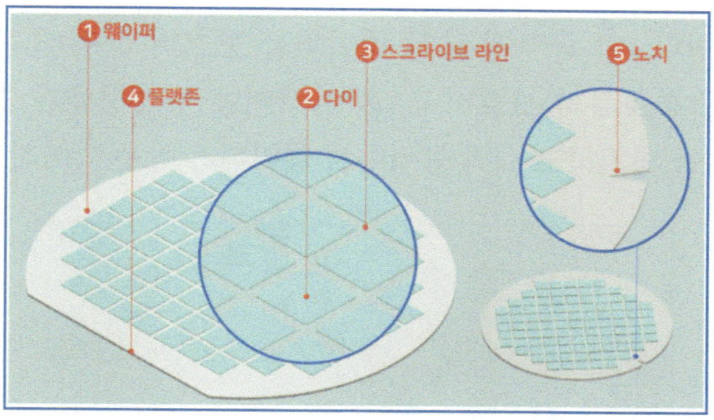


**[그림 22] 웨이퍼 명칭**
**출처: https://www.samsungsemiconstory.com**

- **웨이퍼(wafer):** 반도체 집적회로의 핵심 재료로 원형의 판을 의미한다.
- **다이(die):** 둥근 웨이퍼 위에 작은 사각형들이 밀집돼 있는데, 이 사각형 하나하나가 전자회로가 집적된 IC칩인데, 이것을 다이라고 한다.
- **스크라이브 라인(scribe line):** 맨눈으로는 다이들이 서로 붙어있는 듯 보이지만, 사실 다이와 다이들은 일정한 간격을 두고 서로 떨어져 있다. 이 간격을 스크라이브 라인이라고 한다. 다이와 다이 사이에 스크라이브 라인을 두는 이유는, 웨이퍼 가공이 끝난 뒤, 이 다이들을 한 개씩 자르고 조립해 칩으로 만들기 위해서인데, 다이아몬드 톱으로 잘라낼 수 있는 폭을 두는 것이다.
- **플랫존(flat zone):** 웨이퍼의 구조를 구별하기 위해 만든 영역으로 플랫존은 웨이퍼 가공 시 기준선이 된다. 웨이퍼의 결정 구조는 매우 미세해 눈으로 판단할 수 없어서 이 플랫존을 기준으로 웨이퍼의 수직, 수평을 판단한다.
- **노치(notch):** 최근에는 플랫존 대신 노치가 있는 웨이퍼도 있다. 노치 웨이퍼가 플랫존 웨이퍼보다 더 많은 다이를 만들 수 있어 효율이 높다.

## 1.2.2 산화 공정

잉곳을 절단과 연마과정을 거친 웨이퍼는 전기가 통하지 않는 부도체 상태이다. 그래서 도체와 부도체의 성격을 모두 가진 반도체의 성질을 가질 수 있도록 하기 위해서는 웨이퍼 위에 여러 가지 물질을 형성시킨 후 설계된 회로 모양대로 깎고, 다시 물질을 입혀 깎아내는 작업을 거친다. 이 과정에 앞서 웨이퍼를 보호하기 위해 산화막을 만드는데, 산화막은 웨이퍼를 불순물로부터 보호하고, 회로 사이에 누설전류가 흐르는 것을 차단한다. 또, 이온 주입 시 확산을 방지하고 식각 공정에서 웨이퍼가 잘못 깎이지 않도록 막기도 한다.

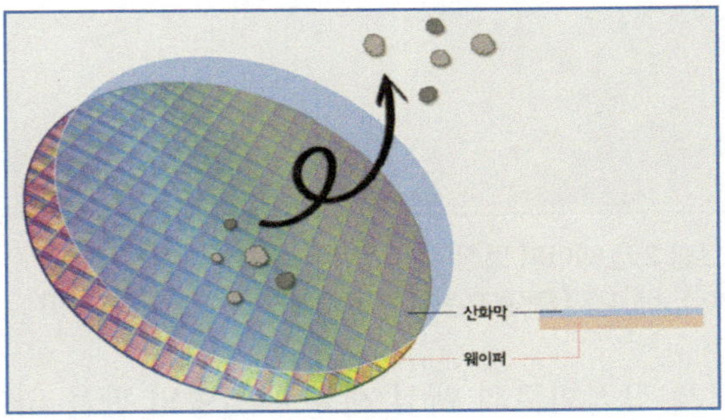


[그림 23] 산화막 생성
출처: https://blog.naver.com/lam-r-korea

산화 공정은 우선 웨이퍼에 있는 불순물을 제거하는 것부터 시작한다. 총 4단계의 cleaning을 거치면서 유기물, 금속 등 불순물을 세척하고 물기를 말려준다. 이후 800~1,200℃의 고온에서 웨이퍼 표면에 산소나 수증기를 흘려 산화막을 형성한다. 따라서, 산소가 산화층과 실리콘 기판 사이 표면으로 확산됨에 따라 웨이퍼 상단은 산화막이 된다. 공정이 완료되면 산화막의 두께를 측정한다.

산화 공정을 통해 형성된 산화막이 반도체 제조과정에서는 든든한 보호막 역할을 하는데, 미세한 공정을 다루는 반도체 제조과정에서는 아주 작은 불순물도 집적회로의 전기적 특성에 치명적인 영향을 미치기 때문이다.

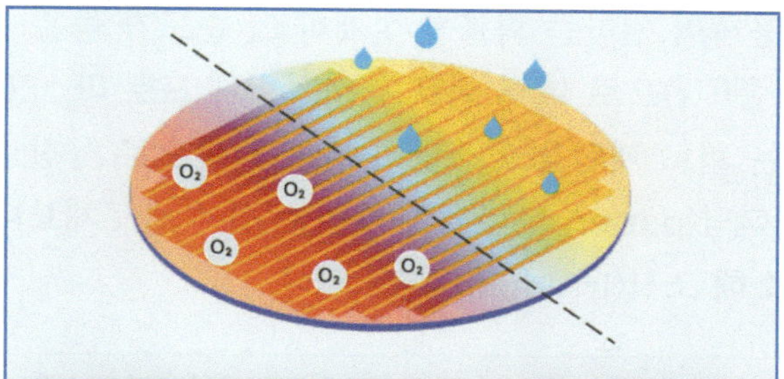


| 건식 산화(Dry Oxidation) | 습식 산화(Wet Oxidation) |
|---|---|
| 산소($O_2$) 사용 | 수증기($H_2O$) 사용 |
| 산화 성장률 느리고 두께 얇음 | 산화 성장률 빠르고 두께 두꺼움 |

[그림 24] 건식산화 및 습식산화
출처: https://blog.naver.com/lam-r-korea

산화 공정 방법에는 열을 통한 **열산화(thermal oxidation)**와 **플라즈마 보강 화학적 기상 증착(PECVD: Plasma Enhanced Chemical Vapor Deposition)**, 전기 화학적 양극 처리 등 여러 종류가 있다. 이중 열산화 방식은 산화반응을 위해 사용하는 산화제에 따라 **건식 산화(dry oxidation)**와 **습식 산화(wet oxidation)**로 나뉜다. 건식 산화는 순수한 산소($O_2$)를 사용하여 산화막을 만드는 방식으로, 성장속도가 느리지만, 산화막의 두께는 얇고 밀도가 높다. 습식 산화는 산소($O_2$)와 용해도가 큰 수증기($H_2O$)를 함께 사용하기 때문에 성장 속도가 빠른 대신 산화막의 두께가 두껍고 낮은 밀도가 특징이다.

## 1.2.3 포토 공정

빛(photo)과 석판인쇄(lithography)를 줄여 포토 공정이라고 한다. 빛을 이용해 웨이퍼에 회로를 찍어내는 즉, 웨이퍼 위에 반도체 제조를 위한 도면을 그려내는 작업 과정이다. 반도체 집적도가 높아질수록 매우 미세한 정밀 회로 패턴을 구현해야 하므로 높은 수준의 포토 공정 기술이 필요하다.

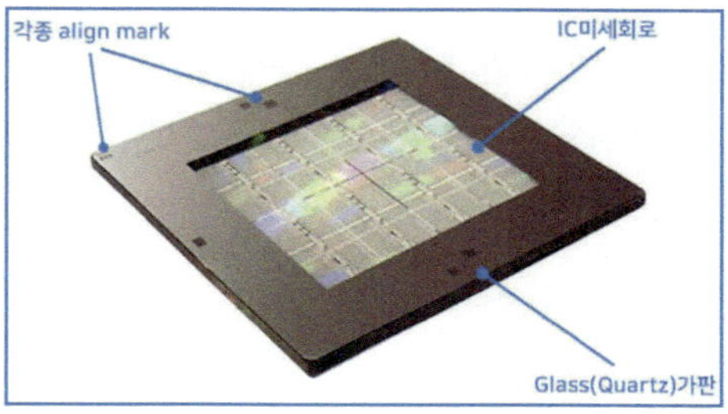


[그림 25] 포토 마스크
출처: https://www.samsungsemiconstory.com

Design tool을 이용하여 원하는 회로를 설계하고, 순도가 높은 석영(quartz)을 가공해서 만든 기판 위에 크롬(Cr)으로 미세 회로를 형상화해 **포토 마스크(photo mask)**로 재탄생하게 된다. 마스크는 회로 패턴을 고스란히 담은 필름으로 사진 원판의 기능을 하게 되는데, 더욱 세밀한 패터닝(patterning)을 위해서는 실제 반도체보다 크게 제작되며, 렌즈를 이용하여 빛을 축소해 조사(irradiate)하게 된다.

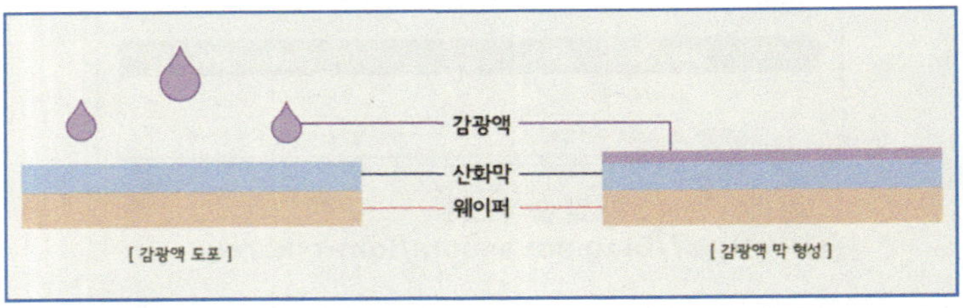


**[그림 26] 감광액 도포**

포토 공정은 크게 감광액 **도포(coating), 노광(exposure), 현상(development) 과정**을 거치게 된다.

먼저, 산화 공정을 거친 웨이퍼 위에 **감광액(PR: Photoresist)**을 도포한다. 감광액은 빛에 노출되면 화학적으로 성질이 변하는 물질로, 웨이퍼가 인화지 역할을 하도록 만들어 준다. 웨이퍼 위에 감광액을 얇고 균일하게 바를수록 높은 품질의 회로 패턴을 인쇄할 수 있는데, 이를 위해 **스핀 코팅(spin coating)**이라는 방법을 사용한다.

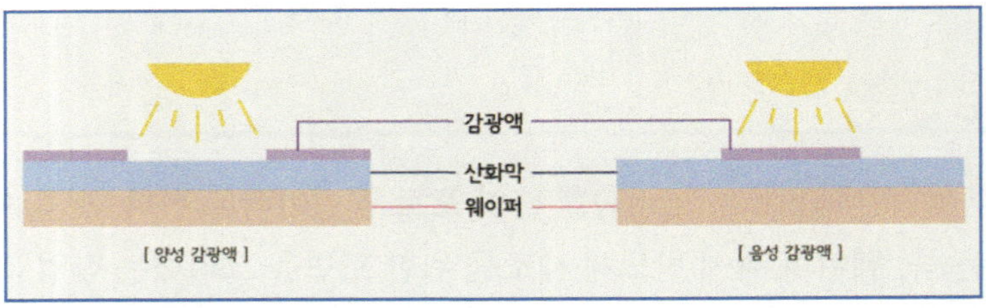


**[그림 27] 양성 감광액과 음성 감광액**

감광액은 **빛(UV light)**에 대한 반응에 따라 노광(exposure)되지 않은 영역을 남기는 양성(positive) 감광액과 노광된 영역만 남기는 음성(negative) 감광액으로 나눌 수 있다. 양성 감광액은 빛을 받은 부분만 사라지며, 음성 감광액은 빛을 받은 부분만 고분자화 되어 남아 있다.

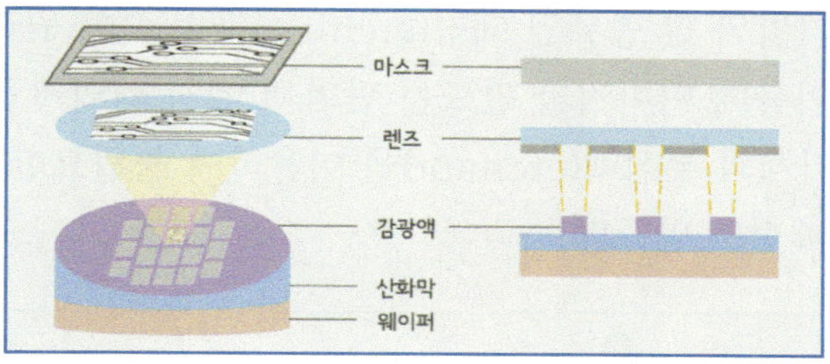


[그림 28] 노광

빛을 선택적으로 통과시키도록 하는 노광 장비를 이용하여, 회로 패턴이 담긴 마스크에 빛을 통과시키면 감광액 막이 입혀진 웨이퍼에 회로가 인쇄된다. 노광 단계에서 인쇄되는 회로 패턴이 작고 미세할수록 하나의 칩에 더 많은 소자를 만들 수 있어서 소자당 생산 효율이 높아지고 생산 비용이 절감된다.

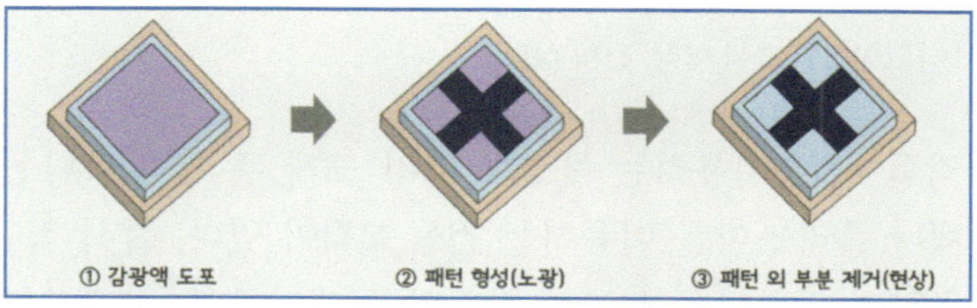


[그림 29] 현상

노광 공정을 마쳤다면 웨이퍼에 현상액을 뿌려 반도체 회로 패턴을 제외한 부분의 감광제를 선택적으로 제거하고 반도체 회로 패턴을 형성하는 현상 공정을 진행한다. 현상 공정을 마치고 회로 패턴이 잘 그려졌는지 각종 측정 장비와 광학 현미경 등을 통해 검사를 거치면 포토 공정이 마무리된다.

## 1.2.4 식각 공정

웨이퍼에 회로를 그려 넣는 포토 공정이 끝나고 반도체 패턴 부분 외 불필요한 산화막을 **제거(etching)**하는 공정이다. 액체나 기체, 혹은 플라즈마를 이용해서 웨이퍼 내 회로 패턴을 제외한 부분만 선택적으로 없앤다.

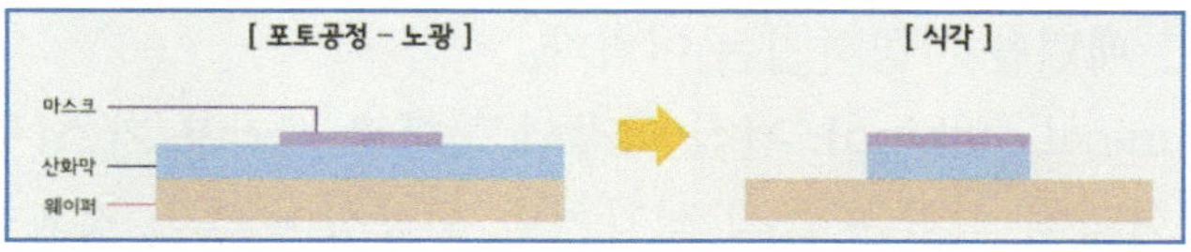


[그림 30] 노광 및 식각 공정

식각 공정은 판화 기법의 한 종류인 에칭(etching)과 비슷한 원리를 가지고 있다. 부식과 같은 화학작용을 이용해 이미지를 만드는 판화의 에칭 기법처럼, 반도체 식각 공정도 웨이퍼에 액체 또는 기체의 부식액(etchant)을 이용하여 불필요한 부분을 선택적으로 제거한 후 반도체 회로 패턴을 만든다.

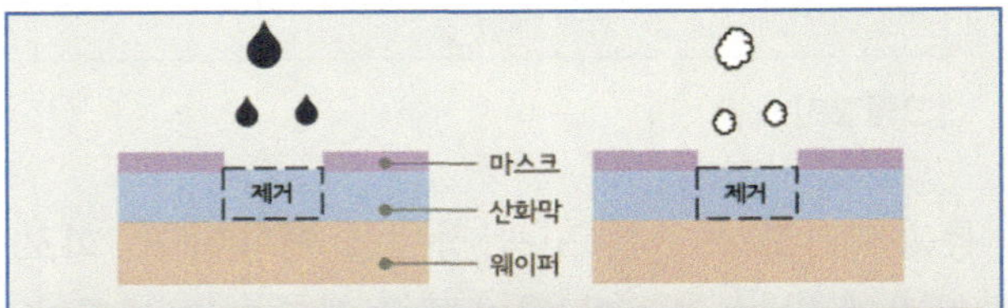


| 습식 식각(Wet Etching) | 건식 식각(Dry Etching) |
|---|---|
| 화학용액 사용 | 가스와 플라즈마 사용 |
| 등방성 | 비등방성 |
| 낮은 비용, 빠른 식각 속도, 높은 생산성 | 미세하고 정교한 작업이 가능 |

**[그림 31] 습식 식각. 건식 식각**

식각 공정은 식각을 위해 이용하는 물질에 따라 크게 두 가지로 나뉜다. 액체를 사용하는 **습식 식각**과 기체나 플라즈마를 이용하는 **건식 식각**이 있다. 습식 식각은 특수한 화학용액인 식각액을 이용하여 화학반응을 통해 산화막을 제거한다. 반대로 건식 식각은 가스와 플라즈마를 이용해 산화막을 제거하는 방법이다. 이때 플라즈마는 고체, 액체, 기체가 아닌 네 번째 물질 상태(state of matter)로, 기체가 초고온 상태로 가열되어 전자와 양전하를 가진 이온으로 분리된 상태를 말한다.

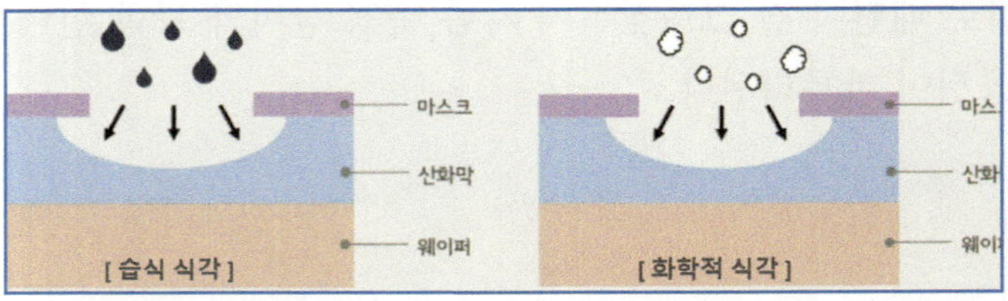


**[그림 32] 습식 식각(등방성), 화학적 식각(등방성)**

**습식 식각(wet etching)**, 화학용액을 이용해 산화막을 깎아내는 습식 식각의 경우 낮은 비용, 빠른 속도, 높은 생산성이라는 장점이 있다. 그러나 모든 방향의 식각 속도가 같은 등방성을 지니기 때문에 마스크 폭과 식각된 산화막 간의 차이가 발생한다. 따라서 정확성이 떨어져 미세한 패턴을 가공하기는 어렵다.

**화학적 식각(chemical etching)**, 건식 식각의 하나로 식각용 가스(주로 불화수소)를 사용하는 방법이다. 화학적 식각은 습식 식각처럼 등방성이 있어 정교한 식각이 어렵다는 단점이 있다.

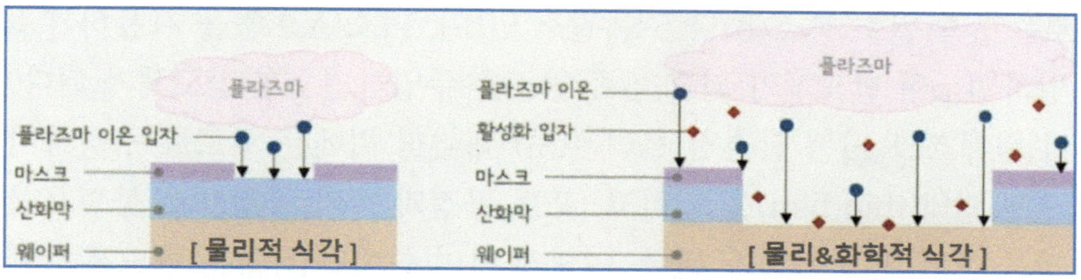


[그림 33] 물리적 식각, 물리&화학적 식각

**물리적 식각(physical sputtering)**, 이름 그대로 불필요한 산화막 부분을 이온(ion)의 충돌로 뜯어내는(sputter) 방식으로, 플라즈마에서 발생한 이온을 사용한다. 비등방성 방식이기 때문에 수평, 수직 방향 간의 식각 속도가 달라 화학적 식각보다 정교하다. 하지만 이온의 충돌에 의한 물리적 반응만을 이용하기 때문에 식각 속도가 느리다는 단점이 있다.

**물리 & 화학적 식각(RIE: Reactive Ion Etching)**, 플라즈마를 사용하여 이온에 의한 물리적 식각을 진행하는 동시에 플라즈마에 의해 활성화된 입자(particle)을 이용한 화학적 식각으로 막질을 제거한다. 물리&화학적 식각은 세 방법 중 가장 빠르고, 이온의 비등방성을 이용하여 정확하고 미세한 식각이 가능하다.

건식 식각은 습식 식각에 비해 어려운 방식이지만, 최근에는 반도체 수율을 높이기 위해 널리 사용하고 있다. 이때, 웨이퍼 전 영역에서 식각 균일도(etch uniformity)를 유지하고, 식각 속도를 높이는 것이 중요한데, 건식 식각은 가장 진보된 식각 방식으로 최첨단 로직과 메모리 칩을 만드는 데 필수적이다.

## 1.2.5 증착 & 이온 주입 공정

**이온 주입(ion implantation) 공정**은, 전기가 통하지 않는 순수한 반도체(규소)로 되어있어 전기적인 성질을 가지게 하기 위해서는 **불순물 이온(ion)**을 통하여 반도체의 생명을 불어넣는 공정이다.

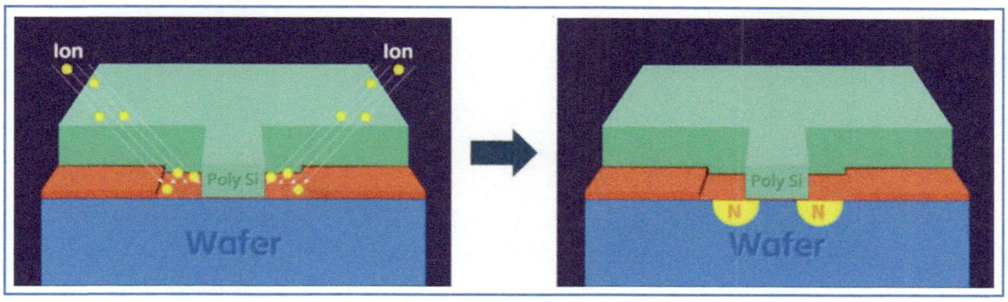


[그림 34] 이온 주입 공정

불순물로는 3족 원소 붕소(B)나 5족 원소 인(P), 비소(As) 등을 사용하게 되는데, 3족 원소를 주입하면 p형 반도체가 되고, 5족 원소를 주입하면 n형 반도체가 된다.

반도체의 원재료가 되는 단결정 실리콘(Si) 웨이퍼 위에는 회로를 구성하기 위하여 단계 단계적으로 **박막(thin film)**을 입히고, 포토 공정과 식각 공정으로 불필요한 부분을 제거하는 과정을 여러 번 반복하게 된다. 이렇게 하여 종이만큼 얇은 반도체 칩에 미세한 수많은 층(layer)이 존재하게 된다.

반경이 100㎜인 반도체에 1㎛ 이하의 얇은 막을 웨이퍼에 균일하게 형성하기는 쉽지 않다. 따라서 박막증착 공정은 매우 정교하고 세밀한 기술력이 필요하다.

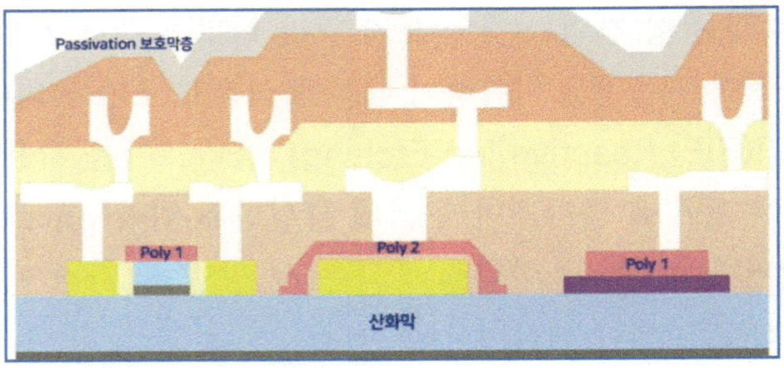


**[그림 35] 반도체 단면도**
**출처: https://www.samsungsemiconstory.com**

회로를 구성하기 위해서는 각 층의 연결을 구분하고 보호하는 역할을 하는 얇은 막을 형성해야 하는데, 이 막을 박막이라고 한다. 이런 박막을 만드는 것이 **증착(deposition) 공정**이다.

증착의 방법은 크게 두 가지로 나뉘는데, **물리적 기상증착방법(PVD: Physical Vapor Deposition**, 고진공에서 고체물질을 가열, 증발시켜 기판상에 응고시켜 엷은 피막을 형성시키는 기술)과 **화학적 기상증착방법(CVD: Chemical Vapor Deposition**, 기판상에 원료가스를 흘리고 외부 에너지를 부여함으로써 원료 가스를 분해하여 기상반응으로 박막을 형성하는 기술)이 있다.

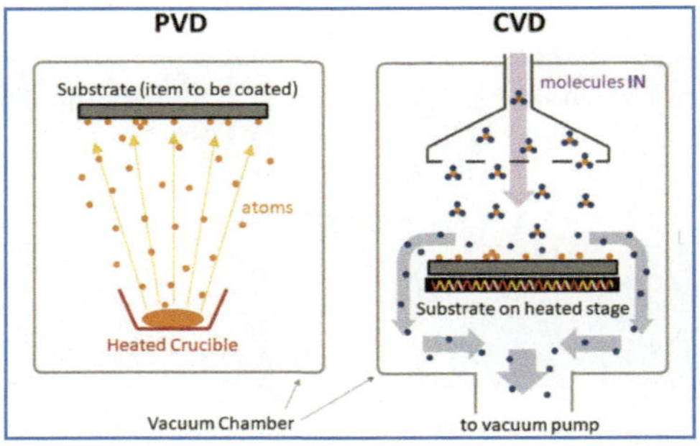


**[그림 36] PVD, CVD**
**출처: https://emsliegroup.mcmaster.ca**

PVD는 금속 박막의 증착에 주로 사용된다. 도가니 안에 증착하고자 하는 물질을 넣고 끓여 기화시켜 기판 위로 올리는 **evaporation(증발)**과 이온을 강하게 입사시켜 튕겨져 나와 붙이는 **sputtering(충격, 내뿜는)**이 있다.

CVD는 가스의 화학반응으로 형성된 입자들을 외부 에너지가 부여된 수증기 형태로 쏘아 증착시키는 방법으로 반도체의 다양한 박막증착에 사용된다. 차단된 반응실 안에 기체나 액체 상태의 소스 물질을 공급하고 열, 플라즈마, 빛 등 임의의 에너지를 주어 원하는 고체 박막을 증착하는 공정이다.

## 1.2.6 금속 배선 공정

포토, 식각, 이온 주입, 증착 공정을 반복하면서 웨이퍼 위에 수많은 회로가 만들어지는데, 이 회로가 동작하기 위해서는 외부에서 전기적 신호를 가해주어야 신호가 전달된다. 신호가 잘 전달되기 위해서는 회로의 패턴에 따라 metal line(전기 길)을 연결하는 작업을 **금속 배선(metalization)공정**이라고 한다.

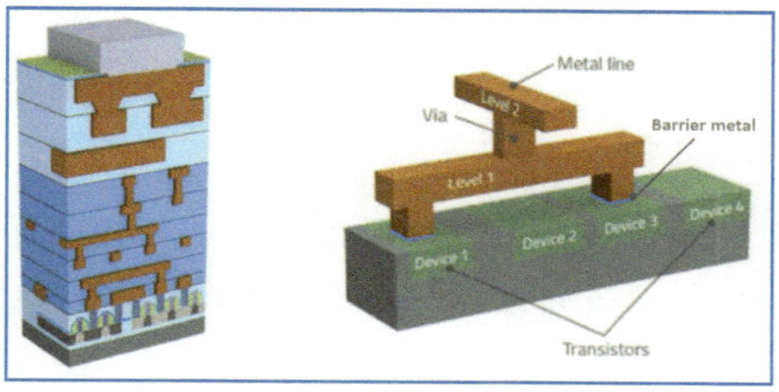


**[그림 37] 금속 배선 공정**
**출처: https://blog.naver.com/lam-r-korea**

금속 재료의 필요조건은 웨이퍼와의 부착성이 우수해야 하고, 전기 저항이 낮은 물질이어야 하고, 열적·화학적 안정성이 뛰어나야 하고, 패턴 형성이 쉬워야 하고, 높은 신뢰성이 있어야 하고, 제조 가격이 낮아야 한다. 이러한 조건을 충족시키는 대표적인 금속은 알루미늄(Al), 티타늄(Ti), 텅스텐(W) 등이 있다.

알루미늄은 실리콘과 만나면 서로 섞이려는 성질을 가지고 있어, 접합면이 파괴되는 현상이 나타날 수 있다. 이를 방지하기 위해 알루미늄과 웨이퍼 접합면 사이에 장벽 역할을 하는 금속을 증착하는데 이를 **barrier metal**이라고 한다.

금속 배선 역시 증착을 통해 이루어지는데, 금속을 진공 챔버에 넣고 낮은 압력에서 끓이거나 전기적 충격을 주어 얇은 금속막을 형성한다. 반도체 공정이 점점 미세화되면서 좁은 영역에 균일한 박막을 형성하기 위해 CVD로 전환이 이루어지고 있다.

## 1.2.7 EDS 공정

EDC(Electrical Die Sorting)은 웨이퍼 위에 전자회로를 그리는 FAB(fabrication) 공정과 최종적인 제품의 형태를 갖추는 패키지 공정 사이에 진행된다. 즉, 전기적 특성검사를 통해 개별 칩들이 원하는 품질 수준에 도달했는지를 확인하는 공정이다. EDS 공정은 반도체의 수율을 높이는 데 필요한 공정인데, 수율은 웨이퍼 한 장에 설계된 최대 칩 개수 대비 생산된 양품 칩의 개수를 백분율로 계산한 것으로 반도체의 생산성과 직결된다.

EDS 공정은 **프로브 카드(probe card)**에 웨이퍼를 접촉시켜 진행되는데, 프로브 카드에 있는 수많은 미세한 핀(pin)이 웨이퍼와 접촉해 전기를 보내고 그 신호를 통해 불량 칩을 선별하게 된다.

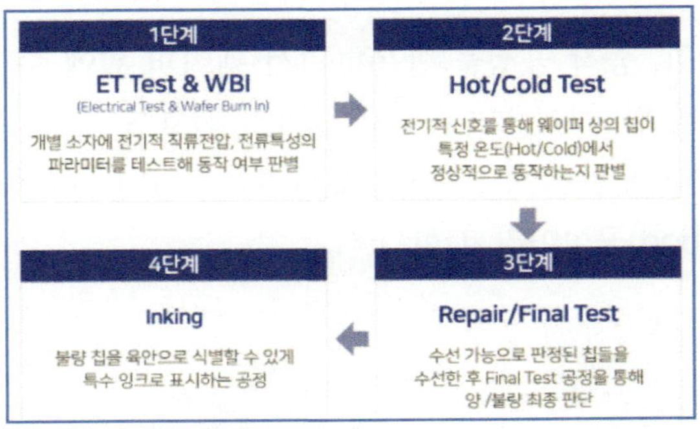


[그림 38] EDS 공정의 4단계

EDS 공정은 세분화 된 여러 단계가 있지만, 크게 4단계로 나눌 수 있다.

1단계, **ET Test & WBI:** ET(Electrical) Test는 반도체 직접회로(IC) 동작에 필요한 개별소자들(트랜지스터, 저항, 커패시터, 다이오드)에 대해 전기적 직류전압, 전류 특성의 파라미터를 테스트하여 동작 여부를 판별하는 과정이다. WBI(Wafer Burn In) 공정은 웨이퍼에 일정 온도의 열을 가한 다음 AC(교류)/DC(직류) 전압을 가해 제품의 결합 및 약한 부분 등 잠재적인 불량 요인을 찾아낸다.

2단계, **Hot/cold test:** hot/cold 공정에서는 전기적 신호를 통해 웨이퍼 상의 각각의 칩 중 불량품이 있는지 판정한다. 수선 가능한 칩은 수선 공정에서 처리하도록 정보를 저장하는데, 상온보다 높고 낮은 특정 온도에서 정상적으로 동작하는지 판별한다.

3단계, **Repair/final test:** Repair 공정에서는 hot/cold 공정에서 수선 가능으로 판정된 칩들을 수선하고, 수선이 끝나면 final test 공정을 통해 수선이 제대로 이루어졌는지 재차 검증하여 양/불량을 최종 판단한다.

4단계, **Inking:** Inking 공정은 불량 칩에 특수 잉크를 찍어 육안으로도 불량을 식별할 수 있도록 만드는 공정이다. hot/cold test 공정과 final test 공정에서 재검증 결과, 불량으로 처리된 칩과 공정이 완성되지 않은 칩 등으로 구별하여 잉크를 찍어 양/불량을 판별할 수 있도록 처리한다.

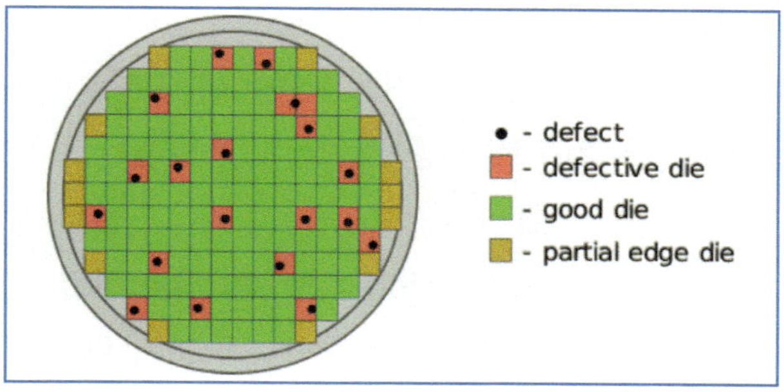


[그림 39] EDS 공정의 4단계

## 1.2.8 패키징 공정

반도체 제조 공정은 웨이퍼 위에 회로를 형성시키는 전공정(FE: Front-End)과, 형성된 회로 이후 작업인 후공정(BE: Back-End)으로 구분된다. 전 공정은 다시 wafer diffusion 공정과 wafer test 공정으로 나뉘고, 후공정은 패키징 공정(또는 assembly 공정)과 테스트 공정으로 나뉘게 된다.

[그림 40] 반도체 패키지 역할
출처: https://news.skhynix.co.kr

반도체 **패키지(package)**는 반도체 칩을 외부환경으로부터 안전하게 보호하는 기능, 칩과 기판 또는 리드프레임의 회로 연결을 제공하는 기능, 전원을 필요한 칩에 연결하는 기능, 칩이 동작할 때 발산하는 열을 외부로 자연스럽게 배출해 주는 기능을 제공한다.

①. **신호 연결:** 반도체 제품이 제 기능을 발휘하기 위해서는 반도체 소자 간에 신호를 주고 받을 수 있는 연결 부분이 매우 중요하다. 패키징 공정은 반도체 소자간 신호를 연결하

는 기능을 갖는다.

②. **전력 공급(Power Distribution):** 반도체 소자를 작동하기 위하여 전력이 필요하며, 전류가 공급되는 동안에는 전압이 안정화 되어야 한다. 저 잡음 전력설계, 접지 설계 등을 통해 안정적인 성능이 발휘될 수 있도록 한다.

③. **열 방출(Heat Transfer):** 반도체소자가 작동하면서 발생하는 열은 소자의 성능을 저하하고 신뢰성에 큰 영향을 미치므로 발생하는 열이 잘 방출될 수 있도록 재료 및 구조를 선택해야 한다.

④. **외부 환경으로부터 패키지 보호(Protection):** 반도체 칩과 연결부분을 기계적, 화학적, 열적인 외부환경의 영향에서 안정적으로 동작하도록 하기 위해 패키지의 각 부분에 대한 구조와 재료를 잘 선택할 필요가 있다. 특정 형태의 패키지가 제안되고 사용되기 위해서는 제대로 성능이 발휘되는 품질, 사용되는 외부환경에서 안정적으로 동작할 수 있도록 신뢰성이 확보되어야 한다.

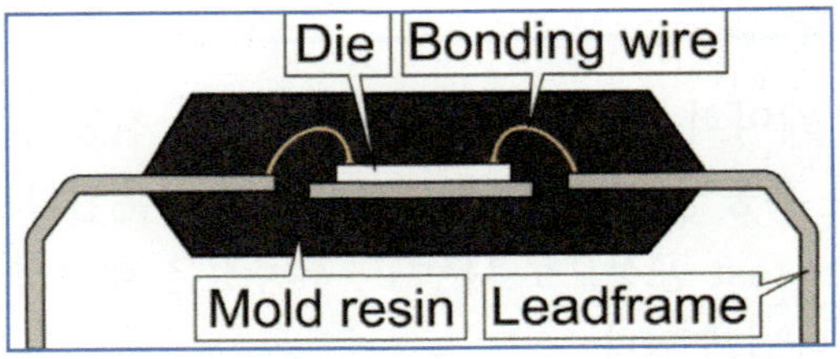


**[그림 41] 반도체 패키지 단면도**

반도체 패키지의 종류: 반도체 패키징 공정은 반도체 칩을 리드프레임(lead frame)에 부착하고 금선(Au wire)으로 반도체 칩의 회로단자와 리드프레임의 리드와 전기적으로 연결을 한 다음에 외부의 환경으로부터 보호하기 위하여 EMC(Epoxy Molding Compound)로 몰딩(Molding)하고 기판에 부착(mount)할 때, 납땜이 잘되도록 패키지의 리드(lead)부분을 주석이나 납으로 표면처리 한다.

| IC Application | Single Chip Package |
|---|---|
| Memory (DRAM, SRAM) | DIP, SOJ, TSOP |
| Flash Memory | TSOP, uBGA, CSP |
| FPGA, ASIC | PQFP, PBGA, CBGA |
| Microprocessor | CPGA, PBGA, CBGA |
| Digital Signal Processing | uBGA, PBGA |

**[그림 42] Area array package 및 소자별 패키지**

①. **리드프레임 패키지:** 리드프레임을 이용하는 패키지 형태로 패키지의 주변으로 리드가 나오는 형태를 가진다. 패키지의 형태는 물리적 형태의 규격으로 정의하며 폼팩터(form factor)라고 한다. DIP(Dual Inline Package), TSOP(Thin Small Outline Package), QFP(Quad Flat Package) 등이 리드프레임을 사용하는 대표적인 패키지이다.

②. **PCB 패키지:** PCB(Printed Circuit Board, 인쇄회로기판) 기판을 사용하는 패키지는 PCB 아래의 전체 면적에 I/O 게이트를 만들 수 있어서 리드프레임 패키지에 비해 많은 수의 I/O를 가질 수 있는 장점이 있다. BGA(Ball Grid Array), PGA(Pin Grid Array), LGA(Land Grid Array) 등이 PCB 기판을 사용하는 area array package이며, 경박단소화 구현이 가능하여 휴대용 전자기기에는 대부분 사용되고 있다.

③. **플립칩 패키지:** 플립칩 패키지는 와이어 본드 대신 솔더 볼을 이용하여 반도체 소자와 PCB 기판을 연결하는 형태의 BGA이며, FCBGA(Flipchip Ball Grid Array)라고 한다. 플립이라는 의미는 뒤집는다는 의미를 가지며, 와이어 본딩을 하는 경우 반도체 소자의 패드가 위를 향하는 것과 다르게 플립칩의 범프가 있는 부분이 아래를 향하도록 하고 기판에 접착하여 붙여진 이름이다. PCB 기판과 연결하기 위해 칩에는 범프를 만들고 범프의 레이아웃에 맞추어 설계된 PCB 기판에 접착한다. PCB 기판위에 올려진 플립칩은 리플로우 로(Reflow Furnace)를 통과할 때 솔더가 녹으면서 접합이 된다.

④. **MCP(Multi-Chip Package)와 SIP(System in Package):** 하나의 패키지에 여러 개의 칩이 탑재된 패키지를 MCP라고 한다. SIP는 하나의 패키지 혹은 여러 개의 패키지에 많은 칩을 적층 탑재하여 하나의 독립된 기능을 가진 패키지이다. 패키지 자체가 Logic IC를 포함하여 별개의 기능이 있으면 SIP, 단순히 동일기능의 칩을 많이 적층한 경우에는 MCP라고 할 수 있다.

⑤. **WLP(Wafer Level Package):** WLP는 웨이퍼를 대상으로 패키징 공정을 진행하고 웨이퍼 쏘잉을 하면 그대로 패키지가 되는 형태이므로 칩의 크기가 가장 작아진다. 일반 형태의 패키지보다 공정이 많이 줄어들기 때문에 저렴하게 반도체 제품을 만들 수 있다. 최근에는 가격경쟁력을 높이기 위해 WLP 공정을 적용하는 사례가 늘어나고 있다. 사용되는 PCB기판의 선폭이 WLP에 있는 회로의 선폭을 따라오지 못하는 경우 중간 매개체 역할을 하는 interposer를 사용하기도 한다.

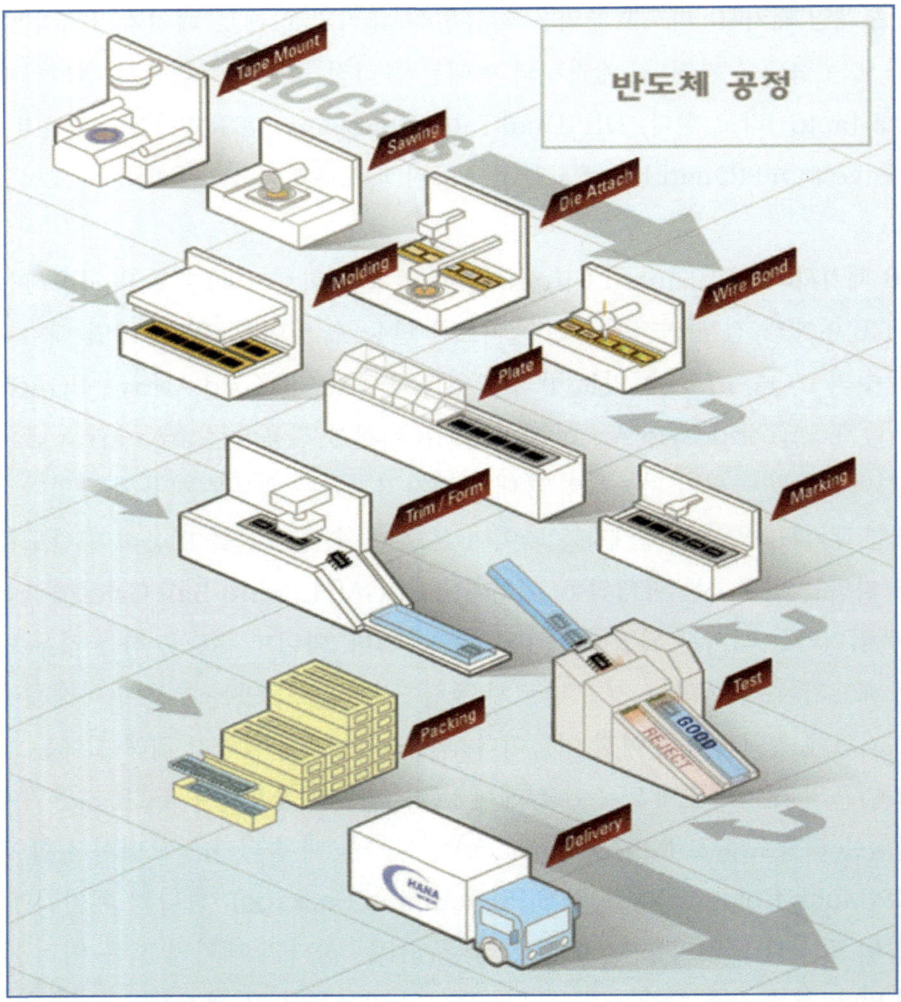


[그림 43] 반도체 패키징 프로세스
출처: 하나마이크론

### 반도체 패키징 순서

①. 1단계, **웨이퍼 준비.**

②. 2단계, **Back grinding:** 전공정에서 가공된 웨이퍼의 후면을 얇게 만드는 공정이다.

③. 3단계, **웨이퍼 sawing(절단):** 웨이퍼를 개별 단위(net die)로 잘라내는 공정으로 blade(날)나 laser로 자른다.

④. 4단계, **Die attach:** 회로기판(substrate)에 칩을 붙여 고정하는 공정이다.

⑤. 5단계, **Wire bonding:** 반도체 칩과 기판 사이를 연결하여, 주로 금(Au)이나 구리(Cu) 등이 사용된다. 최근에는 칩의 패드(pad) 위에 돌기를 형성시킨 범프(bump)가 금속선 대신 사용되기도 한다.

⑥. 6단계, **Molding:** 외부 충격, 습기로부터 반도체(die)를 보호하기 위해 경화수지로 덮는다. 몰딩 컴파운드(compound)의 재료는 세라믹, 금속, 플라스틱 등이 사용된다.

⑦. 7단계, **Marking:** 레이저를 이용해 반도체 고유번호를 기록하여 내역(history)을 파악하는 용도로 사용한다.

⑧. 8단계, **Solder ball mount:** 회로기판에 솔더 볼을 붙여 아웃 단자를 만드는 공정이다.

⑨. 9단계, **패키지 sawing:** 모듈, 보드, 카드에 실장 하도록 개별 반도체로 잘라내는 공정이다.

# 1.3 반도체 종류

## 1.3.0 서론

<table>
<tr><td rowspan="8">Memory</td><td rowspan="6">RAM<br>(휘발성)</td><td>DRAM</td><td>EDORAM, BEDORAM, SDRAM</td></tr>
<tr><td>SRAM</td><td>Async SRAM, Sync SRAM, PB SRAM</td></tr>
<tr><td>VRAM</td><td></td></tr>
<tr><td>WRAM</td><td></td></tr>
<tr><td>SGRAM</td><td></td></tr>
<tr><td>Fusion Memory</td><td>PRAM, One NAND, One DRAM, Movi NAND</td></tr>
<tr><td rowspan="2">ROM<br>(非휘발성)</td><td>Mask ROM</td><td></td></tr>
<tr><td>PROM</td><td>EPROM, EEPROM, Flash Memory</td></tr>
</table>

| | | | |
|---|---|---|---|
| 非 Memory | System LSI | Micro Component | MPU, MCU, MSP(Core Logic, Graphic/Imaging, Audio 등), DSP |
| | | Logic IC | Full Custom IC(ASIC) |
| | | | Semi Custom IC(PLD/FPGA, Gate Array, CBIL 등) |
| | | | Standard Logic(DTL, TTL, CMOS, MOS Logic, ECL 등) |
| | | Analog IC | LDI, Driver IC(LED, Motor, Digital Audio 등), Linear Regulator, Vref, DC/DC Converter, RFID, RF Tuner, ADC, Filter, Sensor Interface, Real Time IC, ASSP, Analog Basic Block, Protection IC, Crystal Oscillator, 통신용, 광 송수신용 등 |
| | | Digital IC | MMP, CIS, Digital Tuner, DTCXO, TCON, CSP, CCP 등 |
| | | SoC | 3D SoC, Mobile, Media, Storage, Smart Chip 등 |
| | Discrete | Diode | Switching, Vari-cap, Rectifier, Schottky, Tunnel, Zener, Varator 등 |
| | | Transistor | BJT, MOSFET, IGBT, Thyristor 등 |
| | | Opto | LED |

[표 2] 반도체 계통도

## 1.3.1 메모리

- **RAM(Random Access Memory):** 휘발성은 전원이 끊기면 되살리기(refresh)를 하지 못하기 때문에 저장했던 데이터를 모두 잃게 된다. 하지만 전원이 끊기지 않으면 정보를 한동안 기억하고 있어서 언제든지 불러 낼 수 있는 기능을 한다.
- **DRAM(Dynamic RAM):** MOSFET를 기본으로 커패시터에 충전된 전하에 따라 정보를 기억하는 원리로 작용한다.

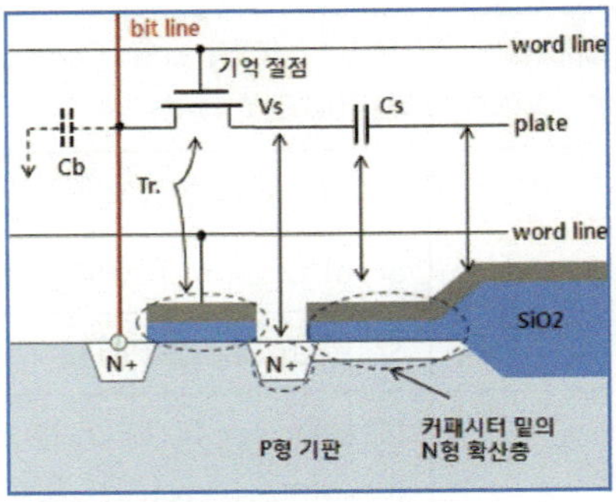

[그림 44] DRAM 구조

word line과 bit line의 전위를 'H'와 'L'로 교차하면서 주사하는 것으로, 전체 메모리 셀(memory cell)에 논리 '1'과 '0'의 필요한 데이터를 기억시키는 것이다. 충전(1 쓰기)과 방전(0 쓰기), 방전전류(1 읽기)와 전류 없음(0 읽기).

- **EDORAM(Extended Data Out RAM):** 보통 메모리를 초기화하면 그 안에 들어있는 정보는 모두 사라지지만, EDORAM은 초기화하기 직전에 이용했던 메모리 주소를 기억하기 때문에 CPU가 데이터를 찾을 때 이 정보를 참고하여 작업속도가 빠르다.
- **BEDORAM(Burst Extended Data Out RAM):** bursting을 이용해 전보다 더 빠르게 데이터를 처리한다. 일반적으로 메모리는 한 블록씩 전송하는데, BEDORAM는 블록마다 데이터 주소가 들어있는 burst carrier를 집어넣어서, 다음에 처리해야 할 데이터가 어디에 있는지 미리 알 수 있게 했다.
- **SDRAM(Synchronous Dynamic RAM):** 100MHz 이상까지 나오는 속도가 최대 장점이다. 동기적인 시스템 clock을 이용하므로 두 개의 메모리 페이지를 한꺼번에 접속한다.
- **SRAM(Static RAM):** MOSFET를 두 개로 flip-flop을 만들어 기억소자로 사용한다.

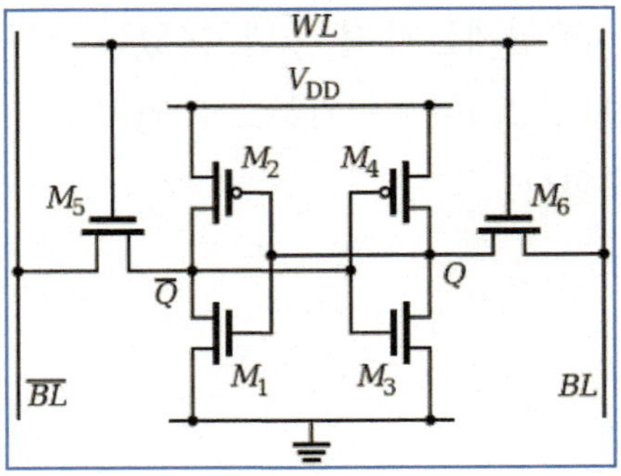

[그림 45] SRAM 구조

word line의 전압을 'H'로 하고, bit line을 'L'로 한다. flip-flop 왼쪽에는 '1', 오른쪽에는 '0'이 들어간다. 거꾸로 bit line과 그 데이터를 반전시키면 외쪽에 논리 '0', 오른쪽에 논리 '1'이 기억된다. 반대로 word line을 'L'로 하면 쓰기 동작으로 기억된 '1'과 '0'의 데이터는 전원이 공급되는 한 flip-flop에 기억되어 있다. 전원이 공급되는 동안 기억시킨 정보를 그래도 유지하기 때문에 정적(static)인 RAM이라고 한다.

- **Async SRAM(Asynchronous SRAM):** 비동기(asynchronous)는 CPU가 데이터를 메모리에서 가져올 때 다른 작업을 멈추는 것을 뜻한다. 비동기 burst는 간단한 trick으로 CPU의 clock에 의존하는 DRAM보다 더 빠르게 access 할 수 있다.
- **Sync SRAM(Synchronous SRAM):** 동기 burst SRAM이다. 동기 burst는 데이터의 동기화와 burst가 동시에 가능하다. 따라서 Async SRAM보다 훨씬 빠른 속도를 보인다.
- **PB SRAM(Pipelined Burst SRAM):** Burst와 pipe line기술을 함께 사용하고 pipe lining으로 데이터를 전송한다.
- **VRAM(Video RAM):** 화상정보를 기억하기 위한 전용 메모리로써 비디오 성능을 향상한다. 화소(pixel)에 대한 정보가 들어있어 비디오 데이터를 빠르게 처리한다.
- **WRAM(Windows RAM):** VRAM처럼 dual port 구조로 되어있다. VGA 전용 메모리이고 두 개의 버퍼를 갖추어 화면처리가 빠르다.
- **SGRAM(Synchronous Graphics RAM):** 그래픽 처리 속도가 빠른 메모리다. VRAM이나 WRAM과는 달리 포트는 하나이지만 dual bank 구조로 되어있어 데이터 처리가 dual port보다 더 빠르다.
- **Fusion Memory:** DRAM과 flash memory를 단일 칩(chip)에 회로(logic) 및 소프트웨어와 같은 비메모리 등과 메모리와의 조합이다.
- **PRAM(Phase change RAM):** 물질의 상(phase) 변화를 이용해 데이터를 저장하는 메모리로써 상이 비정질 상태에서 결정질 상태로 변화될 때 1bit의 데이터를 저장할 수 있다.
- **One NAND:** NAND flach + SRAM + Logic의 조합이다.
- **One DRAM:** 서로 다른 기능을 하는 두 종류의 DRAM 또는 SRAM과 DRAM을 하나로 합쳐 놓은 메모리이다.
- **Movi NAND:** 고용량 저장매체와 연동 회로(interface logic) 등을 하나의 칩화 하여 모바일 기기에서 부피를 줄이고 소비전력을 줄여주는 이점이 있다.

- **ROM(Read Only Memory):** 비휘발성은 전원이 끊어져도 trans가 데이터를 그대로 유지한다.
- **Mask ROM:** 제조공정 시 고객이 원하는 정보를 저장하며, 많은 양의 동일한 프로그램이 필요한 경우 사용한다. 한번 만들어지면 기억 내용을 변경할 수 없으므로 고정적으로 사용하는 정보를 기억시키는 경우에 사용한다.

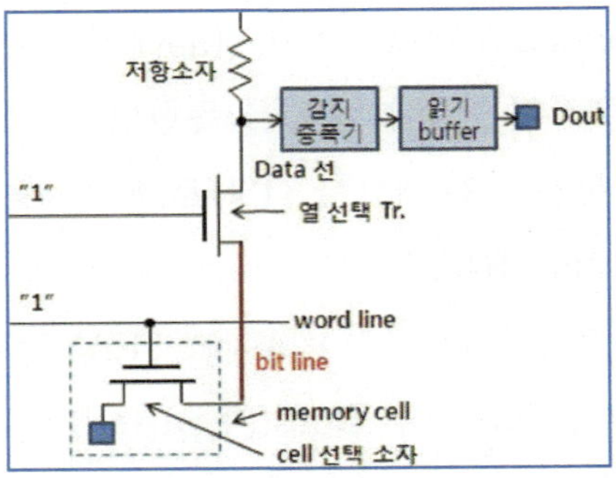


**[그림 46] Mask ROM 구조**

Mask ROM에서는 선택된 셀에 전류가 흐르는가 그렇지 않은가를 감지하여 논리 '1' 혹은 '0'의 정보로서 출력 단자로 읽어 내는 것이다. 선택된 cell에 전류가 흐르는 경우는 전원과 data 선 사이에 삽입된 저항 소자에 전류가 흐르므로 data 선에는 전압강하에 의해 낮은 레벨이 발생하고, 전류가 흐르지 않는 경우는 전압강하가 없으므로 전원 전압이 발생한다.

- **PROM(Programmable Rom):** 프로그램의 수정이 가능하며 소규모 개발자가 프로그램한 것의 업데이트가 수월하다. 하지만 1회에 한해서만 새로운 내용을 기록할 수 있는데, 이 말은 사용자가 PROM write를 이용하여 내용을 기록할 수 있지만 한번 들어간 내용은 바꾸거나 지울 수 없다는 것이다. 그 이유는 제조 시 모든 메모리 비트(bit)가 fuse로 연결되어 '1'로 읽히지만, 생산되는데 이를 기록하면 fuse가 끊어져서 '0'으로 읽히기 때문이다.

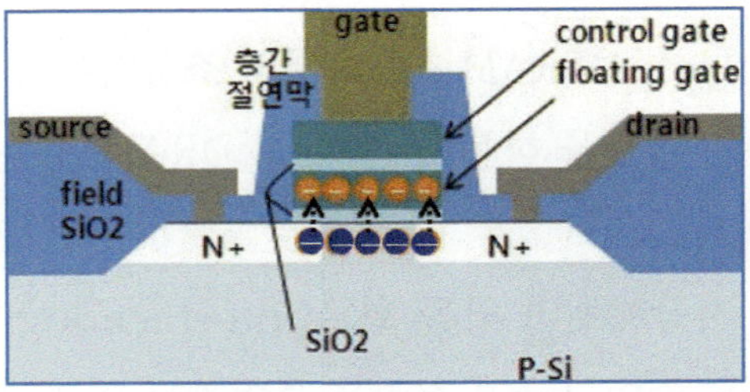


**[그림 47] PROM구조**

Floating gate 구조와 control gate를 설치하여 floating gate의 전위를 제어하는 구조를 2층 gate 구조 혹은 적층 gate 구조라 한다. floating gate에 어떤 방법으로 전자를 내방출하고 끌어들이는 것에 의해, floating gate 전위를 제어하여 cell에 전류를 흘릴 것인가 혹은 흘리지 않을 것인가의 어느 쪽의 상태를 기억하는 것이다. 2층 gate 구조에서는 floating gate가 높은 절연막인 SiO2로 둘러싸여 있으므로, 일단 주입된 전자는 쉽게 floating gate의 전자에 의해 gate 측 표면에 정공이 생성된다. 이런 현상으로 인해 source to drain ON/OFF를 제어한다.

- **EPROM(Erasable PROM):** 프로그램 내용을 소거하고 다시 프로그래밍할 수 있는 읽기용 메모리다. 자외선을 이용하여 반도체 소자에 조사하는 방법으로 정보를 지우거나 저장한다.

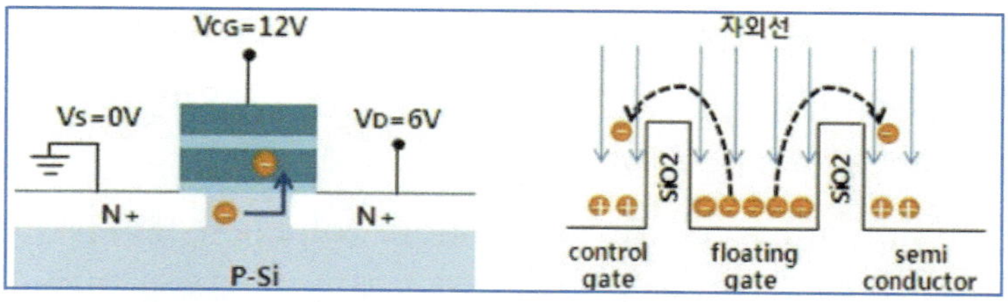


[그림 48] EPROM 구조

쓰기 동작을 하는 것은 source와 기판을 접지하고 drain과 control gate에 비교적 높은 전압을 공급한다. source to drain으로 채널을 통하여 이동하는 전자는 drain 근처의 역방향 바이어스(reverse bias)에 기인하는 높은 운동 에너지를 얻어 hot carrier로 되고, 그 일부가 gate 산화막을 뛰어넘어 control gate로 주입된다. 2층 gate 구조에서 floating gate가 놓은 절연체인 산화막으로 둘러싸여 있으므로 빠져나올 수 없게 된다. 이때 자외선을 쬐어 주면 전자는 자외선 에너지를 흡수하여 산화막의 에너지 장벽을 넘어 밖으로 나올 수 있게 된다. 이를 통해 쓰기와 소거 동작이 가능하다.

- **EEPROM(Electrically EPROM):** 전기적으로만 지울 수 있는 PROM은 칩의 한 핀(pin)에 전기적 신호를 가해줌으로써 내부 데이터가 지워지게 되어있는 ROM이다. ROM의 특징과 입출력할 수 있는 RAM의 특징을 겸비한 것이다.

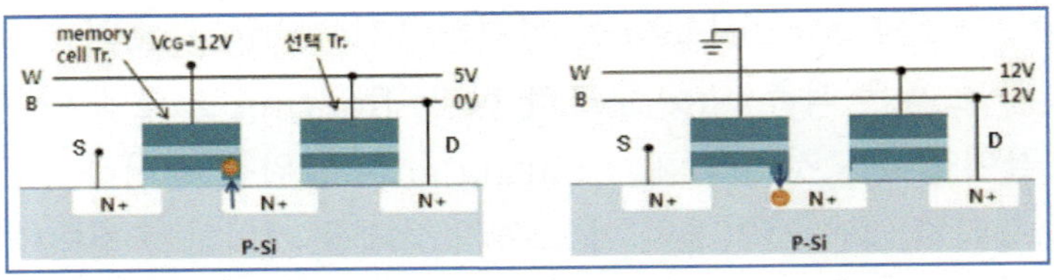


[그림 49] EEPROM 구조

쓰기 동작을 수행하기 위해서 선택 transistor의 control gate에 높은 전압을 공급한다. 선택 Tr.가 on으로 되고, memory cell transistor의 drain이 'L'로 되므로, floating gate로 주입되어 floating gate와 drain 사이의 얇은 터널 산화막에 높은 전계가 걸린다. 이때, 전자가 drain에서 floating gate로 주입되어 floating gate가 전자로 대전되기 때문에 memory cell Tr.의 threshold voltage가 올라간다. 소거 동작에서는 control gate를 접지로 한 상태에서 선택 Tr.의 gate와 drain에 높은 전압을 인가한다. 그러면 선택 Tr.가 on으로 되어 memory cell Tr.의 drain에 높은 전압이 걸린다. 이때, drain과 floating gate 사이에 있는 터널 산화막의 높은 전계에 의해 floating gate에서 drain으로 전자가 방출되어 memory cell Tr.의 threshold voltage가 내려간다.

- **Flash Memory:** 전력 소모가 적고 고속 프로그래밍 및 대용량 저장이 가능하여 컴퓨터의 HDD를 대체할 수 있는 제품으로 NOR(병렬형태로 코드 저장)형과 NAND(직렬형태로 데이터 저장)형으로 구분한다. 전원이 꺼지더라도 저장된 정보가 사라지지 않은 채 유지되는 특성이 있다. 계속해서 전원이 공급이 끊기더라도 저장된 정보를 그대로 보존할 수 있을 뿐 아니라 정보의 입출력도 자유롭다.

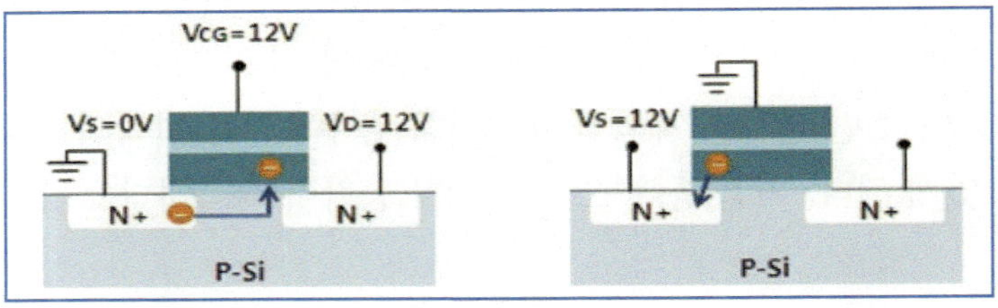


[그림 50] Flash Memory 구조

쓰기 동작은 source와 기판을 접지하고 drain과 control gate에 높은 전압을 인가한다. 그러면 source에서 공급된 전자가 실리콘 표면의 channel을 통하여 drain으로 고속 이동하여 drain 근처에서 높은 에너지를 얻게 된다. 이들 hot electron이 실리콘 결정 격자에 산란되어 gate-SiO2-Si로 이어지는 경계면에 도달하면 gate 산화막을 뛰어넘어 floating gate로 주입되는 hot electron 주입 현상이 발생하게 된다. 이때 threshold voltage는 상승한다. 소거 동작은 control gate로 주입되었던 전자가 전계에 의한 tunnel 현상으로 source 측으로 뽑혀 threshold voltage가 초깃값으로 돌아오게 되어 소거 동작이 이루어지게 된다.

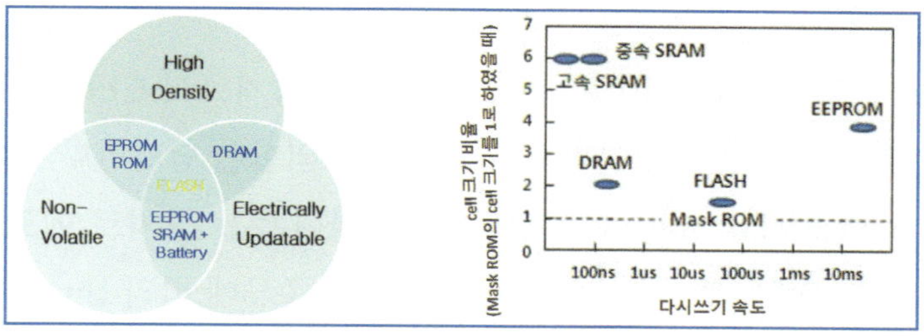


[그림 51] 주요 반도체 메모리의 특징

여기서 flash memory는 반도체 메모리가 갖는 특성의 한계를 극복할 수 있는 차세대 기억장치로서 앞으로 많은 분야에서 응용될 것이다.

## 1.3.2 비메모리

### Ⅰ. System LSI(Large Scale Integrated)

전자제품을 구성하는 다양한 반도체 기능을 하나로 통합한 IC를 말한다. 메모리 반도체를 비롯한 개별 반도체 등을 제외한 반도체 대부분을 통칭하는 말로 SoC(System on Chip) 혹은 시스템 반도체 등으로 불린다.

- **Micro Component:** 컴퓨터를 제어하기 위한 핵심부품으로 CPU(Center Process Unit) 또는 core 등으로 불린다.

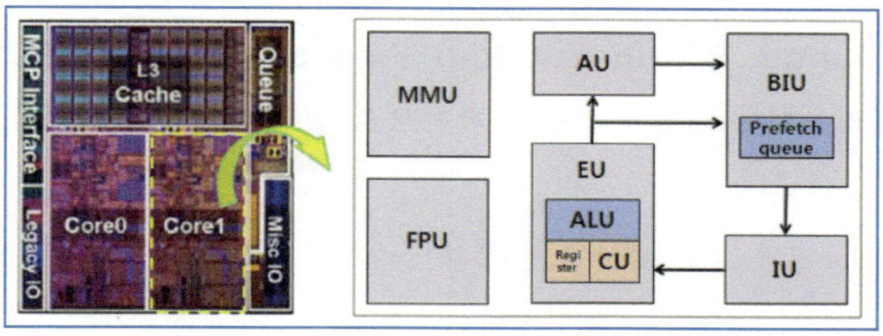


[그림 52] Micro Component 구조

- **MMU(Memory Management Unit):** 기억 관리 장치로써 CPU 내부에서 일시적인 데이터 보관 및 출력을 담당한다. 즉 CPU가 어떤 작업을 수행하며 생기는 중간값이나 작업내용 혹은 다른 명령을 수행해야 할 때 원래의 내용을 잠깐 기록해 두는 곳이다.
- **FPU(Floating Point Unit):** 부동 소수점 연산 장치로써 CPU에 부하가 많이 걸리는 복잡한 실수 계산을 전문적으로 처리하는 역할을 담당한다.
- **BIU(Bus Interface Unit):** CPU 외부와 연결해 주는 장치로 메모리나 주변기기와 데이터를 주고받는 통로를 의미하며, CPU의 종류에 따라 bit 수의 차이가 있다.
- **ALU(Arithmetic and Logic Unit):** 계산을 하거나 논리연산을 수행하는 부분이다. 컴퓨터가 단순히 계산만 하는 일반 전자계산기와 구별되는 것은 바로 이 부분에서 논리연산이 가능하기 때문이다.
- **EU(Execution Unit):** 프로세스의 각 명령어를 수행하는 장치로 ALU, CU(Control Unit), register로 구성된다.
- **IU(Instruction Unit):** 메모리에서 가져온 명령어를 실행 unit에서 정확히 수행할 수 있도록 제어하는 장치이다.
- **AU(Addressing Using):** CPU가 메모리나 입출력 장치에서 데이터를 읽거나 쓸 때 메모리나 입출력 address를 만들어 주는 장치이다.
- **CU(Control Unit):** Microprocessor의 동작들을 연속적으로 수행하도록 신호를 보냄으로써 명령을 수행하게 하는 역할을 하는 장치이다.

• **MPU(Micro Processor Unit):** CPU가 가진 기능 대부분을 하나 혹은 몇 개의 칩에 집적한 것으로, 연산을 미리 확립된 순서에 의해 체계적으로 실행할 뿐만 아니라 컴퓨터의 각 장치에 제어 신호를 제공하는 제어장치를 1개의 작은 실리콘 칩에 집적시킨 집적회로로 이루어진 처리장치이다. 내부는 산술논리 연산기, 기억장치(register), program counter, 명령(instruction) decoder, 제어회로 등으로 구성되어있다. MPU는 주기억장치에 저장된 기능을 자동으로 수행함과 동시에 입출력장치들과도 데이터 교환을 수행한다.

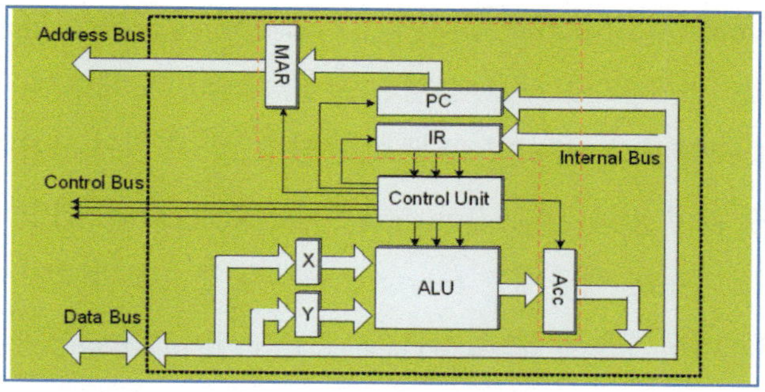


[그림 53] Micro Processor Unit 구조

MPU는 기본적으로 ALU, CU(Control Unit), register로 구성된다. register는 PC(Program Counter), MAR(Memory Address Register), IR(Instruction Register), Acc(accumulator) 들로 구성되어있다. MPU 외부로 address bus, data bus, control bus들이 나와 있다.

- **MCU(Micro Control Unit):** CPU에 ROM, RAM 그리고 I/O module들이 하나의 칩 안에 bus를 통해 유기적으로 결합하여 기기 등의 조작이나 프로세스를 제어하는 역할을 수행하는 IC이다. 특정 기능을 수행 또는 제어하기 위해서 ROM에 명령 프로그램이 코딩되어 있고 연산 기능 이외에 외부에 대한 제어를 동시에 행한다.
- **MSP(Micro Signal Processor):** Core logic, graphic/imaging, 통신, 대량 저장 장치, 오디오 등.
- **DSP(Digital Signal Processor):** 디지털 연산으로 신호 처리를 하는 하나의 IC 칩으로 된 Microprocessor이다. 범용 architecture를 대폭 개량하여 고속 연산성과 컴팩트화를 추구한 전용 Microprocessor이다. 기본 조작은 필터링, 상관 함수의 산출, 부호화, 변복조, 미/적분, 적응 신호 처리 등이다. CPU와는 별도의 보조 처리기로 사용하여 음향이나 영상처리를 할 때 CPU의 부담을 줄여주는 역할을 한다.
- **Logic IC:** 논리적으로 움직이는 회로, 즉 디지털 논리 회로를 가리킨다. 디지털 회로는 모두 논리 회로인데, 특히 아날로그 회로와 비교하여 스위칭 동작을 하는 회로를 가리키는 경우가 많다. IC화된 회로뿐만 아니라 스위치의 on/off 조합에서 법칙을 갖게 하는 동작을 실행하는 회로와 그 법칙을 logic이라 한다.
- **Full Custom IC:** 회로 설계와 cell 설계 등의 mode를 사용자 기능에 맞추어 수행하는 것이다. 설계를 처음부터 수행하기에 회로, cell. layout 등의 설계는 최적의 조건으로 수행할 수 있다.

- **ASIC(Application Specific IC):** 여러 시스템에 사용되는 범용 IC의 반대되는 개념으로 단일 사용자의 요구로 설계된 특정 회로 반도체이며, 주문형 IC로 다품종 소량생산에 적합하다. 그러나 주문 제작된 IC를 복수의 사용자가 구매하면 ASIC라고 부르지 않고 ASSP(Application Specific Standard Product)라고 부른다.

- **Semi Custom IC:** Gate 배열에는 transistor가 공통으로 배열되어 있어서 고객이 원하는 사양에 따라 배선만을 주문 설계한다. 표준 cell IC의 경우에는 사전에 설계된 기능 block 등을 조합하여 주문형 IC를 제조한다.
  - **PLD(Programmable Logic Device)/FPGA(Field Programmable Gate Array):** 사용자가 논리 회로를 프로그램으로 구현할 수 있는 집적회로이다. PLD는 AND와 OR-plane 모두 프로그램이 가능하다는 것이 특징이다. 입력 측의 경우 각 입력 pin은 non-inverting 입력과 inverting 입력 두 가지로 나뉜다. 즉, 동일한 신호에 대하여 반전 신호를 입력받을 수가 있다. 이렇게 받은 입력신호는 AND-plane으로 진입한다. 프로그래밍은 AND-plane에 퓨징 작업을 통해 이루어진다. 이렇게 생성한 AND-plane은 다음 단계인 OP-plane으로 들어오는데 PLD의 특징은 OP-plane도 프로그래밍할 수 있다.
  - **Gate Array:** gate를 구성하는 기본 cell을 격자 모양으로 나란히 세운 웨이퍼를 준비하여 놓고 사용자의 회로에 맞추어 배선할 수 있도록 하는 소자이다. 한 개의 칩 안에 기본 단위인 gate가 800~6,000개가 집적된 초대규모 집적회로이다. register/underegister lookup table이 가능한 하나의 출력만 있다. 논리 block에는 lookup table을 위한 4개의 입력과 clock 입력이 있다. clock 신호는 일반적으로 특별용도 전용 routing network을 통하여 연결되고 다른 신호는 분리하여 관리한다.
  - **CBIS(Cell Based IC):** 각종 마이크로 셀을 조합시켜 사용자가 희망하는 기능의 회로 패턴을 효율적으로 layout을 설계하여 칩의 크기를 최소로 하는 표준 cell 방식에 의한 semi custom IC가 만들어졌다. 더욱이 CPU, timer, 메모리, A/D-D/A 변환기, 아날로그 스위치 등의 복잡한 회로를 표준화된 모듈로 미리 준비하여 놓고, 사용자가 요구하는 기능에 맞추어 선택하고 조합하여 사용하므로 cell-based IC라고 한다.

- **Standard Logic:** 단순한 논리연산을 행하는 gate 회로, 즉 NOT, AND, OR, NAND,

NOR gate와 비교적 간단하면서 많이 사용하는 논리 회로, 즉 flip-flop, counter, shift-register, encoder, decoder, ALU 등이 있다. 이들은 계열마다 전원 전압과 interface 사양이 표준화되어 있어서 이들을 조합시켜 규모가 큰 논리 회로를 구성할 수 있게 되어있다.

- **DTL(Diode Transistor Logic):** Diode(D1, D2) 및 transistor(Q)로 구성된 논리 회로를 기본으로 하는 논리 IC를 말한다.

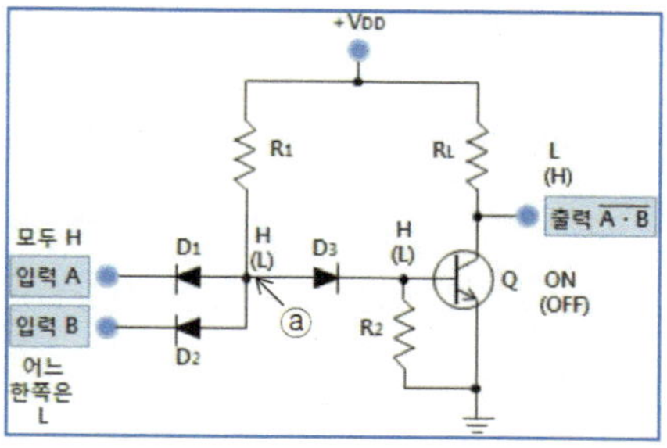


**[그림 54] DTL 구조**

ⓐ의 전압은 입력 A, B 모두 H(논리 '1') 레벨일 때 H 레벨, 즉 논리 곱(A·B)이 된다. 다이오드 D3은 레벨 시프트 diode로써 입력 diode D1, D2가 on 상태일 때 transistor Q를 확실하게 off 시키기 위하여 base 영역에 축적된 소수 carrier를 끌어내기 위하여 저항 R2가 필요하다. 결국, 이 회로는 출력 transistor의 작용으로 NAND 회로의 동작을 나타낸다.

- **TTL(Transistor Transistor Logic):** Transistor와 transistor를 조합한 논리 회로를 말하며, DTL의 diode에 transistor를 사용한 것으로서, 입력을 multi emitter로 구성하고 있다. 컴퓨터에 의한 제어에는 가장 흔히 사용되는 요소이다.

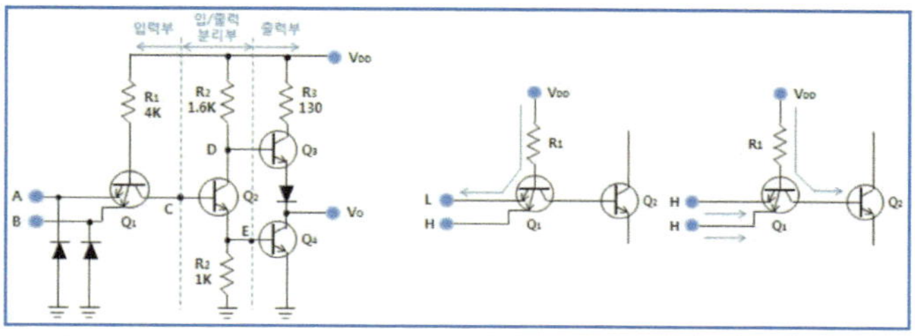


**[그림 55] TTL 구조**

첫째, 입력부의 multi emitter transistor Q1의 입력 단자 중 어느 것이 낮은 전압 'L'가 되면 base에서 emitter로 전류가 흘러 Q2에는 전류가 공급되지 않는다. 또 Q1의 모든 emitter에 높은 전압 'H'가 가해지면, collector와 emitter의 역할을 교환한 역접속 상태로 동작하여 Q2의 base에 전류를 공급한다. 즉, 입력 단자의 diode는 입력에 과대 전압과 과소 전압이 걸린 때에 내부 회로를 보호하는 역할을 한다.

둘째, 입/출력부의 역할은 출력부의 Q3, Q4를 ON/OFF 하기 위해 두 transistor의 base 전류를 차단하기도 하고 공급하기도 하는 것이다. 출력부에서는 Q3와 Q4가 base 전류에 의해 on/off를 상호교환하여 행하는 스위치 역할을 하고 있다. 이와 같은 회로 구성은 R4, Q3 및 다이오드가 일련의 저항으로 치환된 반전 회로보다 출력이 'H'일 때의 큰 출력 전류 용량을 얻는 이점이 있다.

- **CMOS(Complementary Metal Oxide Semiconductor):** 금속 산화막 반도체라고 불린다. CMOS는 FET를 기본 소자로 하고 있다. CMOS는 N-channel MOSFET와 p-channel MOSFET를 접속한 것으로 각 특성을 상호 보완하여 소비전력과 잡음 여유 등에서 우수한 특성이 있다. 일반적으로 CMOS란 배터리 전원을 사용하는 컴퓨터의 메모리 칩을 나타내며 시작 정보가 저장된다. 컴퓨터의 BIOS(Basic I/O System)에서 컴퓨터를 시작할 때 이 정보를 사용한다. 그뿐만 아니라 CMOS 구조를 활용한 다양한 IC들이 있다.

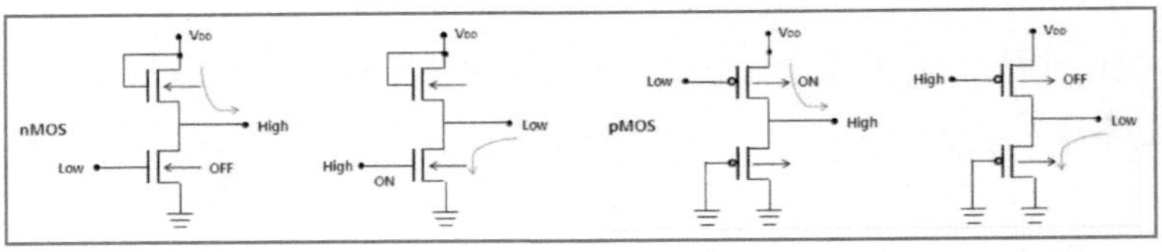


**[그림 56] MOS 구조**

nMOS가 low 입력의 경우, off 상태에 있는 MOSFET에 의해 high 출력으로 된다. 반대로 high 입력이 인가된 경우, nMOS가 ON 상태로 되어 low 출력으로 된다. 그러나 nMOS, pMOS 모두 소비전력이 커지는 단점을 갖고 있다. 그 이유는 MOSFET가 on 상태로 된 때는 전원에서 접지까지 전류가 흐르는 상태로 되기 때문이다. 그래서 구조적으로 nMOS, pMOS 보다 복잡하나 소비전력을 크게 줄일 수 있는 CMOS 소자를 사용한다.

- **MOS Logic:** MOSFET를 이용한 논리 회로는 transistor를 직접 연결한 DCTL(Direct Coupled Transistor Logic)로 구성하고 있다. MOS 논리와 CMOS 논리가 있는데 nMOS와 pMOS를 동시에 구성하여 논리 기능을 갖도록 한 것이 CMOS 논리 IC이다. 동작상 어느 하나의 FET는 off가 되는 특성을 가지므로 전류가 거의 흐르지 않아 소비전력이 적은 특징이 있는 회로이나, 제조공정

이 복잡하고 대면적을 요구하는 것이 단점이다.

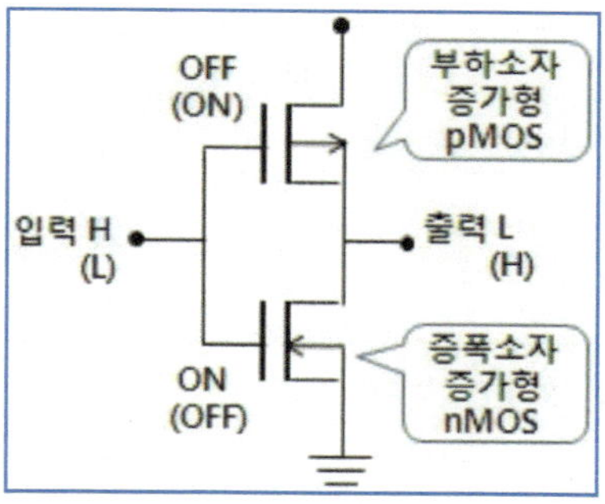


[그림 57] CMOS Logic 구조

- **BiCMOS(Bipolar + CMOS):** Fan-out 수가 작은 것이 CMOS가 갖는 하나의 단점인데, 그 대책으로 bipolar 회로를 출력에 추가하여 출력 용량을 크게 하고 있다. 즉, pMOS인 Mp가 on일 때, bipolar transistor Q1에 base 전류가 공급되어 Q1이 on 상태로 되고, Mp가 off 상태이면 Q1도 off 상태가 된다. 반대로 Mn이 on 상태이면 Q2에 base 전류를 공급하여 Q2가 on 되고, Mn이 off이면 Q2도 off 상태가 된다.

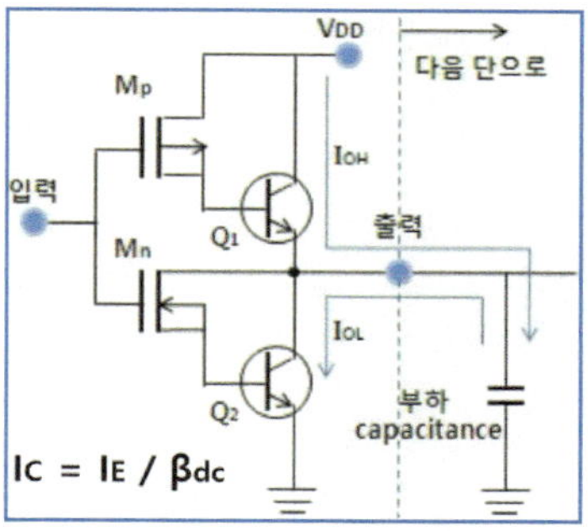


[그림 58] BiCMOS 구조

- **ECL(Emitter Coupled Logic):** 속도가 가장 빠른 논리 회로로 대형 계산기의 CPU 등에 오랫동안 사용되고 표준화된 논리 집적회로이다. transistor 입력 A, B의 어느 하나가 'H'이면 Q1, Q2 중 어느 하나는 on 상태가 되어 출력(Vc2)은 'L' 상태가 된다. 결국, NOR 논리 특성을 나타낸다. Q3의 base 전압 VREF는 Q1, Q2가 off일 때, Q3가 활성작용을 할 수 있도록 하기 위한 bias 전압이다. 따라서 VC2의 출력은 OR 기능의 논리 상태를 나타낸다.

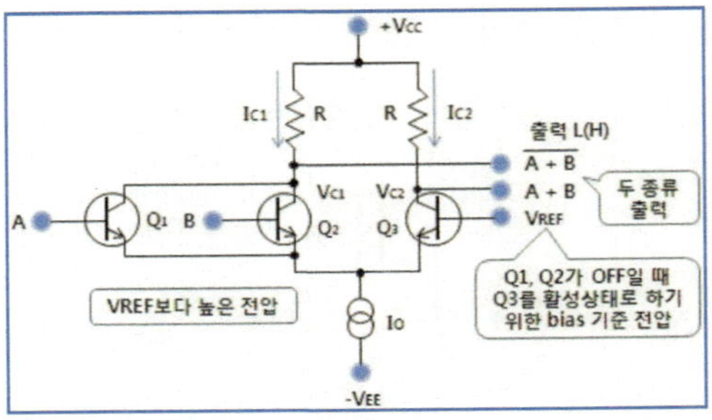


[그림 59] ECL 구조

- **Analog IC:** 디지털 칩이 아무리 속도가 빠르고 저렴해도 그 응용 분야는 인간과의 interface가 반드시 필요하다. 즉 디지털 신호는 아날로그 신호로 바뀌어야만 인간에게 전달될 수 있다. 빛, 소리, 압력, 동작, 온도, RF 등 실제 세계(real world)의 신호를 해석/관리하는 IC이다.
- **LDI(LCD Driver IC):** LCD의 구동 또는 제어에 필수적인 IC이다. 요즘은 디스플레이의 개념으로 넓어져서 DDI(Display Driver IC)라고도 한다. display panel의 크기와 처리하고자 하는 색상 수에 따라 사용 개수가 결정되며 일반적으로 하나의 display panel에 1개 이상에서 수십 개까지 부착돼 구동할 수 있도록 해준다. LCD, PDP, OLED 등 다양한 방식의 display이 구동에 필요한 IC이다. LDI/DDI는 source driver IC, gate driver IC, graphic RAM, power generation circuit 등으로 구성된다.

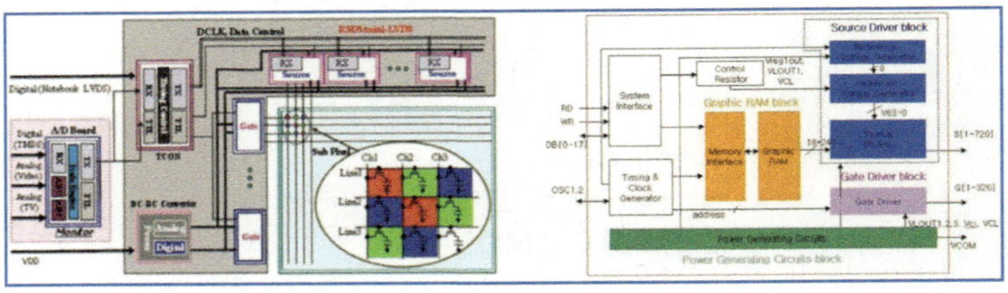


[그림 60] LDI, DDI 구조

  - **Source driver부:** TFT의 source 전극을 구동한다는 의미이다. gate driver IC가 TFT를 on 상태로 해주면 source driver는 화상 정보를 화소 전압으로 변경하여 액정에 신호 전압을 인가하는 역할을 한다.
  - **Gate driver부:** TFT의 gate 전극을 구동한다는 의미이다. gate driver부가 주사선을 선택하여 scan pulse를 인가해 TFT를 on 상태로 해주면 source driver는

데이터 각각의 신호 배선을 통하여 액정 셀에 신호 전압을 인가하는 역할을 한다.

- **Graphic RAM부:** source driver에 입력되는 display pattern data를 저장하는 RAM으로 GRAM이라고 한다. read, write 동작 외에는 source driver로 데이터를 보내는 line read 기능을 가진다.
- **power generating circuits부:** 크게 DC/DC pump와 주변 회로로 나누어진다. DC/DC pump는 liquid crystal을 구동하기 위한 전압을 생성하여 source driver부와 gate driver부에 전압을 공급한다.

- **LED Driver IC:** 입력전압변동이 심하고 낮은 전압으로부터 안정된 밝기 및 높은 효율로 LED를 동작시켜주는 IC이다. 입력 전압으로부터 bandgap reference를 형성하여 current bias와 voltage bias를 제공한다. sense MOSFET을 이용하여 출력 전류를 sensing 하게 되는데, sensing 된 전류는 current mode control과 current limiting 동작을 할 수 있게 한다.

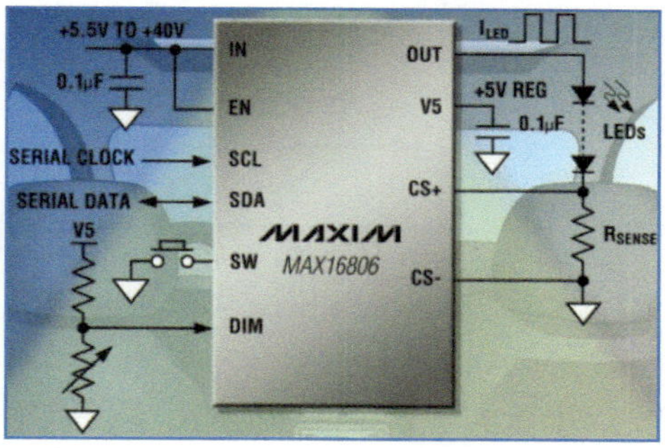


[그림 61] LED driver IC 구조

- **Motor Driver IC:** 기본적으로 H-bridge가 내장되어 전류의 방향을 바꾸거나 전류를 증폭시켜 모터를 더욱 유연하게 사용할 수 있도록 해주는 IC이다.

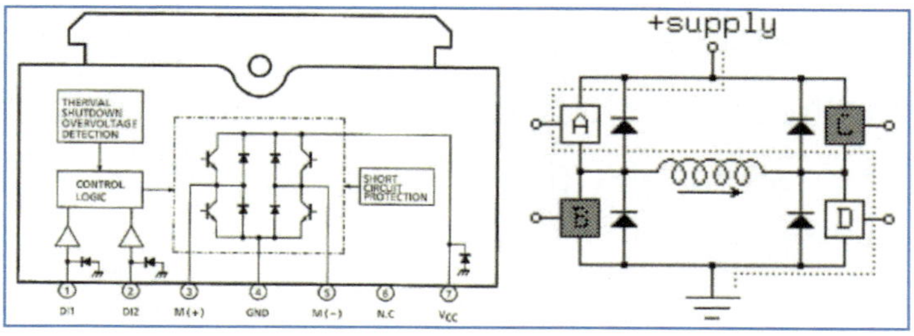


[그림 62] Motor driver IC 구조

작동 원리는 A, B, C, D의 스위치를 켜고 끄는 방식으로 작동한다. A와 D를 닫고 B와 C를 열면 중앙에 있는 coil에 전류가 왼쪽에서 오른쪽으로 흐른다. B와 C를 닫고 A와 D를 열면 중앙에 있는 coil에 전류가 오른쪽에서 왼쪽으로 흐른다. 전원은 외부전원으로 공급받기 때문에 DC 모터 IC에 원하는 전원을 공급할 수 있다.

- **Linear Regulator:** Regulator 회로란 불규칙한 입력 전압 및 높은 입력 전압을 SET의 일반 회로에서 요구하는 전원 전압으로 안정하게 공급해 주는 회로를 말한다. 입력 전압부에 Q1을 PNP BJT를 사용한다. PNP Tr.의 경우 base 전압이 emitter 전압보다 0.7~0.8V가 낮아야 동작을 한다. 입력 전압이 증가했을 때 전압 제어를 통해 Q1의 base 전압이 증가하므로 OVP(Over Voltage Protection)를 제어해 주므로 일정한 전압을 공급해 주게 된다.

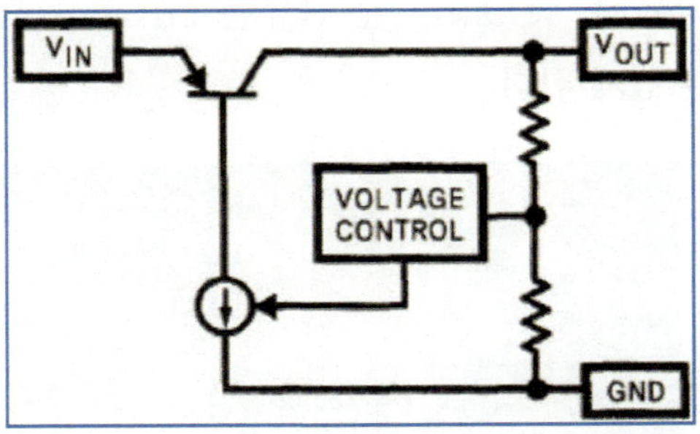


**[그림 63] Linear regulator 구조**

- **Digital Audio Driver:** Audio 증폭기 application을 위해 높은 입력 전압으로 고속 MOSFET를 구동한다.
- **DC/DC Converter:** 어떤 전압을 승압 및 강압시키기도 하고, 양단 전원을 바꾸기도 하는 IC이다.
- **RFID(Radio Frequency Identification):** IC 칩과 무선을 통해 식품, 동물, 사물 등 다양한 개체의 정보를 관리할 수 있는 차세대 인식 기술이다. RFID는 판독 및 해독 기능을 하는 판독기(reader)와 정보를 제공하는 태그(tag)로 구성되는데, 제품에 붙이는 태그에 생산, 유통, 보관, 소비의 전 과정에 대한 정보를 담고, 판독기로 하여 안테나를 통해서 이 정보를 읽도록 한다.

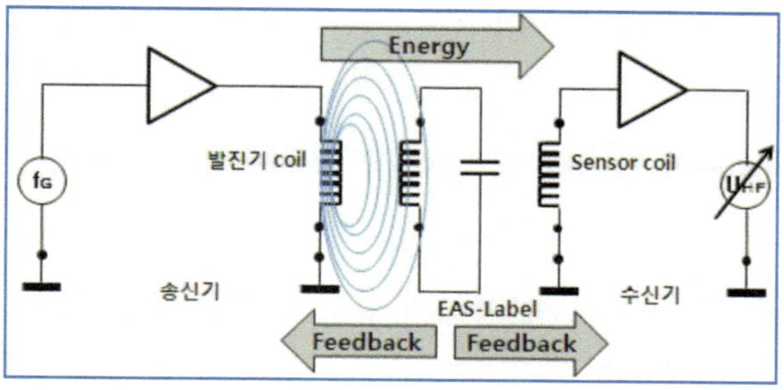


[그림 64] RFID 구조

Reader는 무선 주파수 범위에서 교류 자계를 발생시킨다. 만약 LC 공진회로가 교류 자계의 근처에서 움직이면, 교류장의 주파수가 fG가 LC 공진회로의 공진주파수 fR과 일치한다면 공진이 일어난다. 이 같은 결과로 공진회로에 흐르는 전류는 그것의 원인에 반하는 작용, 즉 외부 교류 자계를 밀어내는 작용이 일어난다. 안테나에서 받은 신호 중 필요한 주파수만을 걸러 내 modem으로 보내주는 역할을 하는 반도체이다.

- **PMIC(Protection Management IC)**: 2차 전지의 과충전, 과방전, 과전압, 과전류 상태를 감지하여 2차 전지의 안전성 및 수명을 보장하기 위한 IC이다. 보호회로 칩 외부의 상태에 따라 반응하는 nMOS 스위치와 전류의 흐름을 제어하는 diode로 구성된다. 2차 전지의 전압상태는 보호회로의 비교기를 통해서 과충전, 과방전 및 정상상태를 검출한다. 과충전 시 CO(over charge) pin에서 low, DO(over discharge) pin에서 high를 출력하여 다이오드2에서 충전 경로를 차단하고 방전 경로만을 연다. 과방전시 CO pin에서 high, DO pin에서 low를 출력하여 diode1에서 방전 경로를 차단하고 충전 경로만을 연다. 또한, 정상상태에서는 MOSFET1과 MOSFET2가 on 되면서 충전 경로와 방전 경로가 diode1, diode2에 의해 차단되지 않는다.

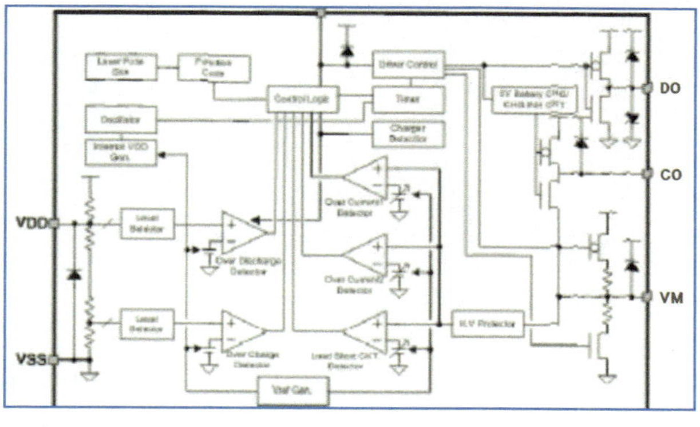


[그림 65] PMIC 구조

- **Crystal Oscillator:** 수정결정의 압전현상을 이용한 수정진동자를 발진주파수의 제어 소자로 사용하여 안정도가 높은 발진주파수를 얻는 발생기이다. 수정의 결정체에서 적절하게 끊어낸 수정편의 양면에 전극을 설치하고 전극간에 교류를 통할 때 그 주파수가 수정편의 기계적 고유진동과 일치하면 공진을 일으킨다. 이때 전극간의 전기 임피던스는 일종의 전기적인 직렬공진회로와 같은 특성을 나타내고, 그 공진주파수는 수정편의 종류, 모양, 크기 등으로 결정된다.
- **Digital IC:** 일반적으로 고속 연산과 논리 기능을 제공하며, 아날로그 반도체보다 저렴하고 작게 제작할 수 있다.
- **MMP(Mobile Multimedia Platform):** 일반적으로 휴대기기에 장착되어 다양한 application platform을 위한 JPEG 압축뿐만 아니라 하드웨어 기반의 video data processing을 지원하는 등 multimedia 기능을 구현하는 IC이다.
- **CSP(Camera Signal Processor):** CSP는 카메라폰에서 사람의 눈과 같은 역할을 해주는 image sensor를 통해 들어오는 영상 데이터를 실제 영상과 동일한 형태로 색감과 밝기를 조절해주는 기능을 수행한다. 카메라폰에서 디지털 카메라 이상의 화질을 구현하는 IC이다.
- **CCP(Camera Control Processor):** CCP는 카메라폰에서 촬영된 이미지와 영상을 사용자 단말 액정 크기에 맞게 실시간으로 압축/재생하고, 이미지와 영상을 편집/가공하여 우리가 볼 수 있도록 display 해주는 IC이다.
- **CIS(CMOS Image Sensor):** 디지털 사진기기에서 전자 필름의 역할을 수행하는 이미지 장치이다.

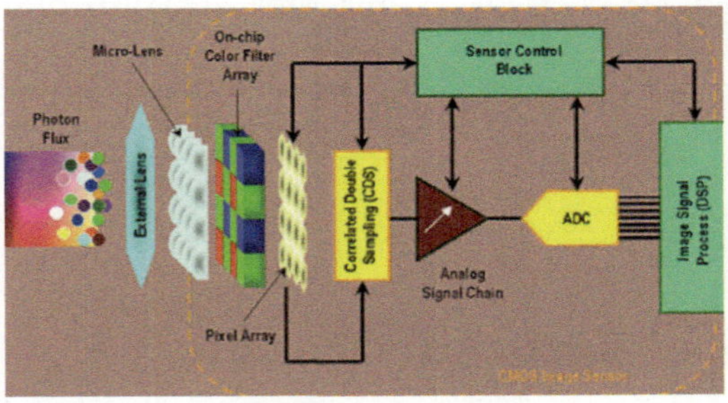


**[그림 66] CIS 구조**

Micro lens를 거쳐 CFA(Color Filter Array)를 통과한 빛이 bayer pattern으로 구성된 pixel 위에 상이 맺히게 된다. 이것이 전기적 신호로 변경되어 CDS(Correlated

Double Sampling)에서 아날로그 처리를 거쳐 아날로그적인 영상 신호로 완성되고 이것이 ADC(Analog Digital Converter)를 통해 디지털로 출력이 되는 것이다.

- **Digital Tuner:** 외부로부터 받은 다양한 아날로그 신호를 합성하여 대역간의 상호 간섭을 제거하고 디지털 신호로 변환하는 IC이다.
- **DTCXO(Digitally Temperature Compensated Crystal Oscillator):** 기준 주파수를 공급하는 oscillator로서, 일반적으로 crystal oscillator가 가장 정확해 많이 사용되고 있으나, crystal oscillator는 온도 변화에 따라 주파수가 ±30ppm 정도 변하지만 DTCXO는 ±1ppm 이내로 유지하는 기능을 포함한다. 일반적으로 TCXO와 같이 수정 응용 제품의 하나이며 수정이 가지고 있는 고유의 온도 특성을 thermistor와 같은 부품을 사용하여 보상함으로써 출력 주파수의 오차를 줄인 IC이다. TCXO와의 차이점은 발진 회로에 내장되는 수정의 온도 특성을 수치화하여 메모리 IC에 기록한 후 온도가 변화될 때마다 메모리에서 이에 상응하는 수치를 출력하여 보상해 주는 방식이며 TCXO 보다도 더욱 출력 주파수 오차가 낮은 IC이다.
- **TCON(Timing Controller):** TCON은 시스템으로부터 출력되는 비디오 신호를 입력받아 복잡한 연산 과정을 통해 LCD panel의 source와 gate driver에 전송할 제어 신호를 생성 및 전송하는 핵심 IC이다.

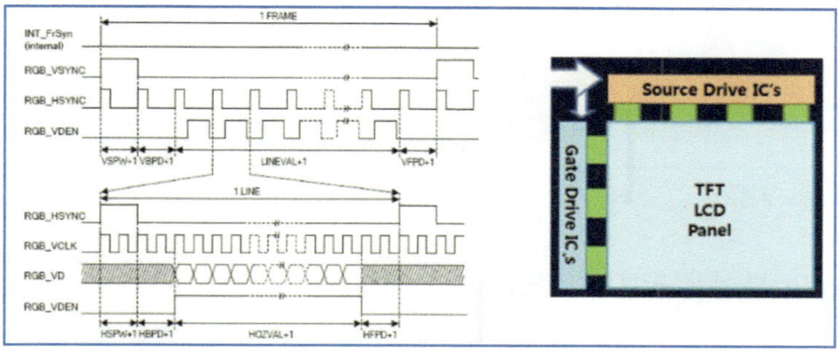


**[그림 67] TCON 구조**

Gate/source쪽에 전달해주는 timing이 각각 다르고, 아날로그인 경우는 비디오 신호와 동기(synchronizing)를 맞추어야 하므로 timing controller가 필요하다. 대략 source 쪽으로 R/G/B의 색상 신호가 들어오는데 이 경우 아날로그 방식의 경우는 외부 회로에서 직접 panel의 전압에 맞게 전압을 만들어서 전달할 경우 기준이 되는 timing이 필요하다. 그리고 line이 바뀌었을 때마다 이것을 panel에 인식을 시켜야 하고 frame이 바뀌었을 때도 panel에 인식을 시켜야 한다.

- **SoC(System on Chip):** 단일 칩을 사용해 여러 가지 관련된 기능을 포함하거나, 여러 기능을 가진 시스템을 하나의 칩에 집적하는 기술집약적 반도체이다.
- **3D SoC:** 고성능 host processor, 전용 3D graphic, PVR 기능을 위한 hard disk interface, ethernet 및 USB 연결 기능 등을 통합한 IC이다.

## II. Discrete

전자회로에서 개별 부품으로서의 정해진 일부 단수 기능만 수행하는 전자 부품 소자이다. 주로 resistor, condenser, inductor 등 수동 소자를 의미하나, 때에 따라서 단순 기능의 diode, transistor 등을 포함하기도 하는 집적회로와 반대되는 IC이다.

- **Diode:** Diode는 전자현상을 이용하는 2단자 소자를 말한다. 전류를 한쪽 방향으로만 흐르게 하고 그 반대 방향으로는 흐르지 못하게 하는 정류 특성을 갖는 반도체이다. diode는 진공관 diode와 반도체 diode가 있다. 진공관 diode는 보통 진공관의 경우와 같이 방열형과 직열형이 있는데, 이것은 열전자 방출체인 음극(cathode)의 가열방식에 따른 구분이다.

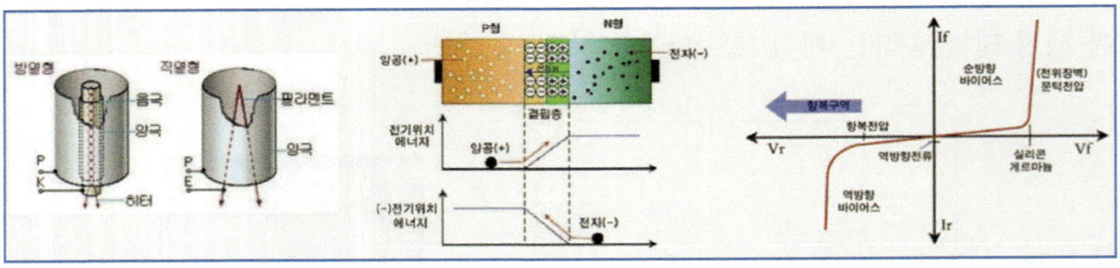


**[그림 68] Diode 구조**

그 전류/전압의 특성은 5개의 영역(breakdown voltage 영역, leakage current 영역, 조속전류 역영, 양극전류가 제한되는 영역, saturation 영역)으로 나누어 생각할 수 있다. 반도체 diode는 구조가 간단하고 값이 싸며 고주파 특성이 좋은 점접촉형 diode와 금속 침과 반도체가 융착된 본드형 diode, schottky의 p-n접합이론에 근거를 둔 접합 diode가 있다. 접합 diode는 점접촉형과 본드형 diode도 이에 포함되며, 본드법/합금법/확산법/결정성장법/쌍정법/이온주입법 등 여러 가지 기술이 개발되어 이들에 의하여 제작된다.

- **Switching Diode:** Switching diode는 switch 즉, on과 off에 목적을 두는 diode이다. 일반적으로 diode가 도통하는 동안 p-n접합부에서 hole과 electron의 결합이 이루어지다가 역전압의 인가로 turn off 될 때 접합부에서 결합 되고 있던 carrier

들이 서로 분리되어 결합이 해제될 때까지 diode는 도통 상태를 유지한다. 이 특성을 reverse recovery time(Trr)이라 부른다.

- **Vari-cap Diode(Variable Capacitance diode):** 반도체 diode에 revers bias를 가하면 전극 사이에는 전류가 거의 흐르지 않는 정전용량만이 되고, 다시 그 값이 가한 reverse bias에 의해 변화하게 되는데 이러한 성질을 이용한 diode를 Vari-cap diode라 한다. 주로 amplifier, frequency 변환장치 등에 이용된다.
- **Rectifier Diode:** Rectifier diode는 말 그대로 교류전압을 직류전압으로 정류하는 diode이다. 교류전압을 인가하였을 경우 양(+)의 주기는 도통 되고, 음(-)의 주기는 차단함으로써 양(+)의 파형을 가지는 것을 말한다.
- **Bridge Diode:** 하나의 rectifier diode에서는 반파정류밖에 할 수 없지만, diode 4개를 조합하면 전파정류를 할 수 있다. 이 4개를 조합한 것이 bridge diode이다.

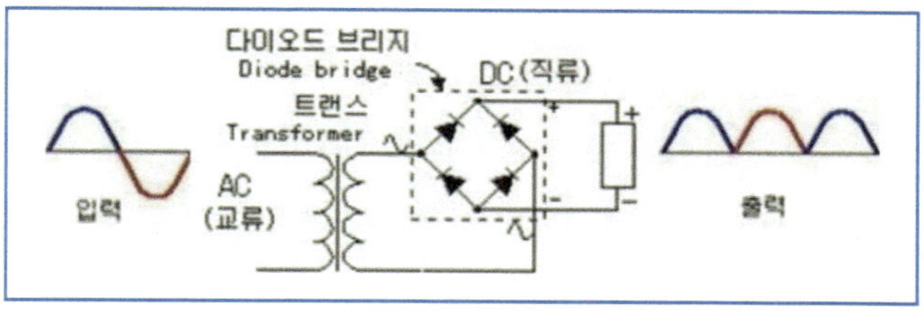


[그림 69] Bridge Diode 구조

전파정류는 반파정류와는 달리 정현파 교류의 양(+)과 음(-)의 두 반파를 모두 직류로 변화하기 때문에 정류 효율이 매우 높다. 전파정류회로에는 그림과 같이 4개의 diode를 bridge형으로 접속시킨 bridge frequency rectifier diode보다 2배의 출력을 얻을 수 있으므로 정류기 중에서 가장 널리 사용되고 있다.

- **Schottky Diode:** Schottky 장벽에 의한 정류작용을 이용한 정류소자로서 낮은 전압강하와 매우 빠른 switching 전환이 가능한 diode이다. schottky diodes는 p-n접합 대신 반도체 표면에 금속막을 증착, 도금 등의 방법으로 부착시켜서 만든 schottky형의 장벽을 통해서 반도체 속에 carrier를 주입한다. 순방향 전압/전류 특성에서의 전류가 크게 상승하기 시작하는 전압값을 금속막의 종류에 따라 다르게 할 수 있다. 고주파수에서 특성이 좋은 것과 고온처리가 필요치 않은 것 등의 특징이 있어 초고주파용을 비롯하여 많은 분야에서 사용한다.
- **Tunnel Diode:** 불순물 반도체에서 부성 저항 특성이 나타나는 현상을 응용한 p-n접

합 diode이다. 불순물 농도를 증가시킨(일반 diode보다 수백 배에서 수천 배의 불순물 농도) 반도체로서 p-n접합을 만들면 공핍층이 아주 얇게 되어 tunnel 효과, 즉 전류반송파의 양자역학적인 관통현상 효과가 발생하고(일반 diode에서 나타나는 breakdown effect가 없음), 갑자기 전류가 많이 흐르게 되면 forward bias 상태에서 부성 저항 특성이 나타난다. 이렇게 하면 발진과 증폭을 할 수 있고 동작 속도가 빨라져 microwave band에서 사용할 수 있다.

- **Zener Diode:** Forward bias 특성과 breakdown voltage에 이르기 전까지의 reverse bias 특성은 일반 diode와 같으나, reverse breakdown voltage에 이르면 전류가 급격히 증가하고 zener diode 양단의 전압은 일정한 전압(zener voltage)이 유지된다. 입력 전압이 변화하여도 zener diode 양단의 출력전압은 일정하다. reverse bias를 통해 breakdown voltage를 회로 동작에 활용하는 정전압 회로 등에 사용된다.
- **Varator Diode:** p-n접합에서 역방향 bias를 걸어주면 공핍층의 두께가 증가하게 되고, 이로 인해 두 접점의 접합용량이 적어지는 원리를 이용한 전압으로 정전용량을 조정할 수 있는 diode이다. 전압으로 발진주파수를 조절할 수 있는 voltage control oscillator 회로이다.
- **Transistor:** Silicon, germanium과 같은 반도체 성질을 지닌 금속 결정으로 만들어지는, 많게는 3종류의 단자를 지녀 전기 신호를 증폭, 제어, 발생하는데 사용하는 소자이다. NPN Tr.와 PNP Tr.의 두 가지가 있으며 동작은 기본적으로 같고 가하는 전압이나 흐르는 전류가 반대로 되는 것뿐이다. transistor base의 입력신호로 제어하여 collector의 전류를 제어하는 소자이다. Power Tr.는 전력용으로 사용하는 대출력 Tr.를 말한다.
- **BJT(Bipolar Junction Transistor)**

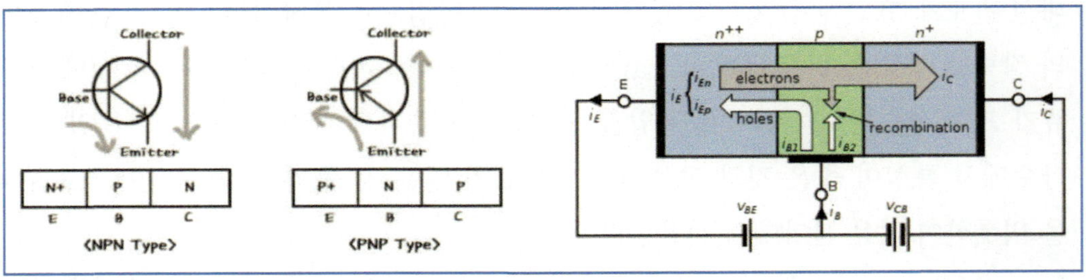


[그림 70] BJT 구조

Emitter-base의 p-n접합면에 emitter보다 base 쪽에 더 높은 전압을 가하게 되면 forward bias가 걸리게 된다. forward bias로 인해 base의 hole 일부는 emitter 쪽으로 이동하고, emitter 쪽의 대형 carrier들이 base 쪽으로 이동하게 된다. 그런데, base단은 매우 좁아서 전자들은 순식간에 collector-base의 p-n접합면 주위에 도달하게 된다. collector-base의 p-n접합면에는 collector 쪽에 더 높은 전압이 되어있으므로, 전류가 거의 흐르지 않는 reverse base가 된다. 대신, p-n접합면 주변에는 전기장이 형성된다. collector-base의 p-n접합면 주위에 도달한 전자들은 전기장에 끌려 collector로 끌려가게 된다. base에서는 carrier 전자들과 base의 hole 일부가 서로를 당기는 recombination을 하게 된다. emitter current는 forward bias로 인해 발생한 전류로, emitter→base 쪽으로 이동한 전자들과 base→emitter 쪽으로 이동한 hole들이 이루는 전류이다. base current는 emitter에서 온 전자들이 base의 hole과 만나서 이루는 전류이다. collector current는 emitter에서 온 전자들이 base를 지나쳐 collector→base의 전자장에 끌려 collector까지 넘어온 전류이다.

- **MOSFET(Metal Oxide silicon field effect transistor)**

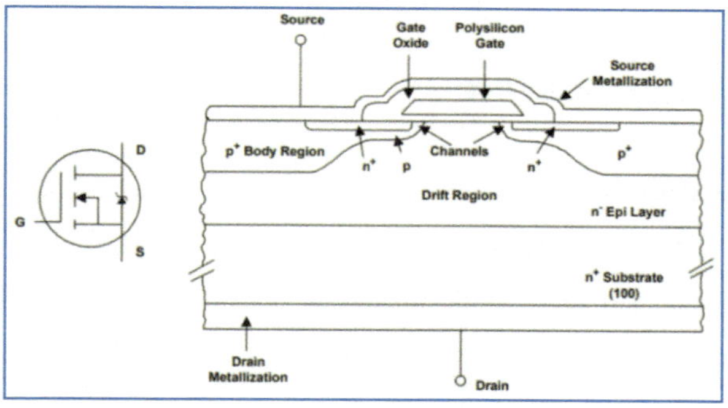


[그림 71] MOSFET 구조

MOSFET는 channel의 on/off를 통하여 silicon 저항체를 통하여 흐르는 전류를 switching 하는 제어 소자이다. high switching speed, low power loss, high current가 가능하다. source와 drain 사이의 gate voltage에 의해 조절한다. p-type layer silicon에는 voltage의 free electron의 수가 매우 작아 source와 drain 사이의 높은 voltage를 가해도 p-type layer의 resistor가 너무 크기 때문에 current가 흐를 수 없다. 그러나 gate voltage를 가하면 중간의 절연체인 oxide 때문에 current가 흐를 수 없다가 p-type layer와 oxide의 electric field에 electron이 모이게 되어 conduction channel이 형성되어 current가 pass하게 된다.

- **IGBT(Insulated Gate Bipolar Transistor):** IGBT는 전력용 반도체의 일종으로 정확하게 고전력 switching용 반도체를 뜻한다. 전기의 흐름을 막거나 통하게 하는 switching 기능은 다른 부품이나 회로로도 구현할 수 있지만, 정밀한 동작을 해야 하는 제품일수록 동작 속도가 빠르고 전력의 손실이 적은 전용부품이 필요하게 된다. 그러나 기존 switching 반도체인 Tr.는 가격이 저렴한 대신 회로 구성이 복잡하고 동작 속도가 느린 단점이 있고, MOSFET는 저전력이고 속도가 빠른 대신 비싼 단점이 있다. IGBT는 바로 이 두 제품의 장점만을 결합한 제품으로 평가받고 있다.

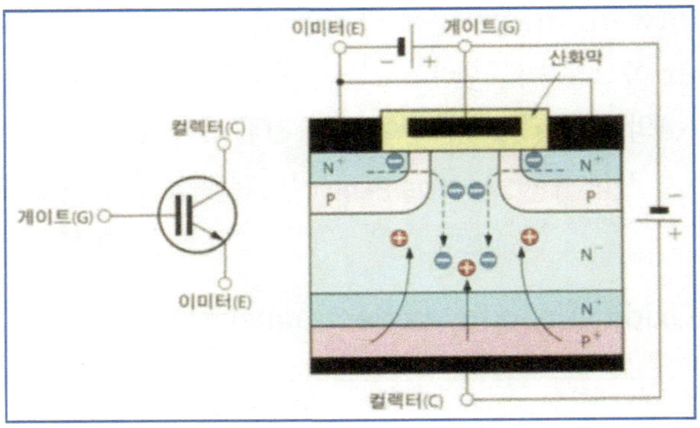


[그림 72] IGBT 구조

IGBT는 MOS gate로 제어되는 bipolar device로 MOSFET의 기판인 drain layer의 n+가 collector의 p+로 바뀐 것 외에는 종전 형태의 MOSFET와 기본적으로는 같은 구조이다. collector에 전압을 인가한 상태에서 gate 신호를 인가하지 않으면 MOSFET와 같이 전류는 흐르지 않으나, gate에 전압을 인가하면 gate전극 아래의 p-base layer 표면에 n-channel이 형성되어, 거기에 순방향의 전압이 인가된 상태이므로 collector-emitter 사이가 on 상태로 된다. power MOSFET의 on 저항 대부분은 고저항의 n-layer에 의한 것이지만, emitter로부터 electron이 collector로부터 hole이 주입되어 n-layer에 과잉의 carrier가 축적 전도도 변조가 일어나므로 IGBT의 on 전압은 MOSFET보다 큰 폭으로 작아진다.

- **Thyristor:** SCR(Silicon controlled Rectifier)라고 부르기도 하며 silicon 제어 정류기의 한 종류로 보기도 한다. anode, cathode, gate의 3단자로 구성되어있으며 gate에 신호가 인가되면 지속적인 gate 전류의 공급 없이도 주회로에 역전류가 인가되거나 전류가 유지전류 이하로 떨어질 때까지 통전상태(전류가 흐르는 상태)를 유지한다. turn on의 경우는 gate와 anode 사이에 정전압의 신호를 넣는다. turn off 시에는 신

호를 역으로 동작시켜 anode와 cathode 사이의 carrier를 빨아내고, 주전류를 강제적으로 보호대역전류 이하로 하여 차단하는 것이다. turn off를 위한 gate전류는 주전류의 ⅓~⅕ 정도로 큰 값이다. 구조적으로는 gate에서 turn off 시키기 위해 cathode의 주위를 gate가 둘러싸 anode와 cathode 사이의 주전류를 뽑아내기 쉽게 되어있다. cathode segment는 폭이 200㎛, 길이가 2~3㎜ 정도, 제어전류 3000A class의 소자에서 segment의 수는 수천 개가 된다.

- **LED(Light Emitting Diode):** 발광 diode란 갈륨비소 등의 화합물에 전류를 흘려 빛을 발산하는 반도체 소자이다. p-type 반도체와 n-type를 서로 접합하여 만든 LED의 전극에 foreword bias를 인가하면 p-type의 다수 반송파인 hole은 n영역으로, n-type의 다수 반동파인 electron은 p영역으로 확산되는데, 이때 electron과 hole이 접합면 근처에서 서로 재결합할 때 energy gap에 해당하는 만큼의 파장을 갖는 빛이 발광된다. 이때 방출되는 빛의 파장은 사용되는 재료에 따라 달라지며, 일반적으로 direct transition(직접 천이형) 반도체에서 발광 효율이 우수하다. 다른 일반적인 diode와 같은 극성을 하고 있고, 전압이 낮을 때 전압을 올려도 거의 전류가 흐르지 않고 발광도 하지 않는다. 어느 전압 이상이 되면 전압 상승에 대하여 전류가 빠르게 흘러서 전류량에 비례해서 빛이 발생한다.

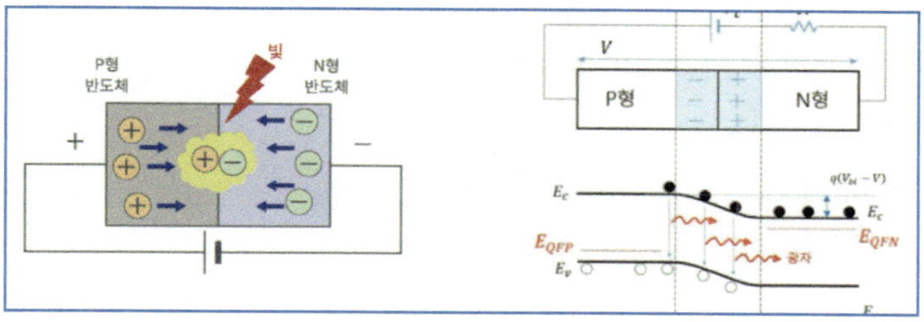


**[그림 73] LED 구조**

- **OLED(Organic Light Emitting Diode):** 형광성 유기화합물(organic, 탄소 원자 포함)에 전류가 흐르면 빛을 내는 전계 발광현상을 이용하여 스스로 빛을 내는 자체 발광형 유기물질을 말한다. OLED의 발광 메커니즘은 형광 물질의 전기적 에너지에 의한 발광이라는 개념에서 무기(inorganic) EL(Electro Luminescent)과 유사하지만, 발광 메커니즘의 중심인 excited state 측면에서는 다소 차이가 있다. 무기 EL은 전자가 높은 전압에 의해 가속 충돌하여 발생하는 에너지에 의해 발광이 일어나는 반면, 유기 EL은 양극과 음극에서 주입된 정공과 전자의 재결합에 의해 발광이 일어난다.

OLED는 5개의 layers ‘cathode(음극), emissive(빛을 제조), conductive(hole을 emissive에 전달), anode(양극), substrate(투명 플라스틱)’로 구성되어있다. OLED가 빛을 내는 과정은 LED와 비슷하다. 이런 과정을 electro phosphorescence라고 한다. 전압을 인하가면 cathode에서 electron을 emissive layer에 주입하고, anode에서 hole을 conductive layer에 주입하여 기존에 있던 conductive layer hole이 밀려나 emissive layer로 넘어가 electron과 hole의 재결합(recombibation)하여 빛을 낸다.

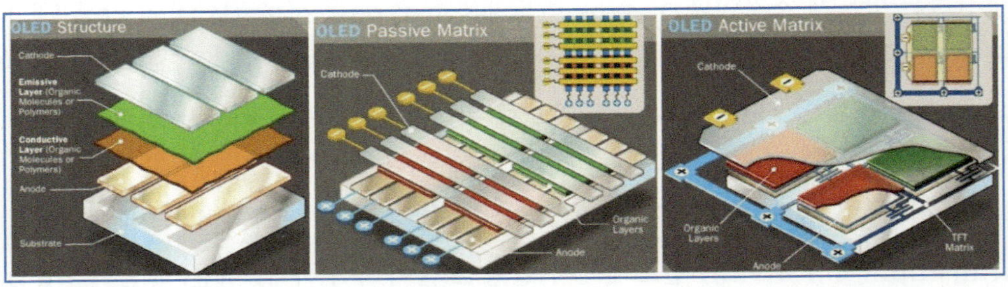


**[그림 74] OLED 구조**

## Ⅲ. AI 반도체

AI(Artificial Intelligence)는 수많은 데이터를 학습하고 이를 통해 추론한 결과를 도출한다. 학습 데이터를 단시간에 받아들이고 처리하기 위해서는 특별한 프로세서가 필요한데, 이 프로세서가 AI 반도체이다.

AI 반도체가 개발되기 전에는 이 핵심 두뇌 역할을 CPU(Center Process Unit)와 GPU(Graphic Processing Unit) 가 하였는데 범용성이 낮아 AI 알고리즘에 최적화된 AI 전용 반도체가 등장하게 되었다. AI의 딥러닝(deep learning)에 특화되었다는 의미에서 흔히 NPU(Neural Processing Unit, 신경망 처리장치)라고 부르고 있다.

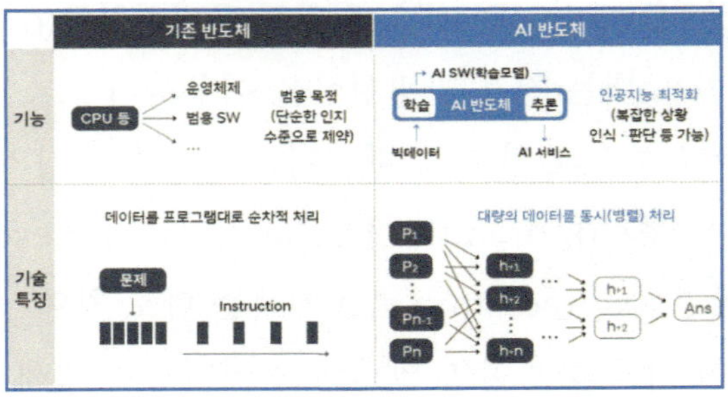


**[그림 75] 기존 반도체와 AI 반도체의 비교**
**출처: 과학기술정보통신부**

CPU는 컴퓨터의 입·출력, 명령어 처리 등을 모두 다루는 반도체이다. 하지만 데이터를 순차적으로 직렬 처리하는 CPU는 대규모 병렬 처리 연산을 하는 AI에는 최적화되어 있지 않다. 이 한계를 극복하기 위해 고사양의 그래픽을 처리하는 GPU가 대안으로 등장했다. GPU가 본래 AI 연산을 위해 만들어진 반도체가 아니므로, AI 전용 반도체가 등장하게 되는데 FPGA(Field Programmable Gate Array)나 ASIC(Application Specific Integrated Circuit) 형태의 NPU가 이에 해당한다.

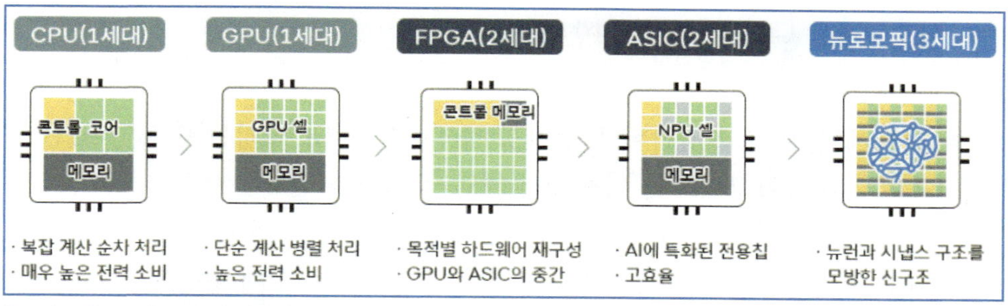


**[그림 76] AI 반도체 발전 방향**
**출처: 한국전자통신연구원**

- 1세대: CPU + GPU
- 2세대: NPU, 인간의 뇌신경을 모방한 인공지능 알고리즘의 연산에 최적화된 프로세서
- 3세대: 뉴로모픽(neuromorphic) 신소자, 신설계를 통해 집적도, 전력효율을 획기적으로 향상한 프로세서

기존의 반도체는 CPU가 연산을 처리할 때 1부터 100까지(가정) 직렬형태의 순차적인 처리방법을 택한다. 물리적으로는 반도체 내부 각 셀에 전자의 이동/복귀를 순차적으로 진행한다. 디지털 로직으로는 바이너리 코드의 001에서 1은 전자의 생성을 말한다.

AI 반도체는 1에서 100까지 범위에서 선 또는 면의 단위인 1~10 또는 1~100이 병렬형태의 동시적인 처리방법을 택한다. 물리적으로는 반도체 내부 각 셀에 전자의 이동/복귀를 그룹화하여 동시에 진행함.

AI는 text, sound, image의 세 가지 타입이 있는데, 이중 가장 널리 사용되는 것은 이미지를 분석하는 GPU이다. 여기까지가 1세대 AI 반도체이고, 3세대 뉴로모픽은 인간의 뇌인 뉴런과 시냅스 구조와 같이 대량의 데이터를 고속 연산 처리하는 것에 극대화된 것이다.

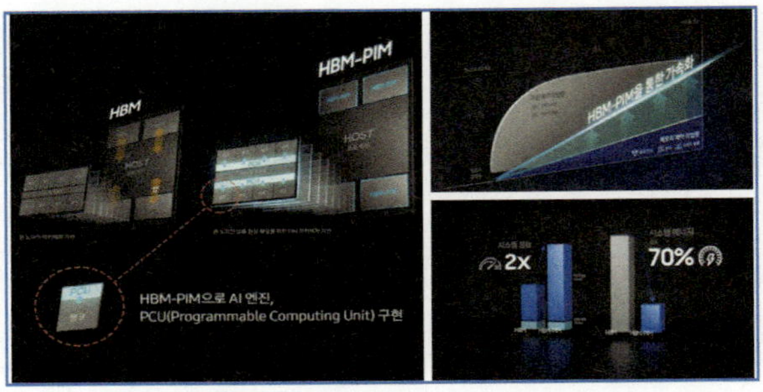


**[그림 77] AI 반도체와 HBM 내부**
**출처: 삼성전자**

기존의 반도체와 같이 커패시터에 전자를 충진 시켰다가 넘기는 방식이 아닌, 전자기 방식을 사용한다. 즉, 마그네틱을 이용해서 해당 공간에서 전자를 바로 이동/결합시켜 연산하므로 저장 기능까지 한꺼번에 처리할 수 있다. 이는 로컬 연산 처리가 가능하므로 속도가 향상되고 전력이 감소하므로 전체적으로 시스템 성능이 2배 향상된다.

3세대 AI 반도체는 연구단계라 상용화 하기에는 앞으로 5년 이후를 보고 있고, 2세대 AI 반도체는 개발이 완료되어 양산 중이다.

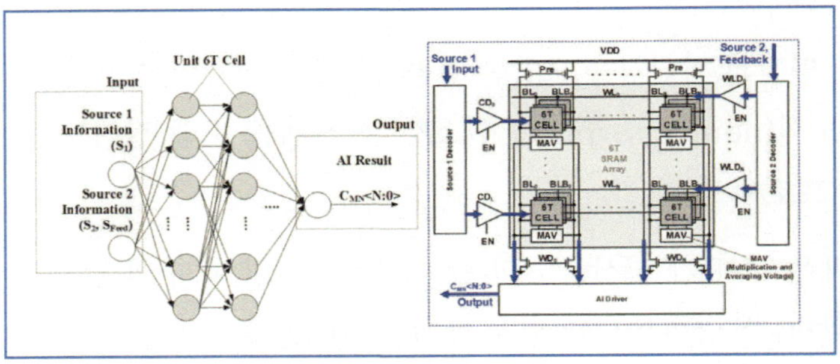


**[그림 78] AI 반도체 동작 알고리즘과 회로도**

사전에 대용량 데이터로 축적된 drain단에서, 처리하고자 하는 대상을 source단으로 투입해 machine leaning/deep leaning 하게 되고, 연산된 결과가 출력된다.

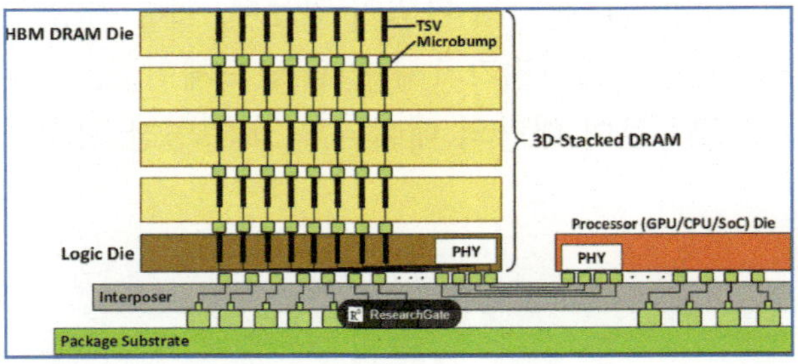


**[그림 79] 2세대 AI 반도체 구조도**

2세대 AI 반도체의 핵심은 속도이다. 연산용 반도체와 저장용 반도체 그리고 로직 반도체는 각각 분리되어 개별 반도체로 존재한다. 이들을 PCB 기판에서 서로 연결된 것을, 하나의 칩으로 SIP(System In Package) 한 것이다. 여러 개의 DRAM을 적층하여 HBM(High Bandwidth Memory, 고대역폭 메모리)를 만들고, 이를 컨트롤 하는 로직 반도체와 연산 반도체를 하나의 칩으로 만들어 실시간으로 대용량의 정보를 처리하는 AI 반도체가 탄생하게 되었다.

[그림 80] AI 반도체 모듈
출처: Techsearch, 2020

## Ⅳ. 모바일 AP

AP(Application Processing)는 모바일용 비메모리 반도체로 각종 애플리케이션 작동과 그래픽 처리를 담당하는 핵심 반도체다. AP는 컴퓨터의 중앙처리장치(CPU)의 기능과 메모리, 하드디스크, 그래픽 카드 등 기타 장비의 연결을 제어하는 칩셋의 기능을 모두 포함하고 있는 SoC이다.

AP는 처음 CPU와 GPU로 이루어졌었는데, 이후 전력 소모 최소화, 배터리 공간 확보 등 제품 경쟁력을 강화하기 위해 다양한 기능의 칩을 통합하게 됐다.

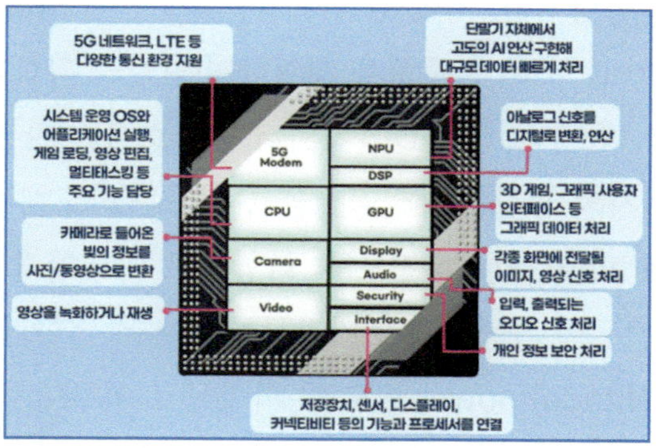


[그림 81] 모바일 AP 구조

# V. 차량용 반도체

차량용 반도체는 자동차에 장착되는 여러 기기를 제어하기 위한 반도체로 processor 반도체, sensor 반도체, power 반도체, mixed chip 반도체 등으로 구분한다.

- **Processor 반도체:** 자율주행자동차, 커넥티드카, 전기자동차 등에서 핵심 연산과 차량 제어를 수행하는 반도체로 ADAS(Advanced Driver Assistance System), 인포테인먼트 등에 사용된다.
  - **Application processor:** 자율주행을 위해 주변 환경을 인식하고 주행 상황을 판단하여 적절한 차량 제어를 수행하는 인공지능 기반 고성능 프로세서이다.
  - **Network processor:** 차량에서 도메인과 도메인 내 초고속 데이터 통신과 이종 프로토콜 간에 데이터 변환·중계를 수행하는 네트워크용 프로세서이다.
  - **Micro controller:** 차량 내 제어기의 핵심 부품으로 안정성·신뢰성·보안성을 극대화하며 다양한 센서와 액츄에이터를 제어하는 프로세서이다.
- **Sensor 반도체:** 차량 주변 및 주행 상황을 인식하고 디지털화하는 반도체로 데이터를 토대로 상황을 계산하고 판단하는데 도움을 준다.
  - **Vision sensor:** 카메라를 통해 전후좌우 영상을 취득하는 영상 센서와 취득된 영상 신호를 향상시키고 객체를 인식하는 ISP(Image Signal Processor)이다.
  - **Radar sensor:** 주변의 차량 및 장애물 등을 탐지하기 위하여 전파를 방사하고 반사파를 통해 주변 물체의 거리, 속도, 방향 등을 탐지하는 전파 센서이다.
  - **Lidar sensor:** 차량 주위에 레이저를 360도로 회전 발사한 후 반사파를 감지하여 주변 물체의 위치, 거리, 배치 등을 3차원으로 인식하는 레이저 센서이다.
  - **주행 제어 센서:** 방향전환, 가속·감속·제동, 빗길·눈길 등으로 인한 차량 자세의 불안전성을 감지하고 차체 및 주행을 제어하여 안전을 확보하는 센서이다.
- **Power 반도체:** 모터, 인버터, DC/DC 컨버터 등으로 전기자동차, 수소연료전지 자동차 등에서 전력 에너지의 생성, 변환, 공급을 수행하는 반도체이다.
  - **SiC(Silicon Carbide) power 반도체:** 화합물로 이루어져 매우 높은 고내압, 고내열, 고방열, 저손실이 가능하여 전기자동차에 매우 적합한 전력 반도체이다.
  - **GaN(Gallium Nitride) power 반도체:** 화합물로 이루어져 매우 높은 고전력 효율과 매우 빠른 스위칭 속도를 가지고 있는 전력 반도체이다.
  - **PMIC(Power Management IC) 및 Driver IC:** 배터리 출력을 차량 내 시스템에 필

요한 전압으로 변환하여 공급하고 전력 소자와 모터/액츄에이터 등을 구동하는 전력 반도체이다.

- **Mixed chip 반도체:** 자율주행자동차, 커넥티드카, 전기자동차 등에서 배터리, 통신, 보안 등 아날로그·디지털 혼성 기능을 수행하는 반도체이다.
  - **Interface 반도체:** 자율주행 자동차, 커넥티드카 등의 데이터 전송량 증가를 해결하기 위해 10Gbps급의 고속 데이터 전송이 가능한 인터페이스 반도체이다.
  - **BMS(Battery Management System) 반도체:** 배터리의 모니터링, 충·방전, 보호, 셀 밸런싱, 잔량 측정, 수명 예측 등 배터리 관리 및 제어를 수행하는 반도체이다.
  - **HSM(Hardware Security Module) 반도체:** 자율주행 자동차, 커넥티드카 등에서 암호키 생성 및 저장, 암·복호화(encryption, decryption), 사이버 보안 등에 필요한 하드웨어 보안 모듈 반도체이다.

## Ⅵ. 우주·항공용 반도체

우주·항공용 반도체는 극한의 상황(태양 앞의 초고온, 지구 뒤편의 초저온, 우주방사선, 로켓 페어링 때 부분 폭발로 인한 진동 충격 등)에서도 제대로 동작을 하는지가 관건이다.

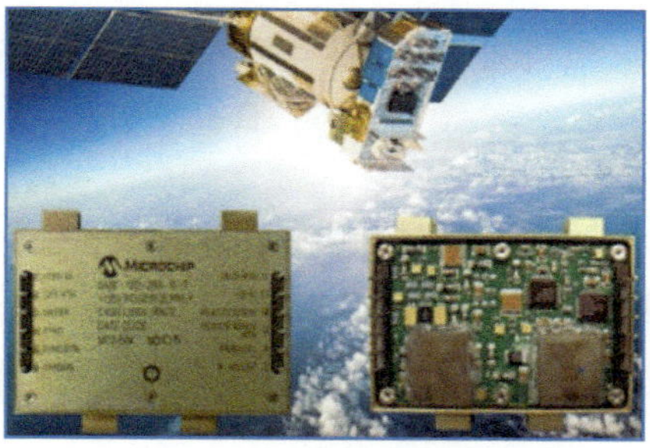

**[그림 82] 우주·항공용 반도체**
**출처: SemiconductorForU**

상용으로 판매되는 512MB SD램 메모리는 대략 3,000~25,000원 정도이지만, 동일사양의 우주 반도체는 개당 300만~1,000만 원으로 1000배가 량 비싸다. 이유는 극한의 상황에서 혹독한 환경을 버티면서도 제 할 일을 제대로 할 수 있는 신뢰성을 검증하기 위한 다양한 시험 과정도 거쳐야 하기 때문이다.

우주 방사선에 의한 내성도 필요하다. 태양 폭발, 외계에서 일어나는 초신성 폭발은 양성자, 중성자, 중이온 등 방사 입자를 야기한다. 이러한 방사 입자는 반도체에 닿았을 때 심각한 문제를 초래한다. 이렇다 보니 우주용 반도체는 일반 상용 제품이 나온 후 10년간 각종 보완 설계와 신뢰성 검사를 거친 뒤에 우주선에 탑재된다. 따라서 10년 전 성능의 CPU나 메모리를 1000배 가량 비싸게 들여 우주선에 탑재하고 있다.

Increasing Component Quality, Reliability, and Cost →

| | COTS / COTS+ | | Enhanced Intermediate Grades | | | Space Grade | |
|---|---|---|---|---|---|---|---|
| | Commercial | AEC-Q100 | EP | QMLQ | Space EP | QML-V | QMLV-RHA |
| Packaging | PLASTIC | PLASTIC | PLASTIC | CERAMIC | PLASTIC | CERAMIC | CERAMIC |
| Single Controlled Baseline | NO | NO | YES | YES | YES | YES | YES |
| Bond wires | Au or Cu | Au or Cu | Au | Al | Au | Al | Al |
| Pure Sn Used | YES | YES | NO | NO | NO | NO | NO |
| Burn-in Performed | NO | NO | NO | NO | NO | YES | YES |
| Radiation Tested | NO | NO | NO | NO | YES | YES | YES |
| Radiation Assured | NO | NO | NO | NO | YES | NO | YES |
| Temperature Range | -40 to 85°C | -40 to 125°C (only grade 1) | -55 to 125°C (majority) | -55 to 125°C | -55 to 125°C (majority) | -55 to 125°C | -55 to 125°C |
| 100% 3 Temp Test | NO | NO | NO | YES | 25, 125°C | YES | YES |
| Extra Qual/Process Monitors | NO | YES | YES | YES | YES | YES | YES |
| Life Test per lot | NO | NO | NO | NO | NO | YES | YES |

**[그림 83] 일반 상용 반도체, 차량용 반도체, 우주용 반도체**
**출처: THEELEC, 2023.05.12.**

COTS(Commercial Off The Shelf)은 Commercial(일반 상용 반도체), AEC-Q100(인증을 받은 차량용 반도체), QMLQ(군용 반도체), Space EP(인증을 받지 못한 우주용 반도체), QML-V(우주용 반도체), QML V-RHA(우주용 인증도 받고 방사선에도 강인함이 증빙된 제품에 붙는 우주용 반도체) 등으로 분류되고 있다. 오른쪽으로 갈수록 품질, 신뢰도, 가격 등이 뛰어난 것으로 우주용 반도체에 가까운 것이다.

- **우주·항공 반도체의 문제점:** 지구 주변의 밴앨전벨트와 태양 및 심우주에서 오는 양성자, 중성자, 중이온, 알파 입자와 같은 우주방사선은 메모리의 민감한 영역에 고장 또는 SEE(Single Event Effect, 단일 이상 현상)를 유발하여 시스템 오동작을 일으킨다.

오동작에는 SEL(Single Event Latch-up)은 고전류가 흘러서 고장이 발생, TID(Total Ionizing Dose)는 메모리 내부에 이온화를 유발하여 성능 저하 또는 고장 발생, DD(Displacement Damage)는 전자와 정공들의 점결함 위치에서 trapping 되어 I-V 특성을 저하한다.

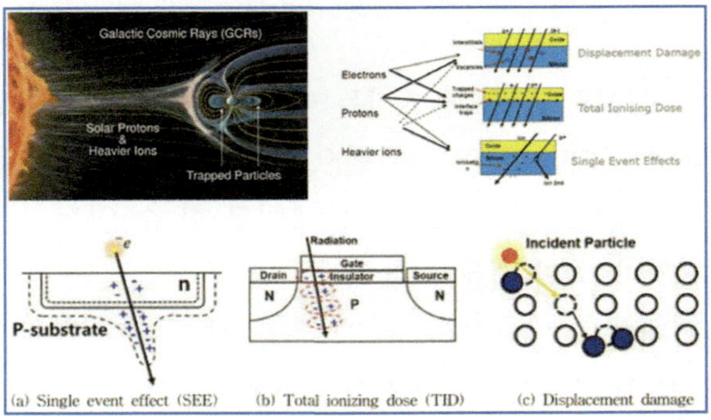


**[그림 84] 우주 방사선으로 인한 오동작**

우주·항공에 사용된 반도체 소자의 고장 원인 중 30%가량이 우주방사선으로 인한 고장으로 고신뢰성 내방사선 패키징이 필요하다.

[그림 85] 인공위성에 사용되는 일체형 반도체 패키징 유닛
출처: PA&E

이를 방지하기 위해 전자기기 내부에 보호 회로를 추가하거나, 아예 밀폐형 포장 유닛(Hermetic Packaging Unit)이라는 금속 상자에 넣기도 한다.

# 1.4 반도체 애플리케이션

## 1.4.0 서론

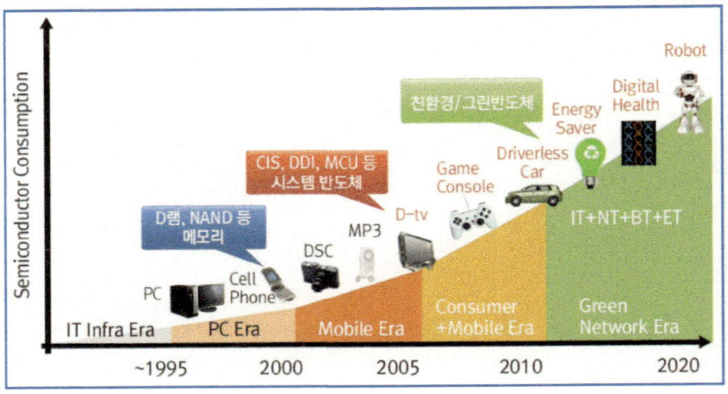


**[그림 86] 반도체 기술 발전 및 관련 서비스**
**출처: KATS 기술보고서 제106호**

차세대 반도체는 각종 전자기기에서 영상음성 등 선호처리, 중앙제어 등 정보를 제어·처리·저장하는 데 필요한 디지털·아날로그 반도체, 전력 제어 반도체, 센서를 포함한 다기능 집적 반도체를 생산하기 위한 소재·부품·장비·설계기술을 말한다.

특히 시스템 반도체는 컴퓨터, 모바일기기, 가전, 자동차 등에서 정보처리를 수행하는 전자소자를 통칭하며 전기전자기기의 핵심부품으로 IT 융합 기술의 초석이 되고 있다. 또한, 스마트 자동차, 모바일, IoT(Internet of Thing), 웨어러블(wearable), 로봇 등 인류가 사용하는 전자전기기기에 응용되고 있다. 이처럼 시스템 반도체는 첨단 IT 수요에 연동된 고기술, 고성장, 고부가가치의 미래 유망산업으로 자동차용 반도체, 그린 반도체, 정보통신·가전용 반도체 등으로 발전하며 우리 주변의 일상생활에서 다양하게 사용되고 있다.

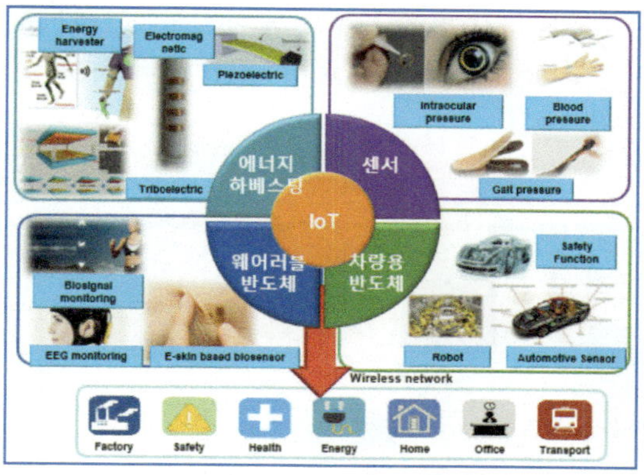


[그림 87] 차세대 반도체 및 응용 분야
출처: KATS 기술보고서 제106호

에너지 하베스팅 기술의 주요 활용처로는 전기 공급이 원활하지 못한 개발도상국에서 태양광을 이용한 컴퓨터, 손가락의 입력으로 전원을 공급하는 무선 스위치, 진동으로 전기를 발생시키는 시설물/지하배관/하천·수질·지반 등의 모니터링이 가능하도록 한 무선 센서들이다.

유연 반도체는 휴대폰, MP3, 디지털카메라 등에 쓰이는 기존 반도체 소자를 유연화시켜 상용화하는 기술로써, 자유자재로 접거나 두루마리처럼 말 수 있는 형태로 만드는 반도체를 의미한다. 유연 반도체는 플렉서블 스마트폰, 플렉서블 디스플레이, 웨어러블 기기 등의 핵심부품으로 사용된다. 궁극적으로는 자유자재로 휘어지고 구부러지는 유연 반도체 기능을 통하여 디자인과 사용성에 혁신을 가져올 제품을 개발하는 것이 목적이다.

## 1.4.1 스마트폰

스마트폰은 소프트웨어의 호환성이 높고, 전화가 가능한 휴대전화와 컴퓨팅 기능을 하나로 통합한 모바일 장치이다.

[그림 88] 스마트폰의 혁신

최근의 스마트폰에는 다양한 기능으로 구성되어있고, 그 기능을 구현하기 위한 수많은 종류의 반도체들이 내장되어 있다. 스마트폰의 혁신으로 인한 반도체의 영역이 확장되고 있다.

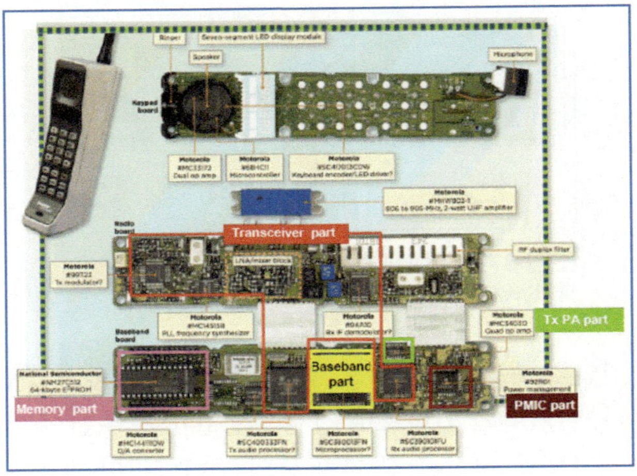


**[그림 89] 1G Phone Teardown**
**출처: Mobile, today tomorrow**

14개 IC 부품에 14개 반도체 칩이 있다. transceiver, baseband, memory, PMIC, PA 등.

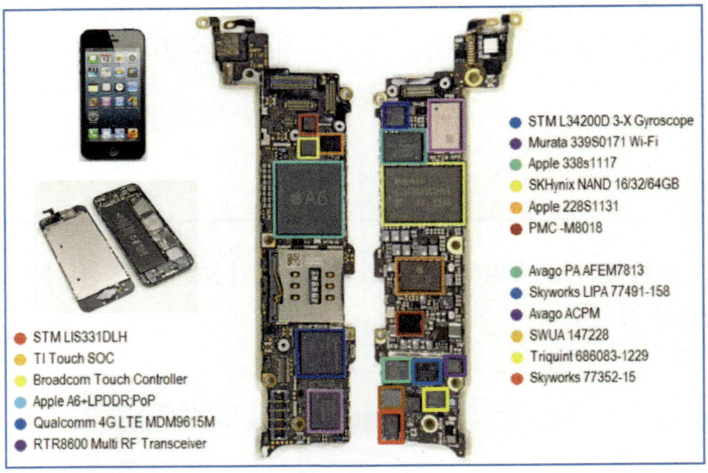


**[그림 90] 4G Phone Teardown - iPhone 5**
**출처: Mobile, today tomorrow**

17개 IC 부품에 ~34개 반도체 칩이 있다. processors, touch, transceiver, MEMS, Wi-Fi, baseband, graphics, memories, PMIC, PA, camera, sensor, GPS 등.

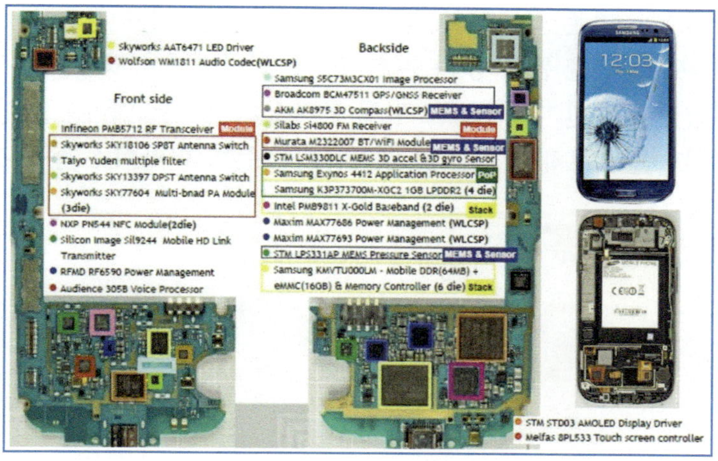


**[그림 91] 4G Phone Teardown - Galaxy S3**
**출처: Mobile, today tomorrow**

23개 IC 부품에 ~36개 반도체 칩이 있다. processors, codec, LED, antenna, image, power, receiver, BT, touch, transceiver, MEMS, TV, Wi-Fi, baseband, graphics, memories, PMIC, PA, camera, sensor, GPS 등.

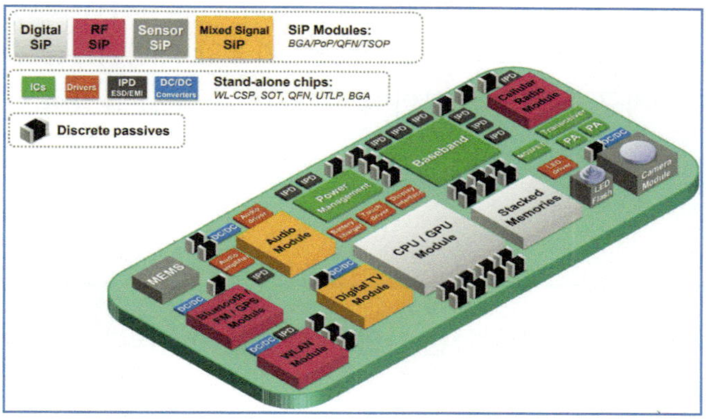


**[그림 92] 일반적인 스마트폰 보드**
**출처: Yole, FOWLP & Embedded Die**

## 1.4.2 스마트 디바이스

스마트 디바이스(smart device)란 네트워크에 연결되어 자율적 또는 상호의존적으로 작동하는 전자기기이다. 스마트 디바이스, 스마트 장치, 스마트 센서, 스마트 장비라고도 하고, 사물인터넷(IoT) 기능도 적용된다.

스마트 디바이스는 기존 컴퓨터의 틀에 얽매이지 않은 정보 기기로 기능이 제한되어 있지 않고 응용 프로그램을 통해 상당 부분 기능을 변경하거나 확장할 수 있다. 그 종류로 스마트 센서·부품이 적용된 디바이스로 인체에 직접 착용하는 웨어러블 형태부터 유·무선 및 근거리 통신기술을 이용해 장치간 상호 작용이 가능한 디바이스 등을 포함한다.

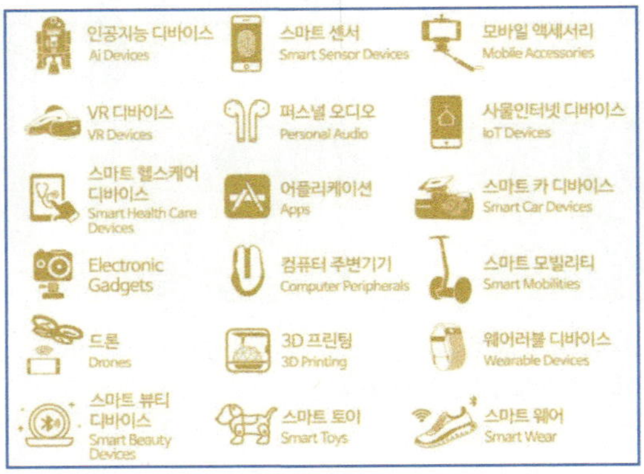


**[그림 93] 스마트 디바이스 종류**

앱세서리(appcessory), 웨어러블 디바이스, IoT 디바이스, 스마트 센서 모듈 등을 포함한다. 스마트 디바이스 제품은 인체에 직접 착용하는 웨어러블 형태부터, 유무선 및 근거리 통신기술을 이용한 디바이스간 상호 작용이 가능한 디비이스들로써 가전, 의료 엔터테인먼트, 완구, 운동기구 등 다양한 분야에서 다양한 형태로 등장하고 있다.

## 1.4.3 자동차

高사양의 자동차에 필요한 장치들은 다양하며, 단순한 편리성뿐만 아니라 생명과 직결되는 안전장치는 필수요소이다.

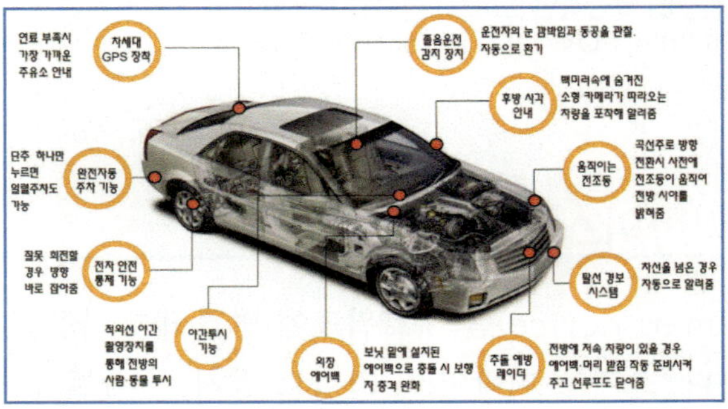


**[그림 94] 고안전 자동차 기술**
**출처: 자동차부품연구원, 자동차용반도체**

특히 자동차의 뜨거운 엔진 열과 속도 등의 조건을 견뎌내야 하고, 무엇보다도 사람의 안전을 좌우할 수 있어서 차량용 반도체는 컴퓨터나 스마트폰 등에 쓰이는 가정용 반도체보다 훨씬 높은 수준의 안전성과 내구성을 필요로 한다.

| 조건 | 가정용 반도체 | 차량용 반도체 |
|---|---|---|
| 필요 수명 | 1 ~ 3년 | 15년 이상 |
| 온도 조선 | 0 ~ 40℃ | -40 ~ 155℃ |
| 습도 조건 | 낮음 | 0 ~ 100% |
| 허용 불량률 | 약 10% | 약 10% |
| 재고 보유 기간 | 1 ~ 3년 | 30년 |

[표 3] 가정용 반도체와 차량용 반도체의 차이

차량용 반도체는 시스템 반도체에 속하는데, 엔진 변속기 등 파워트레인과 각종 전자장치 차량용 인포테인먼트(infortainment) 시스템 등에 탑재된다. 인포테인먼트는 information + entertainment로 자동차가 이동수단을 넘어 문화와 생활공간으로 거듭나고 있다는 의미이다.

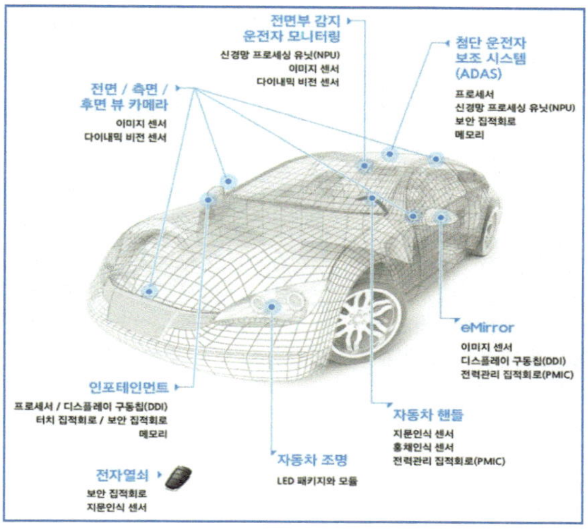


[그림 95] 자동차용 반도체 솔루션
출처: Auto Times 2021.01.26

요즘은 자동차를 움직이는 전자기기라고 할 정도로 전자장비의 비중이 높아졌다. 여기에 첨단 운전자 보조시스템(ADAS: Advanced Driver Assistance Systems) 같은 장치들이 장착되어 있다.

자동차 내 반도체 수요처를 살펴보면, 안전·운전자보조 시스템(20%), 인포테인먼트 시스템(17%), 섀시(17%), 차체(17%), 파워 계통(14%), 계기판(6%), 기타(8%) 등으로 이루어져 있다.

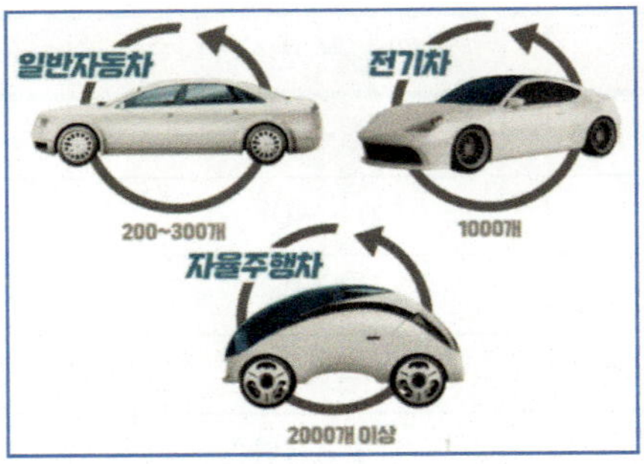


**[그림 96] 자동차별 반도체 사용 수**
**출처: 산업통상자원부 2022.06.29**

일반 자동차를 기준으로 평균 200~300개, 전기차에는 1,000개, 자율주행 자동차에는 2,000개 이상의 차량용 반도체가 사용된다.

차량용 반도체의 발전에 따라 운영체제, 자율주행 등의 SW 시장도 지속해서 확대될 것으로 보이며 다양한 기업들이 개발에 뛰어들고 있다.

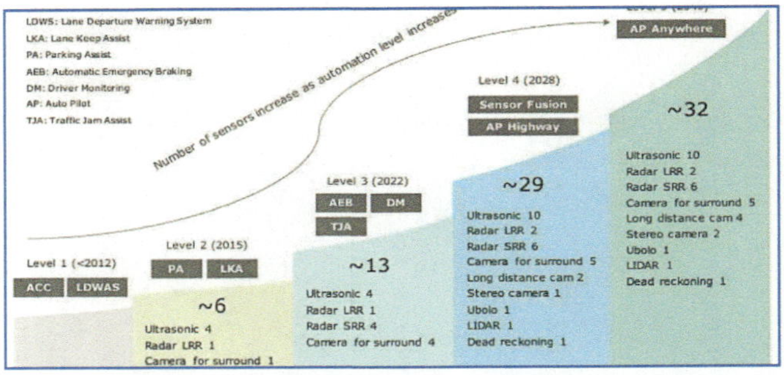


**[그림 97] 자율주행 단계별로 필요한 센서 반도체의 개수**
**출처: Deloitte**

## 1.4.4 IoT

사물 인터넷은 인터넷에 연결된 모든 컴퓨팅 기기를 나타낸다. 웨어러블, 산업 기계, 모션 센서 등과 같이 반드시 인터넷과 통신하는 것으로 생각되지 않는 반응형 기기 및 일상 물체의 네트워크로 설명할 수 있다. 이러한 장치에는 사람의 개입 없이 데이터를 수집하고 교환할 수 있는 환경 센서 및 기타 기술이 내장되어 있다.

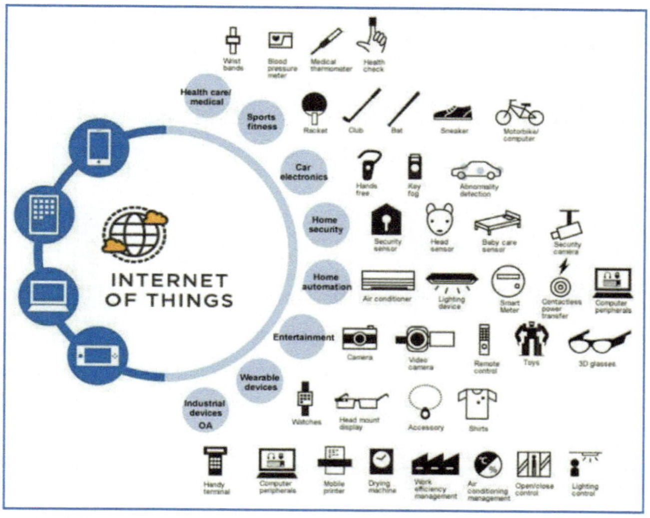


[그림 98] IoT

IoT는 health care/medical, sports fitness, car electronics, home security, home automation, entertainment, wearable devices, industrial devices OA 등 다양한 분야에 적용되어 진다.

이제 거의 모든 제조 제품에는 프로그래밍(명령 및 제어)이 가능한 기능을 추가할 수 있는 사용자 인터페이스와 함께 내장형 프로세서(embedded processor)인 MCU가 내장되어 있다. 이러한 임베디드 프로세싱의 보급은 사물을 스마트하게 만드는 열쇠이다.

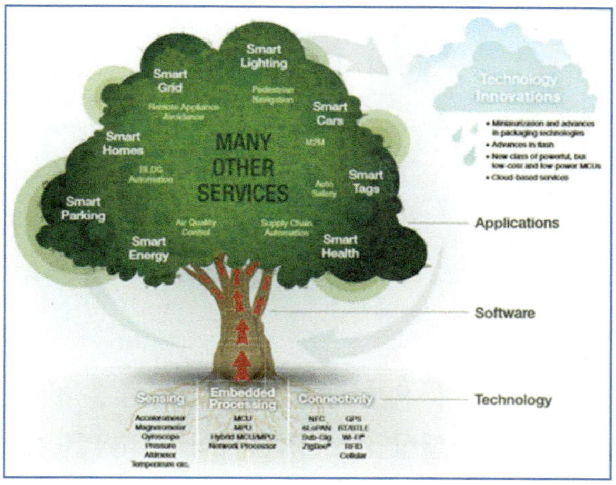


[그림 99] IoT의 다양한 서비스와 기술
출처: Freescale.com/arm.com

임베디드 프로세싱의 통합을 통해 장치가 스마트해지면, 다음 단계로 스마트 디바이스와 원격 통신을 통하는 것이다. 네트워크의 경우 정교한 처리를 위해서는 연결된 모든 장치를 추적하고, 장치와 통신하고, 기능을 유용한 서비스로 변환할 수 있는 우수한 통신 프로세서가 필요하다. 즉, 서로 다른 기종을 연결하여 호환성을 향상하는 커넥티비티(connectivity)가 우수해야 한다.

스마트한 임베디드 프로세서와 우수한 성능의 커넥티비티 그리고 다양한 물리적 객체인 사물에 뛰어난 정밀도로 센싱(sensing)할 수 있는 센서들 집합체가 바로 IoT이다.

## 1.4.5 센서

최근에는 사물인터넷과의 연동을 통해 외부에 있는 다양한 센서를 활용하여 정보를 수집하거나 스마트기기에서 원격으로 제어할 수 있는 기술개발에 관한 관심과 논의가 뜨거운 상황이다. 일례로 이동성을 가진 스마트기기들은 주변에 산재해 있는 고정된 다양한 환경 및 기상 센서들로부터 정보를 수집하여 현재 위치의 실시간 온·습도를 포함한 환경 정보를 다양하게 활용할 수 있게 된다.

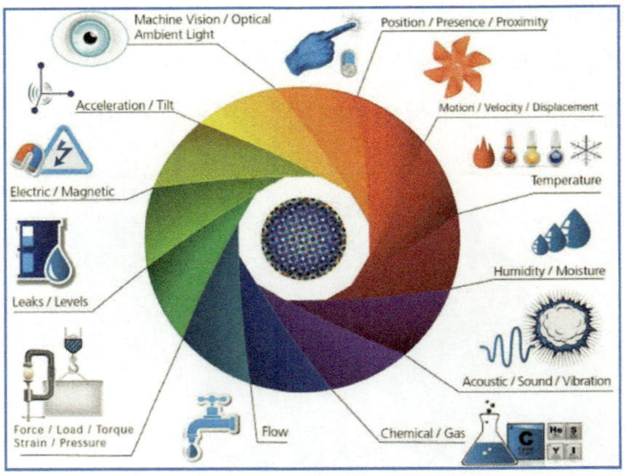


[그림 100] 다양한 센서

센서는 측정 대상물로부터 압력, 온도, 가속도, 생체신호 등 정보를 감지해 전기적 신호로 변환시켜 주는 장치로 IoT의 핵심 요소 중 하나이다. IoT를 통해 구현되는 스마트 환경에서 센서는 매우 중요한 역할을 담당한다.

기존에 센서의 개념은 단지 검출기 정도의 어떤 특정한 물질을 감지하는 수준에 머물렀으나, 현재의 센서는 감지 신호를 전달해 중앙처리장치가 어떠한 판단을 내리도록 하는 형태로 발전하고 있다. 말하자면 어떤 행동을 유발하기 위한 트리거(trigger)의 역할을 하는 것인데, 최근에는 사전 설정된 값에 따라 기계적으로 실행하는 것이 아닌 다양한 데이터를 분석해 맥락을 읽고 이에 따라 실행을 지시하는 수준으로 발전하고 있다.

스마트 센서는 SoC 기술을 접목해 데이터 처리, 저장, 자동보정, 자가진단, 의사결정, 통신 등의 기능을 수행함으로써 대상을 감지하고, 사물이 반응하게끔 한다는 점에서 IoT의 핵심 요소로 주목받고 있다.

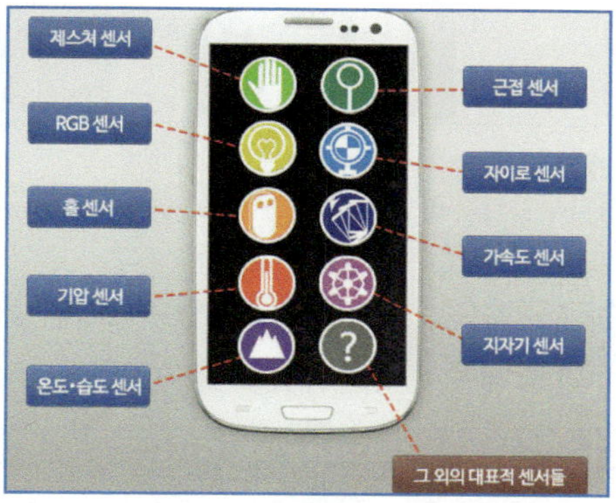


[그림 101] 스마트폰의 센서

- **제스처 센서:** 스크린에 터치하지 않고도 손의 움직임을 감지
- **RGB 센서:** 빛의 3원색인 적색, 녹색, 청색을 측정해 빛의 양을 파악
- **홀 센서:** 스마트폰 커버의 덮임 여부를 인식
- **기압 센서:** 기압 변화를 측정해 현재 위치의 높이를 측정
- **근접 센서:** 스마트폰과 신체 간 거리 측정
- **자이로 센서:** 단말기 회전 상태와 기울기 인식
- **가속도 센서:** 단말기 이동 상태를 감지
- **지자기 센서:** 자기장의 세기를 측정해 방위를 측정
- **온도·습도 센서:** 주위 환경의 온·습도를 파악
- **그 외의 대표적 센서들:** 중력 센서, 터치 센서, 조도 센서 등

상기 센서들은 스마트폰 내장된 센서들로써, 주로 MEMS(Micro Electro Mechanical Sensor) 센서들이다.

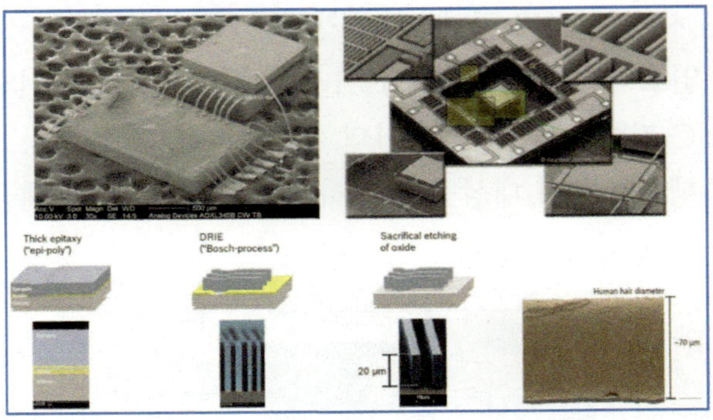


**[그림 102] MEMS**
**출처: 전자부품연구원, 김건년**

~ 20㎛ 단위를 사용하는 MEMS는 초미세 공정인 반도체 공정을 사용하여 만들어지기 때문에, 기계시스템이지만 반도체로 분류되기도 한다.

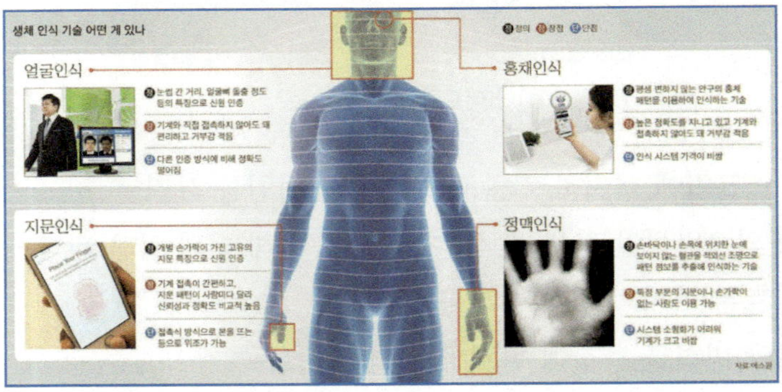


**[그림 103] 센서의 생체인식 분야**

개인으로부터 평생불변과 만인부동의 특징을 찾아 자동화 수단으로 등록·저장하여 제시된 정보와 비교·판단하는 기술로써, 이 또한 이미지 센서의 대표적인 분야이다.

## 1.4.6 웨어러블

웨어러블 디바이스는 신체에 착용하는 형태(안경, 시계, 시발, 의복 등)로 컴퓨팅 기능을 수행하는 모든 디바이스이다. 사용자가 거부감 없이 신체 일부처럼 항상 착용하고 사용할 수 있어야 한다.

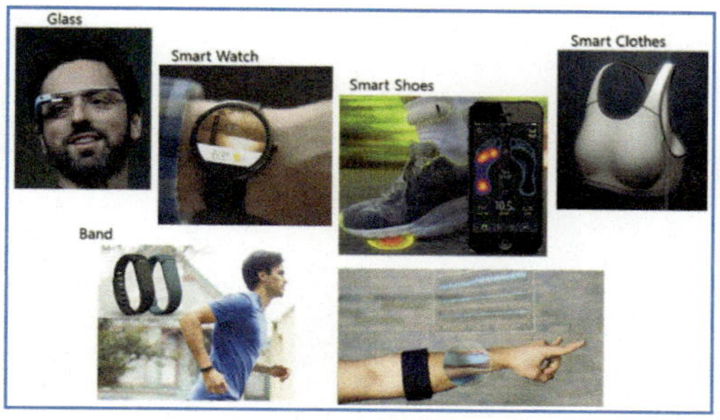


**[그림 104] 웨어러블 디바이스**
**출처: 전자부품연구원, 김건년**

웨어러블에는 스마트 센서가 적용되는데, 이는 기능이 단순하고 정밀도가 낮고 사용이 불편한 종래의 단순한 센서에 비해 센싱 소자와 지능형 신호 처리가 결합하여 고기능, 고정밀, 고편의성, 고부가가치의 센서이다.

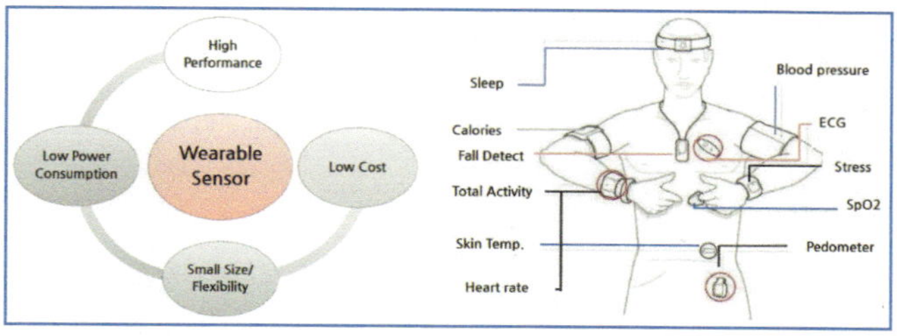


**[그림 105] 웨어러블 센서의 특징**
**출처: 전자부품연구원, 김건년**

웨어러블 센서는 작은 사이즈와 유연함(flexibility), 저소비 전력이 요구되어야 한다. 그리고 정밀한 센싱기능을 갖추어야 하지만 가격경쟁력도 있어야 한다. 신체 정보 인식을 위해서는 다양한 종류의 센서가 필요하다.

# II

# 반도체 기술

## 02 반도체 기술

Chapter 02

# 반도체 기술

# 2.1 웨이퍼 제조

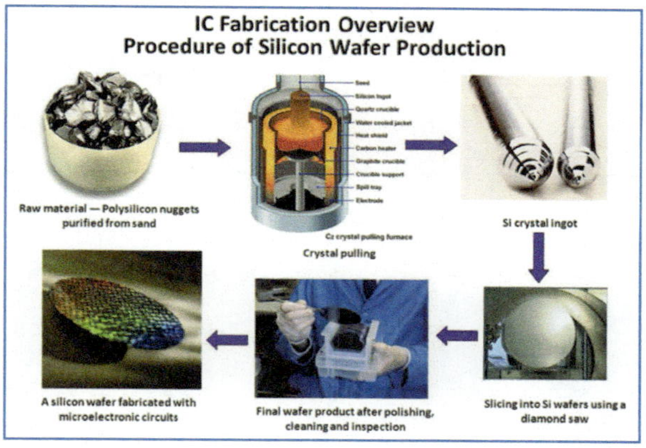


[그림 106] IC Fabrication Overview

일반적인 실리콘 웨이퍼 제조 공정은 크게 단결정 성장, 단결정 평가, 웨이퍼 가공으로 나뉜다. 고기능 기판의 경우 제조된 웨이퍼 표면에 CVD로 고품질의 단결정 층을 증착하는 epitaxial growth 공정이 추가된다.

- **단결정 성장(crystal growth):** 다경정 실리콘을 단결정 ingot의 형태로 만드는 공정으로 주요 목적은 결정 결함을 제어하는 것이다.
- **단결정 평가(ingot evaluation):** 단결정 ingot의 품질을 평가하는 것이다.
- **웨이퍼 가공(wafer process):** 웨이퍼 형태로 가공하는 shaping, 표면을 연마하여 평탄도를 제어하는 polishing, 청정도를 제어하는 cleaning, 특성을 평가하는 evaluation으로 구분된다.
- **에피텍시얼 성장(epitaxial growth):** 웨이퍼 위에 고품질의 단결정 층을 형성하는 것이다.

## 2.1.1 단결정 성장 공정

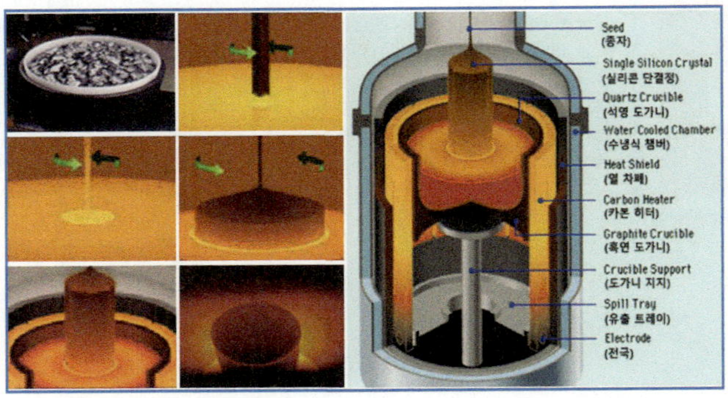


**[그림 107] 다결정 실리콘, 고순도 석영 도가니, Body Growth**

①. **Charge Preparation:** Ingot 생산에 필요한 다결정 Si(poly silicon), 고순도 석영 도가니(quartz crucible, 수정), seed, dopant, 기타 consumable들을 공급하는 역할을 한다.

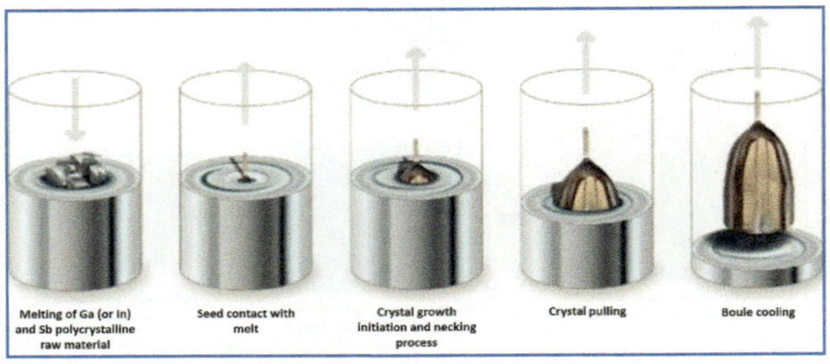


**[그림 108] 단결정 성장 프로세스**

②. **Stacking:** 고순도 석영 도가니를 장착하고 그 내부에 다결정 Si 을 적층하는 공정이다.

③. **Pumping:** 결정 성장로(grower) 내부의 활성 gas 성분을 제거하기 위해 압력을 대기압 상태에서 준 진공상태로 낮추어 graphite가 산화되고, 실리콘이 산화되는 것을 막는 공정이다.

④. **Melting:** 고체 상태인 다결정 silicon을 단결정 silicon으로 결정 상태를 전환하기 위해 액체 상태로 녹이는 공정이다.

⑤. **Temperature Stabilization:** Poly silicon의 용융점(melting point)이 1,420℃이고, 완전히 녹은 후의 온도는 이보다 훨씬 높아서 투입되는 파워는 그 이상이어야 한다. 이후 단결정 성장에 적합한 온도로 변화시켜 주기 위해 알맞은 파워로 내려 주는 공정이다.

⑥. **Necking:** 단결정의 직경(diameter)을 축소하는 행위로 결정 내에 발생된 적층결함(dislocation)을 외부로 빠져나가도록 하는 공정이다. (보통 target diameter는 4~5mm 정도이고, length는 100~300mm(4~12inch) 정도 작업을 한다.)

⑦. **Shouldering:** Seed 인상 속도 및 heater 온도를 하강시켜 단결정의 수평 성장을 유도하는 공정이다. (온도 상태에 따라 단결정의 구조가 유지될 수 있고, 반대로 파괴될 수도 있기 때문이다.)

⑧. **Body Growth:** 실질적인 웨이퍼 제품을 생산하는 공정으로써, 목표 직경으로 목적하는 길이까지 단결정을 수직 성장시키는 공정이다. (주로 생산되는 품목은 4~12inch이다. 직경별 구분 외에도 type(N, P 등) 및 orientation(방향, 100, 110, 111)으로 구분되므로 반도체 공정의 필요성에 따라 수많은 종류의 제품이 생산된다.)

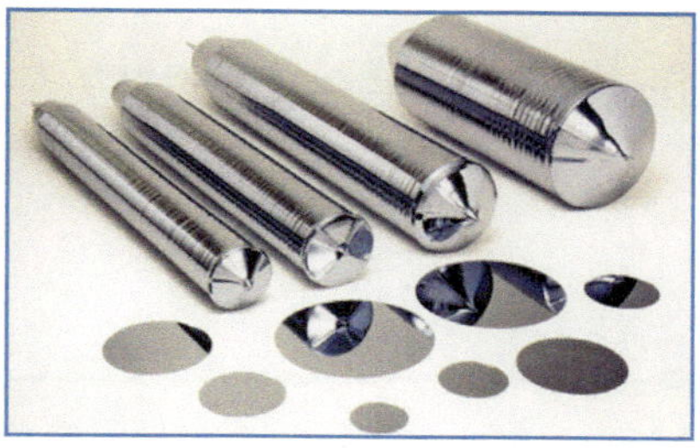

[그림 109] 완성된 Ingot

⑨. **Tailing:** 단결정과 잔류 melt(pot-loss)가 분리될 때 발생하는 체적 수축과 열 충격에 의한 dislocation으로부터 단결정을 보호하기 위해 그 직경을 서서히 줄여 가는 공정이다.

⑩. **Cooling & Removal:** Ar(argon) gas와 냉각수(cooling water)를 그 매개체로 하여 뜨거운 상태의 단결정을 상온에 가깝도록 식혀주는 공정이다.

### 2.1.2 단결정 평가 공정

①. **Cropping 공정:** Ingot의 절단 및 검사 시료(slug) 채취를 위해 그 기준을 설정하며 선정된 정확하고, 효과적인 절단 위치에 따라 절단하는 공정이다.

②. **Etching 공정:** Cropping 공정의 샘플 채취 시 발생하는 샘플 표면의 물리적 손상인 saw damage를 화학약품으로 식각시켜, 샘플 표면을 경면 기판(polished 웨이퍼)의

표면처럼 만들어 주어 측정 공정에서 필요로 하는 품질 data의 반복성을 확보하기 위한 공정이다.

③. **Ingot Grinding 공정:** 단결정의 방위를 측정해 표시하고 ingot의 외주를 원하는 직경으로 갈아내는 공정이다.

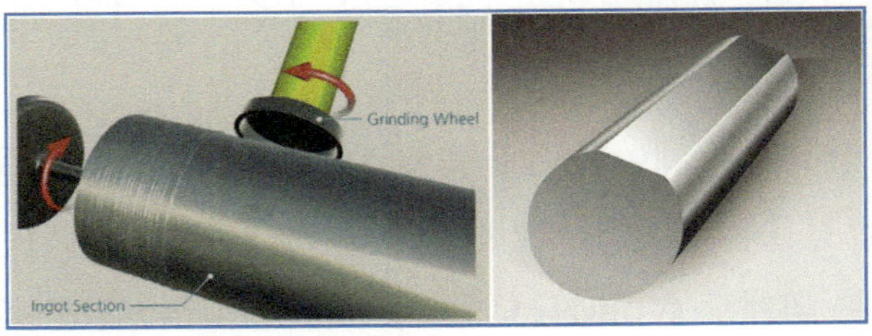


**[그림 110] Grinding, Flatting**
**출처: Khulna University_Jannatul Islam, Electronics_saint_gobain**

Flatting은 결정된 orientation에서 실리콘 원자의 결정구조 3축의 기준점을 표시해 준다.

## 2.1.3 웨이퍼 가공 공정

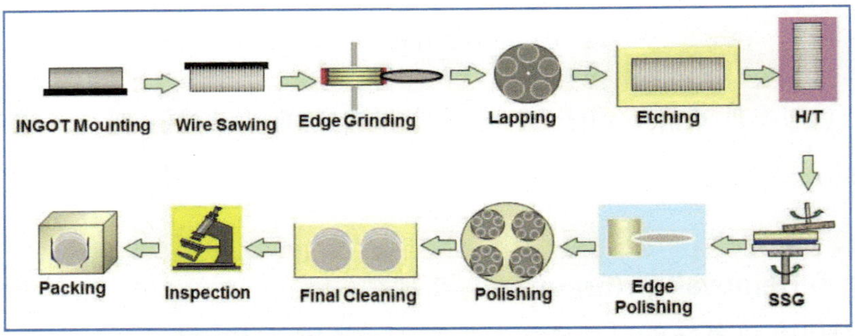


**[그림 111] 웨이퍼 가공 공정 세부 절차**
**출처: NCS, 반도체용 웨이퍼 재료 제조**

①. **Ingot Mounting:** 작업대(work plate) 위에 carbon graphite beam을 접착하고 그 위에 ingot을 epoxy를 이용하여 접착시켜서, ingot의 절단 시 발생할 수 있는 exit edge chip을 방지하고 웨이퍼가 정확한 결정방향을 가질 수 있게 하여, 일정한 상태로 절단될 수 있도록 하는 공정이다.

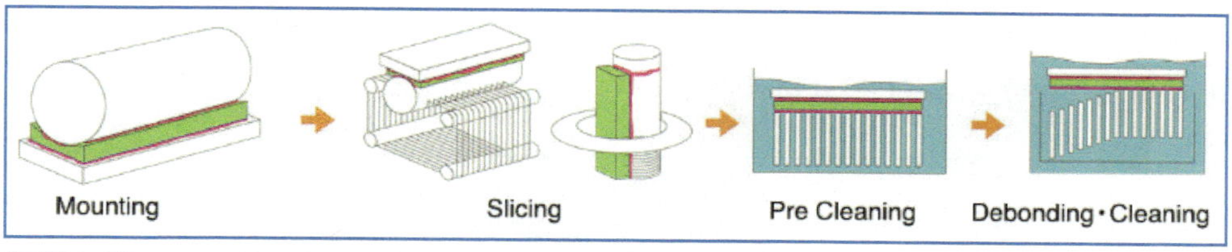


**[그림 112] Mounting, Slicing, Cleaning**
**출처: NIKKA SEIKO**

②. **Slicing:** 반도체용 웨이퍼의 slicing은 ID(Internal Diameter) slicing이나 wire가 주로 사용되고 있다. ID slicing은 도넛형의 얇은 SUS 판의 내주 부분에 diamond 입자를 nickel bond로 전착(electro plating)한 것으로 고속회전하면서 가공한다.

한편 웨이퍼의 가격(cost)을 가장 크게 점유하는 요소의 하나인 원재료비에서 Slicing이 차지하는 영향이 크다. 단결정으로부터 웨이퍼까지의 원료 투입대비 Out량(yield)이 50% 정도인데, 그중 Slicer로 절단 시 loss가 15~20% 정도 차지한다. 이러한 관점에서 경제적인 multi wire saw방법은 200㎜(8inch) ingot의 slicing에 적용되기 시작해 300㎜(12inch) ingot의 slicing에 전면적으로 채용되고 있다.

③. **Edge Grinding:** Si 자체의 경도(72.6 rockwell a hardness scale, 9.8DGa)는 강하지만 특정 축 방향(일명 벽개 방향)이라고 하는 〈110〉 방향의 경도는 극도로 약하기 때문에 slicing이 끝난 상태의 날카로운 웨이퍼 edge(가장자리)는 매우 취약하다.

Edge grinding에 의해 웨이퍼의 edge의 기계적 강도를 높이고 소성 변형(edge의 chip이나 crack으로부터 핵성장 되는 slip dislocation)의 발생을 줄일 수 있다.

④. **Laser Marking과 Sorting:** Lapping 전에 웨이퍼의 두께 분류 및 웨이퍼의 Lot 관리를 위해 laser marking 된다. Sorting은 자동 두께 분류 장비로 수행되며, lapping을 하기 위해 5㎛ 단위로 웨이퍼를 분류시킨다.

Wire saw로 절단된 웨이퍼는 별도의 두께 sorting은 필요 없다.

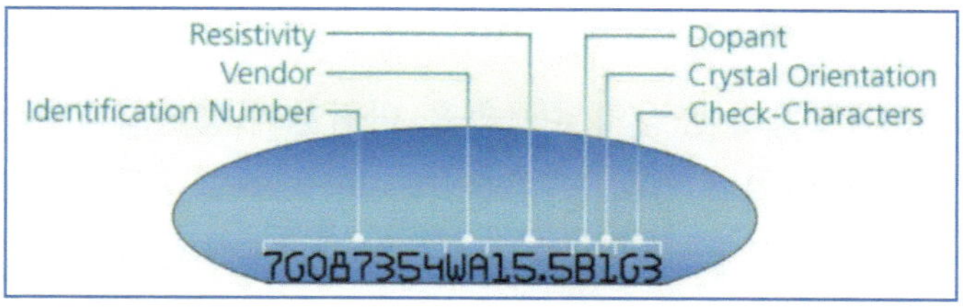


**[그림 113] Marking**
**출처: Khulna University_Jannatul Islam**

⑤. **Lapping:** Si 웨이퍼의 lapping 공정 목적은 slicing 한 웨이퍼를 소정의 두께로 만들고 평행도, 평탄도 등의 필요한 형상 정도를 얻는 데 있다.

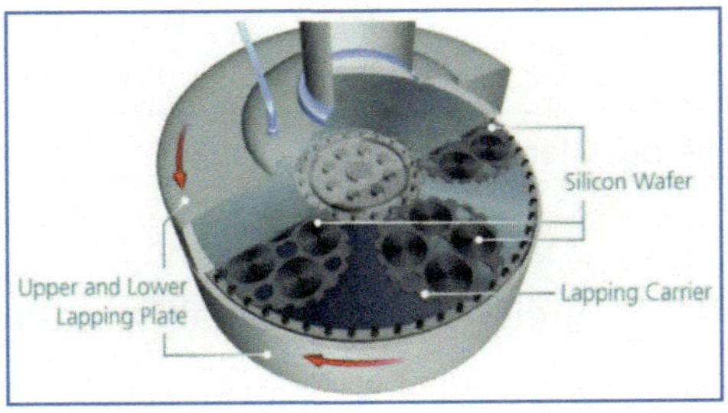


**[그림 114] Lapping**
**출처: Khulna University_Jannatul Islam**

⑥. **Etching:** Slicing, edge grinding, lapping 등의 step을 거치면서 웨이퍼 표면 또는 edge에 가공 변질 층이 생겨나는데 이들이 웨이퍼에 남지 않게 제거해 주는 공정이 etching이다.

이 잔존 damage층은 반도체용 웨이퍼의 quality를 확보하기 위해서는 반드시 제거되어야 한다.

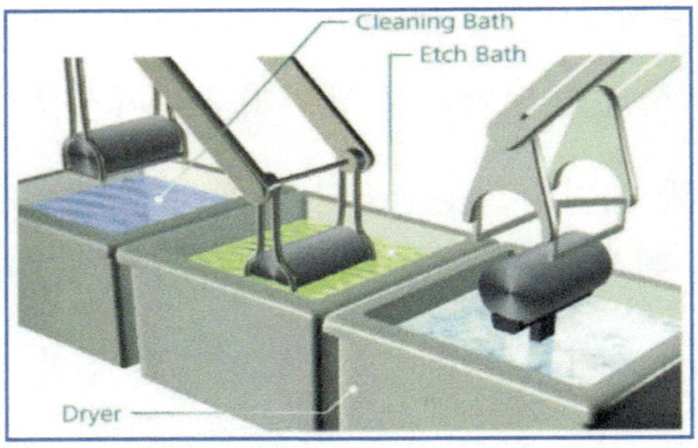


**[그림 115] Etching**
**출처: Khulna University_Jannatul Islam**

이들을 제거하기 위한 removal process는 대부분 chemical etching을 활용하는데 화학 용액으로는 KOH, NaOH 또는 HF/HNO3와 함께 첨가제(additive)들이 사용된다.

⑦. **Heat Treatment:** 열처리 공정의 주목적은 비저항의 안정화와 donor(전자 생성)의 제거에 있다. 실리콘 단결정 중의 산소 원자는 통상 단독으로는 전기적으로 중성이나 300~500℃ 범위(특히 ~450℃)에서 열처리를 받으면 복수의 원자가 모여서 전자를 방출하고 donor화 한다. 저항률을 얻기 위해 일정량의 dopant(의도적인 불순물)를

첨가하여도 산소 donor로 인하여 목표로 하는 저항률을 얻을 수 없거나, P형이 N형으로 변환되는 것도 일어난다. 그러나 다행인 것은 산소 donor는 600~800℃의 온도에서 단시간 열처리하는 것에 의해 제거할 수 있다.

⑧. **Polishing:** Polishing 공정이란 기계 화학적(mechano-chemical)인 반응을 상호 병행하여 전공정에서 받은 damage를 제거(약 9㎛ removal, 단면 기준)하는 연마 경면 공정으로 정의된다. 웨이퍼 부착 방식에 따라 wax/waxless polishing으로 크게 구분하고, 가공 방식에 따라 single side/double side polishing으로 크게 구분된다.

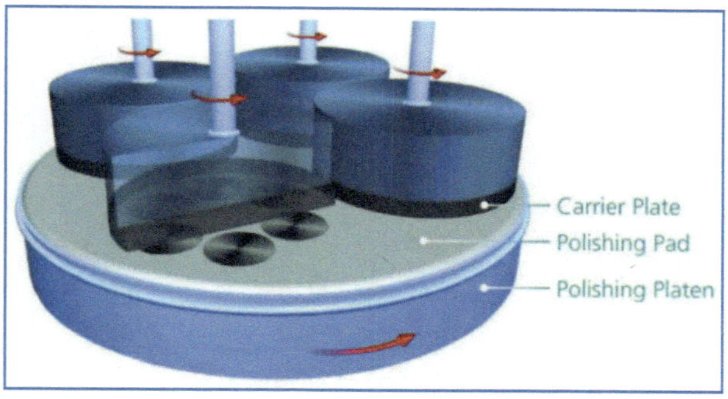


**[그림 116] Polishing**
**출처: Khulna University_Jannatul Islam**

⑨. **Cleaning:** 세정의 필요성은 웨이퍼 표면에 잔존 하는 금속 불순물을 제거하지 않으면 이들이 열처리 과정에서 bulk 쪽으로 파고들어 내부 결함이 되기 때문이다. 이들 금속 불순물은 웨이퍼의 전기적 특성을 열화시키는데 특히 minority carrier lifetime에 가장 민감하게 작용한다.

세정 장비는 크게 chemical bath와 rinse bath로 구성되며 각 chemical bath를 거친 후 반드시 rinse가 이루어지게 되어있다.

⑩. **Evaluation:** Process 완료 후 웨이퍼의 면 상태 및 가장자리(edge) 결함을 100% 전수검사 하는 공정으로써 Kodak light를 이용하여 검은 커튼을 드리운 dark 분위기의 clean air bench 내에서 검사를 진행한다.

이때 이용되는 Kodak light의 최고 밝기는 25만㏓며, 웨이퍼를 기울여서 빛이 직각을 이루지 않게 하여 면 상태를 검사한다.

⑪. **Packing:** 최종 제품을 안전하게 포장하는 단계로 웨이퍼를 담는 카세트(cassette)와 cassette를 감싸는 정전방지 비밀 및 알루미늄 덮개의 2중 진공포장과 이것을 넣기 위

한 BOX(cassette 개수에 따라 1개, 2개, 4개들이 존재)와 여러 박스를 한 패키지로 묶은 카툰(carton)으로 분류한다.

각각의 포장단위는 기본적으로 오염과 습기로부터 안전하며, 전기적으로 안정화돼 정전기 발생이 되질 않고 생화학적 반응이 일어나지 않는 재료들을 사용한다.

## 2.1.4 에피텍시얼 성장 공정

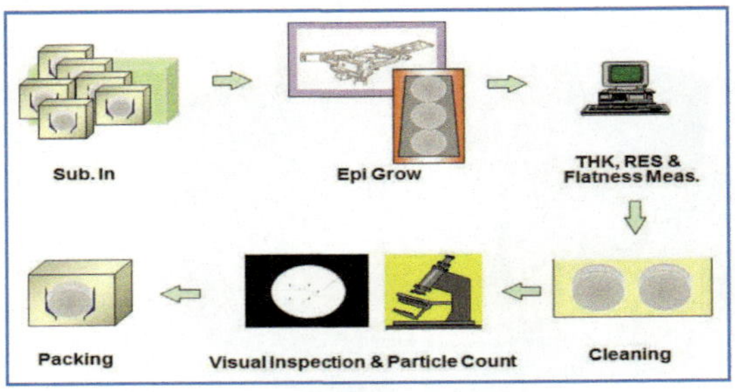


[그림 117] 에피텍시얼 성장 공정 세부 절차
출처: NCS, 반도체용 웨이퍼 재료 제조

①. **H2 Baking:** 단결성 기판 위에 존재하는 유기물 오염(organic contamination)과 자연 산화막(native oxide layer)을 제거하는 공정으로 가열된 단결정 기판 위에 H2 가스를 흘려보내 표면의 오염물과 산화막을 제거해 순수한 Si 원자가 성장할 수 있도록 하는 전처리 공정이다.

②. **Epitaxial Growth:** 실리콘 에피텍시얼 성장이란 단결정 기판 위에 단위 격자가 2차원적으로 배열하도록 단결정 박막이 성장하는 공정으로, 증착과는 달리 성장을 통해 결함이 없는 물질을 형성하는 방법이다.

에피텍시얼 공정은 고농도 도핑된(heavily doped) 기판 위에 저농도 도핑된 층(lightly doped layer)을 만들 수 있는 유일한 공정이며, 에피텍시얼 공정을 통해 얻어지는 단결정 막은 균일한 농도로 만들 수 있고, 기판보다 EPI layer는 결정 결함이 거의 없는 고순도 결정을 만들 수 있으며, 이를 이용하여 무결점의 device active area를 얻을 수 있다.

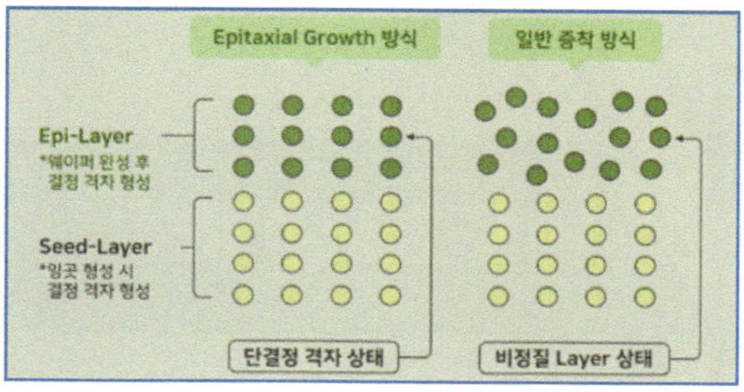


**[그림 118] Epitaxial Growth**
**출처: SK하이닉스 뉴스룸**

③. **Backseal(optional):** 고농도 도핑된 웨이퍼의 뒷면에 실리콘 산화막을 입혀서 후공정(Epi)의 고온 process에서 dopant들이 auto doping 되는 현상을 방지시키는 데 있다.

$SiO_2$를 웨이퍼 뒷면에 입히는 공정으로써 실란($SiH_4$)Gas를 흘려주면서 Si가 산소와 결합하여 막을 생성시킨다. 현재 양산 공정에서 사용 중인 방법은 대기압 상태에서 chemical을 흘려 막을 입힌다고 하여 APCVD(Atmospheric Pressure Chemical Vapor Deposition) 라고도 한다.

④. **Evaluation & Cleaning:** Epi 및 세정 공정이 완료 후 웨이퍼의 평탄도와 이물질(particles)을 포함한 결함을 100% 전수검사 하는 공정으로써 자동화된 장비인 flatness 측정기와 particle counter를 사용하여 전자동으로 검사를 진행한다.

# 2.2 반도체 설계

## 2.2.1 전공정 설계

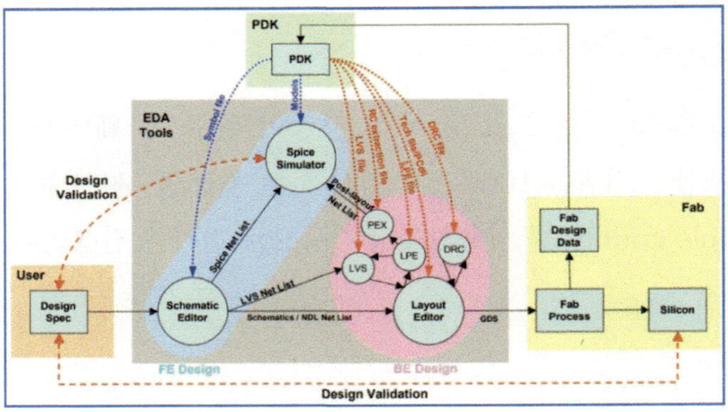


[그림 119] Design Flow with PDK

PDK(Process Design Kit)는 파운드리社에서 고객, 특히 설계자에게 전달하는 기본적인 data file들의 set이다. 점점 회로가 복잡해지다 보니 설계와 실리콘과의 괴리가 커지게 되어 이를 보완하기 위한 여러 자료(reference)들이 새로 만들어지게 되었다. 통상 각 공정 1개당 1개의 PDK가 만들어지고, 설계자들이 알아야 하는 기본적인 공정에 대한 정보 그리고 foundation IP인 library까지도 포함되어 있기도 하다.

이렇게 제공받은 PDK를 다양한 디자인 툴을 이용하여 디자인, 시뮬레이션, 레이아웃(layout) 하고, 최종으로 완료된 디자인을 파운드리社에게 넘기게 된다.

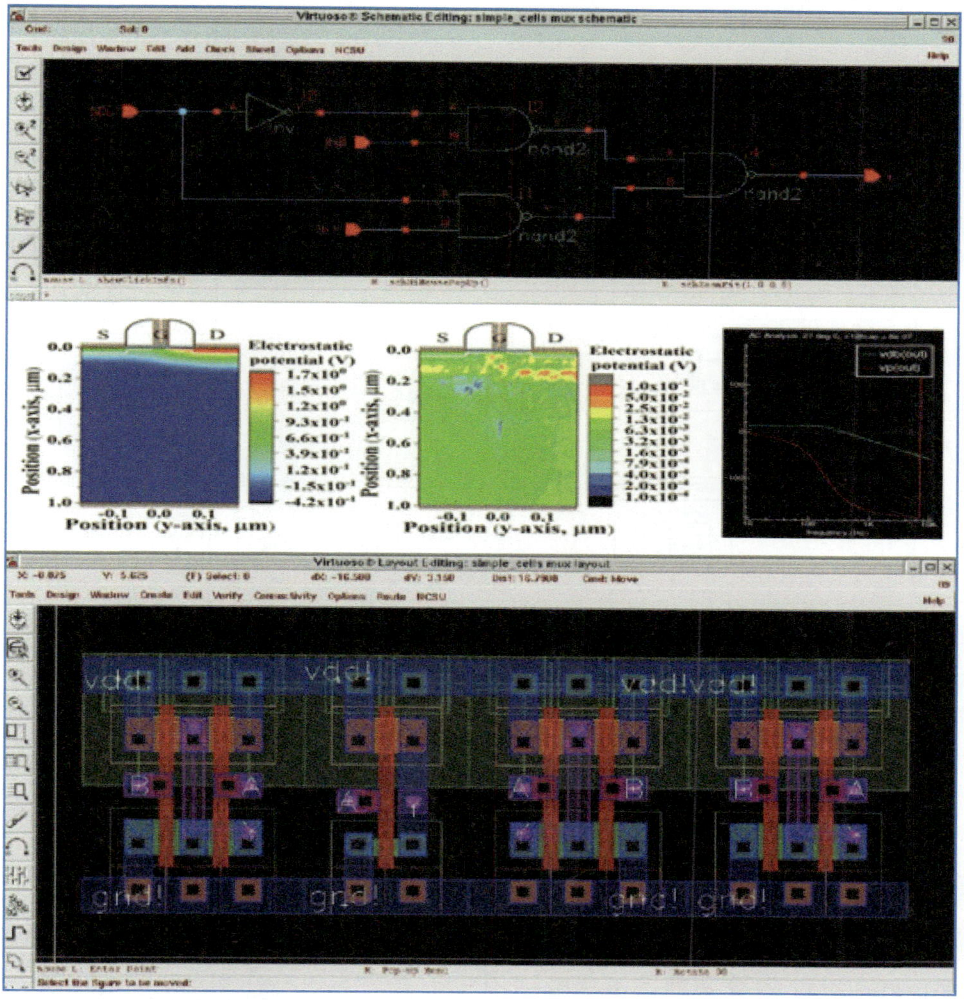


**[그림 120] Schematic, Simulation, Layout**
**출처: CADENCE**

좀 더 자세히 들어가면, 반도체 칩의 사양(Specification)을 정하고 HDL(High-Level Description Language)로 불리는 프로그래밍 언어를 사용하여 칩의 동작 방식을 기술한다. 이렇게 개발된 소스 코드는 컴파일러를 통하여 RTL(Register Transfer Level)로 변환되며, 이는 IL(Intermediate Language) 혹은 목적 코드(object code)에 해당한다.

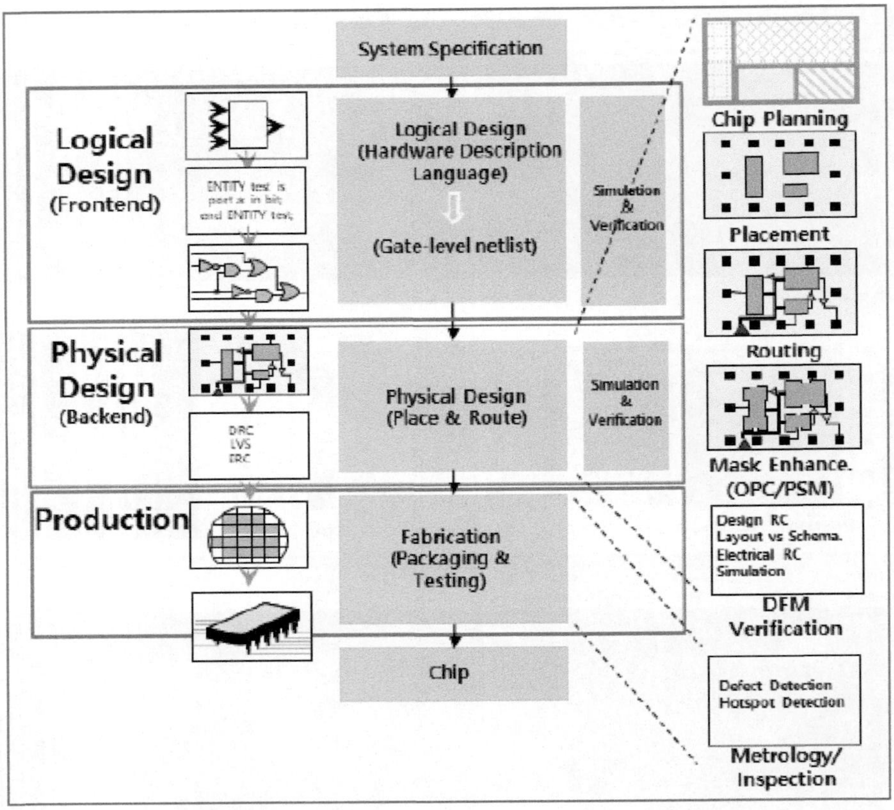


[그림 121] 반도체 설계 프로세스
출처: VLSI Physical Design

RTL 코드는 최종적으로 넷리스트(netlist)로 변환되는데 이는 반도체의 기본 소자인 게이트(gate) 간의 연결 관계를 표현하는 것으로 결국 논리적인 회로도(schematic)를 나타낸다. HDL에서 넷리스트로 변환하는 과정을 논리 합성(logical synthesis)이라고 한다. 논리 합성을 거쳐 생성된 넷리스트는 의도한 대로 동작하는지 검증(verification)하는 단계를 거친다.

검증이 완료된 넷리스트는 P&R(Placement & Route) 과정을 거쳐 물리적인 도면(physical layout)으로 변환된다. P&R은 넷리스트 상의 단위 소자인 라이브러리(library)를 배치(placement)하고 핀(pin)들이 연결되도록 배선(route)을 하는데 이때 주어진 디자인 제약조건(design constraint)을 충족하는 배치와 배선 경로를 탐색해야 하므로 매우 복잡한 문제를 풀어야 한다. 디자인 제약조건은 예를 들면 칩의 면적을 한정하거나 배선의 최대 길이를 제한하거나 하는 규칙들이다. 배선이 길면 핀 간 배선의 저항에 의해 전압이 떨어져 회로가 정상 동작을 하지 못하며 신호가 지연되어 타이밍 문제를 일으킨다.

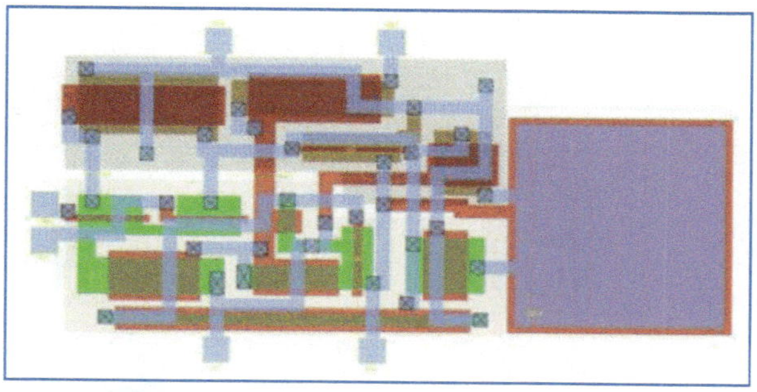

**[그림 122] GDS 파일 렌더링**
**출처: wiki/integrated circuit design**

P&R 과정을 거치면 물리적인 도면이 생성되며 이는 GDS(Graphics Design System) 형식의 파일로 저장되는데 이 과정을 물리 합성(physical synthesis)이라고 한다. GDS 파일은 반도체의 물리적인 형상을 레이어(layer)와 폴리곤(polygon)을 이용하여 표현한다.

GDS 파일은 PDF와 같은 벡터 그래픽 파일과 유사한 형식이지만 베지에 곡선(bezier curve)이나 폰트(font) 같은 복잡한 요소는 배제되고 rectangle, polygon, path 같은 기본적인 도형 요소들로 구성된다. 이러한 요소들의 집합이 셀(cell)이라고 불리는 단위로 정의되어 있으며 셀을 반복 배치하거나 계층으로 구성하여 작은 크기의 데이터로 복잡한 도면을 표현한다. 최신 반도체 칩의 경우 수 조개 이상의 폴리곤이 저장될 정도로 대용량인 경우가 많고 용량은 수백GB에 이르기도 한다.

이렇게 생성된 GDS 파일은 DRC(Design Rule Check) 및 LVS(Layout vs. Schematic) 검증 과정을 거친다. DRC는 물리적인 형상이 만족해야 할 규칙을 검증하는 과정으로 예를 들면 gate와 metal이 contact과 영역이 겹치는지 (따라서 물리적으로 접촉되었는지) 검사하는 규칙 등이 있다. LVS는 물리적인 형상으로부터 거꾸로 논리적인 회로 (schematic)를 재건(reconstruction)하여 원래의 회로와 같은지 검증하는 과정이다.

물리적인 설계 이후에는 생산 가능한 설계(DFM : Design For Manufacture)를 도출하기 위한 단계를 거친다. P&R을 통하여 산출한 도면은 웨이퍼 표면에 형성되어야 하는 타깃 패턴(target pattern)이며 실제로 웨이퍼에 이러한 타깃 패턴을 형성하는 것은 또 다른 험난한 과정이다.

웨이퍼 패터닝은 감광 물질(PR)을 도포한 후 포토마스크라고 불리는 패턴이 새겨진 유리판에 빛을 통과시켜 빛을 받은 부분과 받지 못한 부분이 다르게 화학반응을 하도록 현상하고(develop) 선택적으로 패턴을 녹여내는 에칭(etching) 과정을 거쳐 생성된다. 이때 빛의 회절 현상이나 포커스 값과 화학반응의 정도에 따른 변수 등이 작용하여 의도한 패턴 형성을 방해하게 된다. 이러한 현상을 극복하기 위해서 OPC(Optical Proximity

Correction) 같은 기법을 동원하여 타깃 패턴에 가깝게 형성되도록 하는 포토마스크 패턴을 역으로 계산하는 과정을 거치기도 한다.

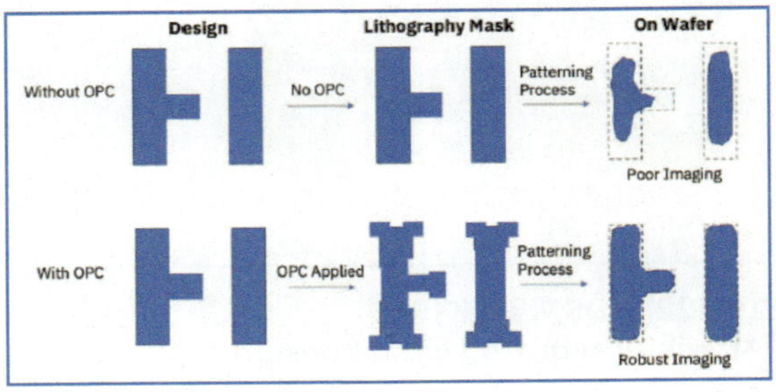


**[그림 123] Effect of OPC in pattern printing on wafer**
**출처: www.ibm.com**

양산에 들어가기 전 마지막 단계를 MTO(Mask Tape Out) 라고 하며 모든 검증이 완료된 후 생산에 들어간다. 양산 과정에서도 수율 확보를 위한 다양한 활동을 하는데 대표적인 예로 MI(Metrology & Inspection)를 들 수 있다. MI는 광학 현미경이나 SEM/TEM (Scanning/Transmission Electronic Microscope) 같은 전자 현미경을 동원하여 불량 발생을 모니터링 한다. 발견된 불량은 이물질이나 공정 외적인 요소로 인해 발생한 불량(random defect) 인지 설계상 취약점으로 인해 발생하는 불량(systematic defect) 인지 판별하고 근본 원인(root cause)에 대한 분석을 진행한다.

**[그림 124] Various defect patterns**
**출처: www.ddaily.co.kr**

## Ⅰ. Design

다양한 반도체 중에서 아날로그 IC에 속하는 LED driver IC의 구성 내용이다.

| Top | 2nd | 3rd | 4th | 5th |
|---|---|---|---|---|
| new_leddriver_all_04 | uvlo_04_idd | | | |
| | ibias_02_idd_04 | | | |
| | protection_circuit_idd | tsd_01_idd | | |
| | | vin_uv_01 | nmos_comp | |
| | | ovp_02_idd | ovp_comp_ol_detect_02 | |
| | | | ovp_comp_ov_limit_02 | |
| | reg_02 | buff_amp_02 | | |
| | | buff_amp_03 | | |
| | | buff_amp_04 | | |
| | | reg_uvlo_01 | pmos_comp | |
| | | bandgap_03 | | |
| | | bandgap_03_zap | | |
| | led_all_04 | er_amp | | |
| | | led_filter | | |
| | | icont_led_04 | icont_buf_amp | |
| | | | led_ocp_comp | |
| | | led_16ch_02 | led_1ch_02 | pmos_comp_7v |
| | | | | led_buf_amp |
| | all_boost_idd | gate_drv_03 | gate_drv_nmos | |
| | | pwm_ff | | |
| | | High_F_COMP_04_idd | | |
| | | sum_amp_01 | | |
| | | soft_ocp | | |
| | | cur_sen_amp_08 | | |
| | | OCP_idd | ocp_comp_00_idd | |
| | | osc_idd | ibias_03 | |
| | | | osc_jitter | |
| | | | ramp_amp_02 | |
| | | | fixed_1MHz_OSC_02 | High_F_COMP_04 |

**[표 4] LED Driver 구성**

LED driver IC 내부에 여러 단계로 블록화된 세부 회로도를 나타냈다.
최종단의 설계는 파운드리社에서 받은 PDK를 통하여 단일 소자들을 설계한다.

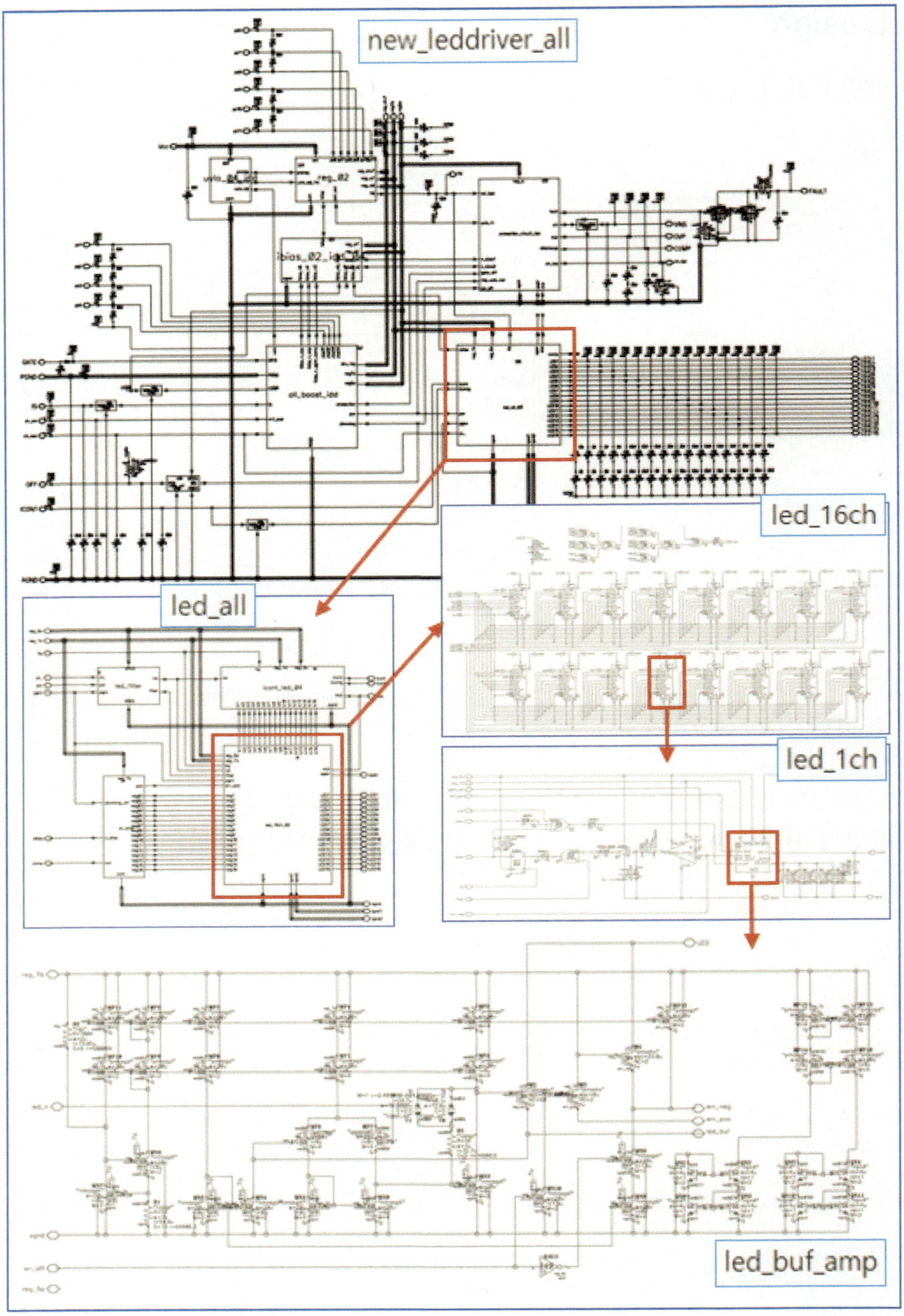


**[그림 125] Analog IC Design**

# II. 시뮬레이션

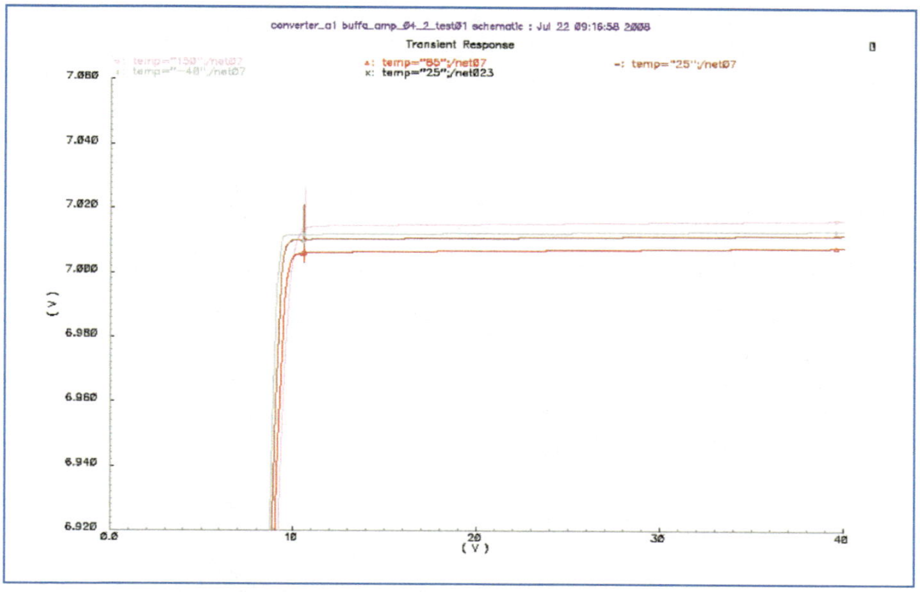


[그림 126] Converter simulation 1

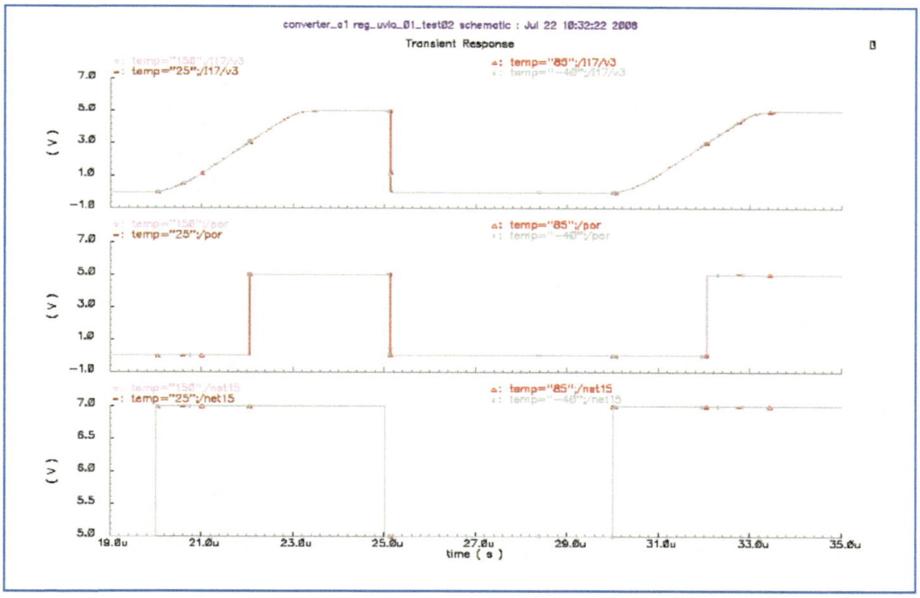


[그림 127] Converter simulation 2

## Ⅲ. Process Recipe

| | RECIPE | CONDITIONS | REMARKS |
|---|---|---|---|
| Initial oxidation | INX500 | ↑ 1000℃ ↓<br>O2 O2 N2<br>30 65±10 1H15 | Tox : 500±50 Å |
| FIELD | FOX10K | ↑ 1100℃ ↓<br>O2 O2 DI O2 N2<br>40 30 2H±15 5 1H15 | Tox : 10000±500Å |
| GATE | GOX1000 | ↑ 1000℃ ↓<br>O2 T-LC,O2 O2 N2 N2<br>30 100±10 5 30 1H15 | Tox<br>C-V PLOT |
| POLY Depo. | POLY-6K | SiH4 : 150±10(SCCM)<br>TEMP : 610,620,640+-10 | Tox : 6000±600Å |
| POCLE3 Depo. | NDP | ↑ 920℃ ↓<br>N2O2 N2O2 N2O2,P3 N2O2 N2O2<br>12 25 15±5 6 38 | |

[표 5] Oxidation & deposition conditions

| RECIPE | | INX500 | | | | | |
|---|---|---|---|---|---|---|---|
| TEMPERATURE | | 700℃ | | 10℃ | 1000℃ | 4℃ | 700℃ |
| GAS | N2 | | | | | | 10SLPM |
| | O2 | 7SLPM | | | | | |
| | H2 | | | | | | |
| | T-LC | | | | 240SCCM | | |
| Time (min) | | | | 30 | 65±10 | 75 | |
| Boat | Position | 180 cm | 0 cm | | | | 180 cm |
| STEP | | Stand By | Push | Heat | Soak | Cool | Pull |

[표 6] Initial oxidation recipe

Oxidation, deposition, well drive-in, reflow, baking, cleaning, ion implantation, etching, sputtering 등 다양한 공정에서 사용되는 condition과 세부 recipe를 설계한다.

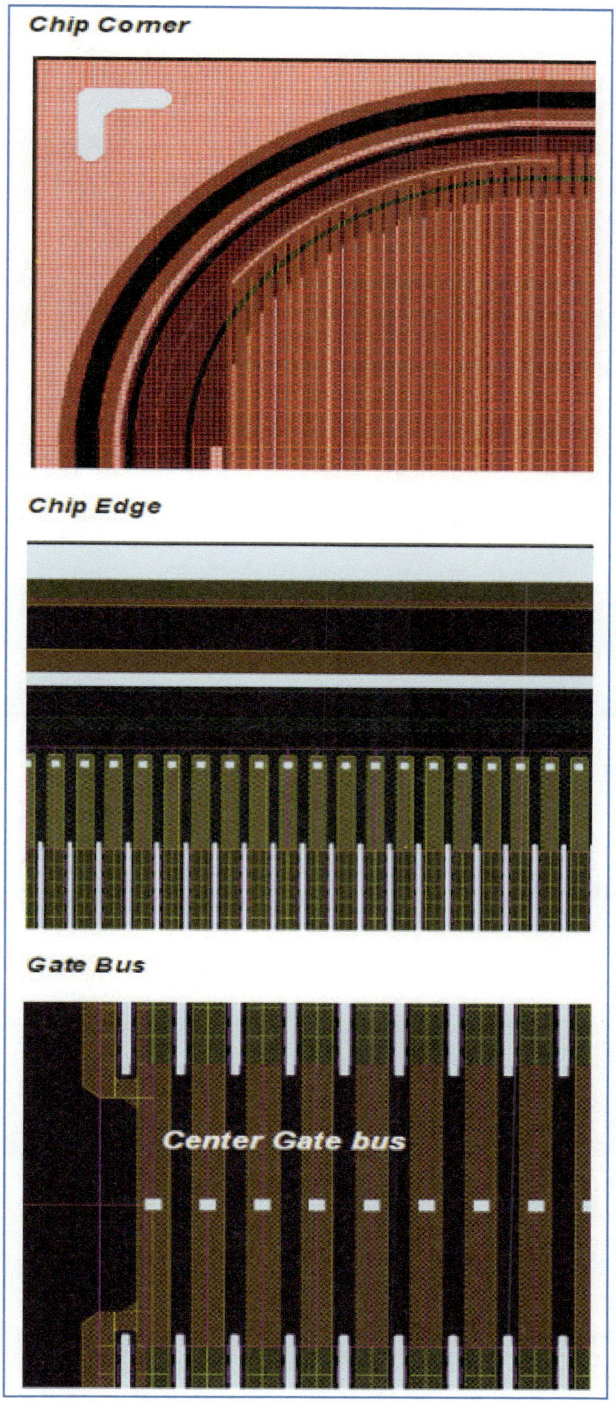


[그림 128] Mask Design

## P- Body Implantation

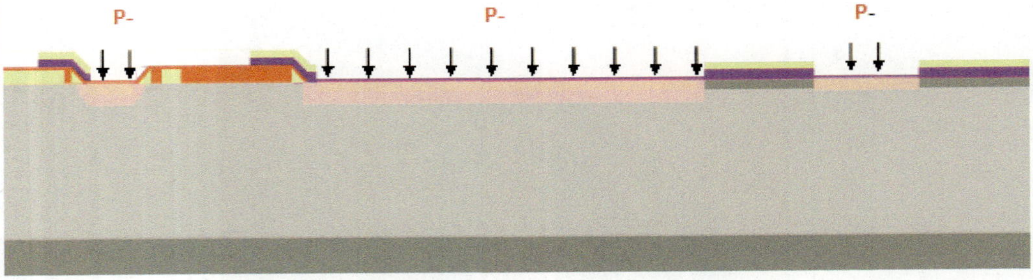


- ❑ *P- Implantation (B/60KeV/7E13, Tilt 0 )*

## P- Body Drive-in

- ❑ *WDR (1100°C/110min/Gas:N2,L-O2)*

## N+ Photo/N+ Implantation

- ❑ *N+ Photo (Mask #4)*
- ❑ *N+ Implantation (As/5.0E15/120KeV,Tilt 0)*
- ❑ PR Removal
- ❑ *Anneal (950°C/20min/Gas:N2)*

[그림 129] Process Condition

# Ⅵ. 시뮬레이션(MOS)

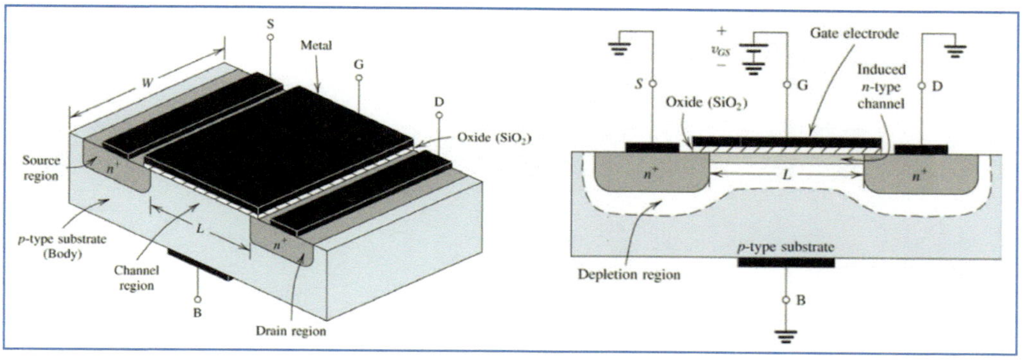


[그림 130] Physical structure of NMOS transistor
출처: Optimization of Device Performance Using Semiconductor TCAD Tools, Ashok K. Goel

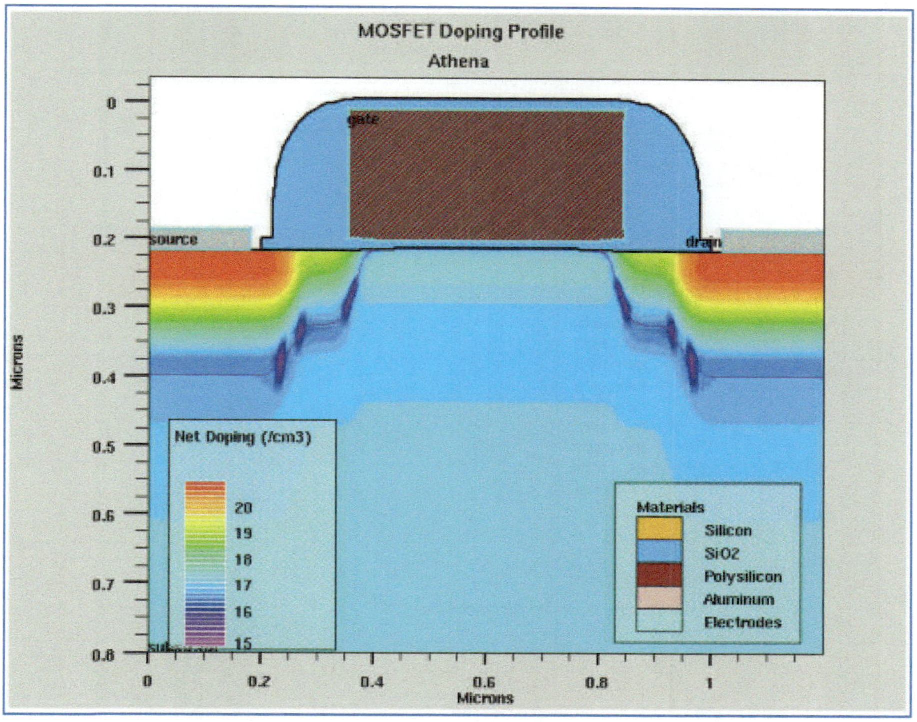


[그림 131] ATHENA structure plot of “mos1ex01.str”
출처: Optimization of Device Performance Using Semiconductor TCAD Tools, Ashok K. Goel

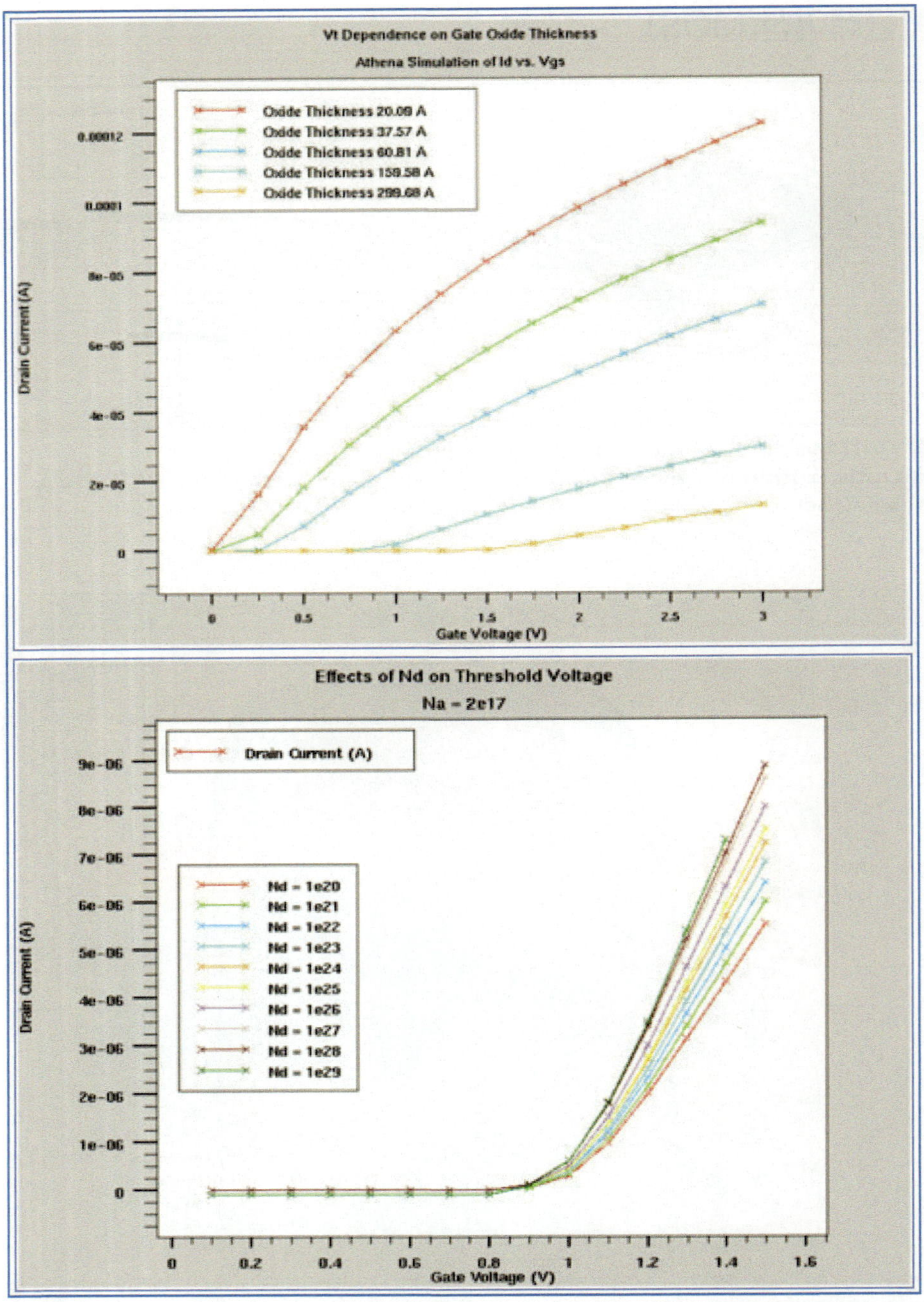


**[그림 132] The affect of oxidation thickness on the device characteristics & Changing the n-type doping in the source and drain regions**
**출처: Optimization of Device Performance Using Semiconductor TCAD Tools, Ashok K. Goel**

## 2.2.2 후공정 설계

### Ⅰ. 패키지 특성

- **능동소자와 수동소자:** 능동소자는 입력과 출력을 갖추고 있으며 전원으로부터의 에너지를 사용하여 에너지를 발생시키거나 에너지를 변환시키는데 다이오드, 트랜지스터 등이 능동소자이고, 일반 증폭기나 발진기가 그 대표적인 보기이다.

수동소자는 에너지를 단지 소비, 축적 혹은 그대로 통과시키는 수동적인 작용을 하는 소자인데, 증폭이나 전기에너지의 변환과 같은 능동적 기능을 가지지 않는 소자로 저항, 인덕터, 콘덴서 등이 있다.

- **기생성분 분석 및 최적화:** PCB 기판 자체는 각각의 회로소자들을 연결하는 선로와, 전원공급을 위한 평면(plane)들의 조합이다. 모두 수동적(passive)한 구조물이지만, 신호의 주파수가 올라가면서 하나의 R·L·C와 같은 소자처럼 동작하기 시작하고, VDD/GND plane은 고주파 공진판으로 동작하기 시작하여 PCB의 물리적인 형상과 구조 자체가 본래의 신호 특성에 점점 더 큰 영향을 주게 된다. 그 기생성분(parasitic)으로 인해 발생하는 coupling도 기하급수적으로 증가한다.
- **전도체의 기생성분:** 주로 package의 wire bonding에 의해 발생하며, wire의 등가회로에서 다음과 같은 값을 갖는다. R_pkg는 bonding wire에 직렬로 발생하는 저항으로 통상 수십 mOhm 대의 값을 갖는다. L_pkg는 bonding wire 자체가 가진 직렬 인덕턴스로 통상 수 nH 대의 값을 갖는다. C_pkg는 bonding wire와 바닥의 GND 사이에 발생하는 캐패시턴스로 통상 pF 대의 값을 갖는다.
- **PCB 기판의 잡음:** PCB 기판에 잡음이 유입되는 경로와 그것의 이론적인 원리를 이해하는 것이 중요하다. PCB에서 잡음이 커지는 경우에 대해 공진과 임피던스의 개념에 기반하여 이해하고 잡음을 억제하기 위해 서는 어떤 대책을 취해야 하는지 이해할 필요가 있다.
- **선로간 간섭(cross talk):** RF적인 관점에서는 이 crosstalk를 coupling이라고 부를 수도 있겠지만, SI에서는 모든 선로들이 서로 간섭한다고 볼 수 있다. 이렇게 떨어져 있는 선로 간의 간섭(crosstalk) 현상에 대해서는 크게 두 가지 관점에서 설명할 수 있다. 모든 선로는 inductor라고 볼 수 있는데, 선로가 길어지면 그 주변을 회전하는 자

기장이 생성되고, 이렇게 생성된 자기장 때문에 교류성분의 흐름을 막는 것이 바로 inductor이다. 또한, 두 개의 선로 사이에는 mutual inductance라고 불리는, 각각의 자기장에 담긴 정보가 서로 교환되어 버리는 현상이 존재한다. 또 하나는 모든 금속과 금속 사이는 capacitor인데, 도체와 도체 사이에 유전체가 존재하면 발생하는 개념으로 써, 직류는 전달이 안 되지만 교류(특히 고주파일수록)는 전달하는 특성이 있다. 그러다 보니 선로가 위아래로 겹치는 것은 물론이고, 옆으로 지나갈 때도 두 선로 사이에 존재하는 capacitance로 인해 신호가 서로 섞이게 된다.

- **EMI/EMC:** EMI(Electro-Magnetic Interference, 전자파 간섭)는 전자파 장애이고, EMS(Electro-Magnetic Susceptibility, 전자파 민감성)는 외부 전자파에 대한 내성을 의미한다. EMC(Electro-Magnetic Compatibility, 전자파 호환성)는 EMI가 잘 제어되고, EMS가 잘 되어 전파환경이 쾌적한 상태를 의미한다. 결국, 전자장비의 불요 전자파 방출량을 일정 수준 이하로 제어하고, 외부에서 강한 전자파가 오더라도 오동작하지 않는 쾌적한 EMC 환경을 만드는 것이 중요하다. EMI/EMC를 이론적으로 분석하고자 한다면, Field Simulation을 반드시 고려해야 한다. Field 분포를 통해 불필요하게 에너지가 집중되는 부위를 탐색하여 문제의 근원을 찾거나, 그에 기반한 해결의 중요한 단서를 얻고 문제해결의 목표점과 기준을 설정할 수 있다.

## II. Design

- **패키지의 전기적 특성:** 패키지 내에서 신호를 전달하는 과정에서 발생하는 기생 성분 RLC를 최소화하는 기판 설계, 선로간 간섭현상을 최소화하여 신호가 제대로 전달될 수 있도록 하는 것이 중요하다. 전자장 해석올 수행하여 각 위치에서의 주파수 별 임피던스 변화를 그래프로 확인하여 전자파 장애, 전자파 간섭을 최소화해서 외부 전자파에 대한 내성을 가질 수 있도록 한다.
- **패키지의 기계적 특성:** 패키지에는 다양한 패키지 공정에서 다양한 형태의 기계적 문제가 발생할 수 있으며, 조립 공정 완료 후에 진행하는 온도 사이클을 포함하는 다양한 신뢰성 테스트에서 다양한 불량 현상이 발생할 수 있다. 반도체 패키지에 발생할 수 있는 열적 기계 응력에 의한 계면의 박리 현상, 균열 현상을 방지하기 위해서는 패키지를 구성하는 재료의 물성치를 최적화해서 적용할 필요가 있다. PCB 기판과 패키지 리드나 솔더볼의 계면에서는 피로 현상에 의한 불량이 발생할 수 있으므로 열팽창 계수 등

을 조절하거나 구조적으로 문제가 발생하지 않도록 진행할 필요가 있다.

- **패키지의 열적 특성:** 반도체 제품은 사용하는 온도 환경에 따라 성능의 차이가 심하게 나타난다. 반도체는 80℃ 이상의 고온에서는 제대로 동작을 하지 않거나 고장이 발생할 수 있으므로 반도체 칩의 클럭 속도가 올라가고 집적도가 향상될수록 칩에서 소모되는 전력 소모량이 커지게 되어 칩에서 많은 열이 발생하므로 이러한 반도체를 설계할 때는 열 발산이 원활하게 이루어질 수 있도록 설계를 해주어야 한다. 칩 동작 중에 발생하는 열을 외부로 원활하게 발산시킬 수 있도록 방열 설계로 적절하게 수행하여 열적 신뢰성을 확보할 필요가 있다.

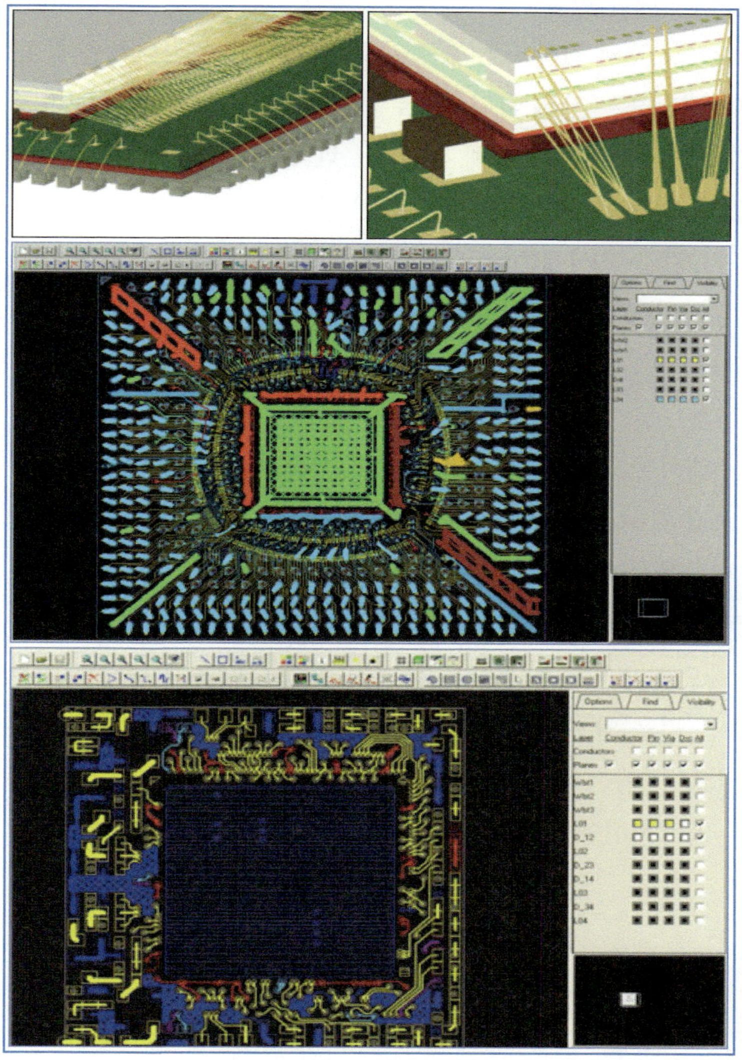

[그림 133] Wire, BGA, SIP design

# Ⅲ. 시뮬레이션

## (1) Electrical Simulation

①. **신호 무결성(SI: Signal Integrity) 시뮬레이션:** 실제 신호를 인가하고 그 전달과 왜곡 과정을 관찰할 수 있는 SPICE (Simulation Program with Integrated Circuit Emphasis) 등가회로 모델이며, 이를 기반으로 신호의 왜곡과 변형의 정도를 가늠하는 것이다. PCB SI 해석의 완성을 위해서는, 레이아웃을 전자장 해석하여 추출한 등가회로에, IBIS(Input/Output Buffer Information Specification) 모델 등에 기반한 실제 전기적 신호 파형을 해석해야 한다.

②. **회로 시뮬레이션:** 공진(resonance) 해석을 통해 공진주파수와 그 발생 위치를 찾아도, 모든 공진 문제를 동시에 해결하는 것은 어려우므로 PCB 기판의 동작에 영향을 주는 주파수의 공진들만 잡아내면 된다. 이를 위해 산발적으로 발생하는 공진의 주파수와 크기를 가늠할 필요가 있다. 공진해석을 하고 나면 공진 차트가 만들어지는데, 이 차트를 통해 공진주파수와 그 Q값을 표시해준다. Q값은 공진주파수를 공진대역폭으로 나눈 값으로 주파수 별로 공진이 얼마나 날카롭게 발생하느냐를 의미하는 값이다. 이 Q값은 절대적인 지표는 아니지만, 주파수 별 공진의 크기 분포를 가늠하는 지표가 될 수 있다.

③. **전자장 시뮬레이션:** 공진 해석을 통하여 PCB 기판에서 공진이 크게 발생하는 지점을 찾은 후에는 그 위치에 측정용 port를 추가한 후 전자장 해석올 수행하여 각 위치에서의 주파수 별 임피던스 변화를 그래프로 확인할 필요가 있다. 임피던스가 높다는 것은 공진이 크게 발생하는 지점을 의미하며, 작은 전류 잡음이라도 큰 임피던스와 작용하여 큰 전압 잡음이 나타나므로 임피던스 분석을 통해 임피던스가 높게 나타나는 주파수에서 잡음에 취약하다는 것을 알 수 있다. 이러한 임피던스 분석 결과를 통해 목표 임피던스를 설정할 수 있으며, 이는 PI 분석과정을 수행하는 데 수치적으로 정량화가 가능한 명확한 목표점을 갖고 개선에 임할 수 있다는 데 의미가 있다.

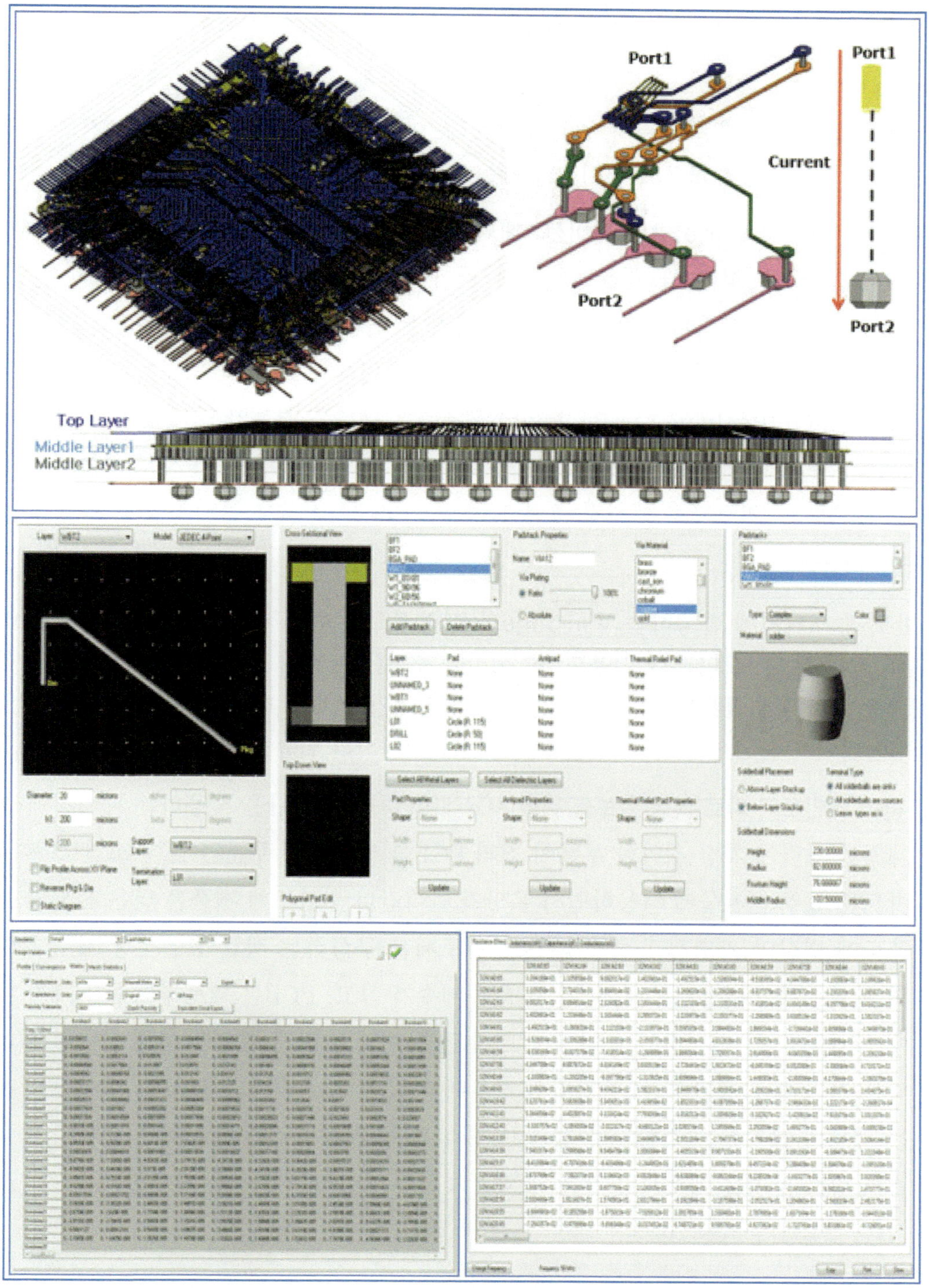


[그림 134] Electrical simulation

## (2). Mechanical Simulation

패키지의 외관 설계는 표준화된 규격을 따르며 설계에 사용되는 툴을 이용하여 진행한다. 기계적 응력에 의한 패키지 구조의 스트레스나 변형 등을 제품을 실제 제작하기 전에 검토하기 위하여 기계적 시뮬레이션 설계는 반드시 필요하다.

①. **패키지 휨(warpage) 시뮬레이션:** 패키지를 구성하는 칩과 PCB 기판의 크기와 두께, EMC의 특성에 따라서 패키지가 휘어지는 warpage 문제가 발생할 수 있다. Warpage가 과도하게 발생하면 패키지에 있는 솔더 조인트의 일부 부분이 PCB 기판과 접합되지 않는 현상이 발생할 수 있으므로 주의해야 한다. 최근에는 패키지끼리 적층하는 POP(Package On Package) 구조를 채택하는 경우가 많이 있는데, 패키지의 warpage가 과도하게 발생할 때 두 개 패키지의 신호 연결 부분이 서로 접합되지 않아 문제가 될 수 있으므로 패키지 조립 전에 warpage특성을 시뮬레이션해 보는 것이 매우 중요하다.

반도체 패키지에 발생하는 Warpage를 정량적으로 측정하기 위해서 모아레(moire) 방법이 적용된다. 모아레를 이용한 warpage 측정은 패키지 표면에 줄무늬 판을 통하여 빛을 쪼여 물체에 줄무늬 그림자를 만든 후 패키지가 변형할 때 패키지의 위치에 따른 표면의 높낮이가 등고선과 같은 모양으로 나타나 패키지의 휘는 정도를 측정할 수 있다.

②. **솔더 조인트의 피로 특성 확보를 위한 시뮬레이션:** PCB 기판을 사용하는 패키지에서 기계적인 응력에 가장 취약한 부분이 칩과 PCB를 연결하는 부분인 솔더 조인트이다. 스마트폰을 추운 겨울에 사용하면서 온도가 올라간다면 반도체 제품은 낮은 온도와 높은 온도에 번갈아 가면서 노출이 되므로 반도체를 구성하는 재료의 열팽창 계수 차이에 의해 열응력이 발생하는데, 칩은 열팽창 계수가 작고, PCB는 열팽창계수가 크기 때문에 칩과 PCB를 연결하는 솔더 조인트에 큰 응력이 걸리게 되므로 이를 감안한 설계를 하는 것이 매우 중요하다. 플립칩의 경우에는 칩의 크기에 따라 솔더 와 PCB가 접촉하는 패드의 크기를 조절하거나 칩과 PCB가 접촉 부분에 걸리는 응력을 줄여주기 위해 솔더 범프 사이를 에폭시와 같은 재료로 채워주는 언더필 공정을 진행한다.

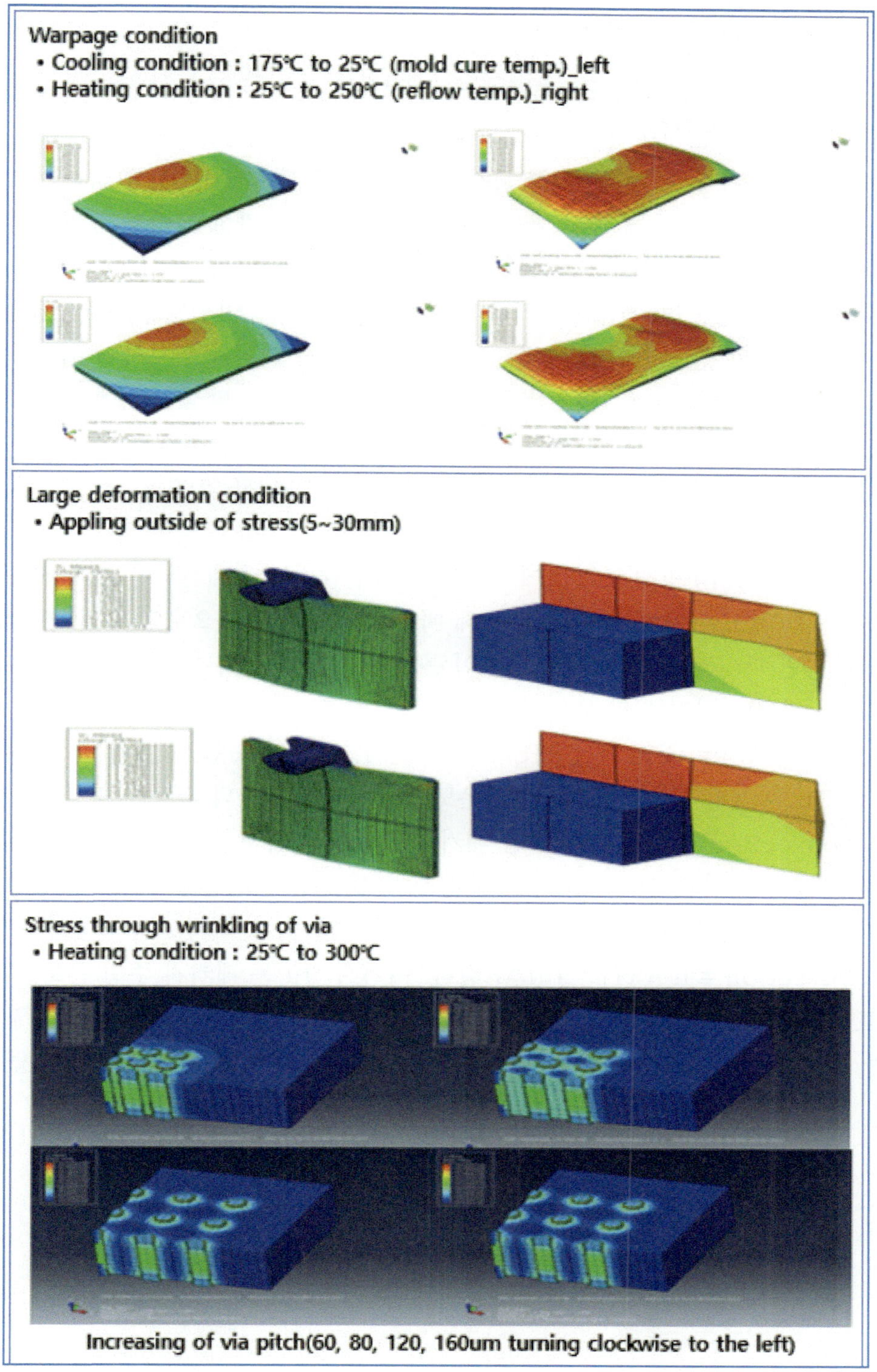


[그림 135] Mechanical simulation
출처: 하나마이크론

## (3). Thermal Simulation

일반적으로 시스템에 사용되는 부품을 비교한다면, 40℃의 사용 조건에서 발생하는 고장 발생빈도에 비하여 80℃의 경우에는 약 4배 정도가 더 높다. 반도체의 경우에는 적어도 3배 이상 차이가 난다. 열에 의한 고장 비율은 전체 전자제품에서 발생하는 고장율의 약 55%를 차지한다. 반도체 칩의 클록(clock) 속도가 올라가고 집적도가 향상될수록 칩에서 소모되는 전력 소모량이 커지게 되는데 발생한 열이 외부로 잘 방출되지 않으면 칩의 온도가 올라가면서 칩은 정상 동작을 하지 않고 수명이 짧아지게 된다. 반도체의 열적 시뮬레이션은 칩의 온도를 방열 설계로 감소시켜 열적 신뢰성을 확보하기 위한 목적으로 실시 된다. 방열 설계를 위해서는 열전도성이 좋은 재료를 열 발생 부위에 두어 열전도가 잘되 도록 하고, 패키지 외부에서는 패키지에서 발생한 열이 외부로 잘 발산되도록 패키지 구조를 팬 형태로 만들어 표면적을 넓히는 방법이 적용되고 있다.

반도체 패키지에서의 열해석은 반도체가 동작할 때 발생하는 열이 전도(conduction)와 대류(convection) 방식으로 열에너지 얼마나 전달되는지 계산하게 된다. 반도체에서 발생하는 열이 전도성이 좋은 재료를 통해 빠르게 패키지 표면으로 전달된 후 바로 외부로 전달된다면 패키지 자체의 온도는 많이 올라가지 않을 것이다. 전도에 의한 열전달은 열전도율이 열전달 면적(A)과 온도에 비례하는 식은

"Q conduction = -k A (Th − Tc) / L"와 같다. 여기서 'k'는 물질의 열전달계수, 'A'는 면적, 'Th'는 높은 온도, 'Tc'는 낮은 온도, 'L'은 온도 구간의 거리를 의미한다.

대류(convection)에 의한 열전달은 패키지 표면과 주위 온도의 차이에 의해 발생하게 된다. 이 경우 패키지 표면의 온도와 주위 온도를 실제 상태로 설정해주는 것이 중요하다. 대류에 의한 열에너지 전달 식은

"Q convection = h A (Tj − Ta)"와 같다. 여기서 'Ta'는 패키지 주위 온도, 'Tj'는 패키지 표면의 온도를 나타내며, 'A'는 패키지 전체 면적을 나타낸다. 'h'는 대류 열전달 계수이며, 유체의 운동 상태, 전체 환경에 따라 결정된다. 팬이 있는 경우와 팬이 없는 자연대류의 경우 열전달계수는 달라진다.

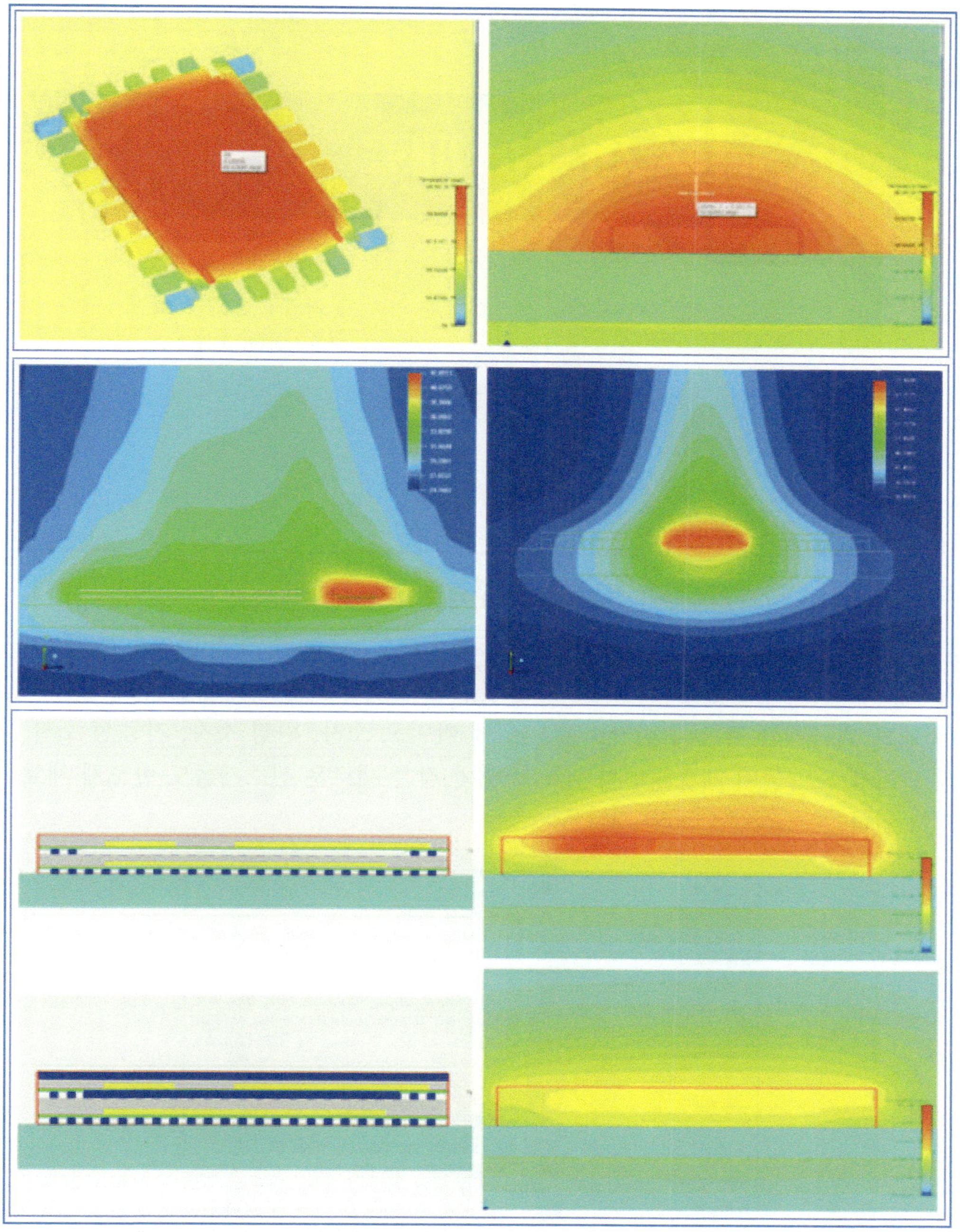

[그림 136] Thermal simulation(열저항, 시스템, 칩 구조)
출처: 하나마이크론

# 2.3 반도체 재료

## 2.3.1 전공정 재료

반도체 기판(wafer), 노광(Lithography) 재료, 가스(Gas) 재료, 금속(Metal) 재료, 습식화공약품(Wet chemical), 패키지(Package) 재료, 나노 소재(Nano material) 등 반도체 제품을 제조하는 공정에서 사용되는 다양한 물질들을 통칭하여 반도체 재료라 한다. 이 외에도 최근에는 기존의 전자소자 이외에 바이오 소자, 환경 소자, 기능성 소자 등 다양한 반도체 소자들이 개발되면서 나노 소재와 같은 새로운 신소재들도 반도체 재료로 사용되고 있다.

| 반도체 재료 | 종류 |
|---|---|
| 반도체 기판<br>(Semiconductor wafer) | 순수반도체 기판(Si, Ge 등)<br>화합물반도체 기판(SiC, Sn, SnO2, PbS, GaAsP, InGaAsP 등) |
| 노광 재료<br>(Photolithography material) | Photo resist, Developer, Remover, Stripper, Adhesion promotor |
| 가스 재료<br>(Gas material) | 증착가스(SiH4, SiH2Cl2, SiHCl3, SiCl4, AsH3, B2H6, BBr3, BCl3, CH4, Cl2, GeH4, PH3, TeH2, SnCl4, GeCl4, WF6, NH3, MoF6 등)<br>식각가스(HCl, HF, HBr,SF6,Cl2, SiF4, CF4, C3F8,C2F6,C4F6, CHF3, CClF3, CF4 등)<br>세정가스(NF3, CF4, C4F8 등) |
| 금속 재료<br>(Metal material) | Al, Cu, Mo, Pt, Ta, Ti, W, Au, Ag 등 |
| 습식화공약품<br>(Wet chemical) | 산성 화공약품(H2SO4, HCl, HNO3, HF, H3PO4 등)<br>염기성 화공약품((NaOH, KOH, NH4OH 등)<br>유기용매(메탄올, 에탄올, IPA, 아세톤, 벤젠, 톨루엔 등) |
| 패키지 재료<br>(Package material) | Package substrate, Lead Frame, Die attach material, Bonding wire, Molding compound, Solder Ball 등 |
| 나노 소재<br>(Nano material) | 그래핀(Graphine), 탄소나노튜브(Carbon Nano Tube), 나노와이어(Nanowire), 금속 나노 입자(Metal nano particle) |

**[표 7] 반도체 재료의 종류**
**출처: National Competency Standards**

①. **가스 재료(Gas material):** 가스는 반도체 소자 제조 공정에서 반도체 기판에 새로운 층을 형성하기 위하여 특정 물질을 증착, 식각, 표면처리, 특성 변화가 필요할 때 사용되는 기체 상태의 재료이다. 반도체 제조에 쓰이는 가스의 순도는 99.99% 이상의 고순도여야 한다. 결국, 사용되는 가스의 특성 중에 불순물 함유가 최소화된 특성을 요구한다.

| 용도 | | 종 류 |
|---|---|---|
| 도우핑 | | $AsH_3$, $H_2S$, $GeH_3$, $SbH_3$, $AsCl_3$, $AsF_2$, $PH_3$, $PCl_3$, $B_3H_6$, $BF_3$, $(CH_3)2Te$, (CH3)2Cd, (C3H5)2Cd 등 |
| 에피텍셜 | | $SiH_4$, $SiH_2Cl_2$, $SiHCl_3$, $SiCl_4$, $B_2H_6$, $BBR_3$, $BCl_3$, AsH3, PH3, GeH4, $TeH_2(CH_3)_3Al$, $(C_2H_5)_3Al$, $(CH_3)_3SB$, $(C_2H5)_3Sb$, $(CH_3)_3Ga$, $(C_2H_5)_3Ga$, $(CH_3)_3As$, $(C_2H_5)_3As$, $SnCl_4$, $GeCl_4$ 등 |
| 이온 주입 | | $AsF_5$, $PH_5$, $PH_3$, $BF_3$, $BCl_3$, $SF_6$ 등 |
| 식각 | 기상 식각 | $Cl_2$, HCl, HF, HBr, $SF_6$ 등 |
| | 플라즈마 식각 | $SiF_4$, $CF_4$, $C_3F_8$, $C_2F_6$, $CHF_3$, $CClF_3$, $O_2$ 등 |
| | 이온 빔 식각 | $C_3F_8$, $CHF_3$, $CClF_3$, $CF_4$등 |
| | 반응성 스퍼터링 | $O_2$ 등 |
| 화학 증착용(CVD) | | $SiH_2$, $SiH_2$, $Cl_2$, $SiCl_4$, $NH_3$, NO, $O_2$ 등 |
| 밸런스 | | $N_2$ , Ar, He, $H_2$, $CO_2$, $N_2$, O 등 |

**[표 8] 용도별 가스 분류**
**출처: National Competency Standards**

②. **금속 재료(Metal material):** 반도체 칩 제조 공정은 크게 두 부분으로 나누어진다. 한 부분은 transistor, diode, 축전기 등을 형성하는 소자형성 부분이고 다른 한 부분은 일련의 소자들을 조합하여 소자를 전자기 소자로 완성해 주는 소자 금속 배선 부분이다. 소자의 동작 속도는 소자의 성능을 평가하는 중요한 특성 인자 중의 하나인데 배선 구조와 사용되는 금속 재료에 좌우된다. 금속 재료를 무엇을 선택하느냐에 따라 소자의 신호 전달 속도의 성능이 결정된다. 고성능, 고속소자에 구리 배선을 사용하는 이유이다. 금속 배선 공정은 3단계로 나뉜다. 1단계는 소자와 금속 배선을 위해 기판 실리콘과 ohmic contact을 형성하는 실리사이드 형성이다. 2단계는 이후 각기 다른 소자들을 연결하여 다층 배선과 연결하는 contact hole과 via hole이다. 3단계는 평면 다층 상에서 contact과 via hole을 연결하는 metal 배선 공정이 이루어진다. 3단계 모두 금속 재료를 사용하게 된다.

| 메탈 또는 합금 | 비저항(ρ) (μΩcm) | 녹는점 (℃) | 열팽창계수 (10-6℃) | Si와 반응 온도 (degree℃) |
|---|---|---|---|---|
| Al | 2.7~3.0 | 660 | 24 | 250 |
| MO | 6~15 | 2620 | 5 | 400 |
| W | 6~15 | 3410 | 4.4 | 600 |
| Cu | <2.0 | 1083 | 16.5 | - |
| Ti | 42 | 1667 | 8.9 | - |
| $MoSi_2$ | 40~100 | 1980 | 8.25 | 1000 |
| $TaSi_2$ | 35~50 | 2200 | 8.8~10 | 1000 |
| $TiSi_2$ | 13~16 | 1540 | 12.5 | 900 |
| $WSi_2$ | 30~70 | 2165 | 6.25~7.9 | 1000 |
| $CoSi_2$ | 10~18 | 1326 | 10.04 | 950 |
| PtSi | 28~35 | 1229 | - | 750 |
| TiN | 25~200 | 2880 | 9.35 | - |

**[표 9] 반도체 금속 배선 재료의 물리적 특성**
**출처: National Competency Standards**

금속 배선 재료는 공정 규격을 만족하는 기본적인 특성값이 요구된다. 또한, 오염원으로 작용하지 않고 세정 시 문제가 발생하지 않아야 한다. 전기적으로는 낮은 접촉 저항, silicon과 한정적 반응, 높은 전도도를 가져야 하고, 공 정적으로는 상하 박막과 접착성이 양호하고, pattern 형성이 쉽게 되며, 열특성, 타 금속과의 접촉성이 양호해야 한다.

③. **습식 화공약품(Wet chemical):** 습식 화공약품은 세정, 식각, 표면 처리 등에 사용하는 액상 재료이다. 화학적 특성에 따 라서 산, 염기, 유기로 분류한다.

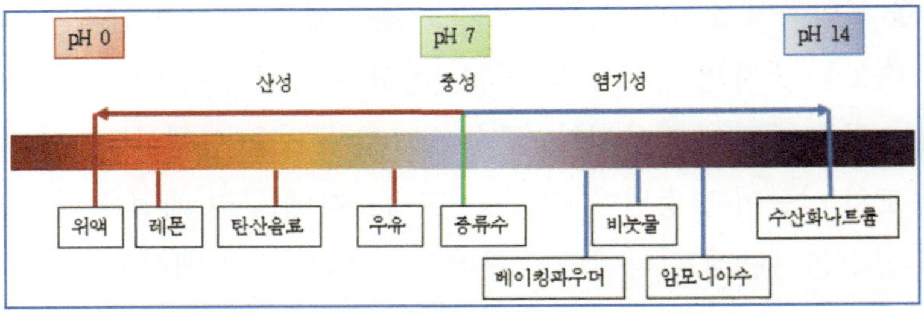


**[그림 137] pH 농도별 해당 물질의 예시**
**출처: National Competency Standards**

산성 화공약품은 pH 농도가 7보다 낮은 액체이며 물에 녹았을 때 수소이온(H+)을 발생시킨다. 반응성과 부식성이 강하며, 산성도가 높을수록 더 강한 반응성을 보인다. 식각이나 세정 공정 등에 사용하며 공정에 황산($H_2SO_4$), 염산(HCl), 질산($HNO_3$), 불산(HF), 인산($H_3PO_4$) 등이 있다.

염기성 화공약품은 pH 농도가 7보다 큰 액체를 말하며, 수용액 상태에서 수산화이온

(OH-)을 발생시킨다. 산에 반대되는 성질의 액체이며, 산과 중화반응을 일으켜 염과 물을 만든다. 염기성 습식 화공약품에는 수산화나트륨(NaOH), 수산화칼륨(KOH), 암모니아($NH_4OH$) 등이 있다.

## 2.3.2 후공정 재료

반도체 패키지는 일반적으로 실리콘 칩과 기판, 금속선(or bump), solder ball, lead frame, molding compound, 접착제 등으로 구성되어 있다.

①. **기판(substrate):** 반도체 칩을 실장 하는 용기이며, 칩과 메인 PCB간 전기적 신호의 연결통로의 역할을 한다. 절연층 위에 전기적 신호를 전달할 수 있는 도체를 배열한 구조로서, 칩의 미세한 배선을 메인 PCB의 스케일로 변환시켜 준다. 이동 전자기기(mobile device)와 PC의 핵심 반도체에 사용되는 package 기판으로 사용된다. 고가의 반도체를 직접 메인 기판에 부착하게 될 때 사용되며, 발생하는 조립 불량과 비용을 줄일 수 있다.

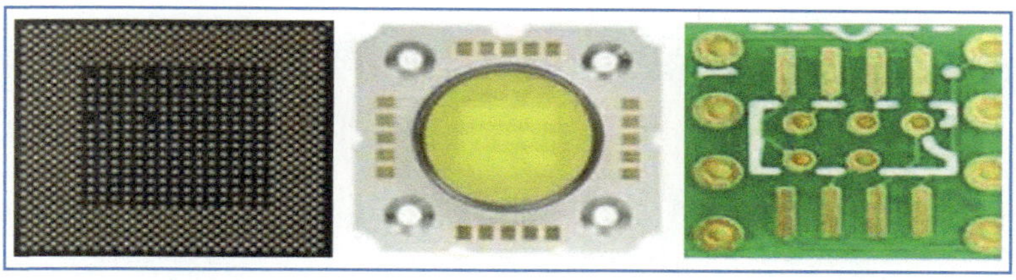

[그림 138] Substrate

②. **리드프레임(leadframe):** 패키지 종류를 구분하는 기준 중 하나는 어떤 기판을 사용하느냐이다. 전통적으로 구리 동판에 에칭을 통해 배선을 만드는 방식인 리드프레임이 있다. 상대적으로 값이 싸고 열적, 전기적 특성의 장점이 있어서 지금까지도 다양한 종류의 제품에 적용된다. Lead frame은 반도체 IC를 구성하는 핵심부품으로서 반도체 chip과 PCB 기판과의 전기 신호를 전달하고, 외부의 습기, 충격 등으로부터 chip을 보호하며, 지지해 주는 골격 역할을 한다. 이는 칩을 비로소 외부와 연결하는 die paddle과 leads로 구성된다.

웨이퍼 상에 잘린 칩들은 금(Au)선으로 연결단자에 wire bonding을 통해 연결된다. 플라스틱 패키지 lead frame은 합금으로 만들어지는데 그 특징은 화합물에 접착성이 우수, 칩과 화합물 사이의 우수한 열 확장성, 높은 강도, 형 변형 우수, 높은 열 전도성 등이 있다.

Alloy42(Fe(57.7%), Ni(41%), Mn(0.8%), Co(0.5%))는 합금물의 좋은 예이다. Lead frame을 사용하는 패키지는 원가가 저렴한 구리 lead frame을 사용하기 때문에 생산원가가 저렴하다는 장점이 있다. 대체로 전형적인 패키지 구조를 가지며, 구조가 상대적으로 간단해 출력 단자 수가 적은 소자에 적합하다. 특히, 저렴한 가격과 작은 크기, 그리고 우수한 전기 및 열적 특성 때문에 무선 이동통신 제품에 많이 사용된다. Lead frame은 철(Fe)과 동(Cu)으로 구분되는데 발열량이 큰 IC에는 열전도율이 좋은 동을 주성분으로 한 lead frame을 사용하며 특성이 중시되는 경우는 silicon과 열팽창율이 비슷한 Fe-Ni 합금 계열인 alloy lead frame을 사용한다.

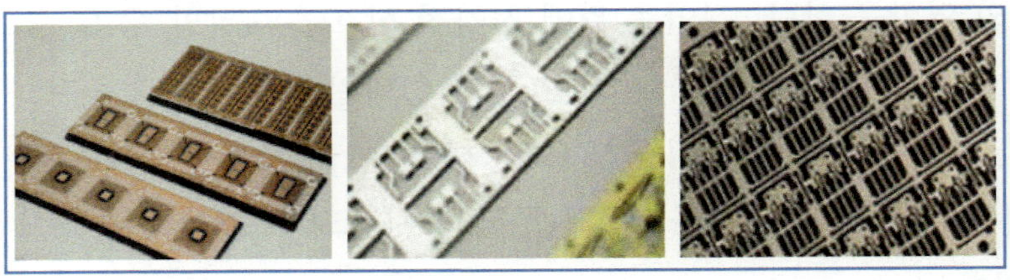

[그림 139] Leadframe

③. **금속선(metal wire):** 반도체 칩과 기판 사이를 연결하며, 주로 금(Au)이나 구리(Cu) 등이 사용된다. 최근에는 칩의 패드(pad) 위에 돌기를 형성시킨 bump가 금속선 대신 사용되기도 한다.

- **패키지별 와이어 구별:** gold wire는 hermetic 패키지에서는 고온을 견디지 못하므로 사용할 수 없고, 알루미늄 wire는 hermetic 조립에서는 표준으로 쓰이며, 플라스틱 패키지에서는 전도성이 좋아 신호 전달 속도가 더 빠르고, 사용하기 쉽고, 가격 대비 성능이 우수하므로 이상적인 gold wire를 사용한다.

[그림 140] Metal wire

- **칩의 직경:** ① 칩의 wire 접착점이 작을수록 더욱 가느다란 wire가 필요 ② 높은 전류를 흘린다든지 발열이 중요한 회로의 경우 두꺼운 wire가 더 효율적이다.
- **인장강도, 신장성(elongation property):** 인장강도는 크면 클수록 좋은 것이고, wire bonding 시 신장성이 크면 모양을 만드는데 어렵다. 그러므로 wire bonding 시 신장성이 크지 않은 것을 골라야 한다.
- **열 특성:** 공정 시 녹으면서 ball 모양이 되었을 때 고온으로 인해 끝부분의 볼에 가까운 부분은 나뭇결 구조를 확대시킨다. Wire의 그 부분은 쓸 수 없으므로 버려야 한다.

**④. 솔더볼(solder ball):** 기판과 메인 PCB를 연결시켜준다. Solder ball이 사용되기 이전에는 lead frame이 사용됐었으며, 현재도 lead frame 기반 반도체 패키지가 주로 사용되고 있다.

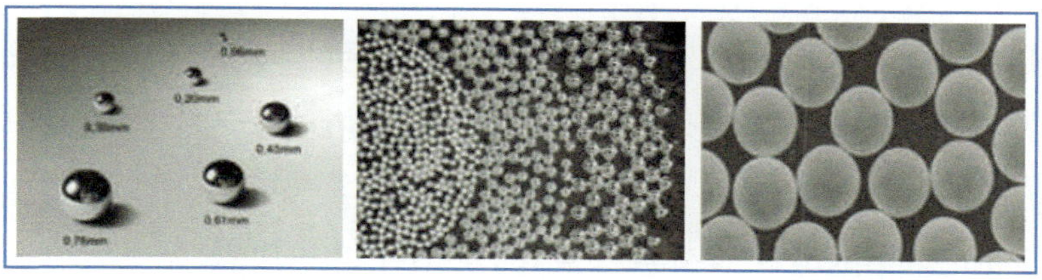

**[그림 141] Solder ball**

BGA 공정의 경우 양면 판을 회로 가공하여 표면에 chip, 이면에 solder ball을 탑재한 다음에 mold 수지로 봉합한 구조로 밑면의 솔더볼이 부품의 lead 역할을 하게 되므로 소형의 부품으로도 많은 lead의 구성이 가능하며 각종 전자기기 및 통신기기 등 제품의 소형화, 경량화, 고기능회로 PC board 및 부품도 소형화하여야 함에 따라 고안된 차세대 부품이라 할 수 있다. 이 부품에 사용되는 가장 중요 소재가 solder이다. 이 solder는 paste, ball의 기본 재료가 된다.

- **기판과 부품의 내열:** 225℃ 이상의 고온 solder는 ceramic package, ceramic 기판용으로 적합하고, plastic package와 glass epoxy 기판에는 Sn(63%)-Pb(37%)의 solder paste나 저융점 solder paste가 사용된다.
- **은(Ag) 또는 부품 lead의 금속조성:** Ag-Pd 소성·도체 등은 Ag의 확산을 억제하기 위하여 Sn-Pb에 Ag를 1~3% 첨가한 solder 합금이 사용된다. Au단자에는 In-Pb solder가 Au의 확산 억제를 위하여 사용된다.
- **Solder의 강도:** 고온에서의 인장강도나 선단강도가 필요한 때에는 Sn-Sb 합금이

사용된다.

- **Solder 합금분말의 입도:** Fine pitch화로 진행되면 될수록 metal mask의 개구부가 좁게 되기 때문에 입도 분포가 작은 solder 합금분말을 사용하지 않으면 안 된다. 입경은 개구부의 20%에 합금분말의 최대 입경을 설정할 필요가 있다. 또한, solder 합금분말의 입경이 작아지게 되면 표면적이 증가하고 합금 분말은 산화되기 쉬우며 solder ball의 영향을 준다. 현재 pitch 간격이 0.5㎜의 fine pitch용에 설정된 solder paste의 입경은 20~50㎛의 합금분말이 사용된다.
- **Solder paste의 점성:** solder paste의 점성은 인쇄성능과 soldering 성능에 미치는 영향이 크고, 일반적으로 점도와 thixotropy 지수로 나타낸다. Thixotropy성은 인쇄 속도가 증가함에 따라 점도가 낮아지는 성질이 있고 thixotropy 지수는 인쇄 속도를 변화시켜 점도를 측정하는 것에 의해 구하는 것이 가능하다. 점도는 너무 높으면 판 떨어짐이 나빠지고 rolling이 저하되어 번짐 이 발생한다. 판 떨어짐성은 좋지 않게 되면 인쇄 무너짐은 줄어든다. 점도가 너무 낮으면 인쇄 무너짐이 일어나기 쉽게 되는 경향이 있다. Thixotropy 지수가 작고 인쇄 무너짐이 발생하지만 판 떨어짐 특성은 좋은 경향이 있다. 현재 시판되고 있는 fine pitch 대응 solder paste의 점성은 점도 15~30만 CPS/25℃ thixotropy 지수는 0.4~0.7의 범위에 있다.

⑤. **몰딩 컴파운드(molding compound):** 제품 최종성형 및 부품고정을 위해 사용된다. Molding compound의 재료는 ceramic, metal, plastic 등이 사용되는데, 현재는 저가격의 plastic 재질이 주류를 이루고 있다. Epoxy 수지에 실리카 등의 무기재료와 각종 부재료(경화재, 난연재, 이형제 등)가 첨가된 EMC(Epoxy Molding Compound)가 주로 사용된다.

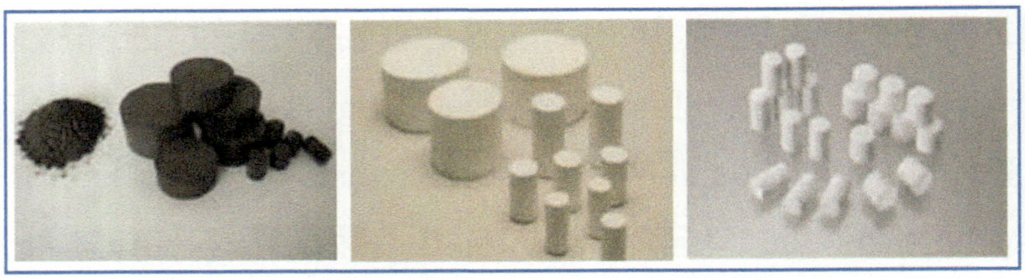

[그림 143] Molding compound

⑥. **양호한 EMC 조건:** 성형성(유도성, 경화성, 이형성, 금형 오염성, 금형 마모성, 장시간 보존성, 패키지 외관), 내열성(내열 안정성, 유리 전이온도(Tg), 열팽창성, 열전도성, 내열 충격성(고온 및 저온의 반복 순환 과정상), 내습성(흡습 속도, 포화 흡습량, soldering 후 내습성), 부식성(이온성 불순물, 분해가스), 접착성(silicon die, metal lead frame, die pad), die 표면의 절연막이나 보호막 등과의(특히 고온 고습에서) 접착성, 전기특성(각종 환경에서의 전기절연성, 고주파 특성, 대전성 등), 역학특성(인장) 및 굽힘특성(강도, 탄성률, 변형률의 고온특성), 강인성(파괴 인성치), 마킹성(ink. laser), 난연성, 착색성 등이 좋아야 한다.

### EMC 종류별 특성

①. **열경화성(thermo set plastic) 수지:** 선상구조의 저분자 단량체(monomer, 고분자화합물 또는 회합체를 구성하는 단위가 되는 분자량이 작은 물질)들이 열을 받으면 레진(resin)이나 촉매(catalyst) 등에 의해 다른 성분들과 급속히 중합 반응(cross-linking)하여 얻어지는 복잡한 망상구조의 불용성 고분자 물질

②. **패놀(phenol) 수지:** 패놀류는 부가 축합반응에 의해 얻어진다. 공업적으로 가장 많이 이용되는 것은 패놀과 포말디하이드(formaldehyde, CH2O)의 반응에 의해 얻어지는 중합형 패놀 수지

③. **에폭시(epoxy) 수지:** 1개의 분자 속에 에폭시기(O 1개, CH 2개를 이룬 분자 구조)를 2개 이상 가진 화합물을 말하며 현재 주로 이용되는 것은 주로 비스패놀-A(bisphenol)와 에피클로르하이드라인(epichlorohydrine)과의 생성물이다. epoxy 수지의 특징은 ① epoxy 수지는 phenol 수지보다 연쇄밀도가 상당히 높다 ② 열팽창 계수, 경도, 화학약품에 대한 저항, 방습성 등에서 패놀 수지보다 우수하다 ③ IC 제조공정에서는 에폭시 수지인 몰드 화합물로 사용된다.

④. **열가소성(thermo plastic) 수지:** 구성 단량체들이 저분자 선상구조 물질이나 외부로부터 열을 받아도 각 단량체가 선상으로만 연결되어 선상구조의 가용성 물질이다.

# 2.4 반도체 공정·장비

## 2.4.1 전공정 장비

### Ⅰ. Photolithography

#### (1) 포토 공정

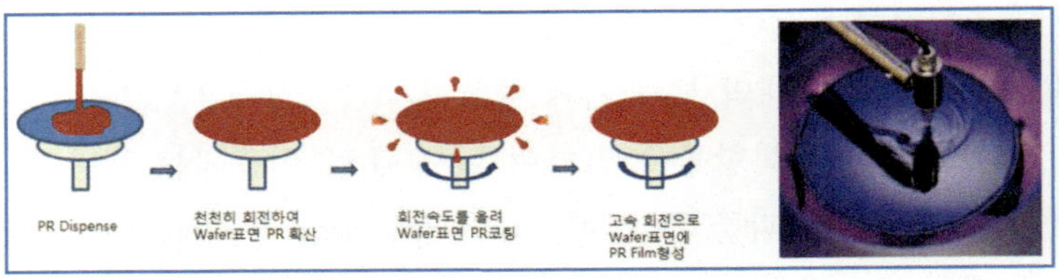


[그림 143] PR coating 공정

①. **PR coating:** 반도체 미세회로 pattern 형성을 위해 노광기의 빛에 반응하는 PR을 wafer에 골고루 도포하는 작업을 PR coating이라고 한다. 고속으로 회전할 수 있는 spin부에 wafer를 장착하고 노즐을 통해 일정량의 PR dropping을 시킨 후 spin부를 회전시켜 PR을 coating한다.

②. **TPR(thickness of PR):** Wafer 상에 코팅되는 PR의 두께를 말하며, 두께 측정을 위한 계측장비 또는 in-line SEM으로 측정할 수 있다. TPR은 PR 소모량, 노광량, pattern의 단면 모양, pattern의 특성, 후속 공정에서의 공정 특성과 성능 등을 좌우하는 중요한 항목이다. Dummy wafer를 이용하여 적절한 TPR을 얻을 수 있는 coating program을 설정하여야 한다.

③. **Uniformity:** Wafer 상에서 TPR의 균일도를 말한다. TPR에 따라 앞서 언급한 여러 특성과 공정조건이 달라지므로 wafer 전체에 spec 내의 균일한 TPR을 얻을 수 있는 장비 및 공정 관리가 중요하다.

④. **Developer:** 노광된 wafer 상의 PR을 현상하여 pattern을 형성하기 위한 develop 공정에 쓰이는 PR 용해용 약액을 말한다. Positive용은 알칼리 수용액이며, negative 용은 유기용제이다.

⑤. **Spin:** PR을 coating 하거나 develop 후 다량의 developer와 수분을 원심력으로 제거하기 위해 wafer를 회전시키는 작업이다. 이 작업이 일어나는 부위를 spin부라고 하며, wafer는 진공 흡착 방식으로 고정한다.

⑥. **HMDS:** Si이 포함된 유기화학 물질로서, 무기물인 Si wafer 표면에 유기물질인 PR이 잘 접착되게 하도록 Si wafer 표면에 부착시키는 물질이다. Vapor 상태로 wafer 표면과 접촉하여 표면에 달라붙는다.

⑦. **Soft bake:** PR coating 후 열처리로 건조하는 공정이다. PR은 액체로서 고형분과 solvent 성분을 가지고 있다. 고형분이 solvent에 녹아 있어 spin coating 후 PR coating막에 잔존하는 solvent 성분을 제거하기 위해 hot plate 위에서 bake 처리를 하게 된다.

⑧. **PEB(post exposure bake):** 노광된 wafer의 develop 전 실시하는 열처리이다. PR 내 산의 양을 증폭시켜 현상 특성을 좋아지게 하는 것이 PEB의 목적이다.

⑨. **Hard bake:** Develop 후 PR을 건조시키는 공정이다. Develop 후 PR pattern에 다량의 수분이 있으므로 수분을 제거하기 위해 충분한 온도와 시간이 필요하다.

⑩. **Edge bead:** PR이 wafer 상에 고속 회전으로 spin coating 되면서 액상의 PR이 가지는 표면장력에 의해 wafer 가장자리에 빙 둘러서 발생하는 약간 두껍게 형성되는 PR 고리를 말한다.

⑪. **Drain:** Track은 PR, developer, DI water, remover 등의 약액이 많이 사용되는 장비이므로 이들은 배출 제거 drain이 중요하다.

⑫. **Positive PR:** 빛을 받은 부위가 알칼리 수용액 developer에 용해되는 PR이다.

⑬. **Negative PR:** 빛을 받지 않은 부위가 유기용제에 의해 용해되는 PR이다. 빛을 받은 부위는 경화작용이 일어나 용제에 잘 녹지 않는 성질로 바뀐다.

⑭. **BARC(bottom anti reflective layer):** 노광기에서 나온 빛이 PR 하부의 wafer 표면에서 반사 또는 난반사될 경우 원하지 않은 부위의 PR이 광반응을 일으키므로 이를 방지하기 위해 PR 하부에 코팅하는 물질이다.

⑮. **TARC(top anti reflective layer):** 노광 시 DI water를 이용한 wet 노광공정에서 PR 표면이 직접 DI water에 접하여 수분을 흡수하거나 감광성분이 용출되는 현상을 방지하고, DI water와의 계면에서 빛의 반사를 최소화하기 위해 PR 위에 coating 하는 물질이다.

## (2) Track 장비의 구성과 구조

Track 장비는 wafer에 PR을 coating 하는 기능과 노광이 끝난 wafer를 develop 하여 PR pattern을 만들어내는 developing 기능을 하고 있다. 이러한 기능을 위해 적절한 표면 처리와 PR, developer, remover, HMDS(hexamethyldisilane), DI water 및 기타 보조약액(BARC, TARC 등)을 dispense하고 처리할 수 있는 구성을 하고 있다. 이러한 구성은 기능적으로 구분하면 PR coating과 develop 처리가 가능한 spin부, 열처리가 가능한 hot plate로 이루어진 bake부, 약액과 DI water를 공급하는 filter와 노즐부, process wafer를 이송하고 수납하는 robot 및 indexer부가 있다.

**[그림 144] Track 장비의 예(TEL LITHIUS Pro Z)**
**출처: TEL**

Track 장비는 원래 wafer를 한 매씩 순서대로 처리할 수 있는 구조로 되어있다. 즉, 공정 처리가 정해진 track을 따라 wafer가 한 매씩 이동하면서 진행되는 구조이나 wafer가 대구경화가 되고 생산성 향상과 공간 활용의 극대화를 위해 robot을 이용한 wafer 배분으로 coating, developing 공정 처리가 가능한 장비로 대부분 교체되었다. 이러한 장비는 spinning, baking, 냉각 처리부 및 wafer 배분을 위한 cassette indexer와 robotic arm으로 이루어져 coater/developer라 명명하였다.

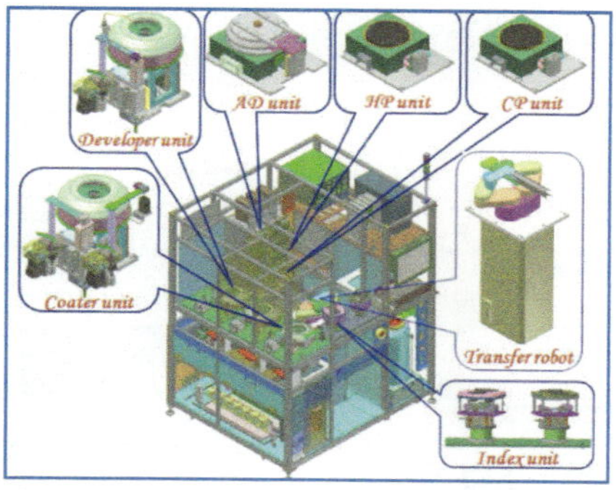


**[그림 145] Coater/Developer track 구조 및 구성의 예(SVS MSK 2000)**
**출처: SVS**

## (3) Track 공정 flow

Track 공정은 노광 전 공정인 PR 및 기타 보조물질 coating과 노광 후 공정인 develop으로 이루어진다.

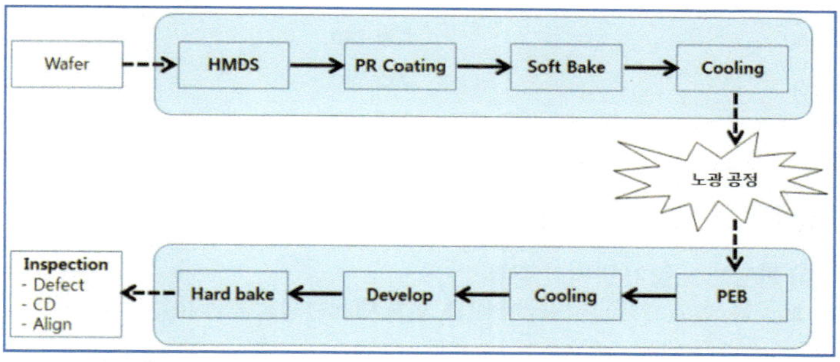


**[그림 146] Track 공정 flow**
**출처: National Competency Standards**

## II. Exposure

### (1) 노광 공정

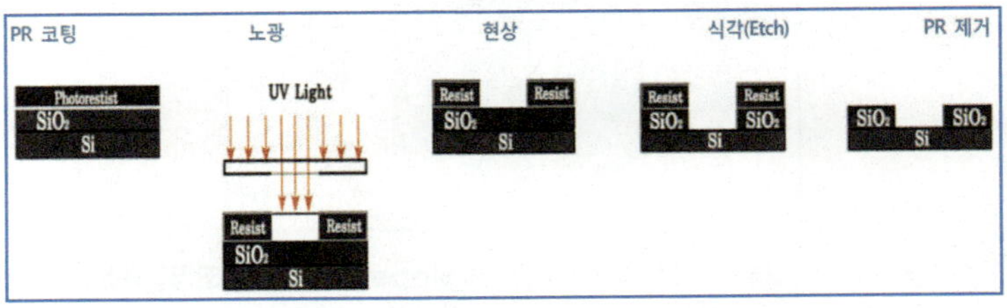


**[그림 147] 노광 공정 및 식각을 통한 패턴 형성 개념도**
**출처: 노동부, 산업인력관리공단 HRD, 반도체패턴형성공정기술**

①. **광원:** 노광기는 사용하는 빛의 파장에 따라 구현 가능한 회로 선폭 미세화의 한계가 정해진다. 파장이 짧을수록 미세한 선폭을 구현할 수 있다.

| 광원 | 파장(λ) |
|---|---|
| g-Line | 436 nm |
| i-Line | 365 nm |
| KrF | 248 nm |
| ArF | 193 nm |
| EUV(Extreme UV: 극자외선) | 13 nm |

**[표 10] 반도체 노광기 광원의 종류**
**출처: 노동부, 산업인력관리공단 HRD, 반도체패턴형성공정기술**

②. **Lens:** 광원에서 나온 빛은 여러 개의 lens와 광학적 기구로 이루어진 조명계를 거치게 된다. 대표적인 lens로서 광원의 빛을 균일하게 만들어 주는 fly eye lens, 포토마스크에 노광을 하기 위해 집광을 하는 condensing lens, 마스크 통과 후 원하는 배율로 축소하는 reducing lens가 있다.

③. **PR(photoresist):** 특정 파장의 빛에 의해 성질이 변하는 물질로서 특히 용해도의 변화를 이용한 물질이다. PR은 고속 회전하는 spin coater로부터 웨이퍼에 뿌려져 얇게 골고루 coating 되는 유기계 고분자 물질이다. 미세화 세대별로 사용하는 빛의 파장이 다르고 이에 따라 PR이 달라지므로 노광장비 set-up 및 운영관리 시 적합한 PR, 즉 g-Line 용, KrF용, ArF용과 같이 빛의 파장에 따른 각기 다른 에너지에 반응하는 PR을 사용해야 한다. 또한, 반도체 미세회로의 pattern의 종류도 선형, 면형, 구형, 밀집

형 등 다양하여 패턴별로 적절한 PR을 test를 통해 찾아내어 사용해야 한다. 다시 말해 같은 ArF용 PR에서도 선형 패턴일 때와 원형패턴일 때 특성이 다른 PR을 사용하는 경우가 대부분이다.

④. **Develop(현상):** 빛에 조사된 PR을 약품(현상액)에 처리하여 패턴부위가 나타나도록 용해하여 제거하는 공정이다. 트랙(track)이라고 부르는 장비에서 온도, 시간 등의 공정조건을 설정하여 진행된다.

⑤. **Alignment(정렬):** 노광을 위해 레티클과 웨이퍼의 상호 위치를 측정, 연산하여 제어하고 정확하게 맞추는 작업이다.

⑥. **Reticle 혹은 Photo-mask:** 반도체 노광 공정을 진행하기 위해 패턴별로 투명한 유리 또는 석영판에 크롬과 같은 빛을 막는 불투명한 막을 입힌 부분과 막을 입히지 않은 투명한 부분으로 이루어진 패턴 이 그려진 네모형의 장치(photo-mask)이다. [그림 26] 참조.

## (2) 노광 장비의 주요 구조

노광 장비의 주요 구성: 광원에서 발생하는 빛을 이용하여 사진을 찍는 방식으로 wafer 상에 반도체 회로 패턴을 찍는 장비이다. 따라서 노광 장비는 기본적으로 광원과 lens, 조리개 등으로 이루어진 illumination optics와 projection optics로 이루어진 조명계가 있고, 반도체 회로 패턴이 형성되어 있는 마스크를 장착하는 reticle handler와 stage부, wafer를 loading/unloading 하는 wafer handler와 stage부, wafer를 정확한 위치에 정렬시키기 위한 wafer 측정부, 운영 program 및 장비작동을 위한 UI(User Interface)가 있다.

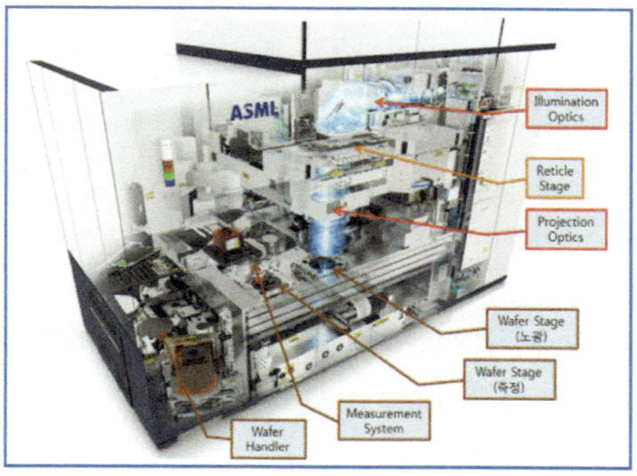


**[그림 148] 노광 장비의 구성**
**출처: ASML**

## (3) 노광 장비의 주요 구조

핵심은 조명계이며 광원에서 발생하는 빛이 illumination optics의 다수의 렌즈를 거쳐 reticle을 통과하면 패턴을 형성할 빛이 형성된다. 이 빛은 projection optics의 여러 렌즈를 통과하여 wafer 상의 PR을 노광시킨다.

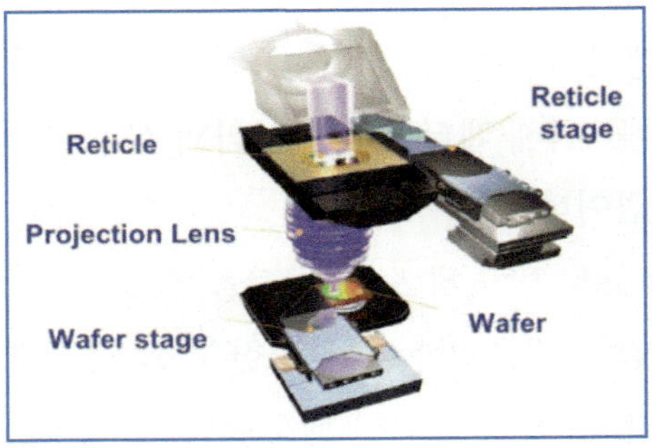


[그림 149] 노광기 주요부위 구조
출처: 삼성반도체이야기

* Fab 공장 비용 예전 약 5조 원, 현재 약 20조 원(ASML EUV 장비 약 3,000억 원, 연간 생산량 약 50대 수준)

# Ⅲ. Etching

## (1) 식각 공정

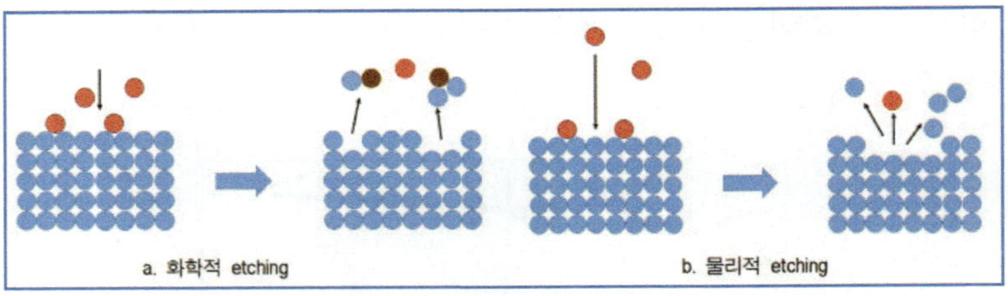


[그림 150] 화학적 식각, 물리적 식각
출처: National Competency Standards

필요한 회로 패턴을 제외한 나머지 부분을 제거하는 과정이다. 이는 곧 반도체 회로 패턴을 만든다는 의미도 된다. 에칭을 나타내는 성능지수(FOM: Figures of Merit)에는 크게 두 가지가 있다. 첫 번째는 식각 속도(etch rate)로 식각 된 두께(thickness)와 시간(time)으로 정의된다. 이는 일정 시간 동안 식각이 일어나는 정도를 표현한 것이다. 대체로 조절이 가능한 빠른 식각 속도가 선호된다. 두 번째는 선택비(selectivity)로 '물질 X의 식각 속도/물질 Y의 식각 속도'로 정의된다. 주로 물질 X는 식각을 원하는 물질(etch target)이며, 식각을 원하지 않는 물질(mask layer or other material)로 계산한다. 즉, 선택비가 클수록 원하는 에칭 공정이 잘 이루어진다는 것을 의미한다.

①. **습식 식각(wet etching):** 방법은 화학적인 방법만을 사용한다. 장점으로는 비용이 적게 들고, 공정이 쉬우며, 식각 속도가 빠르고, 선택비가 좋다. 단점으로는 정확성이 떨어지며, 웨이퍼 오염에 대한 위험이 있고, 작은 패턴(2um 이하)에 쓸 수 없다. 화학적 폐기물이 많고 공정 컨트롤이 어렵다. 특징은 등방성(isotropic)이다. (* 등방성이란 모든 방향으로 동일하다는 뜻이며 반대로 비등방성이란 특정 방향으로의 방향성이 있다는 것을 의미한다. 즉, 식각이 일어날 때 등방성일 경우 식각이 모든 방향으로 동일하게 일어나며 under cut이라는 현상이 발생한다. *** Under cut이란 mask 패턴 아래쪽으로 추가 식각이 발생하는 것을 말한다.)**

②. **건식 식각(dry etching):** 방법은 물리적+화학적 방법을 함께 사용한다. 장점으로는 정확도가 높고 비교적 공정 컨트롤이 쉽다. 단점으로는 비용이 많이 들고, 처리할 수 있는 양이 적고, 선택비가 낮다. 특징은 비등방성(anisotropic)이다.

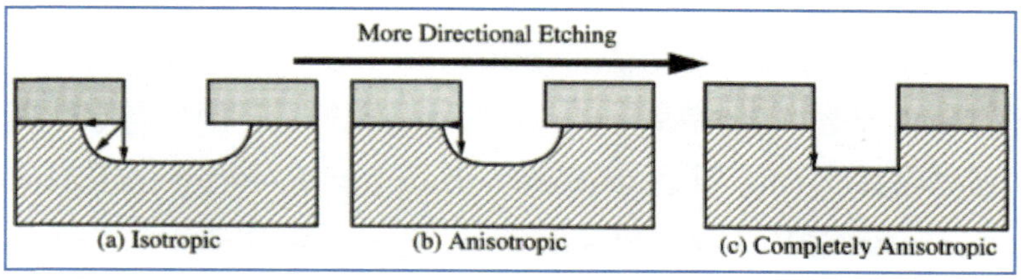


**[그림 151] More directional etching**

비등방성일 경우 특성 방향으로의 식각이 더 잘 진행된다.

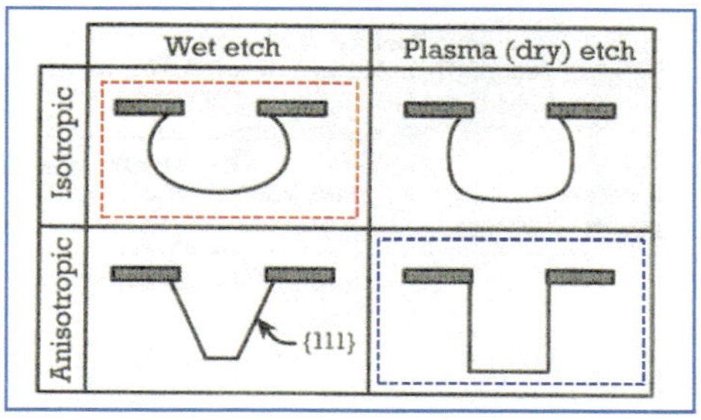


**[그림 152] 등방성, 비등방성, 습식 식각, 건식 식각**
**출처: www.allgo77.tistory.com**

Wet etching은 상압(760torr)에서 이루어지지만, dry etching은 atom이 먼 곳까지 도달하기 위해서는 압력이 낮아야 한다. 압력이 낮아질수록 입자들의 mean free path가 증가하고 비등방성이 증가하여 under cut 현상이 적게 나타난다.

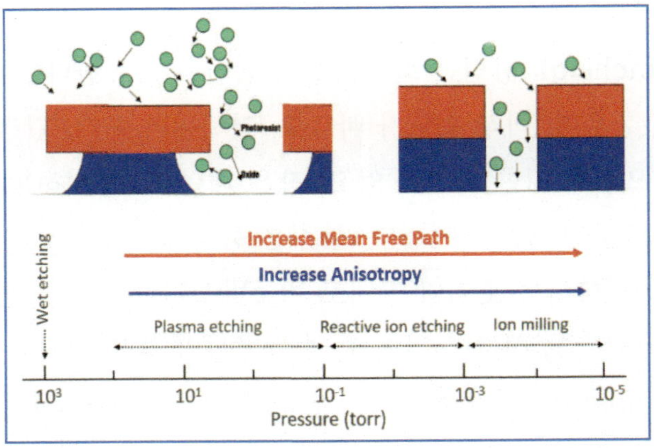


**[그림 153] 에칭 방법에 따른 압력**
**출처: www.allgo77.tistory.com**

## (2) Etching 장비의 구성과 구조

Etching 장비의 주요 구성: AC power distribution, DC power supply, system control board, analog/digital in/output board 등으로 구성된 제어부, wafer 반송 및 공정을 진행하는 구동부, 외부로부터 gas, power를 공급받아 특정한 온도와 압력 내에서 원하는 패턴대로 식각을 하는 process chamber부, temperature control unit, pump, RF generator 등으로 구성된 sub component부 등으로 이루어져 있다.

**[그림 154] 에칭 장비의 예(Sense i)**
**출처: 램리서치**

Etching 장비의 주요 구조: 공정 chamber는 상부 전극과 하부 전극이 핵심이라고 하겠고, plasma의 생성 여부에 따라 plasma를 제어하기 위한 shield ring, focus ring, 배기링 등의 부품이 구성되어 있다.

# Ⅳ. Deposition

## (1) 증착 공정

증착에서 박막은 부피대비 표면적 비율이 높은 막을 말하며 nm~수um의 두께를 갖는다. 박막은 웨이퍼 제조에 널리 쓰이고 있으며, thermal growing이나 CVD 공정에 의해 웨이퍼 표면에 도포될 수 있다. 벌크형태의 세라믹 박막은 특성상 높은 강도와 비활성을 가지고 있어 표면 코팅에 쓰이며, 오염, 산화, 기타 물리적인 손상으로부터 보호할 수 있어서 절단기 같은 장비코팅에 유용하다. 하지만 박막은 세라믹 박막과 물질이 화학적 구성이 같다 하더라도 서로 다른 특성을 갖는다. 예를 들면 박막은 표면특성에 매우 민감하지만 bulk 형태로 되어있으면 그렇지 않다. 그리고 박막은 열 반응에 좀 더 민감한 반응을 보인다. 반도체용 박막으로 실리콘 반도체와 더 얇은 산화물 반도체가 있는데 모두 온도의 함수이며, 온도 의존성이 높아서 박막 공정 중에서 온도에 대한 최적화 공정을 찾는 것은 매우 중요한 일이다. 박막은 가스분자들이 여기 되어 재결합하는 방법에 따라서 화학적인 증착(CVD)방법과 물리적인 기상증착(PVD) 방법이 있다.

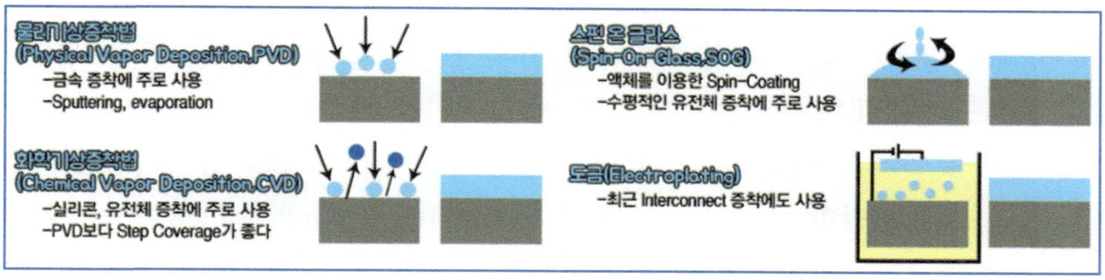


**[그림 155] PVD, CVD, SOG, 도금**
**출처: blog.naver.com/ckbc6101/220966477075**

박막 장비에서 기존의 CVD와 PVD보다 더 얇고 미세한 막의 형성이 필요해지면서 ALD(Atomic Layer Deposition, 원자 단위 증착) 방식도 등장하게 되었다. ALD의 단점인 낮은 생산성 문제 때문에 웨이퍼를 한꺼번에 다량으로 투입하는 배치 타입이나 ALD나, 웨이퍼를 움직이면서 박막하는 spatial(공간적) 타입도 개발되고 있다.

| 구분 | 장점 | 단점 | 용도 |
|---|---|---|---|
| APCVD (상압 CVD) | 저렴 간단, 빠른 증착 속도 | 균일도 조절하기 어려움 (Step Coverage 나쁨) | 저온 (300~500°C), 평평한 산화막 |
| LPCVD (저압 CVD) | 고품질 필름, 높은 생산량 | 고온 공정 (500~900°C) (CVD 중 가장 높다), 느린 증착 속도 | Furnace Type: Poly-Si, $SiO_2$, $Si_3N_4$, Single Wafer Type: 나머지 물질 |
| PECVD (플라즈마 CVD) | 저온 증착 (100~150°C), 빠른 증착 속도 | 저품질 필름 | IMD 증착, Passivation 증착 |
| HDPCVD (고밀도 플라즈마 CVD) | Gap filling 특성 우수, 저온 공정에서 고품질 산화막 | 플라즈마 데미지 | Shallow Trench Isolation(STI)에 적합, IMD 증착 |
| ALCVD (원자층 CVD) | 고품질 필름 & Step Coverage, nm 단위 박막두께 조절 가능 | 낮은 생산량 (Low Through) | 게이트 유전막 증착, Interconnect 증착 |

**[표 11] CVD 방식의 구분**
**출처: 이베스트투자증권 리서치센터**

①. **SOG(Spin on Glass):** 요철진 표면 형상을 지닌 반도체 웨이퍼 구조물상에 SOG막을 도포하고, 표면부위를 산화시키고, 베이킹 하는 것을 포함하는 반도체장치의 표면 평탄화 방법이다.

②. **스퍼터링(Sputtering):** 스퍼터링은 높은 에너지를 갖는 미립자들에 의한 충돌에 의해 타겟 물질의 표면으로부터 원자들이 떨어져 나오는 현상을 이용하는 박막 증착 공정 중의 하나이다.

## (2) 증착 장비의 구성과 구조

증착은 일반적으로 진공의 chamber를 장착한 증착 공정장비에 반도체 웨이퍼를 위치시킨 후 기체, 액체 혹은 고체 소스와 반응하는 가스를 주입하고 plasma를 형성하거나 진공상태로 만들어 웨이퍼 위에 이온화된 분자들을 증착시키는 일련의 과정을 말한다. Precursor(전구체: 화학반응에서 반응에 참여하는 물질)가 고체 표면에서 화학반응을 한 후 고체 표면에서 떨어지는데, 이러한 유동체가 기판 표면을 감싸서 반응이 일어나면 모든 표면 위에서 방향성 없이 증착이 일어난다. Precusor의 반응률을 높이기 위해서 plasma를 이용한다.

**[그림 156] PECVD의 예(DARC PECVD)**
**출처: Appliedmaterials**

박막증착을 위한 소스 가스인 precursor를 진공상태의 chamber에 주입하고, 전계를 형 성하여 plasma를 유도하는 장치로 구성되며, 전장에 의해 높은 에너지를 얻은 전자가 중성상태의 가스분자와 충돌하여 가스분자를 분해하고, 이렇게 분해된 가스원자가 기판에 부착되는 반응을 이용하여 박막을 증착한다.

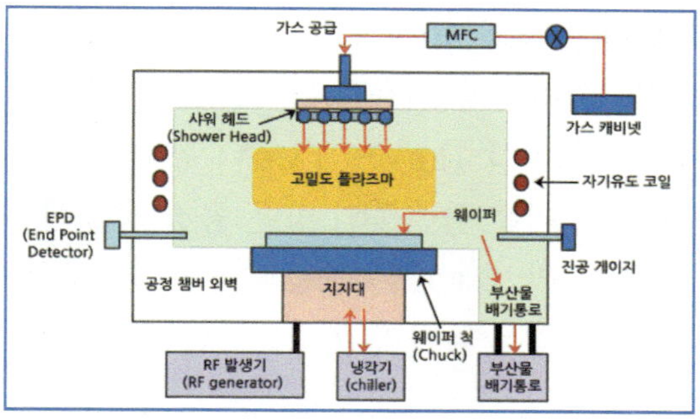


**[그림 157] 공정 챔버**
**출처: www.cvlab.tistory.com**

장점으로 낮은 핀홀 밀도, step coverage(스텝 커버리지, 단차 피복성: 증착이 이뤄지는 울퉁불퉁한 표면의 상단, 하단, 측벽 부분 막질의 두께 차이)가 우수하고 저온 공정이 가능하며, 증착률이 높아서 반도체 산업에서 저온 공정에서 많이 이용하고 있다.

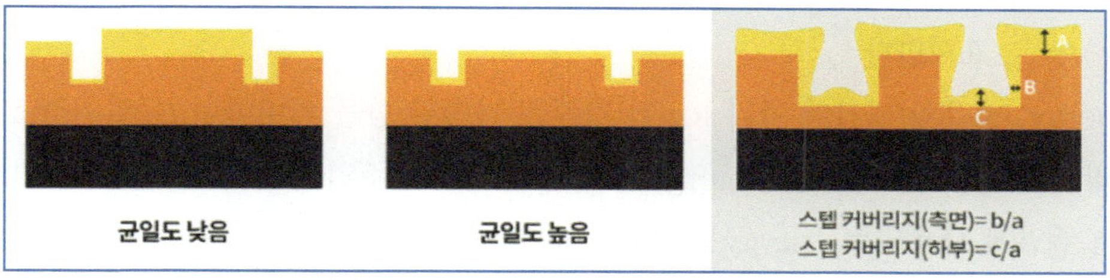


**[그림 158] 균일도, 스탭 커버리지**
**출처: SK하이닉스 뉴스룸**

*** 플라즈마(plasma):** 고체, 액체, 기체와 함께 물질의 상태를 나타내는 용어이다. 통상 고체, 액체, 기체가 원자 또는 분자들 간의 결합 구조나 결합력으로 구성과 성질이 바뀐다고 한다면, plasma는 원자 또는 분자가 전자를 잃거나 전자가 기존의 궤도를 벗어나서 물질이 활성화된 상태를 의미한다. 또한, 궤도를 벗어난 전자가 원래의 궤도로 돌아오면서 고유한 파장이 발생하게 되는데 이를 빛의 파장 또는 광자라고 한다.

# Ⅴ. Ion Implantation

## (1) 이온 주입 공정

이온 주입: 반도체 내에 불순물을 도핑하는 것으로 불순물 doping으로 반도체의 전기적 특성이 결정되어 진다. 불순물 doping에는 크게 확산과 이온 주입 두 가지 방법으로 나누어진다. 그중 ion 주입은 에너지를 가진 전하를 띤 입자를 실리콘과 같은 기판에 주입하는 것이다. 주입 에너지는 통상 1keV ~ 1MeV 사이이며 이때 평균적으로 10㎚에서 10$\mu$m 사이의 깊이를 가진다. 이온 불순물의 양은 공정 용도에 따라 적절히 변화된 양을 사용한다. 이온 주입의 장점은 확산과 같은 공정과 비교하여 불순물 doping 공정을 세밀하게 조절할 수 있으며 비교적 낮은 열처리 온도를 가진다는 점이다.

①. **도판트(dopant):** 반도체 내에 ion 주입으로 불순물을 doping 할 때 사용되는 것으로 species라고도 하며, 실리콘의 확산에서 붕소(boron)는 p형 불순물 주입에 있어서 대표적인 도판트(dopant)로 사용되고 있으며, n형 도판트로는 일반적으로 인(phosphorus)과 비소(arsenic)을 사용하고 있다. 이들 원소는 고체 소스, 액체 소스, 기체 소스 등 여러 형태로 공급되는데 일반적으로 기체 형태로 공급되어 진다.

②. **Dose:** 단위면적 당 wafer에 주입되는 ion의 개수를 말하며 이온수(number of ion)/㎠로 표시한다.

③. **Energy:** 전압의 세기에 따라 ion이 가지는 가속된 힘을 의미하며, 동일 dopant라 할지라도 ion beam이 갖는 energy에 따라 wafer에 주입되는 ion의 깊이가 달라진다. Ion 주입에 사용되는 energy는 보통 10 ~ 1000keV이다.

④. **Beam Current:** 단위 시간당 주입되는 불순물의 양을 전기적으로 표현한 값을 말한다. 통상 단위는 ㎂, ㎃로 표현한다.

⑤. **Tilt/Twist:** wafer를 implant beam 기준으로 기울이거나 회전시키는 것을 의미한다.

## (2) Ion implant

이온 주입 공정은 이온 주입 장비의 이온 가속 에너지와 ion beam 전류를 제어함으로써 정확한 접합 깊이와 도핑량을 독립적으로 제어할 수 있다. 또한, 저온 공정 진행으로 이방성의 이온 주입이 일어나, 소자의 미세화가 가능하다는 장점도 있다. 높은 에너지의 이온 주입으로 실리콘 웨이퍼에 격자 결함 등의 손상이 생길 수 있고, 장비가 확산 공정에 비해 고가라는 단점이 있다.

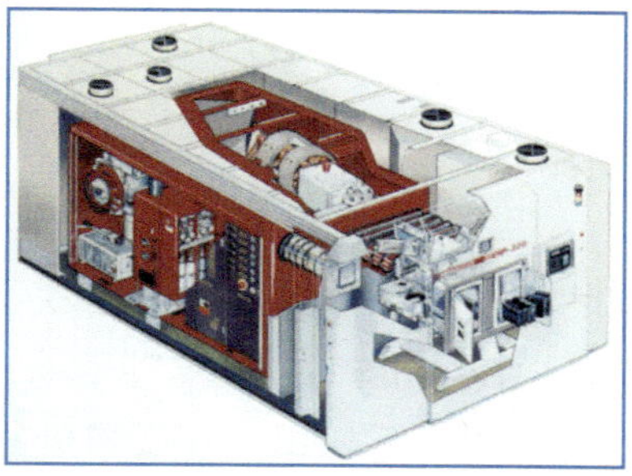

[그림 159] 이온 주입 장비 모형
출처: National Competency Standards

이온 주입 공정은 전기장에 반응하는 양전하의 양이온을 만들고 그 입자들에 강한 전기장을 인가해 가속시키는 과정이 필요한데, 이러한 과정을 수행하는 장치가 이온 주입 장비이다.

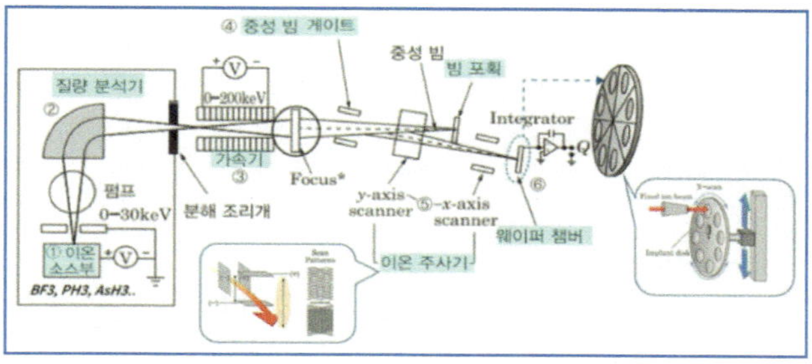


[그림 160] 이온 주입 장비 모형
출처: National Competency Standards

①. **이온 소스(source):** Plasma를 만들어 주입하고자 하는 ion을 생성하고 ion beam 추출

②. **질량 분석기:** 질량 분석 원리를 이용하여 원하는 ion beam만 선택

③. **가속기:** 원하는 깊이의 ion 주입을 하기 위해 ion 가속

④. **중성 빔 게이트(beam gate) 및 빔 포획:** 중성화된 중성 beam을 경사 전계에 인가하여 여과

⑤. **이온주사기:** 웨이퍼에 이온 빔을 횡 방향 및 종 방향으로 주사하기 위한 장치로 정전기적 주사, 기계적 주사, 혼합형 주사 방식이 있음

⑥. **웨이퍼 챔버(chmber):** 웨이퍼를 장착하는 공간이며 주입된 이온의 수를 세어 이온 주입 완료를 판단 후 공정 완료

# Ⅵ. Diffusion

## (1) 확산 공정

확산은 통상적으로 농도 차이에 의해 입자가 퍼지는 것을 의미하나, 반도체에서의 확산 공정은 주로 열을 동반하기에 thermal process와 혼용해 사용한다. 확산의 방식으로 박막을 형성시키는 deposition 공정과 treatment 공정의 영역과 겹치기도 한다.

Treatment 공정은 별도의 소재를 통해 새로운 박막을 형성시키거나 제거하는 것이 아니라, 기존 박막의 변성과 성질 변화 등을 유도하는 공정이다. 대표적으로 박막을 산화(oxidation) 공정, 질화(nitridation) 공정, ion implant 후 열처리 공정 등이 있다.

| 공정 방식 | 세부 공정 |
|---|---|
| Oxidation | Thermal(Dry, Wet, RTO)<br>Thermal Radical, Plasma Radical |
| Nitridation | Thermal, Plasma, Radical |
| Thermal Treatment | Furnace, RTA(Rapid Thermal Annealing)<br>Densification, Reflow, Alloy |

**[표 12] 확산 공정**
**출처: 유혜의 반도체 기초 이야기**

①. **Oxidation:** 산화 공정을 활성화된 산소와 실리콘 기판을 반응시켜 실리콘 산화막($SiO_2$)을 성장시키는 공정이다. 대표적으로 열을 가해 형성시키는 thermal oxidation이 주로 사용되는데, 산소의 원천에 따라 산소를 $O_2$ gas에서 공급하는 경우 dry oxidation, 수증기($H_2O$)에서 공급하는 경우 wet oxidation으로 나누어진다.

②. **Nitridation:** 질화 공정은 열 또는 plasma energy를 이용해 박막에 질소($N_2$ or NO or $NH_3$)를 반응시켜 질화시키는 공정이다. Thermal nitridation의 예로는 flash memory의 tunneling oxide와 Si 사이 계면에 N을 집어넣어 신뢰성을 개선하는 사례가 있다.

③. **Thermal/Annealing:** 열처리 공정의 주요 목적은 ion implant 공정 이후 ① ion이 웨이퍼의 실리콘 격자를 뚫고 지나가는 과정에서 손상된 실리콘 격자에 열을 가함으로써 실리콘 격자의 재정렬을 유도하기 위함과, ② 도핑된 이론이 잘 확산되어 활성화될 수 있도록 에너지를 주입하기 위해서이다.

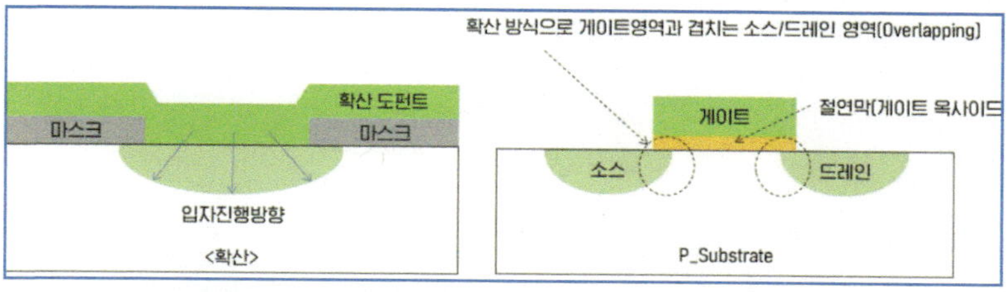


**[그림 161] 확산을 통한 소스/드레인 단자 형성**
**출처: SK하이닉스 뉴스룸**

Transistor source/drain의 diffusion은 최소화함과 동시에 activation이 가능하게 되었고, source/drain의 diffusion 영역의 축소는 곧 소자의 크기 감소로 이어지게 된다.

## (2) 확산 장비의 구성과 구조

Furnace는 일종의 화덕 같은 장치로 반도체 열처리 과정에서 주로 사용되는 장치이며 loading system, process tubes, gas delivery system, control system, exhaust system 등으로 이루어져 있다.

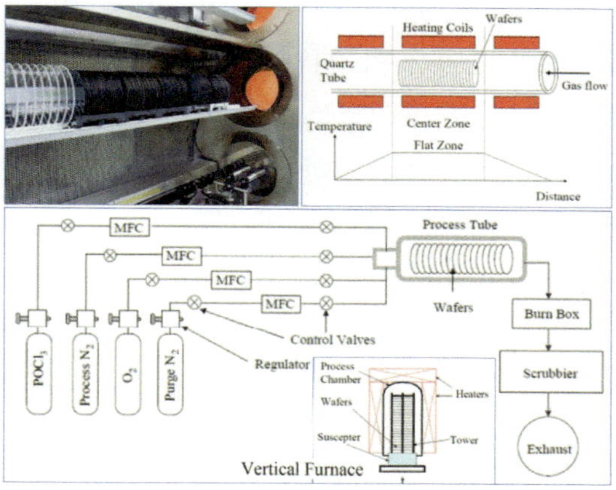


**[그림 162] 확산 장비 구조, furnace 열 분배, vertical furnace**

furnace의 종류는 horizontal type과 vertical type이 있으며 vertical type이 낮은 오염도, 큰 웨이퍼 처리, 균일성 등의 이유로 더 자주 사용된다.

# Ⅶ. Cleaning

## (1) 세정 공정

반도체 웨이퍼는 깨끗하고 균일해야 하므로, 매 공정 전후 단계에서 세정이 필요하다. 웨이퍼 표면에 있는 먼지나 불순물들을 제거하기 위해 화학적 세정, 물리적 세정, 또는 이 두가지를 병행하는 방법이 사용된다.

①. **화학적 세정:** 강산성 또는 강알칼리성 화학물질을 사용하여 웨이퍼 표면의 오염물질을 제거합니다. 일반적으로 산화물 제거나 유기물 제거를 위해 산(acid)과 알칼리(base) 용액이 사용된다.

②. **초음파 세정:** 초음파를 이용해 미세한 불순물을 제거하는 방법으로, 미세한 오염물질이나 입자를 효과적으로 제거할 수 있다.

## (2) Cleaning 장비의 구성과 구조

반도체 소자제조 공정은 약 600단계의 제조 공정으로 이루어져 있으며 이들 중 약 20% 이상의 공정이 웨이퍼의 오염을 막기 위한 세정 공정과 표면 처리 공정으로 이루어져 있다. 반도체 소자 제조 공정 중 발생하는 오염물은 소자의 구조적 형상의 왜곡과 전기적 특성(electrical characteristics)을 저하함으로써 그 소자의 성능, 신뢰성 및 수율 등에 큰 영향을 미치기 때문에, 반드시 제거되어야 한다.

반도체 세정 장비의 주요 module은 cassette type wafer loader, chemical bath, rinse bath, dry bath 및 unloader로 구성되며, 주변장치로 chemical 순환 장치, pump 및 damper(조절기), heater, IPA(Isopropyl Alcohol) canister(여과기) 및 scrubber 등이 있다.

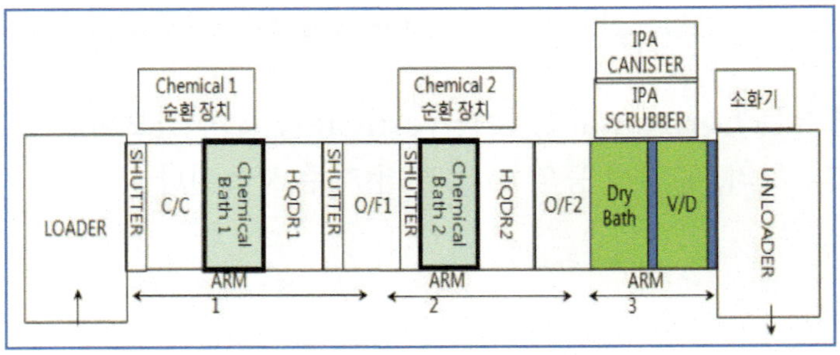


**[그림 163] Batch type wet cleaning 장비 구성**
**출처: National Competency Standards**

Cassette type wafer loader: wafer가 보관된 cassette가 위치하는 stage와 wafer를 이송하기 위한 wafer gripper로 구성된다.

①. **Chemical bath:** 여러 종류의 chemical을 보관하는 SUS 또는 quartz bath, FAB으로부터 공급받은 chemical 조절을 위한 chemical valve, chemical overflow와 함께 가열 및 잔류물 제거 등을 위한 chemical 순환 장치로 구성되며, chemical drain과 exhaust 배관이 하부로 연결되어 있음

②. **Rinse bath:** chemical bath에서 wafer 표면에 잔류하는 chemical을 제거하기 위해 사용되는 bath로써 QDR(Quick Drain Rinse, 급속 배수 및 세정) type과 OF(Over Flow) type bath로 구성되며, 초순수 rinse 효과를 향상하기 위해 mega-sonic 및 hot DIW를 사용하기도 함

③. **Dry bath:** wafer 건조를 위해 single wafer 또는 cassette를 고속 회전시켜 원심력을 이용하여 건조하는 spin dryer와 vaporized IPA를 이용하여 wafer를 건조하는 batch type IPA dryer로 구분

④. **Unloader:** 세정 및 건조가 완료된 wafer를 받는 cassette가 위치한 stage

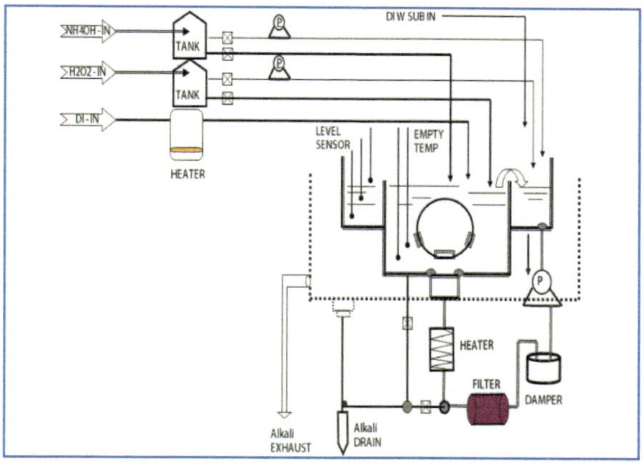


**[그림 164] SC-1 chemical bath module 구성**
**출처: National Competency Standards**

SC-1(ARM)의 chemical bath이며, 기본 구성은 chemical 공급 unit, SC-1 cleaning bath 및 chemical 순환장치로 이루어진다.

# Ⅷ. CMP

## (1) CMP 공정

CMP(Chemical Mechanical Planarization) 공정은 평탄화 과정으로, 웨이퍼 표면을 고르게 만드는 데 사용되는데, 특히 다층 구조를 형성하는 반도체 소자의 제조에 필수적인 과정이다.

①. 표면 평탄화: 반도체 소자 제조 중 여러 층을 쌓을 때, 각 층의 표면이 고르지 않으면 이후 공정에 영향을 미칠 수 있기 때문에, 표면을 평탄화하여 이후의 공정이 원활하게 진행될 수 있도록 한다.

②. 정밀한 두께 조절: CMP는 다양한 층의 두께를 정밀하게 조절할 수 있기 때문에, 반도체 소자의 성능을 최적화하는 데 도움을 준다.

CMP 공정은 화학적 작용과 기계적 작용이 결합된 과정으로, 화학물질을 사용해 웨이퍼 표면을 약간 부식시키고, 동시에 물리적 압력을 가해 연마(폴리싱)하여 표면을 고르게 만든다.

**①. 화학적 작용(chemical action)**

- **화학적 슬러리:** CMP 공정에서 사용되는 슬러리는 산화물, 금속 등을 제거할 수 있도록 특수 화학물질이 포함되어 있어, 웨이퍼 표면과 반응하여 불균일한 부분을 부식시킨다.
- **산화물층 형성:** 예를 들어, 금속을 다룰 때는 산화물을 형성하여 연마가 더 잘되도록 돕는다.

**②. 기계적 작용(mechanical action)**

- **연마 패드(polishing pad):** 웨이퍼는 연마 패드 위에서 회전하면서 연마되는데, 패드는 보통 미세한 표면을 가지고 있어, 슬러리와 함께 기계적인 마찰을 통해 표면을 물리적으로 연마한다.
- **압력 적용:** CMP 공정 중 웨이퍼는 연마 패드에 일정한 압력을 받으면서 회전한다.

## (2) CMP 장비의 구성과 구조

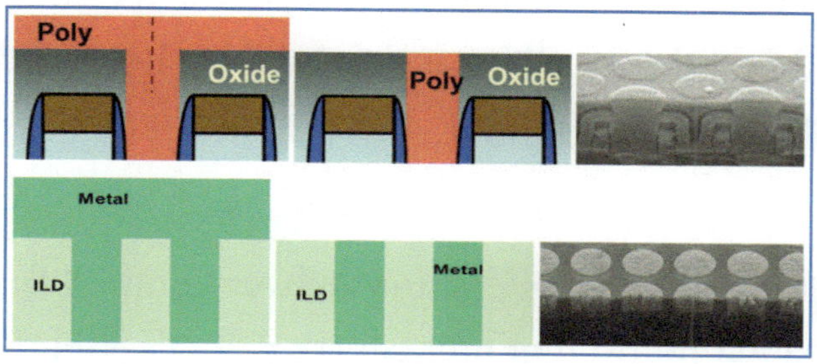


**[그림 165] Poly층과 Metal층 분리**

CMP는 slicing 한 웨이퍼를 소정의 두께로 만들고 평행도, 평탄도 등을 얻는 것과는 다르게, 기계 화학적(mechano-chemical)인 반응을 상호 병행하여 전공정에서 받은 damage를 제거하고 웨이퍼상의 다양한 박막의 policing 공정에 필요한 장비이다.

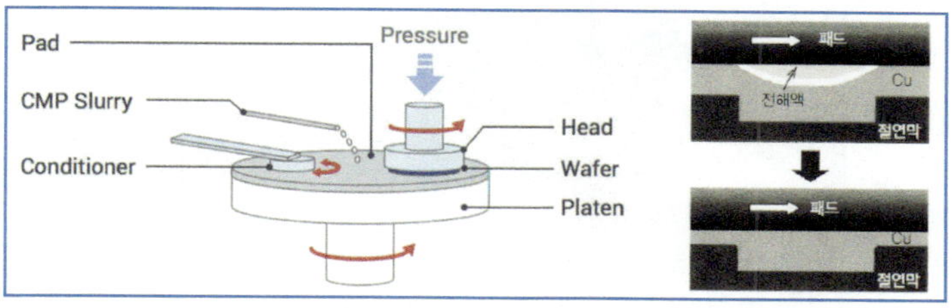


**[그림 166] CMP 개략도, 평탄화**
**출처: Asahi Glass Company, CMP 평탄화 가공 기술의 최신 동향**

Polishing & post CMP cleaning module은 CMP 공정이 가능한 주요 module로써 wafer 이송 순서는 load port Module, transport module, polishing module, post CMP cleaning module로 순차적으로 이루어진다.

여기서 중요한 polishing module은 HCLU, platen, carrousel, optic EPD, slurry delivery unit, pad conditioning unit, slurry flow control box 등으로 구성되어 있다.

- **HCLU(Head Cup Load Unload):** 연마 헤드 로딩부
    - **Platen(연마 플레이튼부):** 총 3개로 구성되는데, 박막의 연마속도를 증가시킬 수 있는 platen의 고속 회전이 가능하며, 표면에는 폴리우레탄(polyurethane) 소재의 연마 pad가 위치하며, CMP 공정기술에 따라 연마 대상막의 연마 종말점 검출이 가능

- **Carrousel:** 연마 헤드(head) 이송부
    - **Optic EPD system(광학 연마 종말점 검출장치):** 주입된 광원이 oxide 박막을 투과하여 중간층 박막 또는 실리콘 표면으로부터 반사에 의해 발생하는 간섭신호를 모니터링하여 두께로 환산하거나, 간섭신호 강도 또는 변화를 측정하여 연마 종말점을 검출

기타 연마 pad에 slurry를 공급하는 slurry delivery unit, 연마 pad의 기공 및 거칠기를 회복시키는 pad conditioning unit, slurry 공급속도의 미세 조절 및 응집방지를 위한 slurry flow control box 등

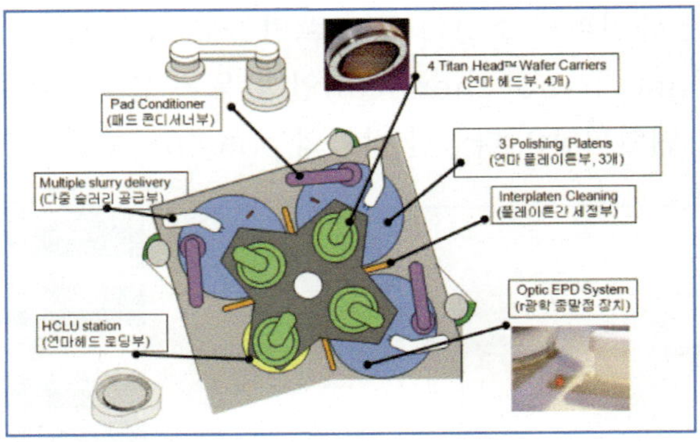


**[그림 167] Polishing module의 구성**
**출처: 22th Korea CMP-UGM 발표자료, 2003년**

## 2.4.2 후공정 장비·공정

### Ⅰ. Lamination

#### (1) 라미네이션 공정

테이프 구조는 기재 필름층(웨이퍼를 보호) + 접착제층(웨이퍼 표면과 접착) + 보호 필름층(접착제층을 보호)으로 되어있다.

①. **UV형:** UV 조사 후 접착력이 약해지는 특성을 가진 테이프.

②. **Non-UV형:** UV type보다 접착력이 약하고, 일정한 접착력을 유지하는 테이프.

③. **Bump Tape형:** 일반적인 테이프보다 bump의 크기에 맞게 더 두꺼운 테이프.

## (2) Lamination 장비의 구성과 구조

반도체 웨이퍼의 뒷면을 연삭하는 후면 연마 공정을 하기 전에 웨이퍼 상면(회로가 형성된 면)의 물리적, 화학적 손상을 막고 보호를 위해 테이프를 붙이는 공정이다. 이 장비는 wafer pattern 표면의 보호테이프를 적층시키는 것 뿐만 아니라 back grinding 프로세스 중 웨이퍼 파손으로부터 보호하기 위해 설계되었다.

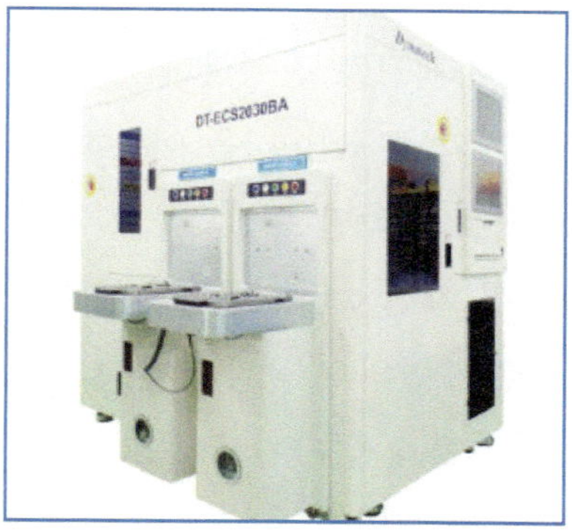


[그림 168] Laminator의 예(DT-ECS2030BA)
출처: DYNATECH

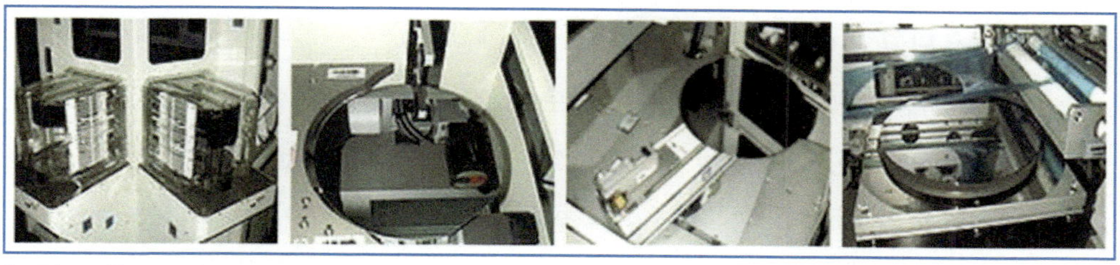

[그림 169] DT-ECS2030 module 구성

# II. Back Grinding

## (1) 후면 연삭 공정

①. 후면 연마 이전에 수행하는 lamination 과정으로 웨이퍼 상면(회로가 형성된 면)을 보호하기 위해 테이프를 붙이는 과정을 진행한다. Lamination 공정에 적용되는 장비는 200㎜ 웨이퍼용, 300㎜ 웨이퍼용의 두 종류가 사용되며, 현재는 300㎜용 장비가 주종을 이루고 있다.

②. 후면 연마 장비는 독립형(stand-alone)과 인라인(in-line) 타입의 두 가지 종류가 있

다. 독립형은 후면 연마, 후면 연마 테이프 제거, 웨이퍼 mount 작업이 각각 독립적인 장비에서 이루어지며, 인라인 타입은 한 장비에서 동시에 작업할 수 있는 장비 형태를 말한다. 독립형은 웨이퍼 이송으로 인한 불량 발생으로 웨이퍼 두께가 200㎛ 이상의 제품에서 주로 적용한다. 현재는 두께가 얇은 웨이퍼의 채택이 증가하고, 300㎜ 웨이퍼가 주종을 이루기 때문에 인라인 타입의 비중이 커지고 있다.

③. 본 과정으로 거친 연삭(rough grinding), 미세 연삭(fine grinding), 연마(polishing) 3단계 과정을 순차적으로 진행한다.

- 거친 연삭은 입자의 크기가 큰 wheel을 이용하여 칩의 목표 두께 근처까지 빠른 속도로 연삭하는 과정으로 연삭된 표면의 거칠기가 크다.
- 미세 연삭은 고운 입자를 가진 wheel을 이용하여 거친 연마 이후 칩의 목표 두께까지 연마하는 과정으로 표면의 거칠기가 작다.
- 연마는 초미세 연삭 과정으로 입자가 고운 패드를 이용해 표면의 거칠기가 거의 없게 가공한다. 연마 후 칩 표면에 손상을 받은 부분을 제거해 칩 강도 및 휨 향상을 하기 위한 목적이다. 연마의 경우 웨이퍼의 거칠기를 좋게 하고 응력 층을 제거하여 웨이퍼의 강도를 강하게 하기 때문에 얇은 웨이퍼로 갈수록 필수 사항으로 적용되고 있다.
- 완료된 웨이퍼를 후공정에 용이하도록 웨이퍼 뒷면에 절삭 테이프를 붙여 원형 틀(ling frame)에 부착한다. 절삭 테이프는 웨이퍼 sawing 공정에서 칩이 떨어지지 않도록 지지하고, 다이 접착 공정에서는 칩이 테이프에서 쉽게 떨어지도록 적절한 접착력 특성이 요구된다.

④. 후면 연마가 진행된 웨이퍼 회로면을 보호하기 위해 붙인 테이프를 제거한다.

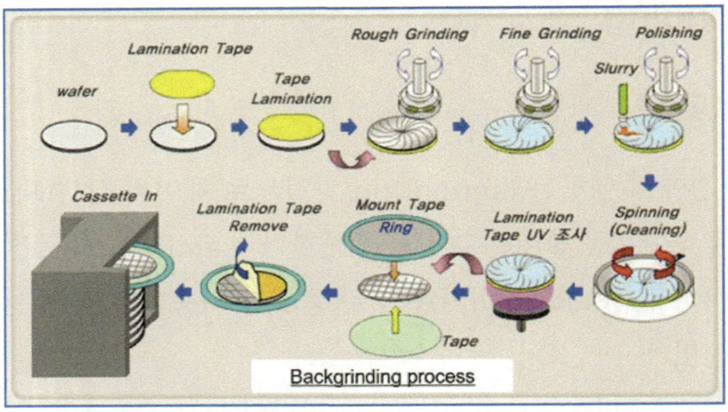


[그림 170] Backgrinding Process

## (2) Back Grinding 장비의 구성과 구조

후면 연마를 back grinding이라 하며, 회로소자가 완성된 웨이퍼를 패키지 공정 및 특성에 적합한 두께로 만들기 위해 웨이퍼의 후면을 연삭하는 과정이다. 박형화, 다층화되고 있는 패키지 추세에 따라 중요한 공정이라 할 수 있다. 전통적인(conventional) 공정과 후면 연마 이전 다이싱(DBG: Dicing Before Grinding) 공정이 있다.

**[그림 171] Back grinder의 예(DGP8761)**
**출처: Disco**

**Work Flow**

①. Robot pick은 cassette에서 웨이퍼를 positioning 테이블로 이동

②. T1 arm은 웨이퍼를 chuck 테이블로 이동

③. 웨이퍼는 거친 연삭을 위해 Z1 spindle로 진행

④. 웨이퍼는 미세 연삭을 위해 Z2 spindle로 진행

⑤. 웨이퍼는 건식 연마를 위해 Z3 spindle로 진행

⑥. T2 arm은 chuck 테이블에서 웨이퍼를 제거하고 spinner table로 이동

⑦. Clean and dry

⑧. Robot pick이 mounter로 이동

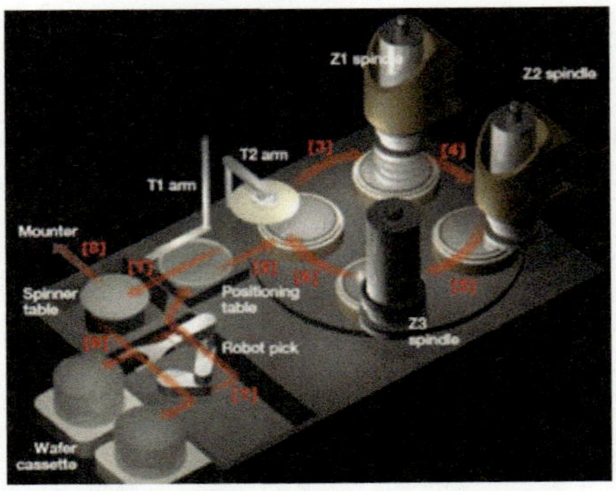


**[그림 172] Work flow**
**출처: Disco**

# Ⅲ. Sawing

## (1) 쏘잉 공정

종래의 diamond blade를 이용하는 기계적 sawing 방법, laser로 표면을 녹이는 레이저 어블레이션(laser ablation) 방법, 웨이퍼의 내부를 중심으로 절단을 진행하는 스텔스 소잉(stealth sawing) 방법이 있다.

웨이퍼 뒷면에 sawing 테이프가 부착된 상태에서 다이아몬드가 촘촘히 박혀있는 톱을 이용하여 칩을 절단하는 과정으로 완전 분리(full cut), 스텝 분리(step cut), 이중 분리(double cut)가 있다. 소잉 테이프는 웨이퍼 절삭 공정 진행 시 개별로 분리된 칩들이 떨어지지 않도록 지지해 주는 역할을 한다.

①. Diamond sawing은 접촉식 가공으로 웨이퍼는 고속으로 회전하는 톱에 의해 두께에 따라 절단된다. 다이아몬드 톱 설계 시에는 접착제 및 다이아몬드 입자 크기와 집중도가 고려되어야 한다.

소잉 작업 중에는 고압의 초순수 물(DI water)을 뿌려 절단 과정에서 발생하는 잔유물을 제거하고, 분사 구멍의 고압과 웨이퍼 사이에 발생하는 정전기에 의한 칩 손상을 방지하기 위해 $CO_2$ 버블러(bubbler)로 $CO_2$를 주입한다.

제품에 따라 완전 분리, 스텝 분리, 이중 분리의 과정으로 진행한다.

- 완전 분리는 웨이퍼를 한 번에 자르는 방법이며, 주로 두꺼운 다이에 적용된다.
- 스텝 분리는 두께가 다른 두 개의 톱을 이용해 절반씩 나눠 자르는 방법이다. 즉, 첫 번째 톱은 배선층이나 표면 막 등의 이종 소재를 제거하고, 두 번째 톱은 실리

콘 웨이퍼를 완전 절단한다.

- 이중 분리는 동일한 두 개의 톱을 이용해 절반씩 나눠 자르는 방법으로 소잉 시간을 대폭 단축한다.

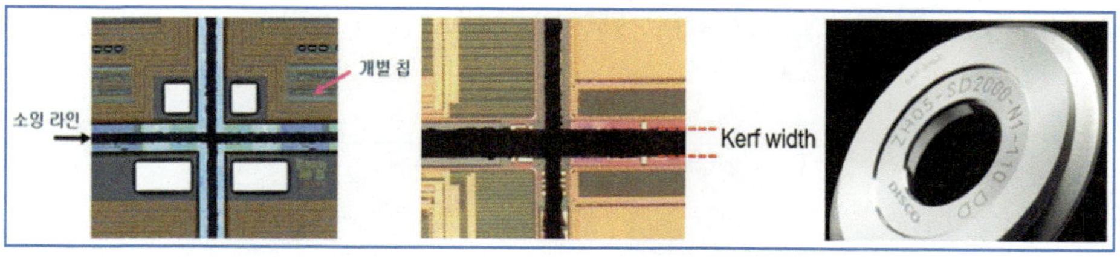


[그림 173] 소잉 및 다이아몬드 톱

②. Laser sawing은 비접촉식 가공으로 소재의 표면에 높은 에너지 강도를 얻기 위해 렌즈를 이용해 집속된 상태로 표면에 조사시켜 고체를 기화시키는 방법이다. 웨이퍼 두께가 40㎛ 이하인 경우 다이아몬드 톱에서는 저속 가공에 따른 낮은 생산성이나 웨이퍼 깨짐 현상이 발생하여 레이저 어블레이션(ablation) 방법을 채택하고 있다.

저유전(Low-K) 웨이퍼의 경우, 다이아몬드 톱으로 sawing 작업을 하기 이전에 선행 작업으로 sawing line에 있는 배선층(금속 층과 저유전 층)을 비교적 약한 에너지의 레이저로 먼저 절단하는 공정을 수행하며, 이를 레이저 그루빙(groocing) 또는 레이저 스크라이빙(laser scribing)이라 칭한다.

③. 스텔스 소잉(stealth sawing)은 특정 파장대역의 레이저로, 웨이퍼의 sawing line을 조사하면 레이저가 실리콘 내부로 침투하여 외부에서는 보이지 않으나 내부에 절단이 가능한 변형층을 만든다.

이후 웨이퍼 접착 테이프에 붙이고 이 테이프를 강한 힘으로 늘려주면 소잉 라인을 따라 절단이 된다. 최근에 개발된 stealth sawing은 일반적인 diamond blade의 절단에 의해 발생하는 오염원을 최소화시키고 세정 과정 등의 공정을 없앨 수 있어 효율성이 좋다. 특히 50㎛ 이하의 박막 웨이퍼에 적합하고, 실리콘 웨이퍼의 가공 시간을 diamond blade 대비 약 70% 정도 절감시킬 수 있다.

## (2) Sawing 장비의 구성과 구조

Dicing이라고도 하며 회로가 형성된 웨이퍼를 개별 칩으로 분리하기 위해 sawing line을 따라서 다이아몬드 톱(blade)으로 자르는 공정이다. 물리적인 dicing blade와 laser를 이용하는 방법이 쓰이고 있다. 웨이퍼의 박형화에 따라 sawing의 난이도가 상승되고 있다.

**[그림 174] Die saw machine의 예(DFD6361)**
**출처: Disco**

### Work Flow

①. Frame pick arm은 cassette에서 웨이퍼를 pre-alignment stage로 이동

②. 중앙에 배치한 후 하부 arm이 웨이퍼를 chuck table로 이동

③. Spinner table에서 clean and dry

④. 하부 arm이 웨이퍼를 pre-alignment stage로 이동

⑤. Frame pick arm은 웨이퍼를 cassette로 이동

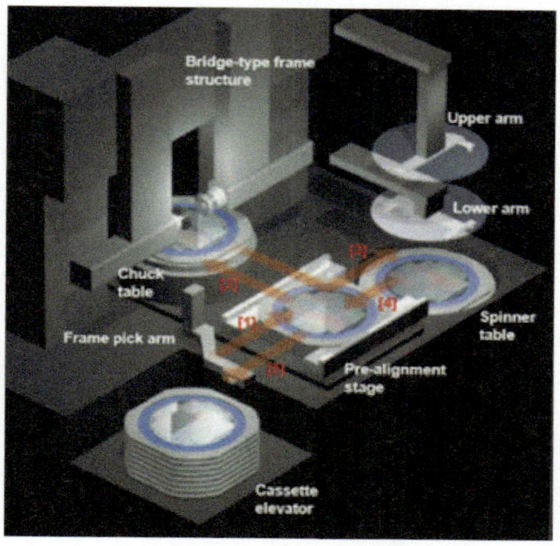


[그림 175] Work flow
출처: Disco

# Ⅳ. Die Attach

## (1) 다이 어태치 공정

공정은 접착제(adhesive) 방식과 유테틱(eutectic) 방식으로 나눌 수 있다. 접착제 방식은 폴리이미드, epoxy(액상의 열경화성 접착제) 같은 접착 물질을 사용하고, 유테틱 방식은 용접 합금으로 두 물질을 합금시켜 낮은 온도에서 녹아 접합되도록 하며 Au-Si 합금이 많이 쓰인다.

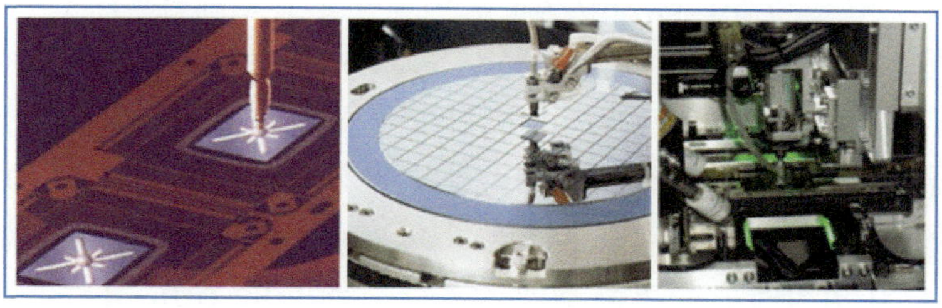

[그림 176] Adhesive dipensing, die picup, die bonding

Needle은 표면에 도포되는 접착제(epoxy)의 도포 양을 결정하는 인자로 die pad의 크기를 고려하여 알맞은 needle을 선택하고, 접착제의 도포 양은 칩의 크기를 고려하여 적당량 도포된 것을 확인한다. 접착제의 양이 과다하면 pad 외각으로 흘러내려 신뢰성 불량의 원인이 되고, 부족하면 낮은 접착 강도로 인해 열순환 충격 시험에서 칩이 pad에서 떨어질 수 있다.

Lead frame은 패키지 내부의 칩과 외부 리드를 전기적으로 연결해 주는 역할을 하며, 반도체 칩을 지지해 주는 핵심 재료이다. 기판에는 PCB, 세라믹, TAB 테이프 등이 있으며, 리드 프레임의 경우 구리와 니켈계 합금으로 Alloy-42(42Ni-Fe)가 주로 사용된다.

외관 검사를 통해 육안으로 오염 여부를 검사하고, lead frame die pad 위에 epoxy paste 또는 실리콘 타입의 접착제를 일정한 모양으로 도포한 상태를 확인한다. 은 페이스트에는 전기 및 열전도 특성을 향상시키기 위해 은을 약 70% 첨가하여 칩을 접착시키는 물질이다. 테이프는 스페이스 테이프, 웨이퍼 소잉 전에 뒷면에 테이프를 붙이는 WBL(Wafer Backside Lamination), 와이어 관통(penetration) 기능이 추가된 PWBL이 있다.

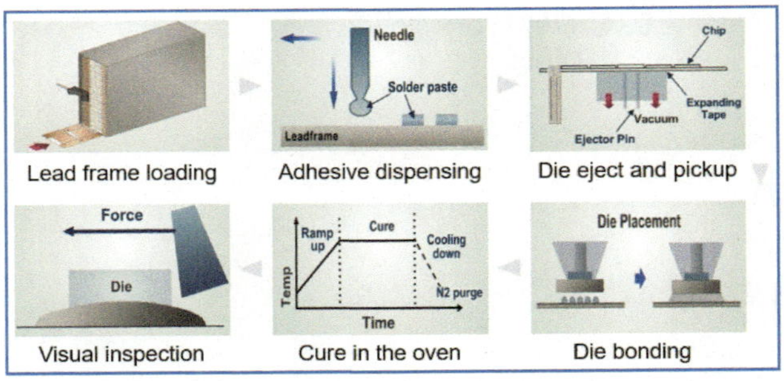


[그림 177] Die attech 공정도

다이(칩)의 접착을 위해서는 칩을 테이프로부터 분리하여 들어 올리는 과정이 필요하다. Ejection pin이 올라오면서 칩을 살짝 들어 올려 칩과 테이프의 접착력을 약화시킨 후 진공펌프에 연결된 픽업(pick up) 도구를 이용하여 칩과 테이프를 완전히 분리하여 들어 올리게 된다.

스테이지를 이동하여 lead frame pad 위에 정위치 시키고 픽업 도구를 내려서 칩을 접착시키는 공정을 수행한다. Epoxy die 접착의 경우 다이와 lead frame의 기울어짐(tilt)는 75㎛(3mil)이내, 다이 접착 후 다이와 lead frame의 경사는 2°이내에 있어야 한다.

다이 접착 픽업 방법에는 두꺼운 칩에 적용하는 needle pin, 칩 두께가 얇아짐에 따라 니들 핀 사용 시 발생하는 칩의 파손을 줄이기 위한 peeling, slide, 다단 픽업, smart eject system, needle이 없는 다단 스텝의 방법이 사용된다.

접착제의 토출과 다이의 실장이 완료되면 die pad나 반도체 기판 위에 접착된 칩을 적당한 열을 가해 경화시키는 과정을 수행한다. 경화 조건을 결정하기 위해서는 접착 후의 접착 강도 및 접합면의 신뢰성을 먼저 파악하여야 한다. 일반적인 오븐 경화 조건은 150~175℃, 1시간 이내, 속 경화는 100~200℃, 5~10분 처리를 한다.

칩과 칩의 접착이나 칩과 칩 사이가 전기적 단락을 일으키는 것을 방지하기 위해

space tape을 이용하여 반도체 칩을 다층으로 적층할 수 있다. 적층 패키지에 에폭시를 접착제로 사용하는 경우 두께 조절이 어렵고, 본딩 시 칩 이동이 발생하게 된다. 또 칩이 얇은 경우에는 과도한 필렛(fillet) 형성에 따라 epoxy에 의한 본딩 도구 및 패드 오염이 발생하여 불량을 야기시키기 때문에 개발 시 고려되어야 한다. 테이프 형태의 접착제를 적용하는 경우 상기 문제가 발생하지 않으므로 적층 패키지 접착제로 적합하다.

### (2) Die Attach 장비의 구성과 구조

다이 마운트(mount) 또는 다이 본드(bond)라고도 하며, 소잉이 완료되어 개별로 분리된 칩을 픽업한 후 접착제를 사용하여 lead frame의 pad드 또는 substrate에 부착하는 공정이다. 액상 접착제는 lead frame이나 substrate 위에 칩을 붙이는데 사용되는 열경화성 접착제이다. 스페이스(공간) 테이프는 칩과 칩을 다단으로 적층하거나, 칩 적층 시 단락되는 현상을 막아주기 위해 사용한다.

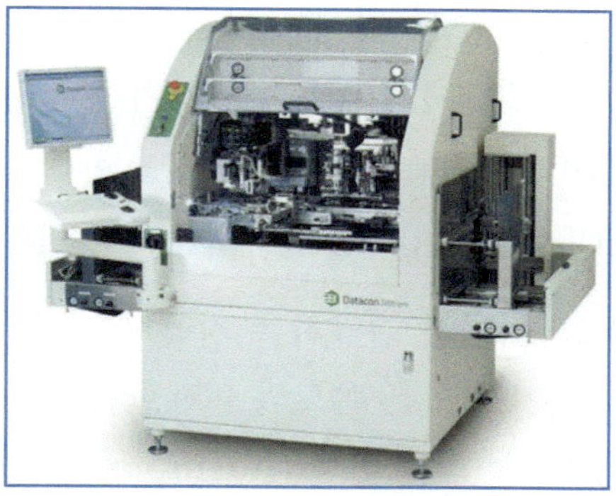

[그림 178] Die attacher의 예(Datacon 2200)
출처: Besi

## V. Wire Bonding

### (1) 와이어 본딩 공정

Ball/wire bonding과 wedge bonding 방식이 있다. Ball bonding은 열, 압력, 초음파 에너지를 이용하여 와이어 끝부분에 용접점을 형성시켜 본딩하고, wedge bonding은 웨지 도구가 사용되며 와이어를 일정한 힘으로 기판 위로 누르고 있는 동안 초음파 에너지로 본딩하는 방식이다.

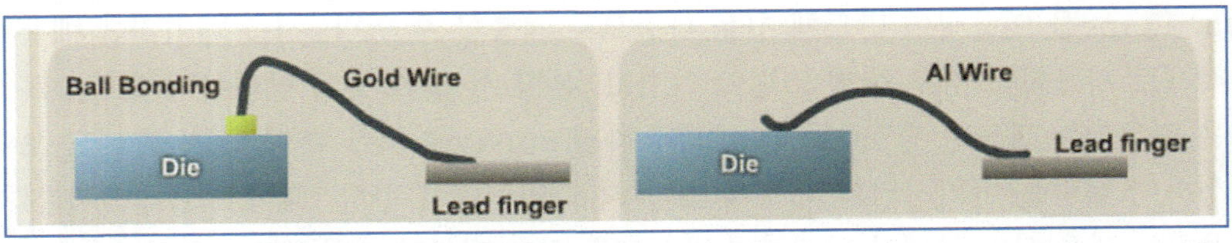


[그림 179] Ball/wire bonding, wedge bonding

Bonding wire로는 금, 알루미늄, 은 합금, 구리 와이어(또는 PCC: Pd Coated Copper)가 사용되고 있다.

- 금 와이어는 대기 중에서 접합할 때 표면 산화가 일어나지 않아 현재 가장 널리 사용되고는 있지만, 원재료가 비싸다는 단점이 있다.
- 알루미늄이나 은 합금은 와이어는 접합 강도가 높아 높은 신뢰성을 요구하는 전력용 소자 접합에 이용되고 있다.
- 구리 와이어는 금 와이어보다 원재료 가격은 저렴하지만 높은 경도를 가지므로 칩 표면에 손상을 일으킬 가능성이 크며, 와이어 본딩 과정에서 산화가 일어나는 문제가 있으므로 질소 분위기에서 실시해야만 한다. 최근 구리의 산화 방지를 위해 Pd(팔라듐)를 코팅한 PCC 와이어가 사용되고 있다.

와이어의 직경(굵기)는은 와이어가 전달하는 전압과 전류, 공정성 및 가격을 고려하여 결정하여야 한다. 와이어의 전기 저항은 온도와 비례한다.

칩과 회로를 연결하는 방법은 열 초음파(thermo-sonic) 본딩과 열 압착(thermo-compression) 본딩의 두 가지 방법이 있다.

- 열 초음파 본딩은 본드 패드의 금속 돌기(bump)들을 특별한 도구 없이 열, 시간, 힘, 초음파에 의해 탭의 리드와 접합하며, 열 압착 본딩보다 공정 시간이 오래 걸린다.
- 열 압착 본딩은 특별히 제작된 본딩 도구가 열, 시간, 힘을 제어하여 열 압착으로 본딩하는 방식으로 전체 크기의 최소화가 가능하다.

본드 파워에 의해 조정되는 본딩 에너지는 wire bonding 시 고열이 생성되는 요인으로서 초음파 에너지가 공급될 때 capillary를 진동시킨다. 본드 force는 capillary가 wire bonding이 되는 지점을 누르는 힘으로, 초음파 본드 파워가 작동 중에 영향을 준다.

Capillary는 wire bonding 장비에 장착되어 자체의 구멍에 투입된 와이어를 사용하여 반도체 칩과 외부 리드를 연결 시키하는 역할을 수행한다. 캐필러리는 세라믹(Al2O3,

Al2O3 + ZrO2), 루비, 시아론 등으로 만들며, capillary tip은 표준(standard)과 병목(bottleneck) 타입으로 분류한다. 개발 시에는 팁 직경(본드 패드 간격), 챔퍼 직경(접합된 볼의 크기와 두께), 구멍 직경(루프 형성)이 설계에서 고려되어야 한다.

본드 타임은 ball bond와 스티치(stitch) bond 시 본드 파워가 가해지는 시간이다. 반도체 본드의 90% 이상을 점유하는 볼 본드의 온도는 히트 블록(heat block)의 열로, 본드 파워와 함께 와이어와 bond pad/lead 간의 접합에 큰 역할을 한다. Aluminum wire를 사용하는 stitch bond는 상온에서 초음파를 사용하여 접합하므로 신뢰성이 좋다.

## (2) Wire Bonding 장비의 구성과 구조

금(Au), 구리(Cu), 알루미늄(Al) 등의 금속 와이어(세선)를 이용하여 칩의 전극(패드)과 리드 프레임을 전기적으로 연결한다. 와이어가 주입되는 가는 바늘 모양을 capillary라 하며, 바느질의 바늘처럼 금선을 끼워 고압을 걸어주어 볼 접합 형상을 만들어준다. 금 와이어의 직경은 0.8 ~ 1.2mil, 순도는 99.99%(4N)를 주로 사용한다. 0.01%는 사용자가 원하는 특성에 맞게 불순물(베릴륨, 칼슘, 세륨)을 첨가하며, 불순물의 종류 및 첨가량은 물리적 특성을 변화시키는 역할을 한다.

**[그림 180] Wire bonder의 예(PALOMAR 8100)**
**출처: PALOMAR**

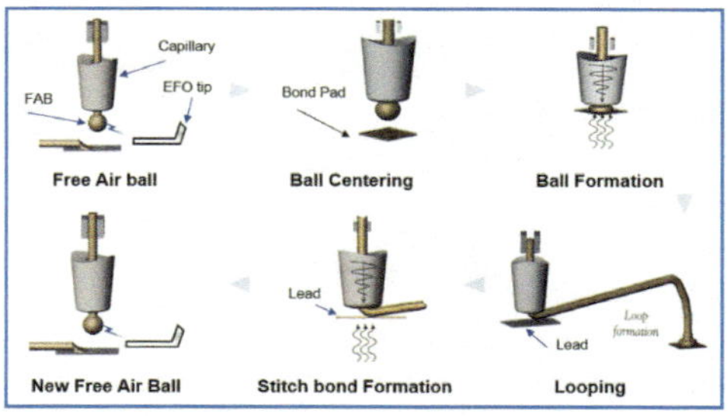


**[그림 181] Wire bonding procedure**

열 초음파 본딩 공정 순서는 다음과 같다.

①. 와이어 접합을 위한 초기 단계,

②. 전기 방전으로 볼 형성(방전의 세기에 따라 볼의 크기는 달라진다).

③. Capillary 이동,

④. Ball wire를 칩에 누르고 초음파를 발생시켜 칩과의 1차 본딩 형성(열, 초음파 파워, capillary를 통해 볼과 와이어를 누르는 힘, 초음파 유지 시간을 조절하여 본딩을 조절한다).

⑤. Capillary를 이동하며 루프 형성(loop는 짧을수록 좋지만, 너무 팽팽하면 와이어가 꺾일 수 있고 접촉 불량이 발생할 수 있으므로 주의하여야 한다.)

⑥. 2차 본딩 형성.

⑦. Capillary 리프트 업.

⑧. 클램프로 와이어를 잡아당겨 와이어 절단.

⑨. 다음 접합을 위한 볼 형성 순으로 진행한다.

# Ⅵ. TSV

## (1) TSV 공정

TSV(Through Silicon Via) 공정에서 제일 먼저 해야 하는 식각 공정은 식각 반응을 일으키는 물질의 상태에 따라 습식과 건식으로 나뉜다. Etching에 의해 형성되는 홀의 모양은 etching 및 보호층 형성 작업 조건에 따라 변화될 수 있다. 즉, 표면의 곡률 반경, etching 속도, 표면의 상태는 육플루오린화황($SF_6$), 플루오로시클로부탄($C_4F_8$)의 유속이나 chamber 내부의 압력, 전극의 파워, etching 시간 등의 영향을 받는다.

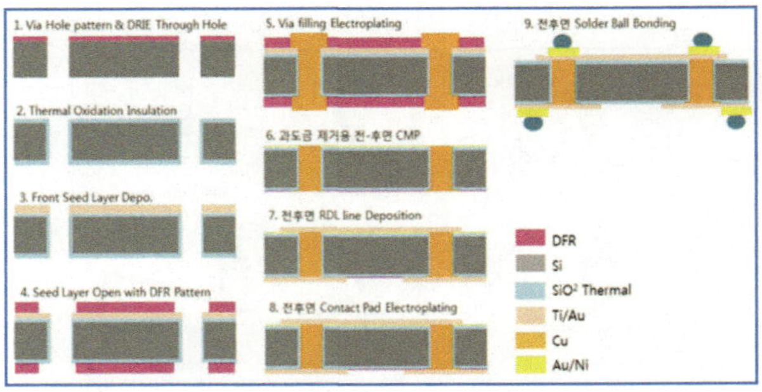


**[그림 182] TSV를 이용한 실리콘 interposer 공정 순서도**
**출처: KION**

DRIE(Deep Reactive Ion Etching) 방법은 $SF_6$을 이용해 실리콘을 에칭하고, 홀의 내벽을에 $C_4F_8$을 사용하여 보호층(passivation)을 입힌다. 이렇게 형성된 passivation은 뒤 이은 etching 과정에서 이온의 충돌로 인해 관통 홀 바닥의 passivation이 우선적으로 제거되며, 홀의 내벽은 etching으로부터 보호된다. 교대로 반복되는 etching과 passivation 형성 과정으로 인해 through hall의 내벽은 높은 종횡비를 가지고 etching 된다.

형성된 through hall의 내벽에 CVD나 PVD 방식을 적용하여 절연(insulation, $SiO_2$)/장벽(barrier, TiN, TaN, SiN)/씨앗층(seed layer, Cu) 증착을 순차적으로 형성시킨다.

칩의 through hall에 전기적인 연결이 가능하게 내부 충진 과정을 수행한다. Through hall은 전기도금법(electroplating)을 적용하여 금속 계열(Cu, Ni, Au, Sn 등)이나 CVD 방법으로 텅스텐(W)을 관통 홀에 충진하는 전통적인 방법이 있고, 이외에 폴리실리콘(polysilicon), 도체 페이스트(paste), 솔더 나노 파티클(solder nano particle)로 전기 단자를 형성하는 여러 가지 방법이 있다.

대표적으로 상용화에 적용되고 있는 구리 충진의 경우 전류 밀도가 높은 관통 홀 입구가 내부보다 먼저 충진되면 관통 홀 내부에 공동이 발생하여 결국 배선 저항이 증가하는 문제가 발생함으로 도금액 선정과 공정 조건에 주의가 필요하다. 관통 홀의 크기와 깊이에 따라 도금 전압, 전해액의 이온 농도, 전해액의 온도와 같은 공정 조건의 최적화 설계가 필요하다. 특히, 패키지 제조업체에서는 TSV 제품의 양산 생산능력을 늘리기 위해 고속 도금액 개발이 요구되고 있다.

제작된 칩을 순차적으로 쌓아 올려 이미 형성된 칩의 전기 단자 간의 접합을 통해 전기 신호를 흐르게 하는 3차원 적층 패키지 구조를 갖게 한다.

## (2) TSV 장비의 구성과 구조

TSV는 반도체 칩에 관통 전극을 형성하여 칩을 적층하는 기술로 wire bonding을 위한 추가 공간이 필요하지 않으므로 작은 크기의 제품 구현이 가능하다. 칩과 칩 사이의 연결 길의 최소화를 통해 제품의 동작 속도를 향상시킬 수 있다.

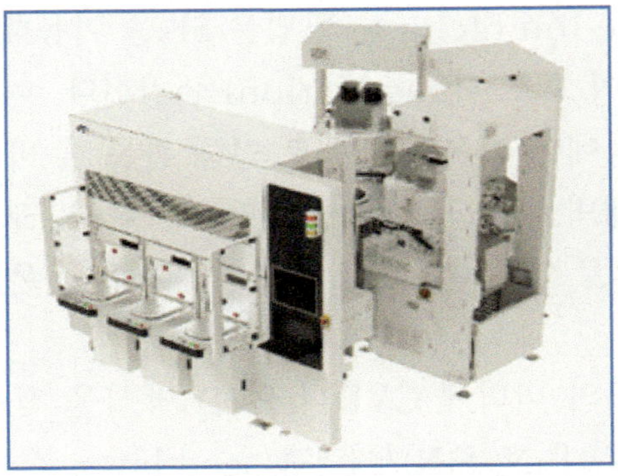

[그림 183] TSV machine의 예(DRIE ETCHER)
출처: Gigalane

고밀도의 plasma를 형성하고 안정된 균일성을 제공, etch 될 투입량에 따른 변화로 바뀌는 균일성을 좋게 할 수 있는 것이 중요하다.

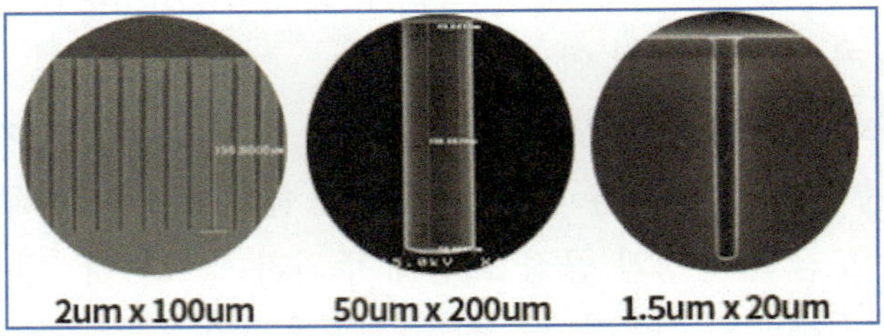


[그림 184] 넓이와 깊이에 따른 etching
출처: Gigalane

## Ⅶ. Flip Chip Bonding

### (1) 플립 칩 본딩 공정

Flip chip 방식은 회로가 형성된 칩 표면에 미세한 bump를 형성시킨다. Bump가 형성된 칩을 뒤집어서 칩의 패드가 기판과 마주보게 한 후 칩과 기판을 전기적, 기계적으로 연결하는 공정을 수행한다.

범프는 웨이퍼 알루미늄 패드 위에 금 또는 솔더 등의 소재로 5~10㎛ 크기의 외부 접속단자를 형성해주는 공정이다. 범프는 물리적으로 칩을 지탱하고 칩과 기판과의 전기적인 연결, 열 방출 등의 역할을 한다.

Flip chip에서는 wafer bumping이 패키지 공정 중 가장 큰 비중을 차지하기 때문에 범프 형성 공정 시간이 전체 패키징 시간을 좌우하게 된다. Bump를 형성할 때에는 먼저 photoresistor를 현상한 뒤 절연재료(UBM, Under Bump Metalization)를 형성한 후에 무연솔더(Sn, Sn-Ag, Sn-Ag-Cu 등) 도금을 처리하는 과정을 거친다.

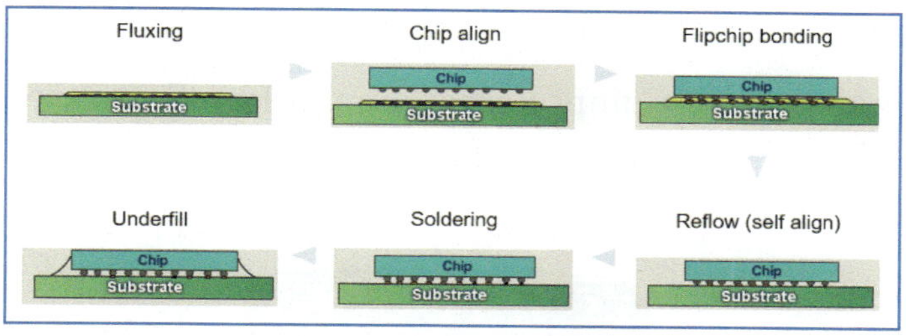


[그림 185] Flip chip bonding 프로세스

## (2) Flip Chip Bonding 장비의 구성과 구조

Flip chip은 반도체 웨이퍼의 chip pad에 bump를 형성시켜 바로 PCB에 실장하는 형태로 고밀도화를 할 수 있는 실장 방식이다. 칩에 형성된 bump가 뒤집어서 실장 되기 때문에 flip chip이라고 한다.

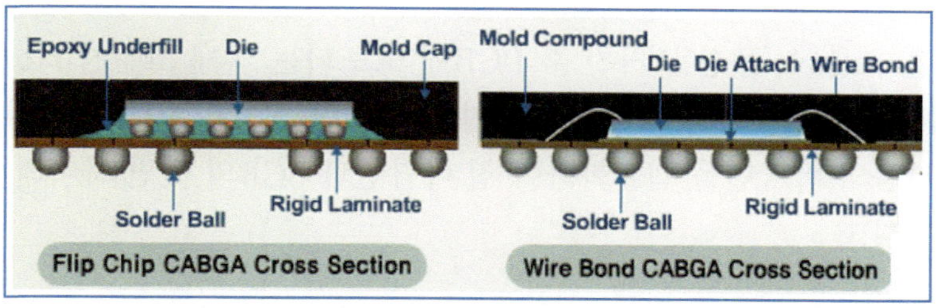


[그림 186] Flip Chip Bonding과 Wire Bonding 비교

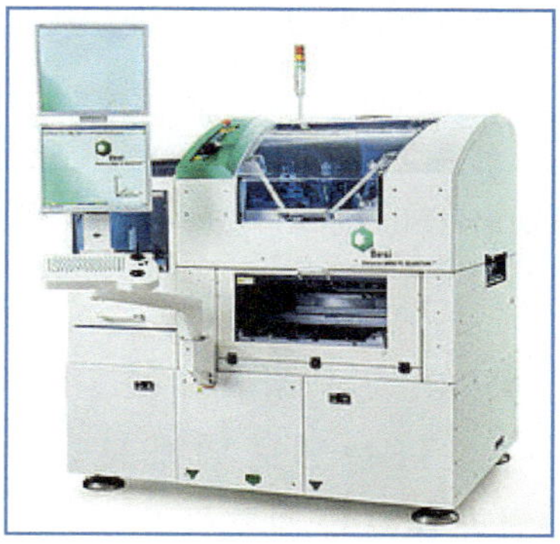

[그림 187] Flip Chip Bonder의 예(Datacon 8800)
출처: Besi

일반적으로 die attecher와 flip chip bonder는 같은 사양의 장비를 사용한다.

## (3) SMT 장비의 구성과 구조

Solder paste를 사용하여 기판에 칩을 부착하는 프로세스이다. 해당 공정으로는 PCB prebake → Screen print → Component mount → IR reflow 과정을 거친다.

[그림 188] Chip shooter의 예(HITACHI GXH-1S)
출처: HITACHI

## (4) 언더필 공정

Underfill은 reflow 공정을 거친 후 PCB에 도포되는 액체 고분자(riquid polymer)의 일종이다. 주로 BGA 타입의 칩 바닥 면에 용액을 바르고 경화시킨다. 이 과정에서 underfill은 부품의 바닥면을 캡슐화하여 칩 바닥면과 PCB의 윗면 사이의 취약한 상호연결 패드를 덮는다.

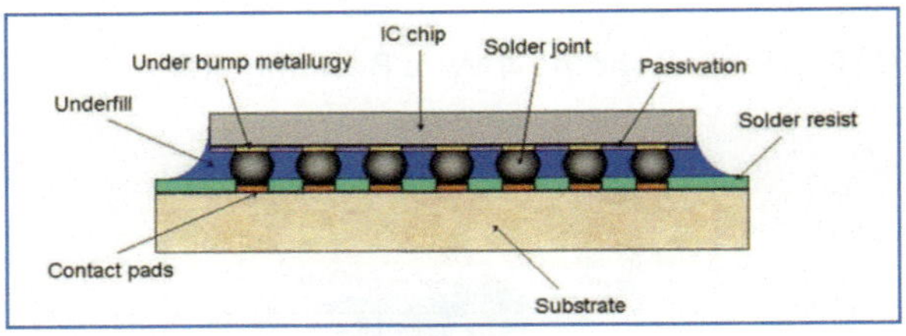


[그림 189] Underfill 단면도
출처: vtolaba.com

Underfill은 칩과 보드 사이의 열팽창계수(CTE: Coefficient of Thermal Expansion) 불일치를 완화한다. CTE는 열로 인해 모양이나 부피가 변화하는 것인데, 이 외에도 더 많은 요인으로부터 칩과 보드를 보호한다.

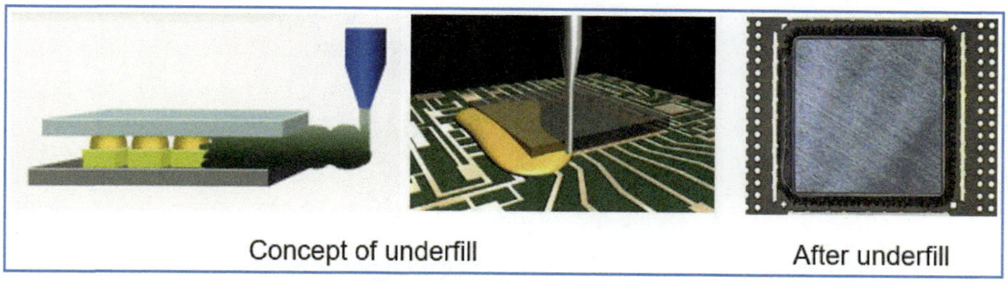


[그림 190] Underfill 컨셉트와 underfill 이후 사진

언더필 방법은

①. **Soldering:** 일반적인 solder paste를 사용하면, soldering 진행 후 ball 주변에 flux 잔사가 남는다.

②. **Cleaning and Drying (Deflux):** flux를 세정을 통해 제거하고, 건조시켜서 ball 주위를 깨끗하게 만든다. 이러한 공정은 추후 언더필 공정에서 공기 틈(void, air void, air trap)을 만들지 않게 도와준다.

③. **Underfill 도포:** 먼저 BGA 칩의 모서리 또는 가장자리를 따라 언더필(필러)을 도포한다. 이때, 칩의 크기에 따라 도포하는 방법을 달리하는데, 이는 도포되는 언더필의 양이 중요하기 때문이다.

④. **가열:** 도포한 다음 칩과 PCB를 125~165℃ 범위에서 권장 온도로 가열하여 언더필을 흐르게 한다. 언더필은 이러한 가열(reflow)를 통해 경화(curing) 된다.

## (5) Underfill 장비의 구성과 구조

Underfill은 칩과 PCB 연결부 사이에 강력한 기계적 결합을 제공하여, 솔더링한 부분을 물리적 응력으로부터 보호한다. 또한, 열전달 효과도 있다. 따라서, 주로 물리적 stress를 많이 받는 휴대용 기기 또는 온도 변화에 민감한 옥외 설치 제품 등에 적용하고 있다.

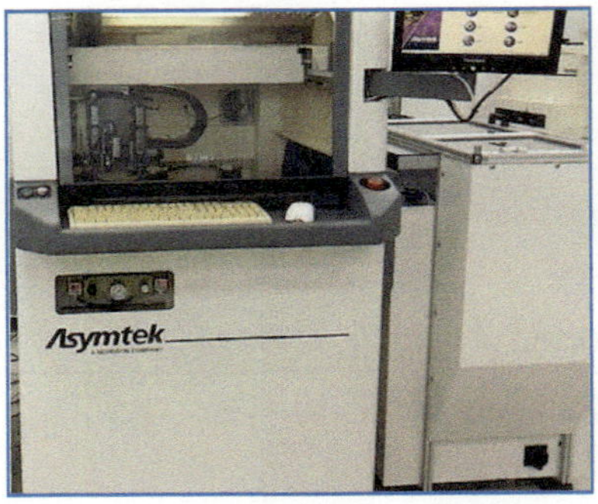


[그림 191] Underfiller의 예(SDP-01)

# Ⅷ. RDL

## (1) RDL 공정

RDL(Re-Distribution Layer)은 재배열을 통해 솔더 볼을 위한 패드를 재배치함으로써 다양한 크기의 솔더 범프를 구현과 솔더 접합 신뢰성을 향상시킬 수 있는 볼 배열을 구현할 수 있다. 반도체 제조에서 가지는 설계의 제한을 패키지를 통해 해결하는 방법으로 재배열이 의미가 있다. 재배열은 웨이퍼 레벨 패키지 공정 기술을 이용하여 이미 형성된 알루미늄 패드의 위치를 임의의 위치로 변경하는 것을 총칭하는 것이다.

1단계 과정은 절연막을 형성하는 공정이다. 패드 재배치용 비어를 절연막에 형성하기 위하여 회로 형성이 완료된 웨이퍼 표면에 감광성 BCB(Benzocyclobutene) 수지를 박막(10 ~ 20㎛) 두께로 도포한다. 이 박막은 다이 표면에서 볼 부착과 전기적 절연을 위해 기계적인 응력을 감소시켜 주는 역할을 한다. 비아 마스크를 사용하여 원하는 규격으로 노광한 후 BCB를 제거하여 비아 홀을 형성한다. Via는 BCB 박막에 의해 형성되어 칩의 패드에 전기 연결이 가능한 통로를 제공한다.

2단계 과정은 패드를 재배치하는 공정이다. 패드 재배치용 금속 배선을 전기 도금으로 형성하기 위해서 웨이퍼 전면에 도금하기 위한 기저 금속인 Ti/Cu를 스퍼터링 방법으로 증착을 수행한다. 도금용 감광액을 도포하고, 비아 도금용 마스크를 사용하여 노광하고, 도금할 금속배선 부위의 감광액을 현상한다. 다음 과정으로 구리를 도금하여 금속 배선을 형성하고 표면에 남아 있는 감광액을 제거한다. 마지막으로 기저 금속인 Ti/Cu를 산 용액으로 식각한다.

3단계 과정은 2차 절연막을 형성하는 공정이다. 칩 패드와 재배치되는 솔더 범프와의 절연을 위한 절연막 형성 공정으로 1단계 공정과 동일하다.

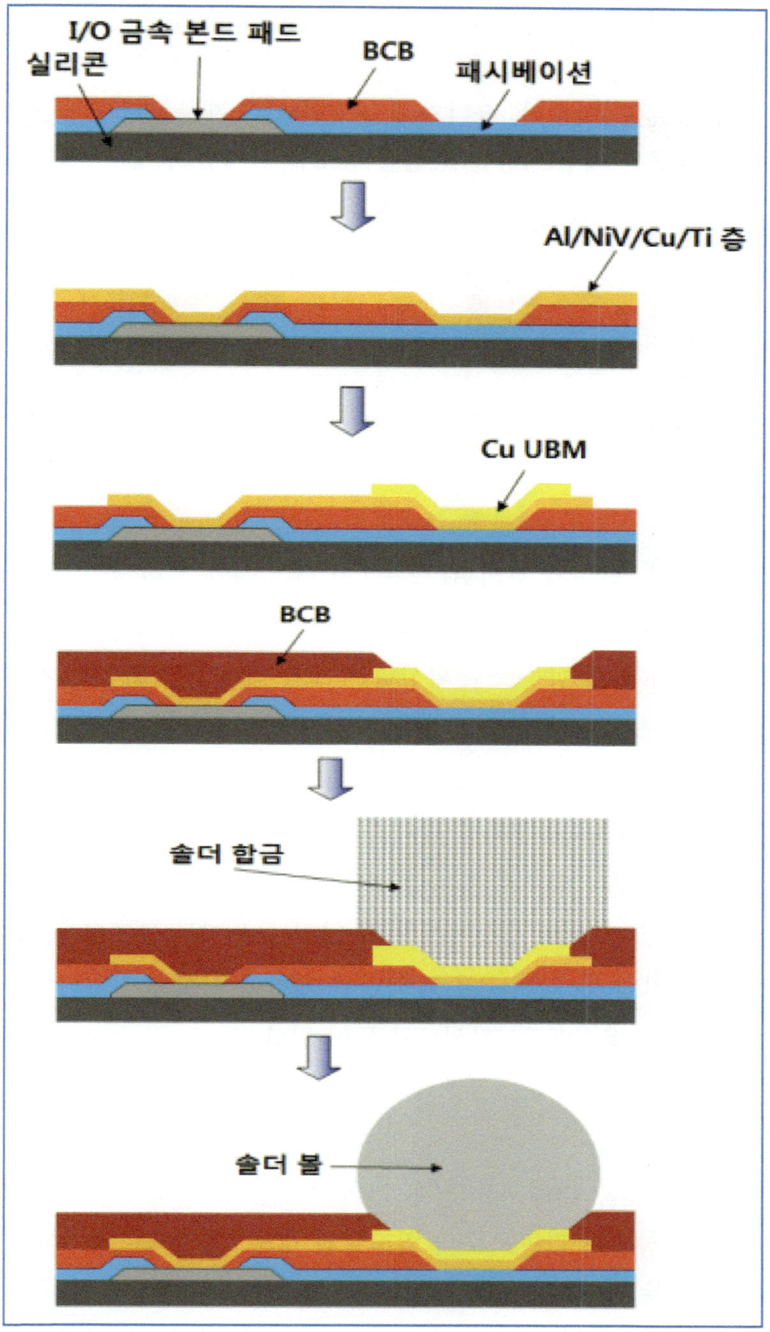


[그림 192] RDL 공정 순서도
출처: National Competency Standards

칩 패드와 솔더 범프 사이에는 UBM(Under Bump Metallization) 층 형성이 필수적으로 요구된다. 알루미늄(Al) 패드를 사용하는 실리콘 칩에서는 솔더가 Al 패드에 젖음(wetting) 되지 않을 뿐만 아니라, 솔더가 용융되면 Al이 재용융되거나 금속 간 화합물 형성으로 범프와 칩 패드의 계면이 충분한 접합 강도를 유지할 수 없기 때문이다.

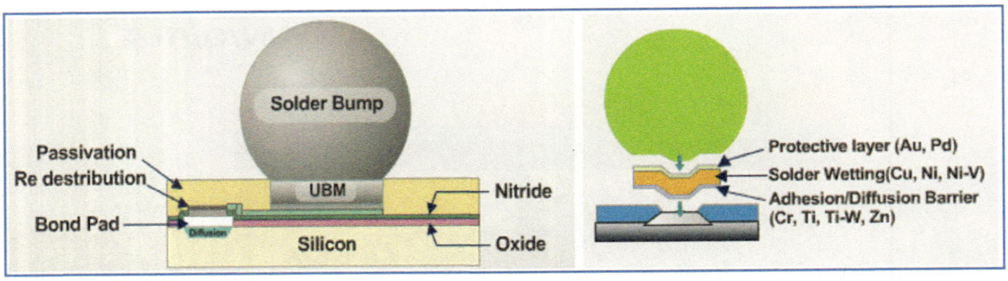


**[그림 193] UBM 구조**

①. **UBM 구성:** UBM은 반도체 칩의 Al 또는 Cu 전극 상에 직접 솔더 또는 Au 범프를 형성하기 어렵기 때문에 2000Å 이내의 Ti, TiW, Cr 등과 같이 접착을 증진시키는 접합층이 있다. 또 솔더가 칩 방향으로 확산하는 것을 막아주는 확산 방지층, 그리고 솔더와 젖음이 잘되고 솔더로의 용융이나 금속 간 화합물로부터 패드 금속의 소모를 막을 수 있는 Cu, Au 층으로 구성된 젖음 활성층이 있다.

②. **UBM 종류:** Cr/Cr-Cu/Cu 구조를 증기증착법이나 스퍼터링 방법을 이용하여 증착하는 방법, Ti-W/Cu 미니 범프로 솔더를 전해도금 방식으로 증착하는 방법이 있다. Al/Ni-V/Cu 구조는 솔더 범프 시장에서 가장 많이 사용되는 구조이다. 무전해 Ni UBM 구조는 저가로 제작할 수 있는 구조로 다양한 개발이 시도되고 있다. 도금의 종류에는 전기도금, 화학도금, 용융도금, 건식도금 등이 있다.

## (2) Micro bump

Flip chip bonding을 위해서는 칩과 기판의 패드를 전기적으로 연결해 주는 금속 bump가 필요하다. 칩에서 기판으로의 열전달과 방출, 칩과 칩, 칩과 기판 사이의 공간 제공, 물리적으로 칩을 지탱하는 기능이 있다. Bump는 구조, 금속 재료, 제조 공정 등에 따라 다양한 형태로 개발되고 있지만, flip chip 공정 중에 bump의 용융 유무에 따라 두 종류로 분류할 수 있다.

접합 공정 중에 bump 금속이 용융되어 표면장력의 최소화 효과로 자체정렬(self-alignment)되면서 접합되는 것이 솔더계 범프이다. 또한 Au, Ag, Ni 등과 같이 접합 중에 bump가 용융되지 않고 고상상태를 유지하는 것이 고융점 bump로, 이들은 주로 열압착(thermo-compression)이나 이방성 도전 접착제(ACA: Anisotropic Conductive Adhesive)를 이용하여 접합된다.

Bump의 대부분을 차지하는 solder는 초기에는 주로 몰리브덴 마스크(molybdenum mask)를 이용한 증기증착법으로 제작되었으나, 제조 비용이 많이 들고 300㎛ 이하 미세 간격의 bump 제작이 어려워 현재는 전해도금법과 스텐실 스크린 프린팅(stencil screen printing) 방법이 많이 사용되고 있다. 감광물질(PR)과 PR을 이용하여 solder bump를 형성하는 전해도금법은 100㎛ 이내의 미세 간격의 bump 제작이 가능하며, 스텐실 스크린 프린팅 방법은 250㎛ 이하의 bump 간격은 어렵지만, 제조 비용이 저렴한 장점을 보유하고 있다. 제조 비용이 싼 고융점 bump는 초기 신제품 개발이나 소량의 flip chip 개발에 제작비용이 싸고 효율적인 방법이지만, 모든 패드를 wire bonding을 통해 제작해야 하므로 대량생산에는 적합하지 않다. 이외에 soler ball 탑재, 솔더 주핏(Solder-Juffit), C4NP(Controlled Collapse Chip Connection New Process) 방법 등이 있다.

①. **마이크로 범프 형성:** 가장 많이 사용되는 reflow 방법은 다이 표면에 형성된 도전성 bump를 reflow soldering 공정에 의해 기판에 접합하는 방법이다. Bump 형성 기술, bump 크기, bump 재료 및 조건 등 개발에 필요한 요소를 확인한다. 어느 정도(bump의 피치와 높이)를 가공할 것인가? 어떤 방법(증기증착법, 전해도금법, 스크린 프린팅법), 무엇으로(무연 솔더의 조성)으로 솔더 볼을 형성할 것인가를 설계한다. 현재는 전기 및 전자장비 내에 특정 유해 물질 사용에 관한 제한(RoHS: Restriction of Hazardous Substance) 규정에 따라 무연 솔더가 사용되고 있다.

Micro bumping 공정은 (d) 두꺼운(thick) PR 코팅, (e) solder 전해도금, (f) 감광막 제거 또는 UBM 에칭, (g) solder reflow 과정이 순차적으로 진행된다. 마지막으로 플럭스 세척 공정을 거치면 완료된다.

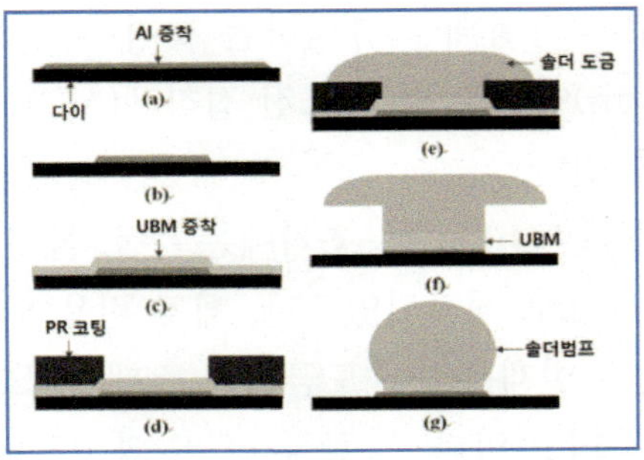


**[그림 194] 전해도금법에 의한 마이크로 범핑 공정도**
**출처: National Competency Standards**

- 전해도금법으로 제작된 micro bump는 조성의 균일도와 구형 bump로 만들기 위해 reflow 공정을 거친다. 초기에는 수소 분위기에서 용융 온도에 비해 30~50℃ 이상에서 용해 과정을 통해 구의 일부분 형태로 만들어 사용되었다. 최근에는 웨이퍼에 flux를 도포한 후에 질소 분위기에서 용융한 다음 flux를 세척하여 사용하는 것이 일반적이다.
- Screen printing 방법은 solder의 조성 변화가 용이하여 삼원계 이상의 합금 solder에 대해서 결과 예측이 용이하고, 무연 solder 대응이 강점이다. Solder ball의 경우 reflow 공정 후 표면장력 효과에 의하여 볼 모양이 형성되지만, Au bump의 경우 도금 형태인 사각기둥 모양을 유지한다.

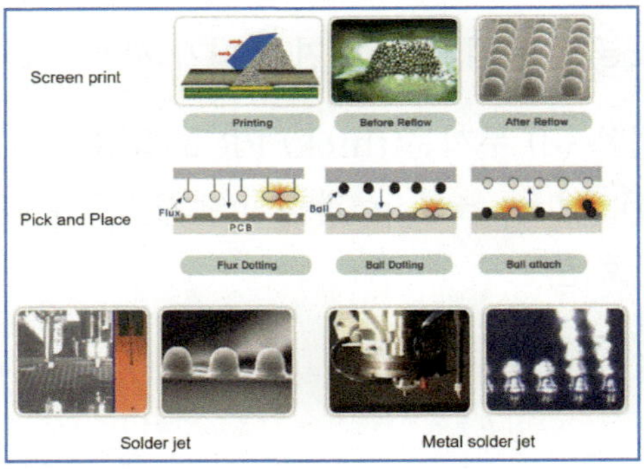


**[그림 195] Solder ball mount**

다양한 방법으로 bump를 구현할 수 있다. Bumping은 다양한 기술이 적용되고 있으며, ① screen printing 방법, ② solder ball 탑재 방법, ③ 구리 필러(pillar) 범프 방법, ④ 솔더 주핏 방법, ⑤ 금 스터드 방법 등이 사용되고 있다.

①. **Screen printing 방법**은 금속 마스크 상에 paste solder를 도포한 후, 스퀴즈(밀대)로

UBM 위에 인쇄한 후 reflow 과정을 거쳐서 solder bump를 형성시키는 방법이다. 전기도금 방식에 비해서 처리량이 좋고, 저비용이며, 무연 solder에 대한 대응이 용이하지만, 미세 피치(pitch)와 패턴 형성에 기술적인 어려움이 있다. 또한 300㎜ 이상의 대구경 웨이퍼에는 두께 균일성 측면에서 문제점이 있다.

②. **Solder ball 탑재 방법**은 solder ball을 형성시키고자 하는 위치에 플럭스를 도포하고 노즐을 사용하여 솔더 볼을 위치시킨 후 reflow를 거쳐 solder ball을 형성하는 방법이다.

③. **구리 필러(pillar) bump**는 도전성이 뛰어난 구리를 이용하여 일렉트로마이그레이션(electromigration) 대응이 용이한 장점을 가지고 있고 우수하고, 방열이 우수하며, 무연 solder의 대응이 장점이다.

④. **솔더 주핏 방법**은 PCB 기판 상에 solder bump를 형성할 때 사용되며, 넓은 범위의 무연 solder 대응이 가능하고 미세 피치의 solder bump를 제조할 수 있다는 장점이 있으나, 소재 자체가 고비용이고 지적재산권 문제의 해결이 필요하다.

⑤. **금 스터드 방법**은 반도체 조립 장비를 보유한 업체에서 기존의 인프라를 활용하여 용이하게 금 bump를 형성할 수 있는 기술이며, wire bonding 공정의 일부를 이용한다. 전기 연결 경로가 짧아 전기적 특성이 좋으나, 접착할 기판의 제작 단가가 높고 solder bump에 비해서 접합부의 신뢰성이 상대적으로 낮다.

# Ⅸ. Plasma Cleaning

## (1)플라즈마 클리닝 공정

Plasma cleaning의 장점은 유기 용매를 사용하지 않으므로 패키지의 박피나 공기 오염의 우려가 없고, 공정 시간이 수 분 이내로 짧다는 것이다. 안전하고 경제적인 공정이며, 상업적으로 일반화되어 장비 구매가 용이하다. 단점으로는 심한 오염의 경우 제거 시간이 오래 걸리며, RF 에너지가 칩을 손상시킬 수 있다.

클리닝 방법으로는 아르곤(Ar) 가스를 이용하는 방법, 챔버 내에서 아르곤과 산소를 사용하여 불순물을 산화시켜 제거하는 산소 가스를 이용하는 방법, 산화 금속이나 다른 무기 산화물 등의 오염 물질을 제거하기 위해 수소 가스를 이용하는 방법이 사용된다.

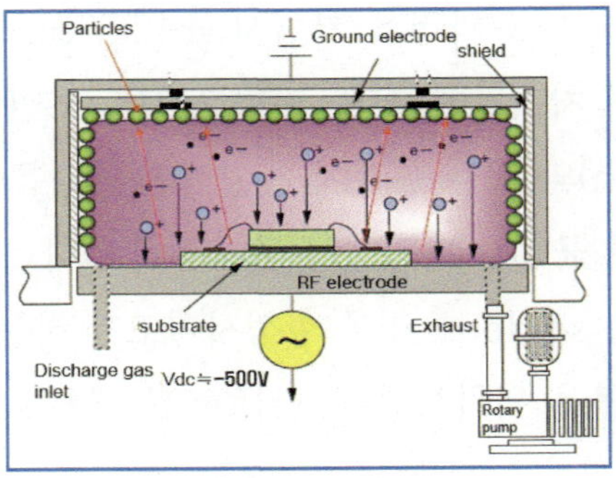


[그림 196] Plasma cleaning 원리

## (2) Plasma Cleaning 장비의 구성과 구조

물이나 유기용매를 사용하지 않는 세척 공정으로 공정이 간단하여 반도체나 LED 패키징 공정에 많이 사용되고 있다. 다이 접착이나 와이어 접합 시 계면 접착력을 증가시킨다.

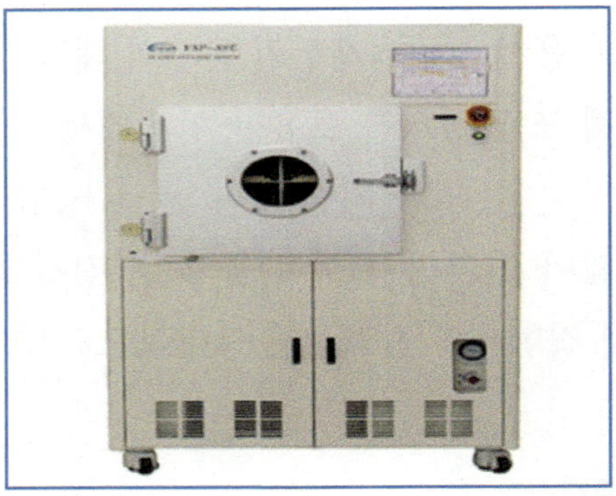

[그림 197] Plasma cleaning의 예(VSP-88C)
출처: VISIONsemicon

패키지 표면에 남아 있는 유기잔사 물질을 아르곤과 같은 불활성 가스 분위기상의 chamber 내에서 RF 에너지 source를 이용하여 산화 시키거나 휘발 시켜 세척한다. 즉, plasma 상태에서 발생하는 가스의 ion이나 라디칼(radical, 홑전자를 가진 원자 또는 분자)이 패키지 또는 기판 표면에 충돌하여 보이지 않는 유기막을 제거하거나, 거칠기를 변화시키는 등 물리적, 화학적 변화를 일으킨다.

# X. Molding

## (1) 몰딩 공정

- **몰딩 성형 방식의 종류**

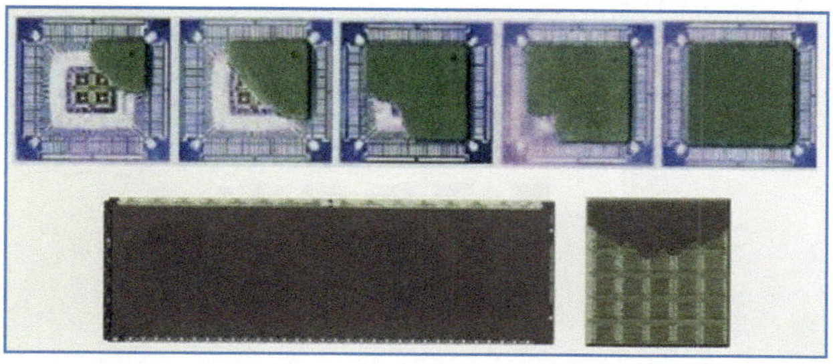

[그림 198] 개별 molding과 리드 프레임 molding

- **이동형 몰딩(transfer molding):** 원통 모양의 EMC인 pellet을 mold die의 램 포트에 넣고, 램 포트 속으로 램이 들어가 압력을 가하면 EMC가 겔(gel) 상태로 몰드 다이의 캐비티(cavity)속으로 유동하여 들어가 성형된다.
- **압축형 몰딩(compress molding):** 분말 모양의 EMC를 mold die의 캐비티에 넣고 겔 상태로 변화된 상태에서 몰딩 할 wafer나 PCB기반의 wire bonding된 제품을 수직으로 캐비티에 밀착시켜 성형을 한다.
- **진공형 몰딩(vacuum molding):** 몰딩 공정 중에 발생될 수 있는 보이드(void)는 미세 균열(micro crack)이나 박리(delamination)를 유발하여 패키지에 악영향을 준다. 따라서 이 문제를 해결하기 위해서 몰드 다이 내부를 진공화 시키는 진공 장치를 이용하여 void 발생을 최소화한다.
- **캐스팅 몰딩(casting molding):** 액체 상태의 경화성 수지(resin)를 몰드 형틀(LED 공정에서는 mold cup이라 지칭)에 주입하여 성형을 한다.
- **글럽 탑 몰딩(glop top molding):** 액체 상태의 수지(resin)를 칩(chip)과 wire bonding된 부분에 떨어트려 도포하는 방식으로 주로 COB(Chip On Board)나 SMD 형태의 LED 패키지에 사용된다. 또한, 액상 수지의 종류에 따라 편평한 곳에서는 액상 수지가 흘려내려 칩을 충분히 도포하지 못 할 정도의 점성을 가진 경우에는 측면에 댐(dam)을 형성한 후 안쪽을 채워주는 공정으로 성형하기도 한다.

## (2) Molding 장비의 구성과 구조

전 처리된 공정 이후 공정으로 lead frame이나 substrate를 기반으로 조립된 chip과 Au wire로 구성된 제품을 먼지, 습기, 충격 등 외부환경으로부터 물리, 화학, 전기적으로 보호하기 위하여 열경화성 수지인 EMC(Epoxy Mold Compound)를 이용하여 밀봉(encapsulation)하는 공정이다.

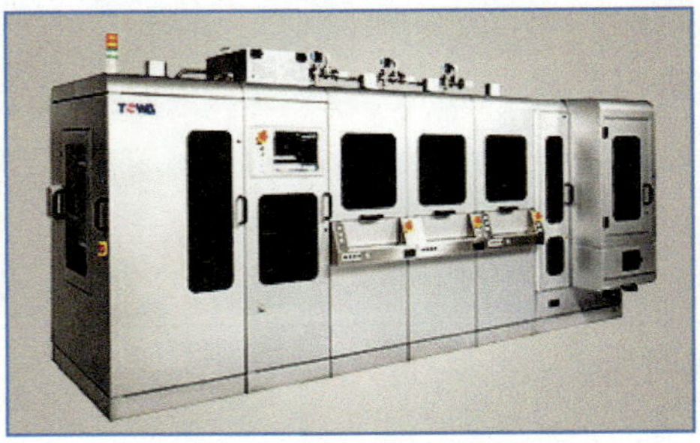

[그림 199] Molding machine의 예(PMC1040-S)
출처: TOWA

- **몰드 프레스(mold press):** 몰드 프레스는 클램핑(clamping) 압력에 따라 낮은 톤수(tonnage)로부터 200ton 정도까지 사용되고 있다. 톤수가 크다는 것은 클램핑 압력이 높다는 뜻 이외도 프레스가 크다는 의미도 된다. 따라서 몰드 작업에서 1회당 많은 몰딩 성형을 할 수 있어서 생산성과 연관하여 생각할 수 있다. Mold press는 트랜스퍼 램(transfer ram) 속도 및 압력, 상하 mold die의 온도, 큐어 시간, 싸이클 타임 등이 자동으로 제어된다. Mold press는 크게 제어반, 램, 상하 플레이트, 네 기둥, 각종 유압 계통 및 몸체로 구성된다.
- **몰드 다이(mold die):** 몰드 다이는 상형 다이(top die)와 하형 다이(bottom die)의 짝으로 되어있다. 상형 다이는 중앙에 램 포트라는 구멍이 뚫려 있고, 이곳에 펠렛(pellet)을 넣고 램이 들어가 압력을 가하게 된다. 몰드 다이에는 cavity라고 불리는 홈이 파져 있고, 이곳에 EMC가 녹아 흘러 들어가는 gate라는 입구가 있다. 각각의 gate는 기다란 통로로 연결되어 있는데 이를 러너(runner)라 부른다. Mold die 내의 공기를 EMC가 녹아 흘러 들어가는 중 외부로 방출하기 위한 air vent로 구성되어 진다. 하형 다이에는 ejector pin이 있는데, 이것은 몰딩 후 성형된 제품을 mold die로부터 떼어내기 쉽게 하는 역할을 한다.

# XI. Plating

## (1) 도금 공정

### ①. 도금 공정 순서

- **용융 도금(dip soldering):** 표면 처리(산화막 및 유기물 제거), 예열, 도금, 수세, 건조 공정 등으로 나눌 수 있다.
- **전기 도금(electroplating):** 전해탈지, 에칭(etching), 프리딥(pre dip or activation), 도금, 중화(neutralize), 수세, 건조 등으로 나눌 수 있다.

### ②. 도금 방법의 종류

- **솔더링(soldering):** 도금 욕에 있는 용융된 solder에 도금할 제품을 도금 욕에 담갔다가 꺼내어 표면에 도금하는 방법이다. 방법에 따라서 dip soldering, wave soldering 등으로 나눌 수 있다.

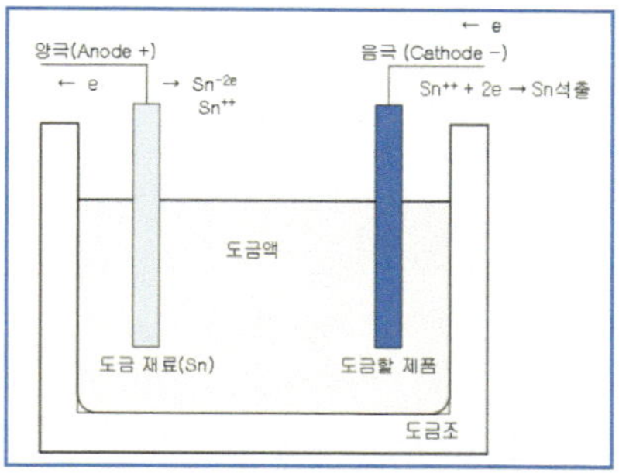


**[그림 200] 전기 도금 원리**
**출처: National Competency Standards**

- **전기 도금:** 전해질 용액 내 도금하고자 하는 물질과 도금 물질을 넣고 전류를 가하여 표면에 도금하는 방법이며, 주로 Sn 도금에 사용된다. 도금 재료(Sn)를 양극(anode)에 연결하고 음극(cathode)에 도금하려는 재료를 연결시킨 다음 도금액에 직류 전류를 흐르게 하면, 양극의 Sn은 두 개의 전자를 내놓고 양이온 Sn++이 되어 도금액 속으로 녹아 들어가고, 도금액 속의 Sn++는 음극으로부터 두 개의 전자를 받아 Sn++ +2e → Sn 반응이 되어 Sn 원자들이 음극, 즉 도금할 재료에의 표면에 결정되어 나타난다.

## (2) Plating 장비의 구성과 구조

도금 공정은 lead frame을 사용한 패키지에서 몰딩이 형성되지 않은 lead 부분에 금속 피막을 만드는 공정이다. 도금은 공기 중에서 lead 표면의 산화 및 변색으로부터 보호하고, PCB에서 납땜이 잘되도록 하고, 전기적인 특성을 양호하게 하여 신뢰도를 높이는 데 목적이 있다.

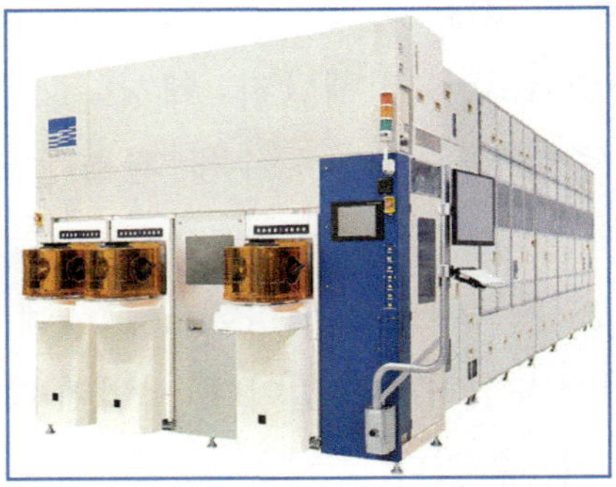

**[그림 201] Plating machine의 예(UFP)**
**출처: EBARA**

# XII. Marking

## (1) 마킹 공정

①. **잉크 마킹(ink marking):** 인쇄 잉크를 사용하므로 선명하고, 색상을 자유롭게 선택할 수 있다. 또한, 잘못한 marking이 되면 지울 수 있다. 그러나 건조 및 세정 때문에 환경 문제를 일으킬 수 있으며, laser marking에 비해 생산성이 떨어진다.

- **ink marking 방식**
  - » 첫째, 인쇄 매체가 직접적으로 잉크를 잉크 판이나 잉크통으로부터 제품에 전사하는 direct marking
  - » 둘째, 잉크가 제품에 전사되기 전 중간 매체인 offset roller나 패드 위에 전사되는 offset marking
  - » 셋째, 플레이트의 에칭된 활자에 채워진 잉크를 실리콘 고무에 묻혀 제품에 전사하는 방식인 pad marking
- **잉크 종류:** 상온 경화성 잉크, 열경화성 잉크, 자외선 경화 잉크

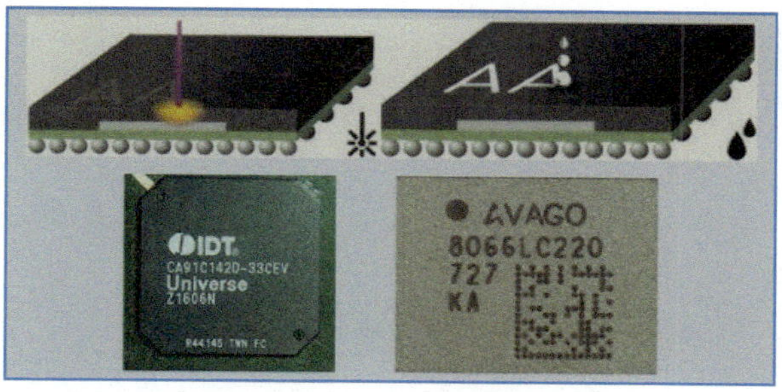


[그림 202] Laser marking, ink marking

②. **레이저 마킹(laser marking):** 레이저 빔(beam)을 이용하여 제품의 표면을 연소시켜 인쇄한다. 인쇄 시 제품 표면과 비접촉으로 인쇄를 하므로 제품의 변형이 적고 생산성이 높다. Ink marking에 비해 선명하지 않으나, 내약품성이 우수하고, 반영구적이며, device 변경 시 편리하여 대부분은 laser marking을 이용한다.

- **레이저 마킹 방식**
  - » 첫째, laser beam을 mirror로 주사시켜 원하는 표시를 인쇄하는 scanning type
  - » 둘째, laser beam을 유리나 금속 마스크에 투과시켜 mask pattern의 이미지를 마킹 대상물의 표면에 결상시켜 인쇄하는 mask type
  - » 셋째, 주사식과 마스크식의 장점을 합한 것으로 패턴 선택 및 마킹 위치 선정을 두 대의 스캐너로 하는 mix type
- **레이저 종류:** 기체 레이저, 액체 레이저, 고체 레이저, 반도체(YAG: Yttrium Aluminum Garnet) 레이저(YAG 레이저는 반도체 패키지의 소형화로 마킹 글자의 크기가 작아지면서 세밀한 마킹이 요구되는 것에 사용)

## (2) Marking 장비의 구성과 구조

상호, 품명, LOT NO, ID Mark(1번 핀), 제조사, 기타 등의 문자나 숫자 또는 기호를 반도체 패키지의 윗면이나 아랫면에 잉크나 레이저로 인쇄하는 것이다. 제품에 대한 정보를 기록하여 고객에게 제공하고, 제품에 품질 문제가 발생할 경우 마킹 정보(LOT NO)를 추적하여 문제해결에 사용한다.

[그림 203] Marker의 예(Strip marker)
출처: EO TECHNICS

## XIII. Trim/Form

### (1) 트림/폼 공정

①. **Trim**: 후 공정 중에 trim 공정은 도금 공정을 전 · 후로 할 수 있겠으나, 일반적으로는 도금 전 trim을 하는 경우가 많다. 도금 전 trim을 하면 lead frame의 댐버가 제거된 부분도 도금이 되고, 도금 공정 후 핸들링이 감소되어 lead 표면 상태를 우수하게 할 수 있다. 도금 후 trim을 하면 금형의 punch나 die의 마모에 의한 burr 발생을 감소시킬 수 있다.

Trim 장비는 크게 loader 부분, press 부분, unloader 부분으로 구성되어 있다. 특히 프레스 부분은 금형과 인덱스 피더 가이드 레일(index feeder guide rail)로 구성되어 있다. 금형은 punch, die, stripper, stopper 등으로 구성되어 있고, 모터의 회전 운동으로 프레스가 상하 운동을 하게 된다.

②. **Form**: Form 공정에서는 리드 풋(lead foot)을 punch와 die의 전단력으로 절단하는 것으로 trim과 다른 것은 punch의 날 방향이 lead 밑면에서 위 방향으로 절단되는 것이다. 이유는 burr 발생 방향이 아래로 되면 평탄도(coplanarity)에 영향을 주어 PCB 실장 시에 문제가 나타나기 때문이다. 또한, lead를 원하는 형상으로 만들기 위해서는 굽힘 가공을 한다.

Form 장비는 크게 loader 부분, press 부분, singulation 부분, unloader 부분으로 구성되어 있다. Singulation 부분에서는 리드프레임에서 PKG 개별 유닛으로 분리시키는 역할을 한다. Press 부분에서는 lead의 절단 및 모양 형성을 한다. Unloader 부분에서는 단일화된 제품을 적재할 수 있는 tube나 tray로 이송할 수 있게 구성되어 있다.

[그림 204] Trim, form
출처: Spirit Electronics

PDIP(Plastic Dual Inline Package) form 공정 단계는 다음과 같다.

- Lead frame의 사이드 레일(side rail) 절단
- Lead length 절단
- Singulation
- 전 성형(pre-form): 예비로 리드 형상 변형
- 최종 성형(final form): 완성된 리드 형상을 만드는 단계

## (2) Trim/Form 장비의 구성과 구조

Lead frame의 댐버(dambar)는 molding 성형할 때 EMC가 겔(gel, 고체처럼 형태는 있지만 단단한 상태는 아닌) 상태에서 아웃 리드(out lead)로 새어 나오지 못하도록 하는 댐(dam) 역할을 한다. Trim 공정은 금형의 punch의 외측면과 die의 내측면 사이에서 발생하는 전단력(shear strength)으로 댐버를 절단시켜 제거하는 공정이다.

Forming 공정은 트림 공정이 끝난 제품이 solder 도금된 후에, strip 상태에서 원하는 형태의 개별 유닛(unit)으로 분리해, 기판에 실장이 되어 독립된 전기적 특성을 갖도록 lead의 모양을 성형하는 공정이다.

[그림 205] Trim form machine의 예(Singulation system)
출처: 한미반도체

## 2.4.3 반도체 제조

### Ⅰ. 전공정

- **사진(photo) 공정:** Photolithography 공정의 줄임말로 웨이퍼 위에 회로 패턴을 형성하는 것을 말한다.
- **식각(etching) 공정:** 노광 공정에서 형성된 패턴에 건식/습식 식각을 이용하여 불필요한 부분을 제거하는 것을 말한다.
- **확산(diffusion) 공정:** 고온의 튜브(tube)에 필요한 박막(산화막/질화막)을 형성하는 공정으로, 물질의 입자들이 농도(밀도)가 높은 쪽에서 낮은 쪽으로 퍼져나가는 현상을 말한다.
- **평탄화(CMP) 공정:** 웨이퍼 상태서 기준면보다 높은 부위를 갈아내는 공정을 말한다.
- **세정(cleaning) 공정:** 오염 물질 혹은 원하지 않는 박막을 제거하는 공정을 말한다.
- **이온 주입(ion implant) 공정:** 이온 불순물(dopant)을 웨이퍼 내부에 침투시켜 원하는 전기적 특성을 만들어 주는 공정을 말하며, 도핑하려는 원소를 이온화시킨 후 장비를 통해 가속시켜 표면에 충돌시키는 방식이다.
- **박막(thinfilm) 공정:** 가스 간 화학반응을 통해서 절연막/전도성막을 형성하는 화학 기상 증착(CVD: Chemical Vapor Deposition) 공정과 금속 타깃을 물리적으로 분해하여 웨이퍼 표면에 금속막을 형성시켜 각각의 회로를 연결시켜 주거나 챔버 내에서 화학반응을 이용하여 절연막을 형성하여 증착시키는 물리 기상 증착(PVD: Physical Vapor Deposition) 공정을 포함한다.

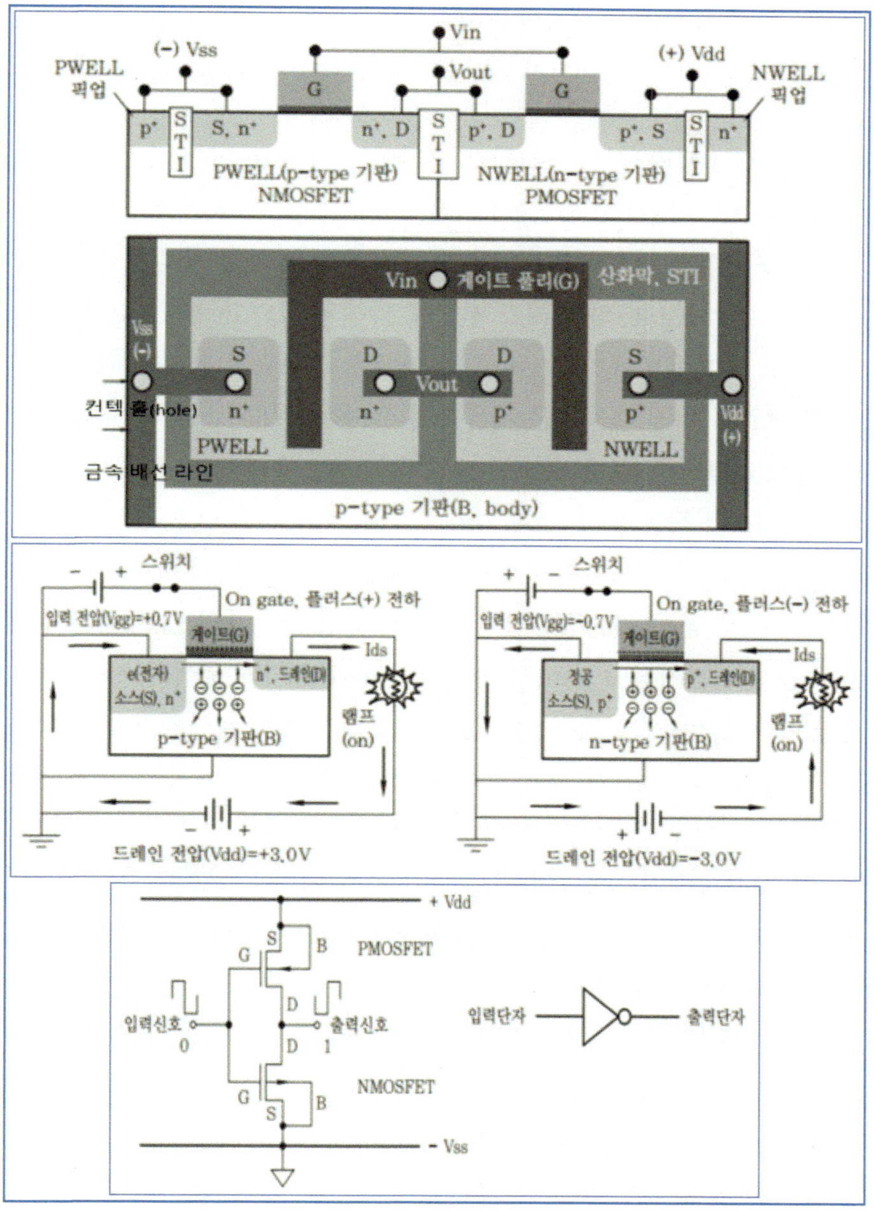


**[그림 206] CMOSFET의 공정 단면도, 설계 평면도, 작동 원리도, 인버터의 회로도와 심벌**
**출처: National Competency Standards**

트렌치(trench)의 형상으로 산화막을 채운 STI(Shallow Trench Isolation)로 분리된 CMOSFET(Complementary Metal Oxide Semiconductor Field Effect Transistor).

- **NMOS 트랜지스터 작동 원리:** 스위치가 닫히면 플러스 0.7V의 작은 bias 전압이 gate와 source 양단에 동일하게 공급된다. 이로 인해 gate에 플러스 정전하가 생기고, 산화막 하단에 음전하가 생성되어 source와 drain 간의 기판 상부에 channel이 형성된다. 동시에 전기장이 gate의 플러스 전하에 의해 생성되고, p-type 기판의 상층 정공을 아래쪽으로 밀어내고 전자를 channel 안으로 끌어당긴다. 이때 drain에 걸려 있는 플러스 3V 전원에 의해 전자들은 자유롭게 흘러서 마이너스(-) 단자로부터 소스를 통해서 n channel과 drain, 플러스(+) 전원 쪽의 램프를 통해서 흐르게 된다.
- **PMOS 트랜지스터 작동 원리:** 스위치가 닫히면 마이너스 0.7V의 작은 bias 전압이 gate와 source 양단에 동일하게 공급된다. 이로 인해 gate에 마이너스 정전하가 생기고 산화막 하단에 양전하가 생성되어 source와 drain 간의 기판 상부에 channel이 형성된다. 동시에 전기장이 gate의 마이너스 전하에 의해 생성되고 n-type 기판의 상층 전자를 아래쪽으로 밀어내어 정공을 channel 안으로 끌어당긴다. 이때 drain에 걸려 있는 마이너스 3V 전원에 의해 정공들이 자유롭게 흘러서 플러스(+) 단자로부터 소스를 통해 p-channel과 drain, 플러스(+) 전원 쪽의 램프를 통해 흐르게 된다.
- **CMOS 인버터(invertor) 작동 원리:** Invertor는 입력단의 신호가 출력단에서 반전되는 특징이 있다. 디지털의 경우 영(0)의 신호가 일(1)로 바뀐다. NMOS와 PMOS 게이트들은 단일 입력으로 사용되고, drain들은 서로 결합되어 단일 출력단으로 사용된다. NMOS의 source는 접지되고 PMOS의 source는 bias 전압(Vdd)에 연결된다. 정상 동작은 입력 신호가 플러스인 동안 n-channel이 동작을 하고 입력 신호가 마이너스인 동안 p-channel로 동작한다. CMOS invertor 회로의 효율은 입력 신호 영(0)이면 transistor의 전력 소모가 없다.

## (1) CMOS 제작 공정 흐름도

①. **소자 분리 단계:** CMOS 제조 공정의 첫 번째 단계인 소자 분리 공정에서는 CMOS를 구성하는 NMOS, PMOS가 형성될 부분을 trench 공정 기술을 이용하여 분할한다. 도랑처럼 형성된 부분이 trench 부분으로 이 부분은 oxide로 채워진다. 이 oxide는 절연체로 NMOS transistor와 PMOS transistor의 전기적 연결을 차단한다.

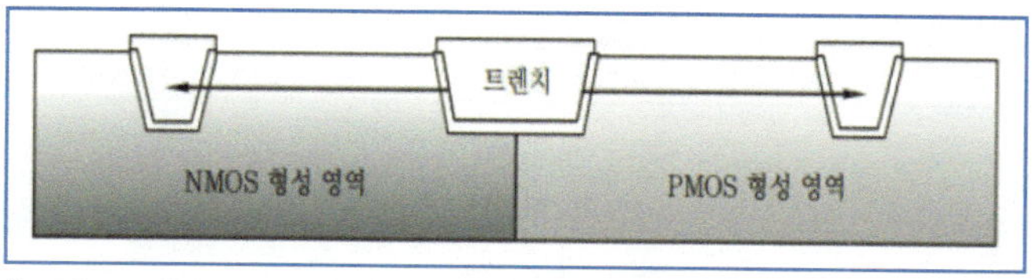


**[그림 207] 소자 분리를 위한 공정 단면도**
**출처: National Competency Standards**

②. **소자 형성 단계:** 두 번째 단계인 소자 형성 단계에서는 이 분리된 소자 형성 영역에 NMOS와 PMOS 각각의 source, gate, drain 부분을 형성한다. 이때 웰(well)과 source, drain 부분의 doping을 위하여 이온 주입 공정 기술이 사용되고, gate는 photo, etching 공정 기술을 이용하여 poly silicon을 형성한다. Source, drain, gate 세 부분의 형성으로 transistor 소자 형성이 완성된다.

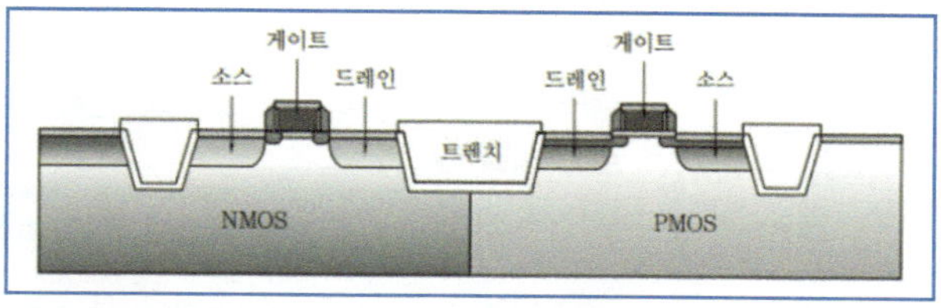


**[그림 208] 소자 형성을 위한 공정 단면도**
**출처: National Competency Standards**

③. **소자 배선 단계:** 마지막으로 소자 배선 공정을 통하여 소자 형성 과정에서 생성된 source, drain, gate 부분에 금속 전극들을 형성한다. 이 배선 공정에서는 최종 메탈 전극에서 외부 신호 입력과 전원 입가를 위한 pad 및 소자를 외부의 환경으로부터 보호하는 보호막 공정을 포함한다.

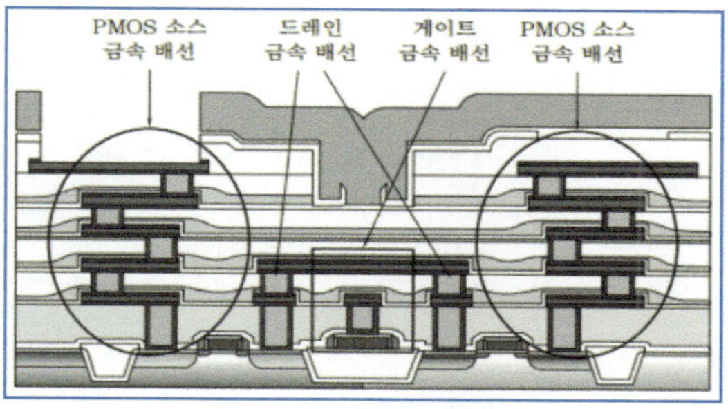


**[그림 209] 소자 배선을 위한 공정 단면도**
**출처: National Competency Standards**

| | Process step<br>(공정 단계) | Equipment<br>(공정 장비) | Description<br>(공정 내용) | Remarks<br>(공정 단면도) |
|---|---|---|---|---|
| 01 | wafer preparation (cleaning)<br>웨이퍼 준비<br>(세정 공정) | wet station<br>(웻 스테이션) | BOE cleaning<br>(희석된 용액으로 자연 산화막 제거) | 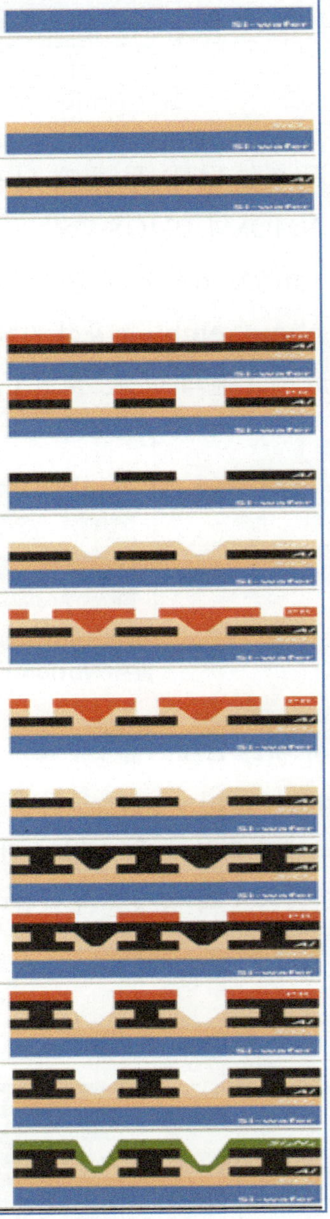 |
| 02 | Oxidation<br>(산화막 공정) | Furnace<br>(퍼니스) | $SiO_2$ thin film growing<br>(산화막 성장) | |
| 03 | Metrology<br>(계측) | Elipsometer<br>(엘립소미터) | $SiO_2$ thin film thickness measuring<br>(산화막 두께 계측) | |
| 04 | Metal deposition<br>(금속 증착 공정) | Sputter<br>(스퍼터) | Al sputtering<br>(알루미늄 스퍼터링) | |
| 05 | photolithography<br>(사진 공정) | photo equipment<br>(사진 공정 장비) | Patterning<br>(패턴 남기기) | |
| 06 | Metrology<br>(계측) | Alpha step<br>(알파 스텝) | PR thickness measuring<br>(포토레지스트 두께 계측) | |
| 07 | wet etch<br>(습식 식각 공정) | wet station<br>(웻 스테이션) | Al wet etching<br>(알루미늄 습식 식각) | |
| 08 | Metrology<br>(계측) | Alpha step<br>(알파 스텝) | Al thickness measuring<br>(알루미늄 두께계측) | |
| 09 | ILD<br>(층간절연공정) | PECVD<br>(플라즈마강화 화학기상증착장비) | $SiO_2$ thin film deposition<br>(산화막 증착) | |
| 10 | photolithography<br>(사진 공정) | photo equipment<br>(사진 공정 장비) | Patterning<br>(패턴 남기기) | |
| 11 | Dry etch<br>(건식 식각 공정) | etcher<br>(에처) | $SiO_2$ thin film etching<br>(산화막 식각) | |
| 12 | Metrology<br>(계측) | Multimeter<br>(멀티미터) | Pad etching quality check<br>(패드 품질 측정) | |
| 13 | Metrology<br>(계측) | Alpha step<br>(알파 스텝) | Depth of via measuring<br>(비아 깊이 측정) | |
| 14 | Metal deposition<br>(금속 증착 공정) | Sputter<br>(스퍼터) | Al sputtering<br>(알루미늄 스퍼터링) | |
| 15 | photolithography<br>(사진 공정) | photo equipment<br>(사진 공정 장비) | Patterning<br>(패턴 남기기) | |
| 16 | wet etch<br>(습식 식각 공정) | wet station<br>(웻 스테이션) | Al wet etching<br>(알루미늄 습식 식각) | |
| 17 | Metrology<br>(계측) | Alpha step<br>(알파 스텝) | Al pad thickness measuring<br>(알루미늄 패드 두께) | |
| - | Passivation<br>(보호층 증착) | PECVD<br>(플라즈마강화 화학기상증착장비) | Si3N4 thin film deposition<br>(질화막 증착) | |

**[표 13] 알루미늄 배선 공정 흐름도**
**출처: 교육부(2015), 한국직업능력개발원, 반도체 제조 공정개발.**

## II. 후공정

- **Back Grinding:** 전공정에서 가공된 웨이퍼의 후면을 얇게 갈아내는 공정
- **Sawing(Dicing):** 웨이퍼를 개별 단위(net die)로 잘라내는 공정
- **Die Attaching:** 회로기판(substrate)에 칩을 붙여 고정하는 공정
- **Wire Bonding:** Gold wire로 칩을 전기적으로 연결하는 공정
- **Molding:** EMC 물질로 칩이 실장된 기판을 감싸는 공정
- **Solder Ball Mount:** 회로기판에 솔더볼을 붙여 아웃단자를 만드는 공정
- **PKG Sawing:** 모듈/보드/카드에 실장 하도록 개별 반도체로 잘라내는 공정
- **Trimming:** Dambar는 리드와 리드 사이, 몰딩 시에 액체 상태의 컴파운드가 외부 리드로 흘러 넘치는 것을 방지하는 댐 역할을 하며, 이 댐바를 잘라주는 공정
- **Form:** 리드선을 PCB에 결선하기 쉽도록 구부려 형태를 만드는 공정
- **도금:** 리드선의 저항을 줄이기 위해 전도성 금속을 입히는 공정
- **Test:** 패키지 공정이 완료된 단위 패키지 제품의 양품을 선별하는 공정
- **Marking:** 테스트 공정에서 양품 판정을 받은 제품에 제조일, 회사, 제품명 등 제품의 이력을 레이저 또는 잉크를 이용하여 각인하는 공정

## III. 반도체 패키지 종류 및 구조

①. **QFN(Quad Flat No-Lead):** QFN 패키징 방식은 구리 lead frame 위에 반도체 칩이 올라가고 wire bonding을 한 후 molding을 한 형태로 리드가 없어서 작고 가벼우며 전기적 성능과 열적 특성이 우수하고 신뢰성이 좋다. QFN 패키징 방식은 반도체 패키징 중 가장 저렴하면서도 지속해서 사용되는 패키징 방식이다.

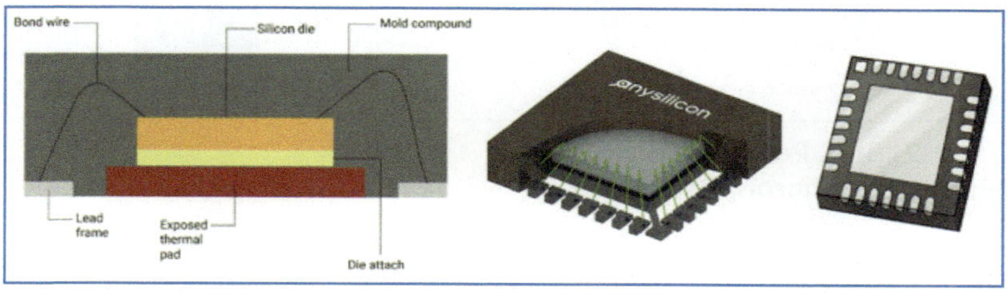


**[그림 210] QFN Package**
**출처: SIERA Circuits, Anysilicon**

②. **TSOP(Thin Small Outline Package):** PC에 사용되는 메모리 패키지로 lead frame을 사용하는 가장 일반적으로 사용되는 TSOP는 lead frame에 칩을 올리고 wire bonding과 molding을 한 후 리드를 구부려 완성하는 패키지 구조이다. DRAM, SRAM, 유연 메모리 패키지로 두께가 1㎜ 이하이고, 리드 간 피치가 0.5㎜ 이하이다.

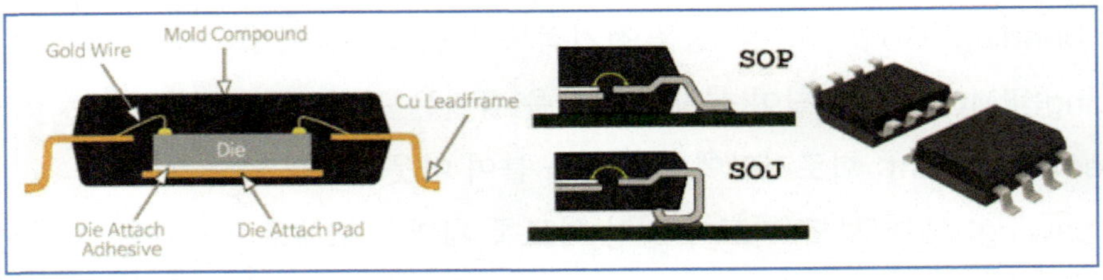


**[그림 211] TSOP**
**출처: AMKOR, Engineers Garage, Studio Pieters**

③. **BOC(Board On Chip):** PC와 노트북에서 lead frame이 아닌 PCB 형태의 메모리 패키지로 사용되는 BOC는 기판에 메모리 칩의 본딩면이 부착된 형태로 칩의 bonding pad와 기판의 bonding pad를 기판의 중앙에 형성된 슬롯(slot, 구멍)을 통하여 wire bonding으로 기판의 bonding pad와 접속하는 구조로 이루어져 있다. 기판의 bonding 면과 solder ball 면이 한 평면상에 있는 것이 특징이며, 기존의 lead frame을 laminate 기판으로 대체하여 입출력 pin 수의 다양화와 칩의 수직적 층도 가능하여 고속화 및 대용량화가 용이하여 메모리 칩에 광범위하게 사용하고 있다. Wire bonding이 slot을 통해 이루어지므로 전체 크기를 TSOP에 비해 작고 얇으며 고속화가 가능한 장점이 있다.

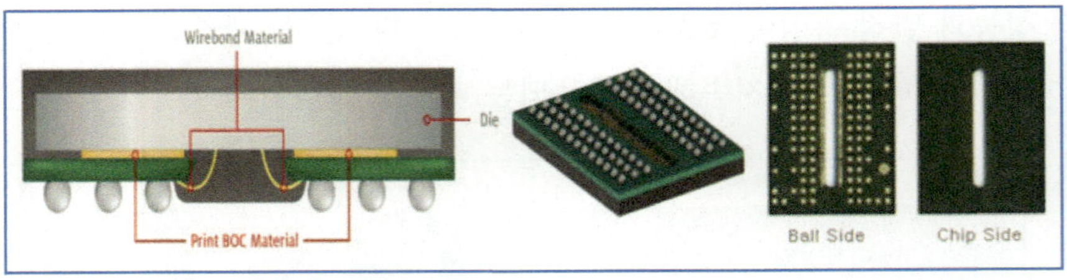


**[그림 212] BOC Package**
**출처: Henkel, Micron, 코리아써키트**

④. **MCP(Multi Chip Package):** MCP는 박판의 기판 위에 50~80㎛의 얇은 칩을 여러 개 적층하여 용량과 성능을 증가시킨 구조로 모바일기기에 사용되는 메모리에 사용된다. 패키지 형태로는 FBGA(Fine Pitch Ball Grid Array)이다. 메모리 소자는 칩을 2

층 쌓는 DDP(Double Die Packaging), 3층 쌓는 TDP(Triple Die Packaging), 4층 쌓는 QDP(Quad Die Packaging)가 사용되고 있으며, 최근에는 소자 안에 컨트롤러를 내장한 eMMC(embedded Multi Media Card), eMCP (embedded Multi Chip Package)가 모바일기기용 메모리 소자로 사용되는 추세이다. 첫 번째로, MCP용 핵심 package 공정 기술을 살펴보면 박형 패키지 구현을 위해서는 얇은 PCB 기판 위에 MCP형태로 메모리 칩을 적층한 후 얇게 molding하는 기술이 필요하다. 칩 두께를 얇게 back grinding해야 하는데 50㎛ 두께까지는 일반 mechanical grinding과 polishing으로 진행하고, 50㎛ 이하의 두께는 DBG(Dicing Before Grinding) 공정 방식을 도입해야 한다. DBG 공정은 back grinding을 하기 전에 웨이퍼를 sawing하고, 테이프를 mounting 함으로써 칩을 얇게 back grinding 할 때 발생하는 칩 휨(warpage) 현상을 방지할 수 있다. 그리고 50㎛ 이하의 얇은 칩을 sawing 하기 위해서는 laser를 이용하여 칩에 손상이 없도록 최적화해야 한다. 두께가 얇아져서 wire bonding이 어려운 협소한 공간에 매우 낮은 높이로 wire bonding을 진행하여 칩에 손상이 없도록 해야 한다.

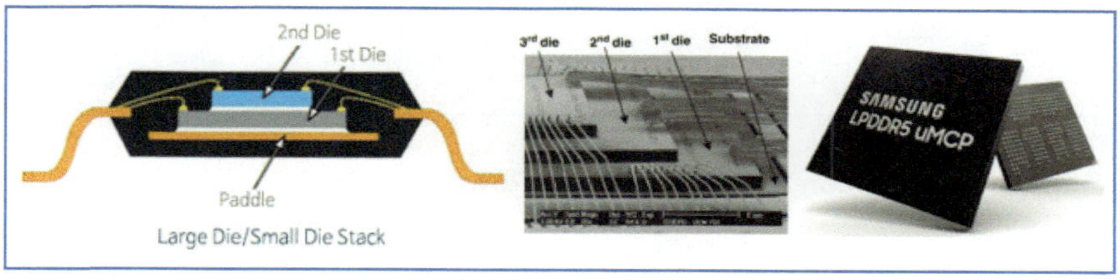


**[그림 213] MCP**
**출처: Amkor, All About Circuits, Samsung**

⑤. **FCB(Flip Chip Bonding):** Flip chip bonding 패키지는 칩 위의 pad와 PCB 또는 lead frame을 연결하는 방법으로 wire bonding 대신에 칩의 bonding pad 위치와 동일하게 기판에 bumping pad를 만들어 solder ball을 이용해 연결한 패키지 형태이다. wire bonding을 했을 때보다 전기적 특성이 좋고, wire bonding loop의 높이가 없어 좁은 면적으로 칩 실장 밀도를 높일 수 있다. FCB 방식은 전체 표면을 전기적 연결통로로 사용할 수 있어 입출력 단자의 수를 늘릴 수 있는 장점이 있다. DRAM 등의 메모리 소자와 flash 메모리의 패키지로 사용된다.

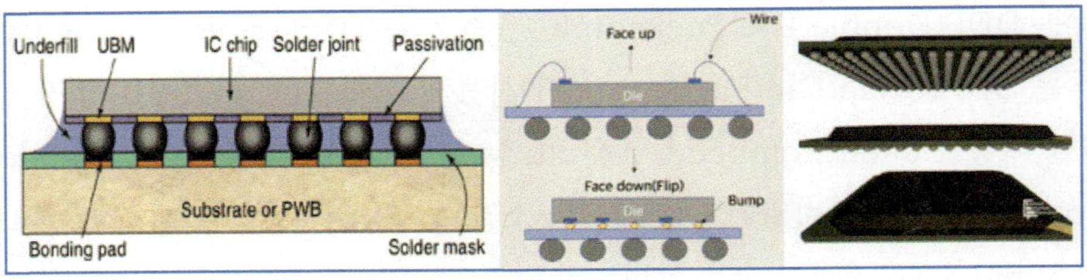


**[그림 214] FCB Package**
**출처: Science, SK하이닉스 뉴스룸, Alliend Market Research**

⑥. **SiP(System in Package):** SiP는 기판 위에 서로 다른 기능의 능동소자들을 올린 후에 하나의 패키지로 molding해서 소자 간에 접속 경로의 단거리 확보를 통한 고성능과 우수한 전기적 특성을 확보할 수 있는 패키지 형태이다. SiP는 wire bonding과 flip chip bump의 복합기술로 칩의 수직적층과 다른 기능의 칩을 병렬로 배열하여 초경량 초소형의 반도체 기능을 확보하는 것이 가능하다.

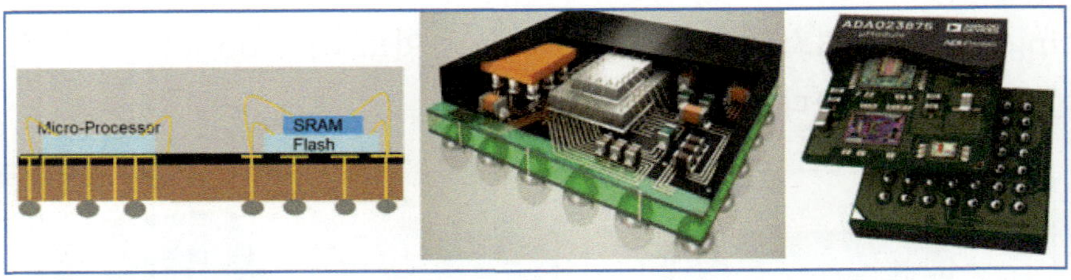


**[그림 215] SiP**
**출처: Oricus Semicon Solutions, Utmel, Powerelectronics**

⑦. **POP(Package On Package):** 스마트폰 및 태블릿 PC에서는 수직적 확장으로 3차원 패키지를 구현하기 위해 AP(Application Process), 베이스밴드칩, 메모리를 적층하는 POP 형태를 사용하여 부품 크기를 최소화하고 신호 전달이 빠르게 이루어질 수 있도록 하고 있다. POP는 연결배선의 길이를 최소화할 수 있어 이차원 배열 시 발생하는 신호 지연, 임피던스 부정합 등의 손실을 최소화할 수 있고, 공간적으로 수직 방향을 활용하므로 단위면적당 실장 면적을 극대화하여 대용량, 초소형 부품을 구현할 수 있다. 기존에는 로직 기능을 하는 패키지와 메모리 패키지를 평면에 2차원적으로 배치하여 보드의 공간을 많이 차지하고, 한 가지 패키지 사양이 변경되면 보드를 새로 제작해야 하므로 추가 비용이 필요하다. 반면에 로직과 메모리 소자를 하나의 패키지로 제작하면 둘 중 하나가 바뀌면 전체 테스트 프로그램과 테스트 보드를 수정해야 하므로 시간과 비용이 많이 들었다. POP는 로직 패키지와 메모리 패키지를 각각 테스트한 후

패키지를 적층하므로 변동 발생 시 해당 패키지의 테스트 도구만 변경하면 되므로 시간과 비용을 획기적으로 줄일 수 있는 장점이 있어 제작을 쉽게 하고 소자의 성능과 집적도를 향상하는 효율적인 방법이 되고 있다.

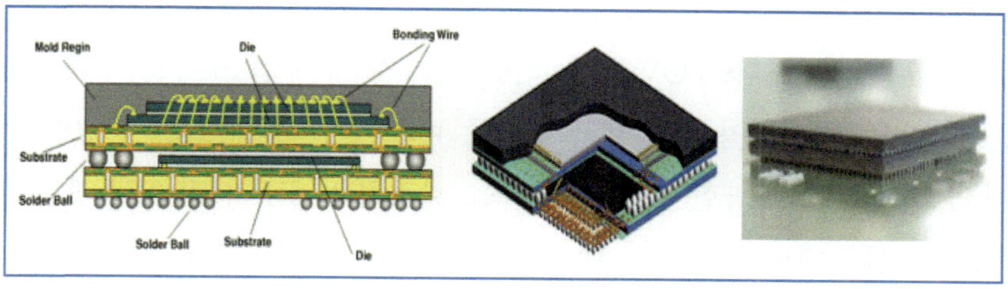


**[그림 216] POP**
**출처: Electronics stack exchange, IT Wissen, ECN Europe**

⑧. **WLCSP(Wafer Level Chip Scale Package):** WLCSP는 가장 작은 크기를 구현할 수 있는 칩 크기의 패키지로 전기적 특성이 좋고 저렴하게 생산할 수 있는 장점이 있다. 스마트폰에 들어가는 많은 소자가 WLCSP 형태로 제작되어 소형이면서도 빠른 스피드를 구현하는 방향으로 개발이 이루어지고 있다.

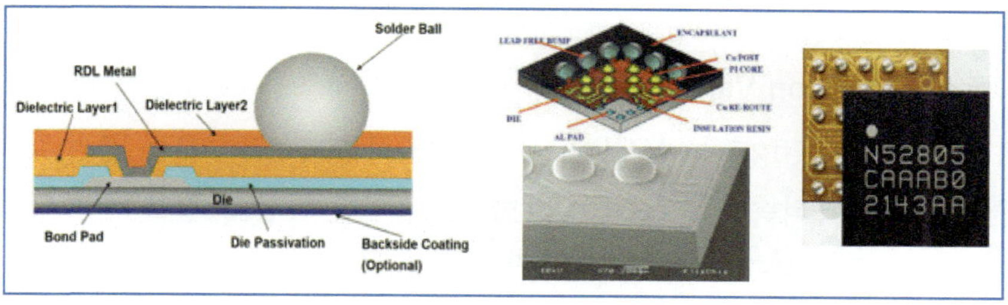


**[그림 217] WLCSP**
**출처: NXP, Researchgate, Flipchip international, NORDIC**

⑨. **FOWLP(Fan Out Wafer Level Package):** 일반적인 WLP(Wafer Level Package)는 패키지 I/O(Input/Output) 단자를 모두 칩 안쪽에 배치해야 하므로 칩 사이즈가 작아지면 볼 크기와 피치를 줄여야 하므로 표준화된 볼 레이아웃을 사용할 수 없다. 이러한 문제를 해결하기 위해 칩 바깥쪽에 패키지 I/O 단자를 배치하는 형태인 FOWLP가 제안되고 있는데, 이 경우, 칩 크기가 작아지더라도 표준화된 볼 레이아웃을 그대로 사용할 수 있는 장점이 있다. FOWLP는 패키지 공정이 간단하고, 두께를 얇게 구현할 수 있어서 BGA보다 소형화와 박형화가 가능하고 열 특성과 전기적 특성이 우수하여 모바일 제품에 적합하다. 경박단소형의 장점이 있는 FOWLP는 초기 I/O 150~250핀

의 집적회로를 시작으로 점차 300핀 이상의 집적회로로 확대가 될 것으로 예상하며, 적용 소자도 베이스 밴드와 아날로그 집적회로, RF소자에 적용되기 시작하여 AP와 PMU(Power Management Unit)에 확대 적용될 예정이다. FOWLP는 PCB를 이용하는 일반적인 POP보다 더 컴팩트하게 구현할 수 있으며 POP의 휨 현상 발생으로 인한 문제를 해결할 수 있다. FOWLP는 기존 패키지 대비 칩 크기를 1/16 정도의 수준으로 줄일 수 있고, PCB를 사용하지 않아서 기존 패키지 공정 대비 원가 경쟁력이 높다. 또한, 하나의 패키지에 다양한 기능의 칩들을 실장하는 SiP가 가능해 빠르게 변하는 모바일기기와 사물인터넷 시장에서 매우 유리한 패키징 기술이다.

**[그림 218] FOWLP, FIWLP**
**출처: HOREXS-IC, Hunter-trader**

⑩. **TSV(Through Silicon Via)기술:** 반도체 소자의 집적도를 높이는 방법으로 칩들을 적층하여 wire bonding하는 MCP와 패키지를 적층하는 POP가 일반적으로 사용되고 있지만, 최근 처리속도를 높이는 방법으로 두 개 이상의 칩을 수직으로 적층하고 실리콘을 관통하는 전극을 통하여 회로를 연결하는 TSV기술이 적용되고 있다. TSV 기술은 실리콘 웨이퍼의 상부와 하부를 전극으로 연결하여 최단 거리의 신호 전송경로를 제공하므로 패키지의 경박단소화에 가장 유리하다. 특히, TSV기술은 CMOS image sensor에 적용되어 활용되고 있으며, CPU 위에 TSV 기술 와이드 I/O로 메모리를 연결하는 제품, 캐시 메모리로 고속 메모리를 올리는 제품, 휴대전화에 들어가는 BBP(Baseband Processor) 위에 TSV기술로 메모리를 올리는 제품, RF를 포함한 무선 칩에 TSV기술을 적용하여 전원과 그라운드를 연결해서 고주파 성능을 향상시키는 제품, 애플리케이션과 베이스밴드프로세서를 TSV기술 interposer를 이용해 모듈화하는 부품 개발 등으로 적용하여 진행되고 있다. TSV기술이 양산 제품에 적용되기 위해서는 아직도 여러 가지 문제를 해결해야 하는데 특히, 열관리, via 형성, 박형 웨이퍼 취급 등에 주의해야 하며, 이외에도 설계 및 공정 파라미터 최적화, 본딩 환경,

W2W(Wafer to Wafer) 본딩 정렬, 웨이퍼 뒤틀림, 웨이퍼 휨, 검사, 결합 신뢰성, 제조 수율 확보 등 고려해야 할 부분들이 많이 있다.

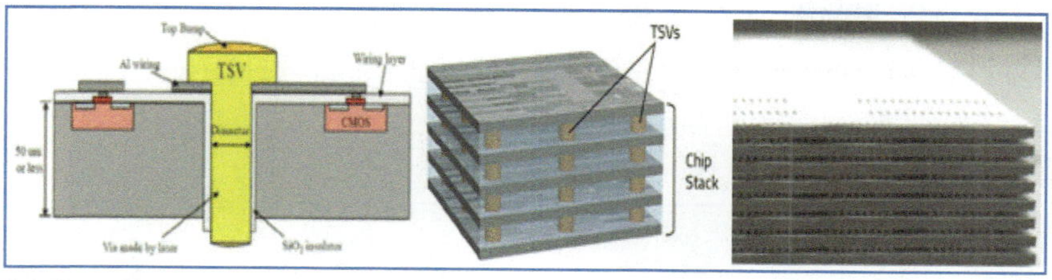


[그림 219] TSV
출처: 교육과학기술부, KIPOST, SK하이닉스 뉴스룸

⑪. **Interposer:** 최근 반도체 패키징 업계에서는 차세대 시스템 패키징 기술로 TSV기술 interposer가 주목을 받고 있다. Interposer는 circuit board와 칩 사이에 들어가는 기능성 패키지 기판으로 시스템온칩(SoC)과 달리 물성이 다른 칩들을 넣을 수 있고, 비교적 패키징 수율이 높다. 지금까지 PCB나 유기(organic)기판이 쓰였으나 전도성이 낮고 열을 제시간에 방출하지 못했었다. TSV기술 interposer는 silicon wafer 위에 칩들을 얹거나 실장하고 기판에 구멍을 뚫은 후 내부를 전도체로 채워 칩 간 또는 칩과 PCB 간을 연결한다. CPU와 메모리칩의 소자 고밀도와 회로의 복잡성 때문에 크기나 핀 수가 다른 CPU와 메모리 칩을 부착시키기 위해서는 설계의 자유도나 성능에 제약이 따를 수 있다. 따라서 interposer는 서로 다른 피치 크기, 위치의 패드를 가진 다양한 칩 간에 전기적 연결을 제공하는 중간 매체로 실리콘, 글라스 등이 사용되며 면적과 크기가 작고, 고성능 및 저비용을 실현할 수 있다.

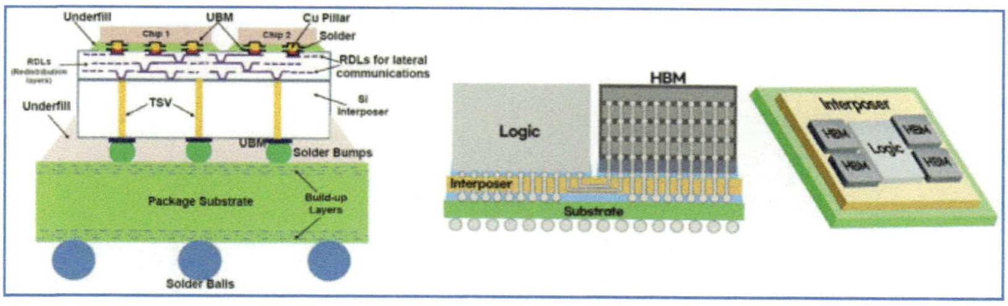


[그림 220] TSV
출처: Researchgate, Engineers Garage

⑫. **유연패키지(Flexible Package)기술:** 제품 사용의 편의성을 강조하기 위해 휘어지거나 접을 수 있는 전자제품에 대한 요구가 증가하고 있다. 전자제품이 유연해지기 위해서는 사용되는 반도체 부품 또한, 유연성을 가져야 한다. 실리콘 반도체 소자는 두께가

80㎛ 이상일 경우는 딱딱한 성질을 가지고 있고, 그 이하가 되면 유연한 특성을 가지게 된다. 실리콘 소자를 80㎛ 이하로 얇게 한 후 유연한 기판에 접합시키고 소자 간을 연결하면 유연한 반도체 소자를 확보할 수 있다. 이러한 과정을 통해 자유자재로 휘어지는 메모리를 만들어 낼 수 있어서 의류 및 신발 등 웨어러블(wearable) 제품에 적용할 수 있는 장점이 있다.

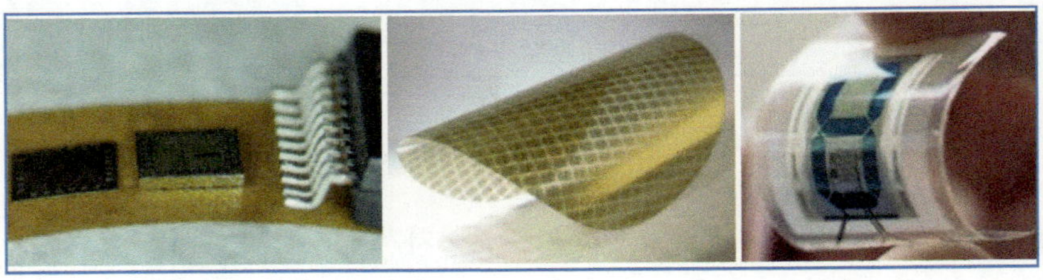

[그림 221] Flexible Package
출처: American Semiconductor, Design & reuse, Eletimes

# 2.5 반도체 평가

## 2.5.1 웨이퍼 레벨 테스트

①. **웨이퍼 레벨 테스트:** 웨이퍼 제조 공정 중에 발생된 결함들은 각각의 단위 공정에서 scribe line 안에 있는 테스트 모듈에서 기본적 전기 특성 테스트를 통해 간접적으로 소자의 전기 특성을 찾아낸다.

- **DC parametric 테스트(또는 ET Test):** IC 동작에 필요한 개별 소자들(transistor, resistor, capacitor, diode)에 대해 전기적 직류 전압, 전류 특성의 parameter를 테스트하여 작동 여부를 판별할 수 있다.
- **WBI(Wafer Burn In):** 제품 초기에 발생하는 높은 불량률을 효과적으로 제거하기 위해 실시한다. Wafer에 일정 온도의 열을 가한 다음 AC/DC 전압을 가해 제품의 취약 부분, 결함 부분 등 잠재적인 불량 요인을 발견하여 제품의 신뢰성을 향상시킬 수 있다.
- **BIST(Built-in Self-test):** 기계가 스스로 테스트할 수 있게 하는 매커니즘이다. 내장 자체 시험 장치는 높은 신뢰성이나 낮은 수리 주기 횟수와 같은 요구사항을 충족시키기 위해서 설계되었다.

②. **웨이퍼 테스트 장비:** 웨이퍼 레벨에서 칩 검사 구성 요소는 크게 3가지로 분류할 수 있다. 그 구성 요소 장비는 테스터, 프로브 스테이션, 프로브 카드이다.

- **테스터(Tester):** 칩 설계가 특정 디바이스에 맞게 되어있는지 전기적 특성을 프로그램하여 다량의 칩을 한 번에 검사할 수 있는 multichannel들을 구현해 준다.

측정하고자 하는 신호들을 웨이퍼 칩에 인가하여 출력되는 신호를 측정하여 양품인지 불량인지 판별하여 준다. 그리고 불량 칩의 위치를 표시하여 주고 각종 신호 driver, 입출력(I/O), 클럭(CLK), power channel 등을 제어하여 다양한 전기적 특성검사를 할 수가 있다.

- **프로브 스테이션(Probe Station):** 프로브 카드의 마이크로 프로브 팁(micro probe tip)이 웨이퍼의 칩 패드를 접촉할 수 있게 자동정렬 해주는 장치로써 자동화 프로빙 스테이션(automatic probing station)이다.

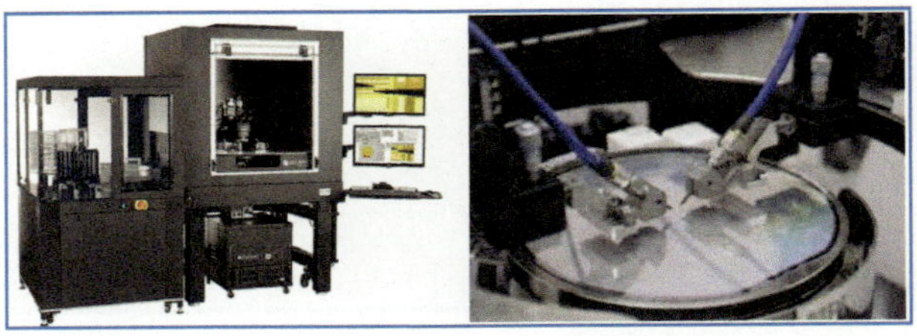

**[그림 222] Probe station**
**출처: SEMIPROBE, Datatec instruments**

- **프로브 카드(probe card):** Test에서 나온 신호를 wafer 위의 다량의 칩에 전달해주고 전기적 검사를 해주는 장치이다. 한 번에 다량의 칩을 검사할 수 있게 수만 개의 마이크로 팁을 DUP 맵(map)에 맞게 구현하여 수십 마이크로 파인 피치(fine pitch) 패드를 micro tip을 사용하여 접촉하여 줌으로써 전기적 신호를 전달해 준다.

③. **수율:** 수율(yield)은 투입량 대비 완성된 양품의 비율로, 반도체 수율은 제조 단계에 따라 FAB 수율, 테스트 수율, 조립 수율, 실장 수율로 구분하며 이 4가지 수율을 곱하면 전체(CUM) 수율이 된다.

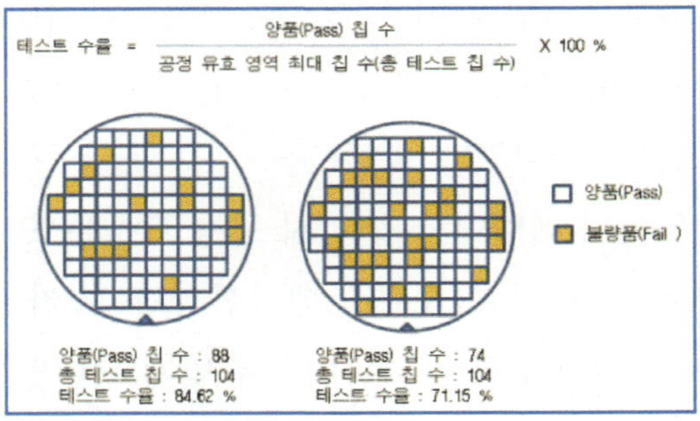


**[그림 223] 테스트 수융 관계식, 관계도**
**출처: National Competency Standards**

## 2.5.2 패키지 레벨 테스트

①. **Wafer Back Grinding 테스트:** Wafer back grinding 공정에서 두께의 불균형이 발생한다면 전기적으로 몸체 역할을 하는 기판의 전기적 특성이 달라져 전체 소자 성능에 영향을 줄 수 있다. 또한, grinding 전 테이프 laminating 단계에서 외부 충격으로 웨이퍼에 손상이 미세하게 가해지면 성능 시험에서 margin이 풍부한 웨이퍼의 경우에는 문제가 없으나 규격의 제한선(상한선, 하한선)에 위치한 웨이퍼들의 칩은 불량으로 판정될 확률이 높다.

②. **Sawing 테스트:** Wafer sawing 공정은 고속으로 회전하는 blade를 사용하는데 이때 정전기의 유도가 발생한다면 소자의 특성에 문제가 발생한다. 또한, 역학적인 die 균열, 스크래치 등이 발생하여 고온, 저온, 번인 테스트 시 칩에 역학적 힘이 가중되어 소자의 불량을 유발한다. 더 큰 문제는 die 표면에 있는 금속 배선라인이 변형되거나 부식될 수 있다. Sawing 공정은 웨이퍼의 scribe line을 자르는데 실제 die와 단차가 있는 실리콘 가루가 die 안으로 흘러들어 문제가 발생할 수 있다.

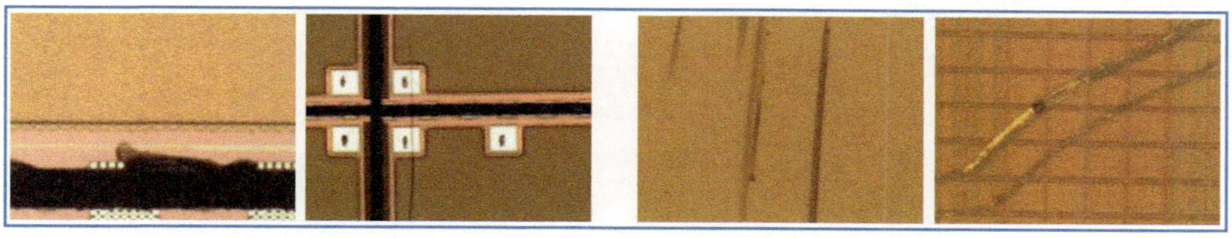

[그림 224] Die crack과 scratch
출처: 하나마이크론

③. **Die bonding 공정 테스트:** Die와 기판의 계면이 접착제에 의해 제대로 붙지 않으면 void가 발생하는데 이 void는 나머지 조립공정에 균열이 발생하는 역할도 하지만 신뢰성 평가 시 문제를 일으킬 수 있다. 패키지 burn-in 테스트 과정에서 불량의 원인이 될 수 있다.

④. **Wire/Bump bonding 테스트:** Bonding 강도(와이어 인장 강도, 볼 전단 강도)의 목표 달성도 여부를 시험 장비를 사용하여 확인한다. 이때 와이어 인장 강도는 와이어의 굵기에 따라 기준치가 달라지고, 볼 전단 강도는 bond pad pitch에 따라 기준치가 달라진다.

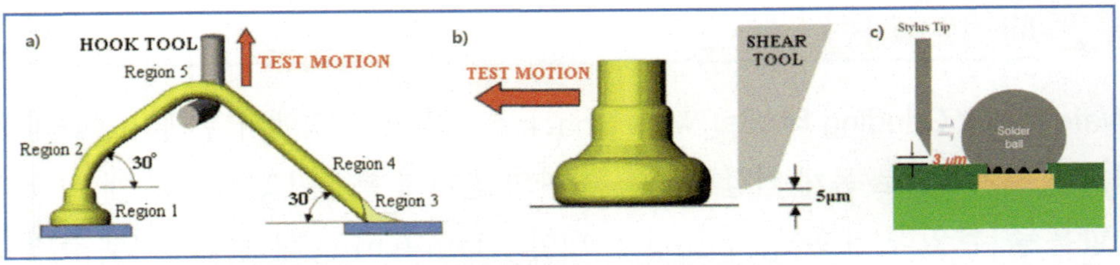


**[그림 225] a) 와이어 인장 시험 b) 볼 전단 강도 시험 c) 범프 전단 강도 시험**
**출처: ResearchGate**

⑤. **Molding 공정 테스트:** Molding 공정이 테스트에 주는 불량 요인은 burn-in과 신뢰성 테스트 시 누설과 open/short로 나타난다.

- 불안전 성형, 패키지의 부풀음, 어긋남, 깨짐
- void, 다공 현상
- lead 눌림, 휨
- 와이어 처짐과 sweeping, 단락, 개방, 누락, 노출
- 계면 박리
- 칩 균열, 패키지 균열, 모든 스크래치

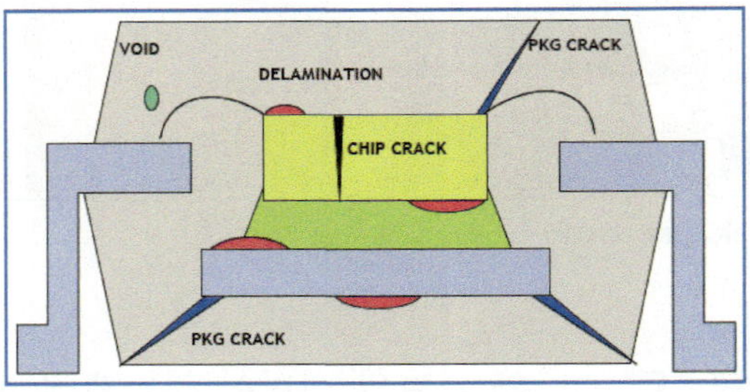


**[그림 226] 패키지 공정의 다양한 불량**

⑥. **Plating 공정 테스트:** Plating 공정에서 테스트에 주는 영향은 리드 선간의 micro bridge 현상으로 인한 누설전류 및 단락이다.

⑦. **Trim & Form 테스트:** Trim & form 공정이 테스트에 주는 영향은 접촉에서 오는 저항에 의한 전기특성의 변화이다.

⑧. **Solder ball 공정 테스트:** Solder ball 공정이 테스트에 주는 영향은 리드 타입 패키지의 trim & form 공정처럼 접촉에서 오는 저항에 의한 전기특성의 변화이다.

⑨. **패키지 테스트**

- DC 테스트:
  - » Open/shorts(continuity) 테스트
  - » IDD(drain to drain current) 테스트
  - » Input/output current leakage 테스트
  - » Output voltage 테스트
- AC 테스트
- Function 테스트:
  - » Mechanical
  - » Electrical

### 2.5.3 환경 테스트

①. **환경 가속 테스트:** 환경 신뢰성 테스트 제품이 사용 중에 노출될 수 있는 환경에 대하여 충분한 내성이 있는지 평가하기 위하여 실시하는 시험이다. 출하 당시 문제가 없는 제품이 사용 중에 고장 나는 원인은 다양하지만, 제품 설계 단계에서 사용 환경에 대한 충분한 고려가 되지 못한 경우와 Fab. 이나 조립 공정 과정에서 발생할 수 있는 다양한 형태의 오염이나 부식 등 후천적인 문제에 의해 사용 환경에서 문제를 일으킬 수 있는 부분을 사용 환경에 부합하는 가속 factor를 인가하여 조기에 평가하고 적절한 대책을 수립하기 위한 테스트이다.

- 고온 고습 전압 테스트(THB: Temperature, Humidity, Bias)
- 고온 고압 고습 테스트(PCT: Pressure Cooking Test)
- 저온 테스트(Low Temperature)
- 온도 싸이클 테스트(TC: Temperature Cycle)
- 열 충격 테스트(TS: Thermal Shock)
- 고온 보관 테스트(HTS: High Temperature Storage)
- 염수 분무 테스트(Salt Atmosphere)
- 환경 스트레스 테스트(ESS: Environmental Stress Screening)

②. **신뢰성 보증 테스트:** 개선, 평가, 승인, 신뢰성 보증, 개발 및 생산 단계에서의 계획된

시험 및 분석, 제품의 신뢰성 및 다양한 사용/환경 조건에서의 안정성을 평가하는 테스트이다.

- Lifetime test
- Development test
- Assurance test
- Approcal test
- Safety test

③. **불량 유형 테스트:** 반도체 신뢰성을 향상하기 위해 필수적으로 요구되는 것은 신뢰성 고장 유형을 이해하는 것이다. 고장 유형 분석을 통해 유형별 activation energy를 추출하고, 이에 따른 가속 계수를 산출함으로써 신뢰성을 예측할 수 있고 개선 대책을 수립하기 위한 테스트이다.

- 아레니우스 방정식(Arrhenius Equation):
  - » k = A exp (-E / RT)
  - » k(기체 상수률), A(빈도 인자), E(활성화 에너지), R, T(절대 온도)
- 열 팽창 계수(CTE : Coefficient of Thermal Expansion)
- 픽스의 법칙 (Fick's Law) :
  - » J = -Dm(dc/dx)dt
  - » J(물질의 양), D(확산 상수), m(단면적), dt(시간), dc/dx(확산 방향에서 물질의 농도 기울기)
- 전기적 분석 (Electrical Analysis):
  - » DC Parameter Test, HEA(Hot Electron Analysis) 분석, E-Beam Probing, 배선 (Layout) 분석 및 회로 추출
- Physical analysis:
  - » X-ray 촬영, Decapsulation/Delayering, Visual Inspection

Memo

# III

# 반도체 산업

Chapter 03

# 반도체 시장

# 3.1 반도체 역사

## 3.1.1 1950년대 '8인의 배신자'가 산업을 만들다

반도체산업은 1950년대 하나의 산업으로 인정받기 시작했다. 트랜지스터를 발명한 '반도체의 아버지' 윌리엄 쇼클 리가 AT&T의 벨연구소(뉴욕)를 뛰쳐나와 1957년 캘리포니아 팰로앨토 지역에 '쇼클리 반도체연구소'를 세운 것이 그 시작이다.

쇼클리는 반도체 분야에 재능 있는 천재 개발자들을 모아 회사를 키워 가려고 했다. 하지만 노벨상 수상자인 쇼클리 특유의 편집증적이고 괴팍한 성격을 다른 천재들은 버텨 내지 못했다. 8명의 연구원이 연구소에서 '탈출'한다. 반도체 역사에서 유명한 '8인의 배신자 사건'이다.

[그림 227] 8인의 배신자 사건
출처: Businessweek

이들은 인근 지역에 반도체 관련 기업을 세웠다. '페어차일드반도체'였다. 본격적인 반도체산업의 시작이었다. 그들은 생산을 전문으로 하는 반도체기업으로 성공했다. 1967년 한국에 조립 공장을 열기도 했다.

페어차일드가 성공하자 이 회사 출신들은 또다시 회사를 나와 줄줄이 팰로앨토 지역에 반도체 회사를 설립했다. 인텔·AMD·모토로라·내셔널세미컨덕터 등이다. 이곳이 실리콘밸리로 불리기 시작한 것은 1971년이다.

1960년대 미국 반도체산업은 호황을 맞게 되고 반도체는 '첨단산업의 쌀'로 불리게 된다. 미국의 전성기를 이끈 회사는 텍사스인스트루먼트(TI)와 인텔 등이다. AT&T에서 반도체 관련 특허를 사들인 TI는 1960년대부터 1980년대 초반까지 줄곧 업계 선두권을 유지했다.

TI의 무기는 집적회로(IC)였다. TI는 트랜지스터보다 훨씬 뛰어난 성능을 가진 IC를 최초로 개발한 기업이다. TI는 이후 IC를 채용한 이후 휴대용 계산기, 마이크로프로세서 등을 개발했고 가전제품, 컴퓨터, 통신 등 다양한 사업을 전개했다.

'무어의 법칙'으로 알려진 고든 무어 등이 창업한 인텔은 메모리 반도체 시장을 개척했다. 1970년대 초 세계 최초 D램 개발에 성공하고 시장을 장악한다. 1974년 D램 시장 점유율은 90%에 육박했다. 하지만 미국 반도체의 전성기는 황금 자본주의 시대가 저물며 막을 내리기 시작한다.

**[그림 228] 반도체 산업 주요 사건 일지**
**출처: 한경비즈니스 2023.1.14.**

## 3.1.2 8인의 배신자와 후예들을 넘어선 '6인방'

계기는 두 차례 오일쇼크였다. 수요가 줄자 미국 반도체기업들은 움츠러들었다. 불황에 과감히 투자할 여력도, 의지도 없었다. 일찌감치 반도체산업에 진출한 일본 기업들은 이를 기회로 보고 대규모 투자를 감행했다. 한국의 재벌과 같은 구조로 되어있어 계열사를 통한 투자가 가능했고 정부도 지원에 나섰다.

반도체, 특히 D램 반도체 사업의 성장은 투자와 직접적 관련이 있다. 좋은 장비와 연구·개발 투자가 성과로 이어지는 산업이다. 여기에 일본 특유의 제조 기술력을 접목해 수율을 끌어올리고 가격을 낮췄다. 미적거리던 일본 정부도 지원에 나섰다. 외국 기업으로부터 보호하고 각종 지원책도 내놓았다. 일본 정부가 반도체산업에 쏟아부은 돈만 1980년부터 1985년까지 20억 달러에 달한다.

가격경쟁력까지 갖춘 일본 기업들은 순식간에 D램 시장을 장악했다. 1980년대는 일본의 시대였다. 1990년대 초반까지도 일본 반도체는 아무도 넘볼 수 없을 것 같았다. 일본전기(NEC)·도시바·히타치·후지쯔·미쓰비시·마쓰시타 등 6인방이 그 주인공이었다. 이들은 세계 10대 반도체기업 중 6개를 차지했던 일본 반도체의 전성기를 이끌었다.

NEC는 1985년 매출 21억 달러에서 1990년 48억 달러까지 늘리며 반도체 1위 자리에 올랐다. 1990년에는 NEC·도시바·히타치 등 일본 기업이 상위 3위까지 휩쓸었다. 도시바는 1985년 매출 5위(15억 달러)에서 1990년 2위(48억 달러)로 올라서며 미국의 주요 기업들을 뛰어넘었다. 반면 일본의 부상 전까지 업계 1위를 유지해 온 미국의 TI는 8위로 주저앉았다.

시장점유율도 요동쳤다. 1980년 기준 미국 기업의 반도체 시장점유율은 60% 이상, 일본은 30%대에 불과했다. 하지만 1987년 일본 기업의 점유율은 80%를 돌파했고 미국은 10%까지 추락했다.

이런 상황에 반도체 과잉 공급 현상까지 발생하자 반도체 가격이 떨어지며 미국 기업들은 벼랑 끝에 몰렸다. 메모리 반도체 시장을 개척하고 한때 점유율 89%를 기록했던 인텔은 1985년 D램 사업을 포기하는 결단을 내려야 했다. TI는 사업을 축소하기 위해 대규모 해고를 진행했고 내셔널세미컨덕터와 모토로라 등 대부분의 미국 반도체기업은 생산라인 가동을 일시적으로 중단하거나 운영 규모를 줄였다.

### 3.1.3 세계 10대 반도체기업 중 6개 기업을 갖게 된 일본

일본 기업인들의 과감한 투자와 정부의 적극적인 지원 속에 일본 반도체산업이 미국을 장악한 것은 1980년대 초였다. 1981년 일본 반도체는 미국 시장의 70%를 차지했다. 미국 반도체 회사들은 정부로 달려갔다. 미국반도체협회는 일본을 이대로 두면 미국 반도체기업은 다 망한다며 제재해 달라고 요구했다. 미국 정부도 나서지 않을 수 없었다. 반도체산업이 전자 산업뿐만 아니라 군사적으로 중요하다는 것을 가장 잘 아는 나라가 미국이었다.

레이건 행정부(1980~1989년)는 일본을 상대로 압박을 시작한다. 1985년 로널드 레이건 당시 미국 대통령은 상무부에 일본의 덤핑 조사를 명령했다. D램을 부당한 가격에 매매하고 있는지 확인하겠다고 했다. 같은 시기 미국 마이크론은 NEC·히타치·미쓰비시·도시바 등 일본의 반도체기업 7개를 상대로 반덤핑 소송을 냈다.

일본 경제를 잃어버린 30년에 빠지게 한 '플라자합의'도 이 시기에 나왔다. 1985년 미국·프랑스·독일·영국·일본 등 G5 재무장관이 뉴욕 플라자호텔에서 환율을 조정하는 합의를 진행했다. 달러 강세를 멈추기 위해 일본 엔화 가격을 조정하는 것이 핵심이다. 플라자합의로 달러가 약세로 돌아서자 미국 제조업의 경쟁력이 다시 높아졌고 엔고 현상이 나타나자 일본 반도체기업의 영향력이 줄어들기 시작했다.

일본 정부는 부담을 이기지 못하고 미국 정부와 1986년 '미일 반도체 협정'을 맺는다. 일본 시장에 미국산 반도체 수입을 확대한다는 내용이다. 미국 정부는 여기에서 멈추지 않고 이듬해 일본이 제삼국에서 덤핑 문제를 일으켜 반도체 협정을 위반했다고 주장하며 통상무역법 301조를 앞세워 추가 보복 조치를 시행했다.

레이건 전 대통령은 손해 배상 규모를 3억 달러로 책정하고 일본 기업에 대한 보복 관세를 발표했다. 당시 일본을 향한 수차례의 통상 압박에도 반도체 시장에서 점유율을 회복하지 못하던 미국은 이를 기회로 삼아 1996년까지 이어지는 2차, 3차 미일 반도체 협정을 추가로 체결했다. 1992년 한국 반도체에 대해서도 반덤핑 관세를 부과하기도 했지만, 관세율이 높지 않아 한국 기업들은 큰 타격을 입지 않았다.

그 결과 미국은 1990년대 들어서며 반도체 시장에서 영향력을 회복했다. 하지만 일본 기업들은 미국의 압박으로 타격을 받고 몰락의 길에 접어든다. 반도체산업이 기업 비즈니스이기도 하지만 국가 비즈니스이자 '키 인더스트리'라는 것을 보여준 사건이다.

### 3.1.4 잘 만든 것을 판 일본 vs 팔릴 제품을 만든 한국

결국, 1992년 인텔은 일본의 NEC에서 세계 반도체 시장 1위를 빼앗아 온다. 1992년은 '일본의 잃어버린 30년'이 시작되는 해이기도 하다. 반도체산업의 패권 변동은 오일쇼크에 이어 잃어버린 30년과 같은 대규모 경제적 변화와 함께 일어날 조짐을 보였다고 해석할 수 있다.

장기간 세계 반도체 1위 자리에 군림했던 NEC의 추락은 극적이다. 1995년 2위, 2000년 3위로 떨어졌고 2006년 10위까지 밀려난 이후 상위 10위권에서 완전히 사라졌다. 1990년 세계 10위 가운데 6개를 차지했던 일본 기업은 2000년 3개로 줄었다. 미국은 1990년 이후 인텔·모토로라·TI를 중심으로 상위권에 오르게 되었지만, NEC·도시바·히타치 등은 순위가 하락했다.

미국은 역습에 나섰다. 인텔은 메모리 사업 철수의 여파로 1987년 10위까지 밀려났지만, 미국 정부가 일본을 압박하면서 1989년 8위, 1991년 3위 등으로 수직으로 상승했다. 마침내 1992년 NEC를 제치고 1위에 올라섰다.

1990년대 초 삼성전자가 치고 올라오기 시작했다. 1980년대 후반 3저(저달러·저유가·저금리) 호황을 누리며 힘을 비축한 삼성전자의 약진이 세계 반도체 시장을 격랑으로 몰아넣을 것으로 예상한 사람은 거의 없었다. 삼성전자는 일본 기업들에는 '저승사자'였다.

삼성은 1974년 반도체 사업에 뛰어들었다. 당시 동양방송 이사였던 이건희는 아버지 이병철 회장에게 반도체 사업을 해야 한다고 주장했다. 하지만 이 회장은 받아들이지 않았다. 이건희는 삼성전자 주식을 판 돈으로 파산 직전에 몰린 한국반도체를 인수했다. 삼성반도체의 출발이었다. 미국과 일본 등에 비해 27년가량 늦은 출발이었다. 이후 10년 가까이 고전했다.

일본 기업들은 삼성 등 한국 반도체기업들이 새 제품을 내놓을 때만 되면 가격을 후려쳤다. 후발주자들을 견제하는 유력한 방식이었다. 하지만 기술격차를 점차 줄여 오던 삼성전자는 1990년대 초부터 판을 흔들기 시작한다. 1992년 세계 최초로 64M D램을 개발하면서 일본의 기술 수준을 넘어섰다. 이후 256M D램(1994년), 1GB D램(1996년) 등을 꾸준히 발표하며 메모리 반도체의 선두 자리로 올라섰다.

세계 반도체업계 순위는 삼성전자가 1993년 처음 10위권 내(7위)에 진입했고 현대전자는 1995년 10위에 이름을 올렸다. 이후 삼성전자는 2000년 4위, 2002년 2위에 오른다. 이후 삼성전자는 인텔에 이어 2위 자리를 장기간 유지했다.

일본 반도체기업들은 순위에서 사라졌다. 미국의 강력한 제재 외에도 일본 반도체기업들도 미국과 비슷한 전철을 밟았다. 값싼 D램이 필요한 PC의 시대가 왔지만, 특유의 장인 정신 때문에 고성능 제품에 집착했다. 수명 5년짜리 반도체가 필요한 통신 칩도 20년짜리로 단단하게 만들어 비싸게 팔려니 팔릴 리 없었다. 또 일본 제조업의 전성기를 이끌던 창업 세대들이 사라진 것은 기업 리더십의 공백 현상을 낳았다. 여기에 정부의 인위적 구조 조정 등 헛발질까지 더해져 반도체 왕국은 급속한 몰락의 길을 걷게 됐다.

만든 것을 판 일본 반도체기업들은 팔릴 것을 만든 삼성전자에 의해 역사 속으로 사라졌다.

이 시기 급부상한 또 다른 나라는 '대만'이다. 대만은 새로운 길을 찾았다. 메모리 반도체 시장은 이미 포화 상태로 후발주자에 돌아갈 기회가 적을 것이라는 판단에 따라 '위탁생산'에 주목했다. 미국 TI 출신의 모리스 창 대만 산업기술연구원장은 대만 정부와 함께 1987년 파운드리 회사 'TSMC'를 설립했다. 반도체기업이 생산시설에 대한 투자를 확대하지 않아도 사업을 할 수 있게 해준다는 게 TSMC의 사업 모델이다.

이 사업 모델이 바로 '팹리스(fabless)'다. 설계 실력만 있다면 생산 라인을 만들지 않고도 사업을 영위할 수 있다는 점은 역사가 오래된 미국과 일본의 반도체 회사들에 매력적이었다. 반도체산업에서 TSMC의 영향력이 점점 커지기 시작했다.

## 3.1.5 메모리에서 삼성·SK 체제 굳힌 '골든 프라이스' 전략

2000년대 후반부터 2010년대까지의 반도체 시장은 이른바 '메모리 치킨 게임'의 시대다. 치킨 게임은 어떤 문제에 대해 양보 없이 한쪽이 질 때까지 극한으로 치닫는 게임을 의미한다. 1950년대 미국 갱 집단이 용감함을 과시하기 위해 진행한 자동차 게임에서 유래됐다. 서로 다른 갱에 속한 두 사람이 각각의 자동차를 타고 정면으로 달리는데 먼저 핸들을 꺾어 피하는 사람이 치킨(겁쟁이)이라는 뜻이다.

첫 치킨 게임은 2007년 삼성전자·SK하이닉스 등 주요 D램 기업들이 생산량을 대폭 늘리면서 시작됐다. 반도체 초과 공급 현상이 나타나자 D램 가격이 폭락했다. 당시 512MB D램 가격은 3~4년 전보다 10분의 1로 추락한 0.5달러까지 하락했다.

업계에서는 당시 삼성전자와 하이닉스가 후발주자인 난야·마이크론 등의 경쟁력을 약화하기 위해 '골든 프라이스' 전략을 펼친 것으로 봤다. 후발주자보다 생산 규모가 큰 삼성전자와 SK하이닉스가 규모의 경제를 앞세워 이들 사업에 제동을 건 셈이다.

골든 프라이스 전략은 원가 경쟁력을 보유한 회사가 공급량 또는 공급가를 조절하는 방식으로 가격을 통제해 경쟁사를 흔드는 방법이다. 예를 들어 삼성전자는 칩 한 개당 생산원가 1.2달러에 생산하고 하이닉스가 1.3달러에 생산한다고 가정해 보면, 다른 기업들은 대략 1.7달러가 원가라고 할 때 삼성전자는 1.3달러로 가격을 맞춘다. 삼성전자는 이익을 보고 하이닉스는 손익 분기점을 겨우 맞추고 다른 기업들은 적자를 보게 된다. 적자가 나면 대규모 투자가 불가능하고 이는 반도체 사이클이 호황에 접어들어도 제품을 제대로 생산하지 못하게 된다. 특정 기업이 시장에서 사라지면 살아남은 기업들은 잔치를 벌일 수 있게 된다.

D램 가격을 올리고 시장을 정상화하기 위해서는 삼성·SK하이닉스 등 점유율이 높은 주요 기업들이 공급 물량을 줄여야 했지만, 이들 기업은 감산하지 않았다. 당장 타격을 받더라도 장기적인 관점에서 메모리 우위를 점하기 위해 이 시기를 버텨야 한다는 판단에서다.

2007년 초부터 시작된 치킨 게임은 2008년 말까지 약 2년간 지속됐다. 먼저 독일의 반도체 회사 '키몬다'가 무너졌다. 키몬다는 유럽 반도체의 강자 인피니언의 자회사로, 한때 D램 시장에서 2위까지 올랐던 기업이다.

하지만 치킨 게임이 시작되자 시장 점유율이 5% 아래까지 떨어졌다. 키몬다는 2007년 3분기~2008년 4분기 누적 적자가 25억 유로(약 3조3800억 원)까지 치솟으면서 결국 제품 생산을 완전 중단하고 2009년 1월 파산 보호 신청을 냈다.

키몬다뿐만이 아니라, 대만의 파워칩·프로모스·난야·이노테라 등도 수익성이 크게 악화하면서 파산 직전까지 몰렸다.

반면 삼성전자와 SK하이닉스는 치킨 게임이 마무리된 2009년 말 처음으로 세계 메모리 시장 점유율을 56.4%까지 끌어올리며 '승자'가 됐다.

불과 1년 후 2차 치킨 게임이 시작됐다. 2010년 후반부터 최상위권 메모리 기업들은 공격적인 투자를 진행했다. 낸드플래시 수요가 증가하면서 반도체업계에 생산 라인을 증설하는 분위기가 확산됐다. 컴퓨터 저장 매체가 기존 하드디스크에서 낸드플래시를 채용한 SSD(Solid State Driver)로 바뀌던 시기다.

당시 업계 1~3위인 삼성전자·도시바·SK하이닉스 모두 투자를 확대했다. 2011년 일본 도시바가 낸드 공장을 증설했고 삼성전자도 2012년 중국 낸드 공장 신설, 한국 낸드 공장 증설 등을 시도했다. SK하이닉스 역시 낸드 증설에 동참했다.

대규모 투자 후 물량이 늘자 또다시 과잉 공급 현상이 발생했고 가격이 하락했다. 물량이 늘어난 낸드플래시 메모리뿐만 아니라 D램까지 가격 하락이 시작됐다.

이 치킨 게임에선 일본 '엘피다'가 무너졌다. 엘피다는 일본의 마지막 D램 기업이었다. 경영난에 처한 NEC와 히타치가 2000년 D램사업부를 통합했다. 이후 일본 정부는 미쓰비시 D램사업부도 여기에 갖다 붙였다. 한때 삼성전자·하이닉스에 이어 세계 3위를 기록하기도 했다. 하지만 시너지를 내지 못했다.

이들이 치킨 게임에서 살아남기는 쉽지 않았다. 첫 치킨 게임이 진행된 2009년에도 수익성이 악화해 일본 정부의 지원을 받으며 기사회생했다. 엘피다는 당시 일본 정부에서 300억 엔의 공적 자금뿐만 아니라 4개 은행의 채권단에서도 1000억 엔의 융자를 지원받았다.

하지만 또다시 메모리 가격이 추락하자 결국 2012년 법정 관리를 신청했다. 엘피다는 또 정부에 지원을 요청했지만, 일본 정부는 이를 거절했고, 결국 엘피다는 2013년 미국 마이크론에 인수되며 반도체 역사에서 사라진다. 왕국의 몰락이다.

### 3.1.6 커지는 중국…미국, '칩4 동맹' 대응

처절한 치킨 게임이 마무리된 2017년부터 반도체 시장은 슈퍼 사이클(장기 호황)에 접어든다. 2019년 일시적으로 메모리 반도체 업황 하락세가 나타났지만 2020년 회복되면서 2021년 초까지 호황이 이어졌다.

실제 삼성전자는 2017년 53조6500억 원의 영업이익을 기록한 이후 슈퍼 사이클의 정점으로 꼽히는 2018년 58조8900억 원의 영업이익을 달성하며 최대 실적을 써냈다. SK 하이닉스의 영업이익은 2017년 13조7213억 원에서 2018년 20조8438억 원으로 뛰었다.

반도체 전쟁의 역사는 승자를 그대로 두지 않는다. 중국이 '반도체 굴기'를 선언하며 몸집을 키우겠다며 참전을 선언했다. 2015년 중국은 '중국 제조 2025' 전략을 발표했다. 반도체 대표 기업을 키우고 반도체 자급률을 70%로 끌어올리겠다는 내용이다. 중국의 반도체 자급률은 15% 수준(2020년 기준)이다.

중국은 2021년 기준 인구 14억5000만 명을 기록했다. 규모의 경제를 실현할 수 있는 만큼 내수를 키워 반도체산업에서 영향력을 키우겠다는 전략이다.

실제 중국의 반도체 영향력이 급속도로 커지고 있다. 2022년 6월 블룸버그는 지난 1년간 가장 빠르게 성장한 반도체기업 20곳을 선정해 발표했는데 이 가운데 19개가 중국 기업으로 나타났다. 상하이 풀한 마이크로일렉트로닉스, 프리마리우스 테크놀로지스 등이다. 블룸버그는 중국의 반도체 투자 확대의 영향이라고 분석했다.

중국 굴기에 세계 반도체 산업은 긴장했고 다시 미국이 나섰다. 화웨이를 포함한 중국 IT 기업의 글로벌 입지가 커지자 미국 정부가 이들의 성장을 저지하기 위해 반도체 제재를 시작했다.

미국 상무부가 2020년 발표한 '화웨이 제재안'이 대표적인 사례다. 미국 기술의 직접적 결과물인 반도체를 중국 기업이 취득하는 것을 막겠다는 내용이다. 글로벌 시장 조사업체 가트너에 따르면 당시 화웨이의 반도체 구매량(2019년 기준)은 208억 달러(약 25조6000억 원)로 애플과 삼성전자에 이어 3위였다. 화웨이는 그간 인텔·퀄컴·TSMC 등에서 반도체 부품을 수급해 완제품을 생산해 왔지만, 이번 조치로 미국이 특허를 가지고 있는 기술이나 시스템 반도체(비메모리 반도체)에 해당하는 애플리케이션 프로세서(AP) 등 핵심 부품은 가져올 수 없게 됐다. 미국 내 기업뿐만 아니라 모든 글로벌 반도체 제조사의 거래에도 이번 제재가 적용됐다.

아이로니컬하게도 미국의 제재 이후 중국 반도체는 더욱 성장했다. 반도체 구매가 어려워지자 이들은 자체 생산 등 내수 활성화 쪽으로 계획을 틀었다. 이 과정에서 중국 반도체산업의 몸집이 더욱 커졌다.

특히 화웨이는 과거 삼성전자 스마트폰의 아류작을 판매하는 회사라는 이미지가 있었지만, 미국 제재 이후 반도체 투자를 확대하며 '반도체 종합 회사'로 변모했다. 2021년 반도체 후공정 전문회사 '화웨이정밀제조유한공사'를 설립하고 중국 내 반도체 회사 50곳 이상에 투자를 이어 오고 있다. 또한, 중국 우한시에 자체 파운드리 생산라인을 건설하고 있다.

여러 시도에도 중국이 지속 성장하자 2022년 3월 미국 바이든 행정부는 한국·대만·일본 등에 '칩4 동맹'을 요청했다. 반도체 빅 플레이어를 보유한 국가 간 동맹을 맺어 중국을 견제하겠다는 시도다. 미국이 자체적으로는 중국 압박에 한계가 있다는 판단에 따라 우방국들과 함께 반도체 시장에서 중국을 몰아낼 미래 전략을 짜겠다는 것이 칩4 동맹의 핵심이다.

미국은 이와 함께 또 하나의 카드를 내밀었다. 반도체산업의 주도권을 아예 '본토'로 이전시키겠다는 계획이다. 미국은 자국 반도체산업을 키우기 위해 미국 내 반도체 생산라인을 지으면 25%의 세액을 감면해 주는 칩스법(반도체와 과학법)을 통과시켰다. 이후 미국 마이크론은 최대 1000억 달러를 투자해 미국 뉴욕주에 공장을 신설하겠다고 밝혔고 삼성전자와 SK그룹도 각각 2000억 달러, 220억 달러 등의 신규 투자계획을 발표했다.

유럽 각국도 마찬가지다. 반도체 독자 생산을 위한 대규모 투자계획을 잇달아 발표했다. 50년간 이어진 반도체 패권전쟁은 세계화의 균열과 맞물려 더 치열해지고 있다. 또 다른 50년 전쟁이 시작되고 있다.

# 3.2 국가별 시장

## 3.2.0 서론

21일 대만 시장조사기관 디지타임즈리서치가 공개한 '2022년 반도체산업 보고서'에 따르면 2021년 매출액 기준 세계 반도체 시장은 5,559억 달러 규모로 성장했다.(World Semiconductor Trade Statistics에 따르면 2001년 매출액 기준 세계 반도체 시장은 1,390억 달러에서 5,740억 달러 규모로 연평균 6.67% 성장)

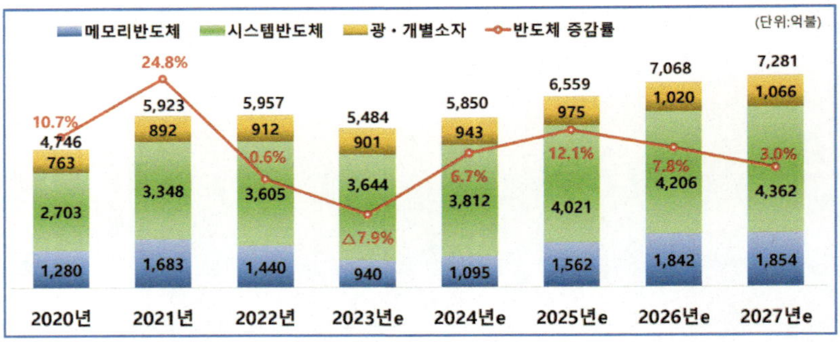


**[그림 229] 글로벌 반도체 시장 전망**
**출처: IC Insights 2023**

'IC Insights 2023'에 따르면 2023년 세계 반도체 시장을 전년 대비 7.9% 감소한 5,484억 달러로 전망하였다. 이는 메모리 가격 하락과 IT 전방으로 수요 급감으로 하락한 반도체 시장은 2024년 6.7%(5,850억 달러)로 반등을 전망하였다.

세계 반도체 시장은 향후 5년간(2021~2027년) 연평균 7.3% 성장을 전망하였다. 분야별 연평균 성장률은 메모리 18.5%, 시스템반도체 4.6%, 광·개별소자 4.3%를 전망하고 있다.

글로벌 반도체 설비투자 전망은 다음과 같다.

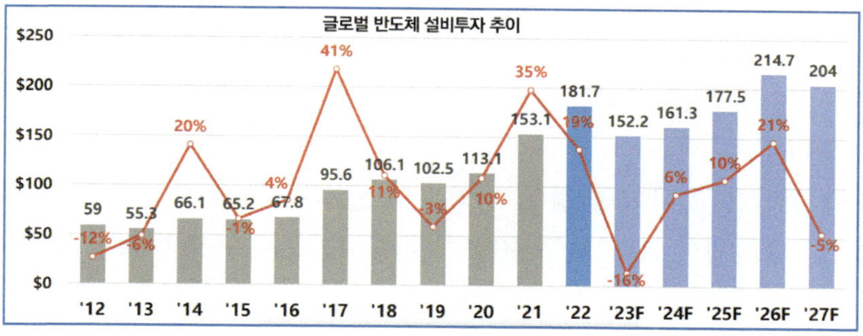


[그림 230]

2023년 글로벌 반도체 설비투자는 전년 대비 16% 감소한 1,522억 불을 전망하였다. 2022년 기준 아시아태평양 지역이 반도체 설비투자의 63.5%를 차지하고 있다. 2024년 설비투자 증가율은 6% 증가를 예상하며, 장기적으로는 2017~2027년까지 연평균 7.9% 확대를 전망하고 있다.

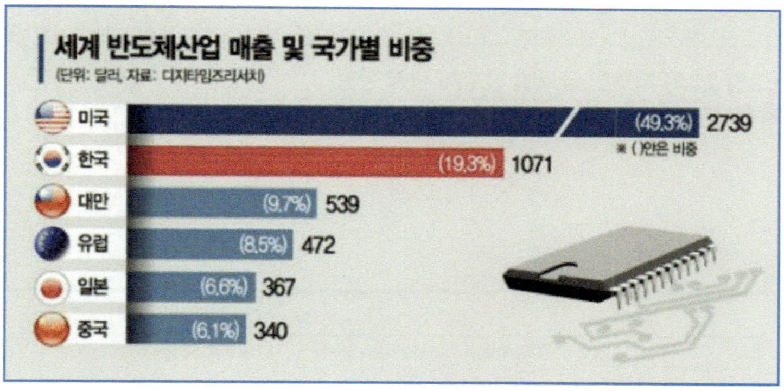


[그림 231] 세계 반도체산업 매출 및 국가별 비중(2021)
출처: 아시아경제 2022.04.21.(디지타임즈리서치)

시장 전체를 이끈 건 미국이었다. 인텔, TI, 엔비디아, AMD, 퀄컴 등 반도체기업들은 2021년 2,739억 달러 매출을 기록하며 미국을 세계 반도체 시장에서 가장 영향력 있는 국가로 만들었다. 전체 반도체 시장의 49.3% 비중을 차지한다. 메모리 전문업체 마이크론을 제외하면 기업 대부분이 칩 설계에도 초점을 맞추고 있으며 세계시장 선두주자 자리를 차지하고 있는 것으로 분석됐다.

반도체 시장은 크게 메모리와 비메모리 두 영역으로 나눌 수 있다. 한국이 강점인 메모리 제품은 세계 반도체 시장에 35~40% 정도를 기여하고 절반이 넘는 나머지가 비메모리 영역이다. 한국은 메모리 반도체 생산에 집중한 삼성전자와 SK하이닉스 덕에 세계 2위

자리를 꿰찼다. 전체 반도체 시장 점유율이 19.3%에 달한다.

세계 1위 지위를 유지하고 있는 파운드리(반도체 위탁생산) 뿐 아니라 칩 설계에 강한 대만은 반도체 매출 539억 달러로 세계 3위 영향력을 행사하고 있다. 4위는 반도체 매출 472억 달러, 비중 8.5%를 차지하는 유럽, 5위는 매출 367억 달러와 비중 6.6%를 차지한 일본이 차지했다.

전자·장비 생산은 아시아·태평양 지역으로 옮겨지며 타지역 시장 규모를 능가하여 2001년 398억 달러에서 2022년 3,309억 달러 이상으로 규모가 확장되고 있다. 중국은 아·태 시장의 55%(글로벌 시장 31%)를 차지해 최대 단일 국가 시장을 형성하고 있다.

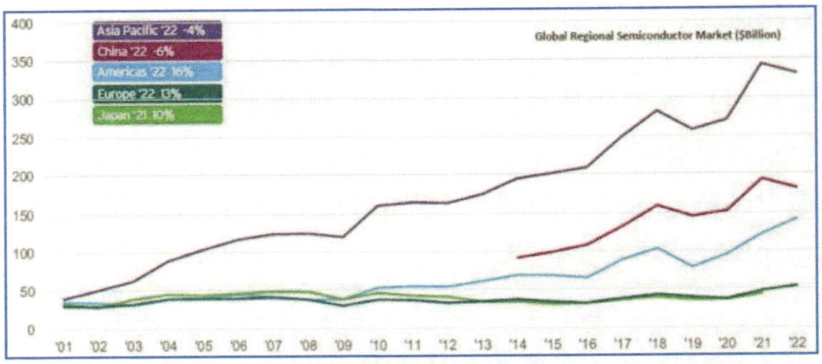


[그림 232] 지역별 글로벌 반도체 시장 현황
출처: World Semiconductor Trade Statistics

## 3.2.1 미국

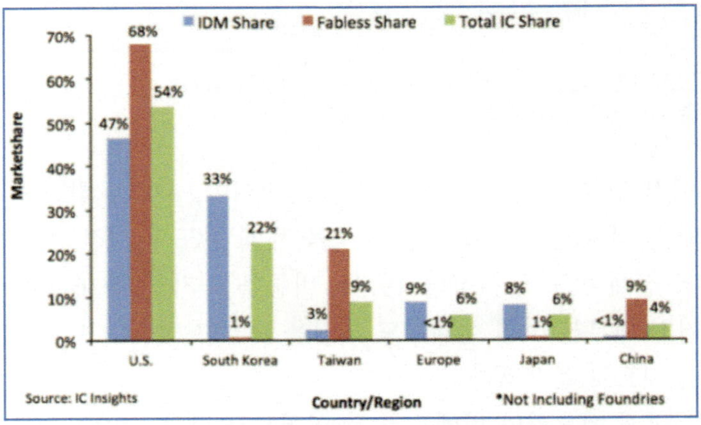


[그림 233] 글로벌 반도체 회사 본사 위치별 시장 점유율(2021)
출처: IC인사이츠

2021년 미국 기업들은 지난해 글로벌 IDM(Integrated Device Manufacturer, 종합 반도체 업체) 매출의 47%, 팹리스 매출의 68% 등 세계 반도체 시장의 절반이 넘는 54%를 장악한 것으로 드러났다.

반면 메모리 산업의 대부분을 장악하고 있는 한국은 22%, TSMC를 포함한 대만기업들은 9%, 일본 제조사들은 6%를 차지했으나 중국 회사들의 매출액 비중은 4%에 불과, 아직 걸음마 단계에 불과했다.

한국과 일본 기업은 팹리스 반도체 부문에서 매우 취약한 모습을 보이며 세계시장 점유율은 계속 제자리걸음을 하고 있고 대만과 중국은 IDM 부문에서 미미한 수준을 맴돌고 있다.

이에 비해 미국 기업들은 IDM은 물론 팹리스가 적절하게 균형을 이루며 전체 IC 산업 점유율에서 가장 많은 비중을 차지하는 것은 물론 매우 균형 잡힌 구조를 이루고 있다.

상황이 이러함에도 불구하고 미국은 행정부와 산업계, 의회가 하나로 뭉쳐 자국의 반도체산업을 일으킨다는 명분 아래 막대한 자금과 함께 세금 등 제도적 지원이 가능하도록 하는 반도체 법을 제정하고 삼성전자나 TSMC 등을 압박해 자국 내 생산을 강요하고 있다.

이밖에도 걸음마 단계인 중국 반도체산업의 싹을 자르기 위해 첨단 기술이나 반도체 생산설비, 고급기술이 적용된 반도체 칩의 중국 내 반입을 금지하고 화웨이와 ZTE 등 기업을 스파이 혐의로 몰아 제재하고 있다.

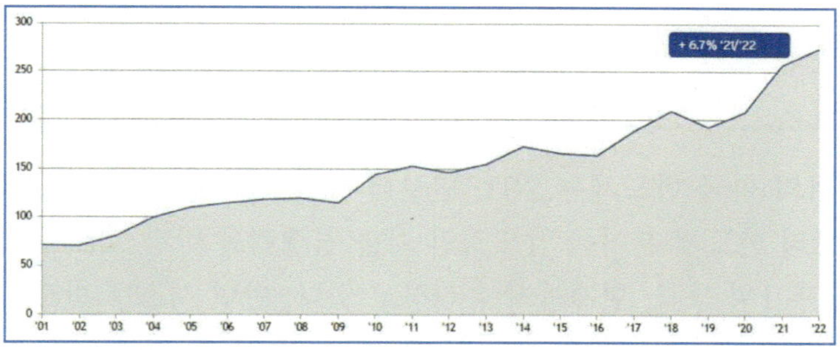


**[그림 234] 미국 본사 반도체기업 매출액 추이**
**출처: World Semiconductor Trade Statistics**

미국에 본사를 둔 반도체기업들은 매출이 2001년 711억 달러에서 2022년 2,750억 달러로 매년 꾸준히 성장해 연평균 6.7%의 높은 성장률을 보인다.

미국은 기초연구 및 기술 보호 등으로 민간 기업 지원을 확대하고 있으며, 시스템 반도체 세계 10대 기업 중 7개를 보유하여 세계시장의 약 70%를 점유하고 있다. 미국 기업의 시스템반도체 시장 점유율은, 인텔(26.3%), 퀄컴(7.1%), 브로드컴(5.9%), TI(5.1%), nVidia(4.8%), AMD(3.6%) 등으로 구성되어있다(2020년 OMDIA). 그뿐만 아니라

CPU(인텔), GPU(엔비디아), 통신칩(퀄컴) 등 고부가가치 핵심제품에 강력한 기술 경쟁력을 보유하고 있다.

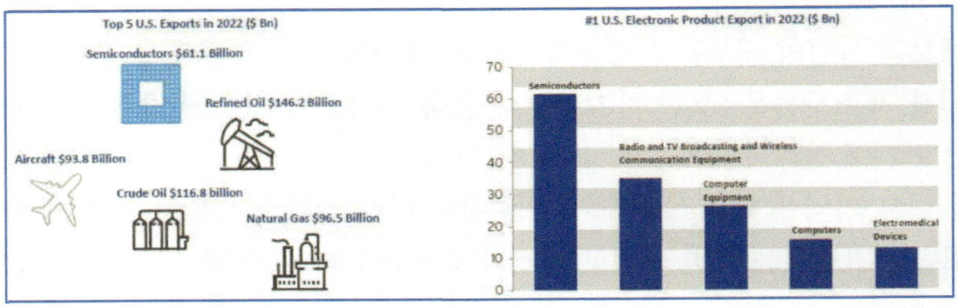


**[그림 235] 미국 수출 현황**
**출처: U.S. International Trade Commission**

반도체는 미국 주요 수출품목 중 하나이며 2022년 반도체 수출액 611억 달러로 정유, 원유, 천연가스, 항공기에 이어 미국 수출액 중 5위를 기록하였다. 반도체는 미국 전체 전자제품 수출 중 가장 높은 비중을 차지하고 있다.

'Chip for America Act'를 통해 2024년까지 반도체 장비 및 제조시설 투자비의 40% 수준 세액공제와 150억 달러(약 18조 원) 규모의 연방기금을 조성 후 미국 내 파운드리 건설을 지원할 계획이다.

## 3.2.2 한국

세계시장에서의 한국 반도체는 2013년부터 세계 반도체 시장 점유율 2위를 유지하고 있으며, 메모리 반도체 분야는 압도적인 기술 경쟁력을 바탕으로 일본(2001년), 미국(2002년) 추월 후 1위 등극, 현재까지 유지하고 있다. 반면 시스템 반도체 분야에서는 국내 기업의 경쟁력은 아직 미약하여 3% 내외의 시장 점유율에 머무르고 있으며 DDI, CIS, PMIC 등 상대적으로 기술장벽이 낮은 분야에만 한정된 경쟁력을 보유하고 있다.

| 구분 | 13년 | 14년 | 15년 | 16년 | 17년 | 18년 | 19년 | 20년 |
|---|---|---|---|---|---|---|---|---|
| 반도체 전체 | 15.5% | 16.2% | 17.0% | 16.5% | 21.4% | 23.6% | 18.4% | 18.4% |
| 메모리반도체 | 48.7% | 53.0% | 57.7% | 57.4% | 60.7% | 61.7% | 58.4% | 56.9% |
| 시스템반도체 | 5.5% | 3.9% | 3.6% | 3.1% | 3.0% | 3.0% | 3.2% | 2.9% |

**[표 14] 한국의 글로벌 시장 점유율 추이**

2021.11.25.일 딜로이트는, 2030년에 한국의 세계 반도체 시장 점유율이 20%까지 확대될 것이란 전망을 했다. 한국의 매출 기준 세계 반도체 시장에서의 점유율이 2021년 19.3%에서 2030년 20%로 상승할 것으로 예상했다. 같은 기간 일본은 계속 하락하고, 대만과 중국은 각각 10%, 5%씩 상승할 것으로 추산했다.

딜로이트는 2030년까지 세계 반도체 시장 규모가 1조 달러(1천 189조 원)를 넘어설 것이고, 이중 아시아 태평양 국가들이 차지하는 비중이 62%까지 늘어날 것으로 봤다.

한국은 정부 컨소시엄 공동 개발 전략을 고수해 정부가 기업과 대학의 인력 양성 프로그램을 주도하고 있으며, 상대적으로 완성된 반도체 가치사슬을 구축했다고 평가했다.

한국은 제조와 생산 우위를 기반으로 인공지능과 5G 관련 반도체 개발에 주력하며 총체적 노력을 하고 있다. 정보통신기술(ICT)산업이 AI 반도체로의 전환을 진행 중인 추세에 맞춰 한국이 AI 자본 투자를 늘리고 있고, 2029년까지 차세대 AI 반도체 개발에 1조 원을 투자할 것으로 예상했다.

'K-반도체 전략'으로 공급망 구축 및 R&D 투자 세액 최대 40% 공제하고 2030년까지 510조 원 이상 투자할 계획이다. K-반도체 벨트(설계, 제조, 소부장, 장비, 패키징) 조성을 통한 공급망 안정화와 세제, 금융, 전력, 용수 등 인프라 지원을 확대하고 인력, 시장, 기술 등 반도체 성장기반 확보 및 강화 전략을 추진하려는 모습을 보이고 있다.

## 3.2.3 대만

대만은 파운드리 세계 1위를 중심으로 팹리스도 세계적인 수준이다. 팹리스와 파운드리간 유기적 협력체계 구축으로 글로벌 팹리스로 성장하고 있다.

파운드리 점유율은 TSMC(53.4%, 대만), 삼성(14.3%) 대한민국), UMC(7.0%, 대만), GF(6.7%, 미국), SMIC(4.6%, 중국) 등이 있고, 대만의 주요 팹리스는 MediaTek(3위), Novatek(9위), Realtek(10위) 등을 보유하고 있다.

시스템 반도체 후공정(OSAT: Outsourced Semiconductor Assembly and Test)은 향후 대만과 중국 본토가 주도할 것으로 전망했다. 대만 반도체산업은 파운드리 부문에서 성공을 거둔 후 점차 다운스트림에서 OSAT으로 이동하고 있다. 대만은 세계 OSAT 시장에서 44%의 점유율로 선두를 차지하고 있다. 아태지역은 반도체 설계부문에 있어서는 글로벌 2군에 해당하지만, 대만은 정책지원과 인력양성에 힘입어 일찍부터 설계부문을 강화했다.

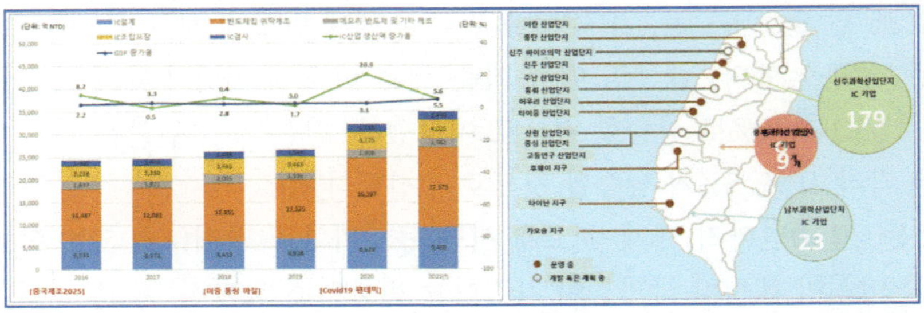


**[그림 236] 대만 반도체산업 분야별 생산 추이와 클러스터 구축 현황**
**출처: 대만반도체협회**

대만은 3대 반도체 클러스터를 중심으로 전문적 분업 구조와 안정적 연구개발 생태계를 조성하여 반도체 제조공정 기반을 더욱 강화함으로써 글로벌 수준의 선진 제조공정 허브로 발돋움하고자 한다. 반도체산업의 제조기반 경쟁력 강화와 투자유치 확대를 위해 과학단지의 확장 및 신설, 산업 클러스터간 연계를 추진할 계획이다. 그 외에 추가로 2030년까지 반도체 소재 클러스터를 대만 남부 지역에 조성하여 소재 및 석유화학 산업의 고용 확대와 연구개발의 업그레이드를 추진할 예정이다.

대만은 2023년도 생산이 총 220조 원 규모에 이를 것이라는 전망이 나왔다. 3일 자유시보 등 대만언론에 따르면 대만 정부 연구기관인 공업기술연구원(ITRI)은 '2023년도 산업 발전 동향' 세미나에서 이같이 밝혔다. ITRI 산하 산업과학기술 국제전략센터는 올해 대만 반도체산업의 생산은 15.6% 증가해 생산 규모는 4조7천억 대만달러(약 207조 원)에 달할 것으로 추정했다. 다만 2023년도 증가율은 6.1%로 2022년도보다는 둔화할 것으로 내다봤다. 그러면서 2022년도 전 세계 반도체의 생산량은 2021년도보다 4% 증가한 6,185억 달러(약 879조 원), 2023년에는 3.6% 감소한 5,964억 달러(약 847조 원)로 각각 전망된다고 밝혔다.

## 3.2.4 EU

### Ⅰ. 유럽 반도체

유럽 내 반도체산업은 원자재, 소재, 장비 등이 일부 국가에서만 생산되는 복잡하면서도 집중된 공급망 구조를 가진다.

유럽의 전 세계 반도체 시장 점유율은 2020년 기준 약 10%로 반도체 공급에 있어 제3국 수입 의존도가 높은 편이다. 미국(47%), 한국(20%), EU·일본(각 10%), 대만(7%), 중국

(5%) 순이다. (자료: Semiconductor Industry Association, 2021년)

유럽은 반도체산업의 핵심인 반도체 장비제조/분석기술 기업이 포진해 있고, 세계적인 수준의 연구소인 IMEC(Interuniversity Microelectronics Centre)이 있어 연구·환경적인 잠재력을 보유하고 있다.

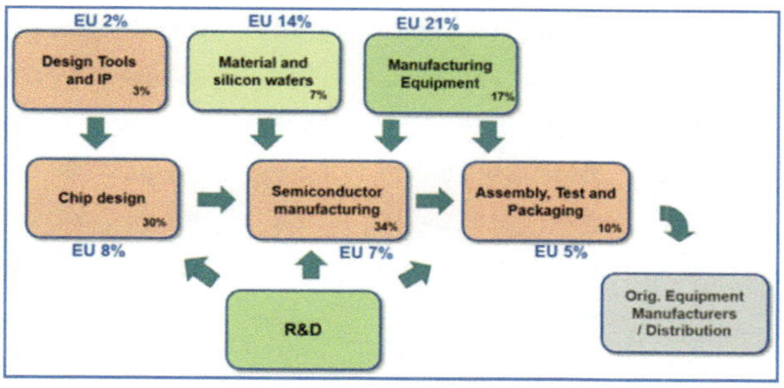


**[그림 237] 2021년 EU 반도체 분야별 글로벌시장 점유율**
**출처: European Commission, CSET, IC Insights, BCG/SIA, SEMI**

유럽연합은 차량용 반도체(NXP), 전력 반도체(인피니온), 등 전문제품 중심으로 약 10% 내외의 글로벌시장 점유율을 유지하고 있다. 자동차 수요기반을 바탕으로 글로벌 Top 5중 3개 기업을 보유할 정도로 차량용 반도체 시장에서 절대적인 우위를 보이고 있다.

차량용 반도체 시장 점유율은 EU(40.9%), 미국(31.8%), 일본(21.6%), 대만(2.4%), 한국(2.0%)를 나타내고 있으며, EU의 차량용 반도체 상위 기업으로는 인피니언(1위, 독일), NXP(2위, 네덜란드), ST마이크로(5위, 스위스) 등이 있다(2020년 OMDIA).

2030년까지 글로벌 생산에서 EU 점유율 20% 달성을 목표로 하고 있다. EU 예산 중 RRF(Recovery and Resilience Facility)를 통해 향후 2~3년간 1,450억 유로(약 199조 원)를 투자할 계획이다.

## 3.2.5 일본

미 공정경쟁당국의 독점규제로 인해 1951년 AT&T의 자회사인 웨스턴 일렉트릭이 일본 기업들에게 반도체 특허를 공개한 이후 1980년대까지 일본 기업들은 급격하게 성장했다. 미국의 반도체기술을 도입한 일본의 신생기업 소니, 샤프 등은 트랜지스터라디오와 전자계산기 등 당시로는 첨단 전자제품의 길을 열면서 신시장을 만들어냈다. 1980년대엔 전체 메모리 반도체 시장에서 일본기업이 차지하는 비중이 80%에 달하면서 미국 기업의 생존을 위협했다. NEC를 필두로 도시바, 히타치, 후지쯔, 미쓰비시, 마쓰시타(파나소닉) 등은 D램 등 전세계 메모리반도체 시장을 주름잡았다.

플라자합의, 제2차, 제3차 미·일반도체협정을 맺은 1986년부터 1996년까지 10년간 미국의 환율 정책과 무역보복 등으로 일본 반도체는 결국 무릎을 꿇고 만다.

| 순위 | 1990년 | | | 2020년 | | |
|---|---|---|---|---|---|---|
| | 기업명 | 매출 | 국적 | 기업명 | 매출 | 국적 |
| 1 | NEC | 48억달러 | 일본 | 인텔 | 738억달러 | 미국 |
| 2 | 도시바 | 48억달러 | 일본 | 삼성전자 | 604억달러 | 대한민국 |
| 3 | 히타치 | 39억달러 | 일본 | TSMC | 454억달러 | 대만 |
| 4 | 인텔 | 37억달러 | 미국 | SK하이닉스 | 264억달러 | 대한민국 |
| 5 | 모토로라 | 30억달러 | 미국 | 마이크론 | 216억달러 | 미국 |
| 6 | 후지쯔 | 28억달러 | 일본 | 퀄컴 | 193억달러 | 미국 |
| 7 | 미쓰비시 | 26억달러 | 일본 | 브로드컴 | 170억달러 | 미국 |
| 8 | TI | 25억달러 | 미국 | Nvidia | 158억달러 | 미국 |
| 9 | 필립스 | 19억달러 | 네덜란드 | TI | 130억달러 | 미국 |
| 10 | 마쓰시타 (파나소닉) | 18억달러 | 일본 | 인피니언 | 110억달러 | 유럽 |

**[그림 238] 30년간 글로벌 반도체 매출 톱 10 기업 변화**
**출처: IC인사이츠**

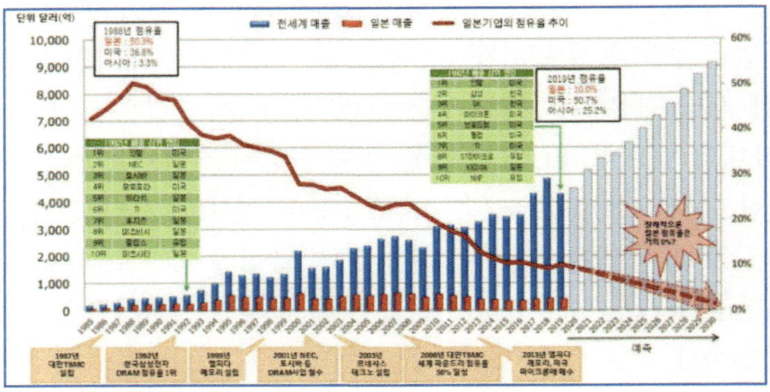


**[그림 239] 일본의 반도체산업 현황(단위: 억 달러, %)**
**출처: 일본 경제산업성**

반도체 생산과 관련해서는 일본은 세계 1위의 반도체 공장 수를 보유하고 있으나 다수가 노후화 및 진부화된 로우엔드 레거시(기존의 전통적인 공법) 공장이 다수를 차지하고 있다. 첨단 반도체의 설계나 개발 능력을 보유하지 못하고 생산 가능한 반도체 공정은 40나노에 그치고 있다.

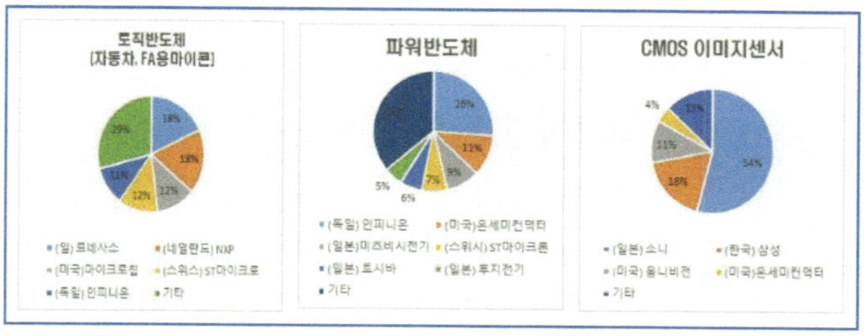


**[그림 240] 일본 주요 반도체기업 시장점유율**
**출처: 일본 경제산업성**

현재 일본 반도체산업에서 일본이 주력으로 삼고 있는 반도체 분야는 자동차용 로직 반도체, CMOS 이미지 센서, 파워 반도체 분야이다. 일본 르네상스의 경우 자동차, FA 용의 로직 반도체를 중심으로 전 세계 18%의 점유율을 보유하고 있고 소니가 CMOS 이미지 센서 시장의 54%, 그리고 파워 반도체 분야에서 20%의 전체 점유율을 보유하고 있다. 이 분야 가운데 일본이 현재 자동차 업계를 중심으로 미래 자동차 산업, MaaS 분야에 집중하고 있어 차량용 반도체, 파워 반도체 시장에서의 성장에 주목할 만하다.

특히 주요 발전 장비에 사용되던 파워 반도체의 수요가 전기차 시장이 성장하며 전기차(EV)와 하이브리드(HEV) 모두 상당한 양의 파워 반도체를 필요로 하면서 일본 주요 파워 반도체기업들은 생산 확대에 나선 상황이다. 일본 도시바와 후지 전기가 2023년까지 각각 800억 엔, 1200억 엔을 투자해 생산시설을 증설할 계획이다.

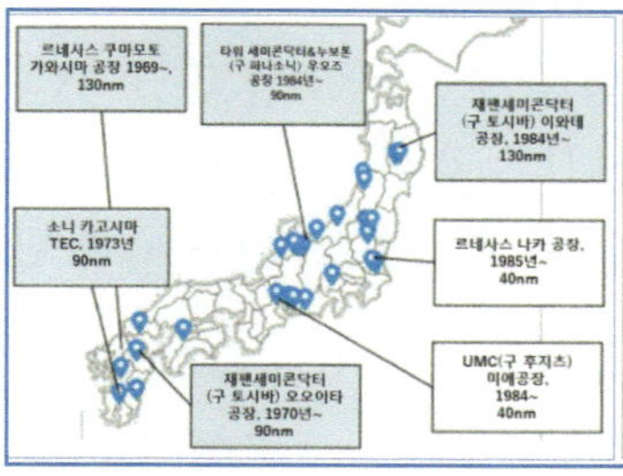


| 구분 | 제품 | 기업(세계 점유율) |
|---|---|---|
| 반도체 | CMOS 센서 | 소니(53.5%) |
| | 메모리(NAND) | KIOXIA(19%) |
| 소재 | 실리콘 웨이퍼 | 신에츠 화학공업(1위), SUMCO(2위) |
| | 포토레지스터(감광재) | JSR(1위), 도쿄오카공업(2위) |
| 장치 | 코터(Coater), 디벨로퍼(Developer)<br>* 도포현상장치 | 도쿄일렉트론(91%)<br>SCREEN홀딩스(5%) |
| | 세정장치 | SCREEN홀딩스(44%), 도쿄일렉트론(30%) |

**[그림 241] 일본의 주요 반도체 공장 현황 및 세계시장 점유율**
**출처: 일본 경제산업성, 닛케이 신문**

일본은 첨단 반도체 양산체제 구축과 차세대 반도체의 설계 및 개발 강화, 반도체기술의 그린이노베이션, 국내 반도체 제조기반 재생, 경제안정 보장 관점에서의 국제전략을 추진하고 있다.

차세대 반도체기술 개발에 2,000억 엔(약 213.5조 원)과 AI 칩 및 차세대 컴퓨팅 사업에 100억 엔(약 10.7조 원)을 투자를 추진 중이다.

## 3.2.6 중국

거대한 내수지장과 정부의 적극적인 지원을 바탕으로 최근 급속히 성장하고 있으며, 세계에 있는 핵심인력을 대거 영입하고 있다. 중국 정부는 천문학적인 정책자금의 투입과 보조금 등 제도지원을 아끼지 않으며, 수요 창출에 이르기까지 산업생태계 전반에 적극적으로 지원하고 있다. (예, 반도체 펀드; 국부펀드 약 20조 원, 지방기금 및 사모기금 약 10조 원)

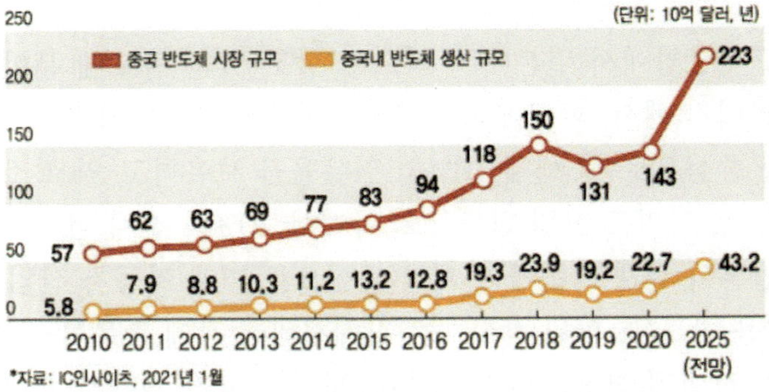


[그림 242] 중국 반도체 시장 규모 VS. 반도체 생산 역량
출처: 미국반도체협회

중국 팹리스 기업의 수는 2014년(681개), 2015년(736개), 2016년(1,362개), 2017년(1,380개), 2018년(1,698개) 로 엄청나게 늘어나고 있다.

미국의 압박으로 중국의 첨단 반도체 생산력 확보는 암초를 만났지만, 그렇다고 반도체업계에서 중국을 무시할 수 있는 상황은 아니다. 우선 반도체 시장면에서 세계반도체통계기구(WSTS)에 따르면 중국의 반도체 시장 규모는 2010년 570억 달러에서 2020년 1434억 달러로 150% 이상 성장했다.

[그림 243] 2020년 반도체 매출 10대 기업
출처: IC인사이츠

미국반도체협회(SIA)는 최근 중국이 생산한 반도체 매출은 2015년 130억 달러(전세계 3.8%)에 머물렀던 것이 2020년엔 전년 대비 30.6% 성장한 398억 달러로 세계시장의 9%까지 성장했다고 밝혔다. 2021년엔 10%를 넘어선 것으로 추정했다. 중국은 2016년 이후 연평균 12%씩 급성장해 글로벌 반도체 시장 전체 평균 성장률 6%의 2배를 상회하고 있으며, 지난해엔 30%로 성장했다. 전세계 최대 반도체 수요 시장인 중국을 무시할 수 없는 상황이다.

반도체 장비 시장에서도 마찬가지다. 지역적으로는 한국, 중국, 대만이 2021년 장비 지출 상위 3개 국가를 유지할 것으로 보인다. 국제반도체장비재료협회(SEMI)는 중국이 2020년에 이어 2021년에도 반도체 장비 투자 1위 지역을 유지할 것으로 예상한다고 전망했다.

중국은 대만과 함께 OSAT 주도를 꾀하고 있는 중국은 크로스보더 인수합병을 통해 OSAT 산업발전에 공을 들이고 있다.

# 3.3 기업별 시장

## 3.3.1 반도체 전체 매출 순위

| | 본사소재지 | 2021년 | | 2020년 | | 증감률 |
|---|---|---|---|---|---|---|
| | | 매출액 | 순위 | 매출액 | 순위 | |
| 삼성전자 | 대한민국 | 83,085 | 1 | 61,853 | 2 | 34% |
| 인텔 | 미국 | 75,550 | 2 | 76,328 | 1 | -1% |
| TSMC | 대만 | 56,633 | 3 | 45,572 | 3 | 24% |
| SK하이닉스 | 대한민국 | 37,267 | 4 | 27,075 | 4 | 38% |
| 마이크론 | 미국 | 30,087 | 5 | 22,542 | 5 | 33% |
| 퀄컴 | 미국 | 29,136 | 6 | 19,357 | 6 | 51% |
| 엔비디아 | 미국 | 23,026 | 7 | 14,659 | 8 | 57% |
| 브로드컴 | 미국 | 20,963 | 8 | 17,744 | 7 | 18% |
| 미디어텍 | 대만 | 17,551 | 9 | 10,985 | 12 | 60% |
| TI | 미국 | 16,904 | 10 | 13,574 | 9 | 25% |
| AMD | 미국 | 16,108 | 11 | 9,763 | 15 | 65% |
| 인피니언 | 유럽 | 13,616 | 12 | 11,225 | 11 | 21% |
| 애플 | 미국 | 13,430 | 13 | 11,440 | 10 | 17% |
| ST마이크로 | 유럽 | 12,574 | 14 | 10,178 | 14 | 24% |
| 키오시아 | 일본 | 12,132 | 15 | 10,553 | 13 | 15% |
| NXP | 유럽 | 10,715 | 16 | 8,391 | 17 | 28% |
| ADI | 미국 | 10,079 | 17 | 8,127 | 19 | 24% |

**[표 15] 글로벌 반도체기업 실적(2021)[단위: 백만 달러]**
**출처: IC인사이츠**

삼성전자는 2021년 한 해 동안 전년 대비 34% 높은 매출액 830억 달러를 기록해, 760억 달러를 기록한 인텔을 제치고 업계 1위를 차지하였다. 이는 메모리 시장의 성장세 전환과 인텔의 부진으로 1위에 올라선 것으로 분석됐다.

이들 17개 기업의 본사 소재지는 미국(9)과 유럽(3), 한국(2), 대만(1), 일본(1)이다. 글로벌 반도체 대기업이 주로 미국과 유럽, 아시아에 포진한 것을 알 수 있다. 사업 유형별로는 팹리스(설계 전문기업)가 6개 퀄컴, 엔비디아, 브로드컴, 미디어텍, AMD, 애플 등이 있고, 순수 주조(제조 전문기업)가 1개 TSMC이다.

## 3.3.1 반도체 전체 매출 순위

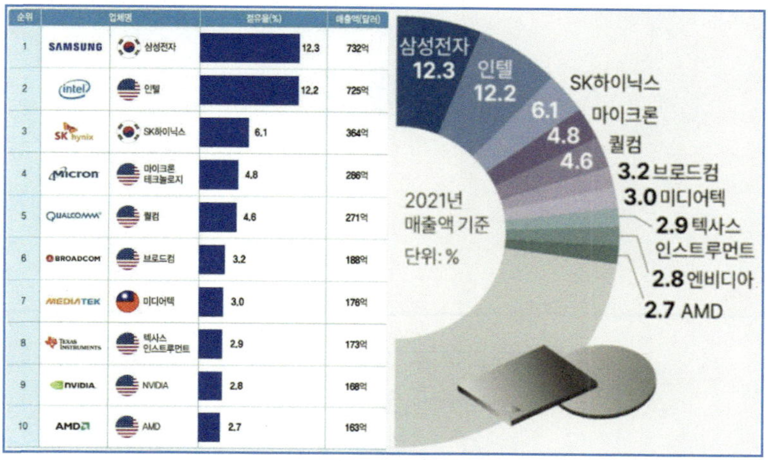


**[그림 244] 글로벌 반도체 공급 상위 10개 기업(2021)**
**출처: 가트너**

2021년 삼성전자가 세계 반도체 시장에서 732억 달러, 12.3% 점유율(0.1포인트 차이)로 인텔을 누르고 세계 반도체 공급 점유율 1위 기업으로 올라섰다.

인텔은 725억 달러, 12.2% 점유율로 2위, SK하이닉스는 364억 달러, 6.1% 점유율로 3위에 자리했다. 4~10위는 각각 미국의 마이크론 테크놀로지, 퀄컴, 브로드컴, 텍사스 인스트루먼츠, 엔비디아, AMD가 차지했고, 7위는 대만의 미디어텍으로 집계됐다.

중국의 하이실리콘은 2020년 82억 달러를 기록했으나, 2021년 매출은 81% 줄어든 15억 달러로 25위권 밖으로 밀려났다. 이는 미국 정부 제재의 직격탄을 맞은 것으로 풀이된다.

# 3.4 반도체별 시장

## 3.4.0 서론

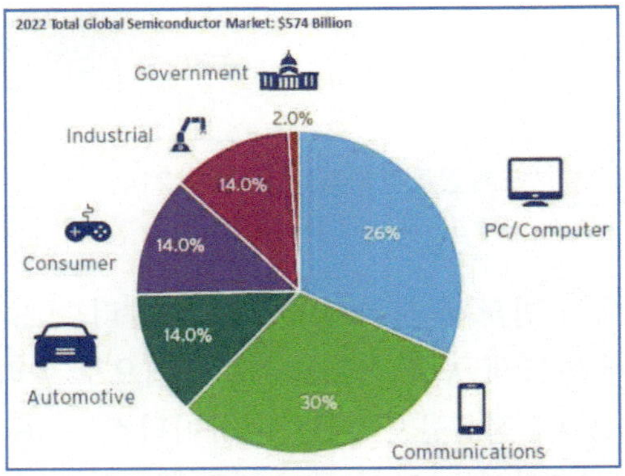


**[그림 245] 산업별 반도체 매출 점유율(2022)**
**출처: World Semiconductor Trade Statistics**

반도체 매출은 노트북, 스마트폰 등 소비자 수요가 높은 제품에 의해 주도되며 라틴 아메리카, 동유럽, 아프리카 등을 포함한 신흥 시장에서 수요가 증가하고 있다. 반도체 매출은 제품별로 다양하며 최근 몇 년간 전세계 반도체산업의 가장 큰 부분은 메모리, 로직, 아날로그, MPU가 차지했으며 이들이 2022년 78%를 차지하였다.

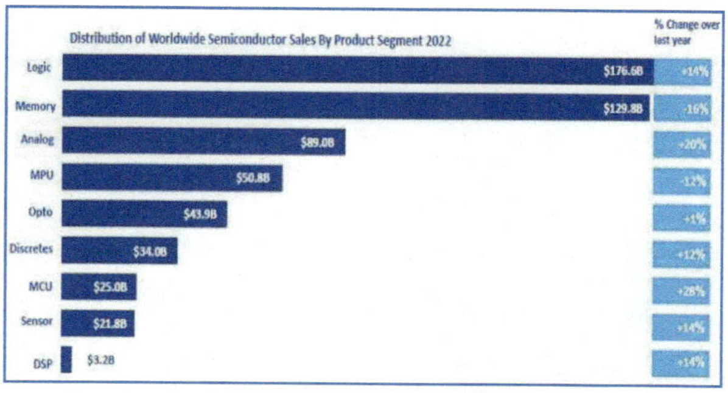


[그림 246] 제품별 반도체 매출 현황(2022)
출처: World Semiconductor Trade Statistics

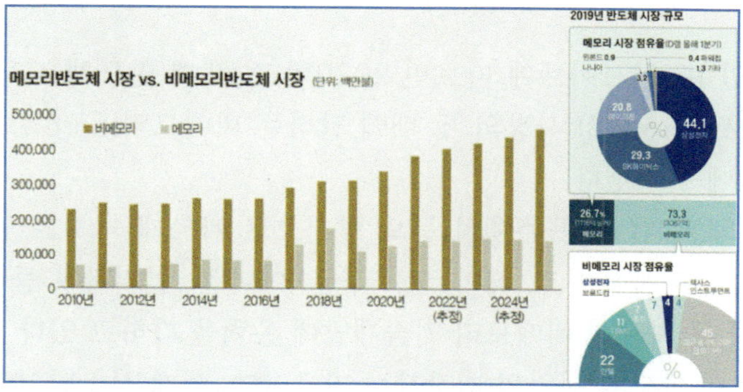


[그림 247] 메모리 반도체 시장 vs. 비메모리 반도체 시장
출처: 유안타증권 리서치센터, 블룸버그, 가트너, 트렌드포스

2019년 전 세계 반도체 시장(매출 기준)은 4,183억 달러, 이중 메모리 반도체가 1,116억 달러(26.7%), 비메모리 반도체가 3,067억 달러(73.3%)를 차지했다. 대략 메모리 30%, 비메모리 70%의 비중이다. 한국은 이 중 30% 시장의 강자일 뿐 70% 시장의 점유율은 4%에 불과한 도전자다.

## 3.4.1 비메모리 반도체

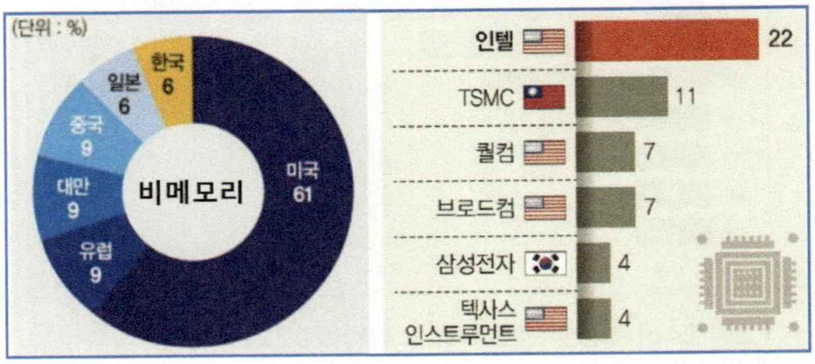


**[그림 248] 글로벌 비메모리 시장 및 업체별 점유율(2019)**
**출처: 미국반도체산업협회, 블룸버그, IDC**

시장조사업체인 IC 인사이트에 따르면 2020년 전 세계 반도체 시장은 4,498억 달러 규모로, 이중 메모리(33.2%) 시장의 두 배에 달하는 비메모리(65.8%) 시장을 놓고 세계 각국이 패권 경쟁에 돌입했다.

비메모리 반도체는 AI, 자율주행차 등의 발전으로 빠르게 커지고 있다. 미국의 인텔, 퀄컴 등 반도체기업은 물론이고, 페이스북, 구글, 아마존, 알리바바 등 IT 기업들은 자율주행차/AI 반도체 등 차세대 비메모리 기술개발에 총력을 다하고 있다.

현재 세계 시스템 반도체 산업의 최강자는 미국이다. 세계 시스템 반도체 Top 20 기업 중 미국 13개, 유럽 3개, 한국 1개, 일본 1개, 중국 1개, 대만 1개 기업이 순위에 이름을 올리고 있다. 미국 정부는 기초연구, 기술 보호 등으로 민간 기업을 지원해 시스템 반도체 세계 10대 기업 중 인텔, 퀄컴, 브로드컴, TI, NVIDIA, AMD 등 6개 기업을 보유하며 세계시장의 약 70%를 점유하고 있다.

후발주자들의 발걸음도 바빠지고 있다. 중국은 메모리·시스템 반도체 동시 육성전략을 추진하는 가운데 거대한 내수시장과 수요 창출 등 정부 지원을 바탕으로 팹리스 시장 점유율 3위로 부상했다. 대만은 팹리스-파운드리의 유기적 협력을 바탕으로 미디어텍(MediaTek), 노바텍(Novatek), 리얼텍(Realtek) 등 글로벌 팹리스 기업을 다수 육성했다.

## 3.4.2 메모리 반도체

2022년 메모리 반도체 시장은 한국이 약 61%를 점유하고 있다.

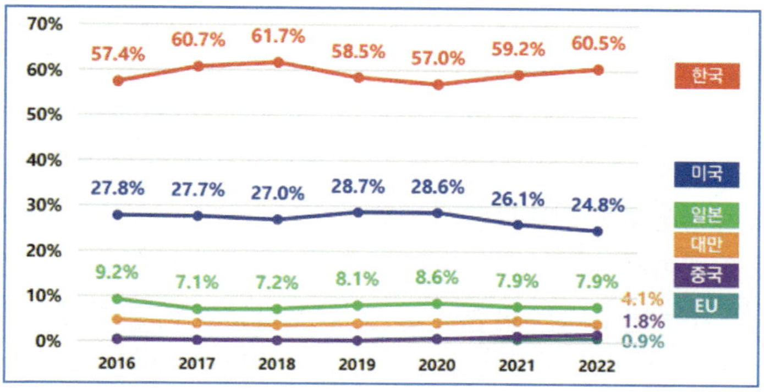


[그림 249] 메모리 반도체 글로벌시장 점유율
출처: OMDIA, Gatne

2021년 기준 한국의 글로벌 반도체 시장 점유율은 19.3%로 2013년 이후 세계 2위를 지속하고 있다. 특별히 2022년 전 세계 메모리 반도체 시장의 60.5%를 차지하고 있다.

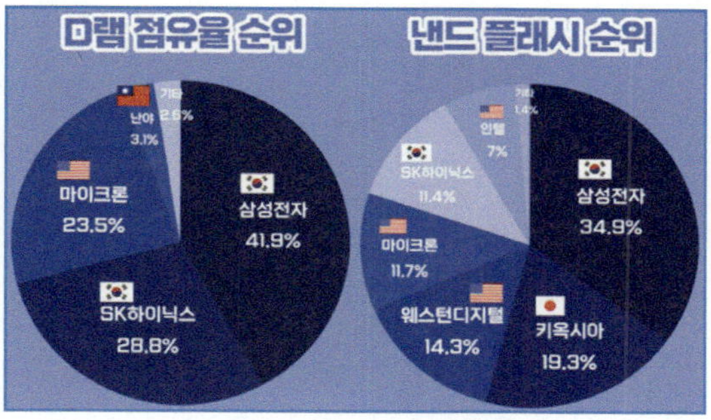


[그림 250] 글로벌 메모리 반도체 시장 점유율(2020)
출처: OMDIA 2021.

특히 DRAM 70.7%, NAND 46.3%를 점유하였다. 한국 메모리 반도체는 세계 최고 수준의 기술력을 보유하고 있으며, 경쟁우위를 지키기 위해 지속적인 연구개발과 투자에 주안점을 두고 있다.

삼성전자와 SK하이닉스는 메모리 반도체 시장에서 앞선 기술력과 공격적인 전력으로 강자 지위를 놓치지 않겠다는 각오다. 특히 가장 심혈을 기울이고 있는 부분은 바로 EUV 노광 기술이다. EUV 노광 기술은 반도체 미세공정의 핵심으로 극자외선 광원을 사용해 웨이퍼에 반도체 회로를 새기는 기술이다. 기존 기술보다 세밀한 회로 구현이 가능해 인공지능과 5세대 이동통신, 사물인터넷 등을 기반으로 한 제품에 필요한 고성능·초소형 반도체를 만드는 데 필수적이다.

## 3.4.3 AI 반도체

인공지능(AI) 반도체 시장을 놓고 한국·미국·중국·대만 네 나라가 벌이는 '최고 원천기술' 선점 경쟁의 열기가 뜨겁다. 아직 지배적 강자가 존재하지 않는 초기 단계 시장이라 저마다 국가 기술 역량을 총동원하는 상태다.

시스템 반도체가 데이터 수집→저장·가공→전송→연산·제어·학습·추론 등 전 과정에 활용되는 데 반해, 인공지능 반도체는 학습·추론 등 인공지능의 핵심 연산을 수행한다. 높은 성능 및 전력효율로 대규모 연산을 실행하는 반도체로, 대량의 데이터를 동시 처리해 기존 반도체 대비 약 1000배의 연산 전력효율을 구현한다. 다양한 산업에서 융합·확산하면서 전후방 산업 빅뱅을 이끄는 '신무기'로 꼽힌다.

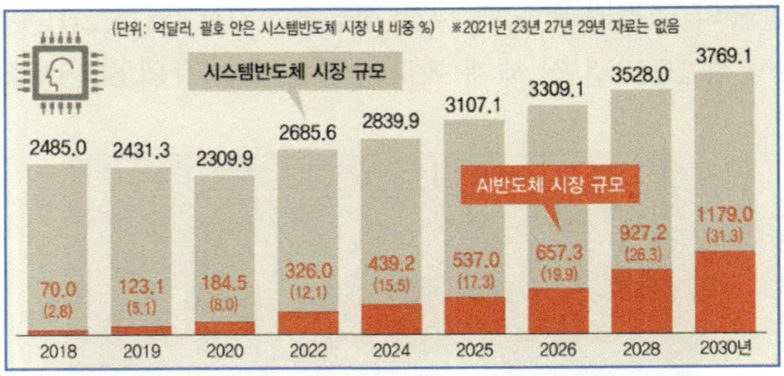


**[그림 251] AI 반도체 시장 규모 전망**
**출처: 가트너, 정보통신정책연구원**

구글·테슬라까지 개발 경쟁에 뛰어들어, 오는 2030년이면 인공지능 반도체 세계시장 규모가 1,179억 달러(약 135조4천억 원)에 이를 전망이다. 시스템 반도체 시장 규모 3,769억 달러(432조8천억 원)에서 차지하는 비중도 30%를 웃돌 것으로 예상한다. 각국이 치열한 기술 격전을 벌이는 배경이다. 구글은 자체 개발한 클라우드 전용 프로세서(TPU)를 자사 데이터센터에 적용해 엔비디아와 서버 칩 경쟁을 벌이고 있고, 테슬라도 자사 신모델 전기차에 자체 칩(FSD)을 적용해 자동차 인공지능 칩 기술을 선도하고 있다. 스타트업 그래프코어는 마이크로소프트(MS) · 페이스북의 클라우드 플랫폼과 접목하고 보쉬·델로부터 3억1천만 달러 투자를 유치해 상용화 수준까지 이른 상태다. 지난 2월엔 국내 인공지능 서버시장에도 진출했다.

미국은 국방부 산하 방위고등연구계획국의 차세대 인공지능연구 프로젝트 '인공지능 넥스트(NEXT) 캠페인'을 통해 인공지능과 이종 칩의 적층·통합, 뉴로모픽 칩 등 정부 주도 연구개발에 한창이다. 인텔·엔비디아·구글·애플 등 글로벌 기업들도 인수·합병, 연구개발 투자를 본격화하고 있다. 인텔은 모빌아이를 153억 달러에 인수한 데 이어 이스라엘 인공지능(AI)칩 전문업체 하바나랩스를 20억 달러에 인수했다. 엔비디아는 영국의 반도체 설계회사 암(ARM)을 최근 400억 달러에 인수했다.

중국도 '차세대 인공지능 발전 계획' 슬로건 아래 화웨이·알리바바 같은 주요 기업이 인공지능 반도체 경쟁력을 키우고 있다. 중국 내 인공지능 반도체 시장은 연평균 50% 이상 성장 중이다.

반도체 강국 대만도 '인공지능 반도체 프로젝트'(2018~2021년, 1억3200만 달러)를 통해 정부 주도로 인공지능 프로세서 칩과 차세대 반도체 설계·공정기술에 투자하고 있다. 대만의 파운드리사 TSMC가 미국 팹리스와 협업을 통해 경쟁력을 높이는 게 대표적이다.

한국은 2030년까지 '제2의 디램'으로 육성하고자 정부는 'AI 반도체 산업 발전전략'을 발표했다. 인공지능·종합반도체 강국 실현을 내건 이 전략은 2030년까지 인공지능 반도체를 제2의 디램으로 육성, 2030년 글로벌 인공지능 반도체 시장 점유율 20% 달성, 인공지능 반도체 혁신기업 20개 육성 및 고급인재 3천 명 양성, 세계 1위 메모리 역량으로 '신개념 PIM 반도체'의 초격차 기술 도전 등을 내걸었다.

국내 기술은 아직 선도국에 뒤처진 상태다. 미국에 견준 한국의 인공지능 반도체 기술수준은 84.0%(2018년)로 평가된다. 인공지능 반도체 특허출원 점유율(2013~2016년)도 미국(43.0%)과 중국(30.7%)이 한국(10.3%)을 크게 웃돈다.

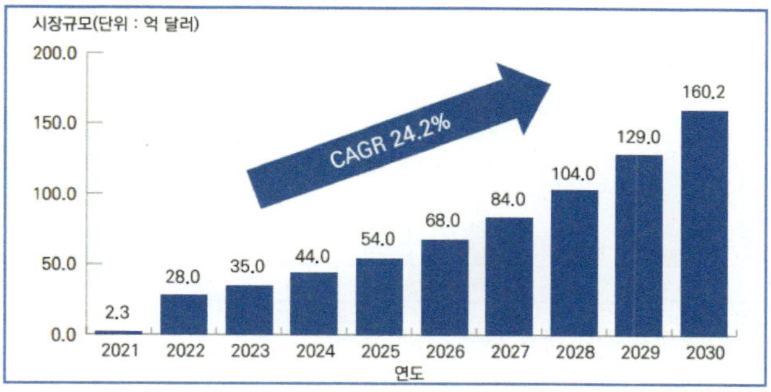


**[그림 252] 뉴로모픽 반도체 시장규모 전망**
**출처: KETI 2022.**

현재 저전력·고효율 ASIC 중심 시장이 성장 중이며, 향후 뉴모로픽 기술 상용화에 따라 관련 시장이 2022년 22억 달러에서 2030년 160억 달러로 5.7배 성장이 예상된다.

현재는 데이터센터 등 서버에 활용되는 학습용 비중이 높지만, 향우에는 자동차, 스마트폰 등 추론용 디바이스에 탑재가 확대될 전망이다. 국내는 정책지원에 힘입어 팹리스-수요기업간 연계가 활성화 중이나, 향후는 도심 항공 모빌리티(UAM: Urban Air Mobility), 자율선박 등 해외 미래시장 선점 노력을 강화할 필요가 있다.

## 3.4.4 차량용 반도체

차량용 반도체는 연평균 10.3%로 반도체 시장에서 가장 높은 시장 성장률을 보이며 2025년 800억 불을 기록하는 등의 고속 성장할 것으로 전망하고 있다.

Infieon 11%, NXP 10.4%, Renesas 7.8%, TI 7.2%, STMicro 6.7, Bosch 4.3%의 비중을 차지해 차량용 반도체 시장은 EU가 강세를 보인다.(출처: Gartner 2021)

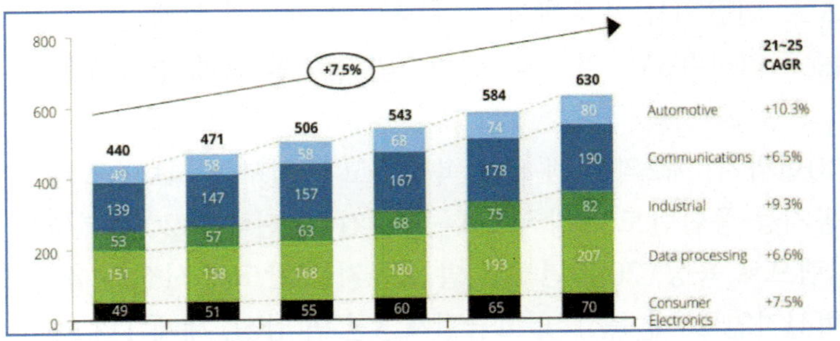


**[그림 253] 세계 반도체 시장 전망**
**출처: Modor Intellignece**

전력반도체, 센서 반도체 등을 중심으로 차량에 탑재되는 반도체의 개수와 비중이 급격히 증가할 것으로 예상한다.

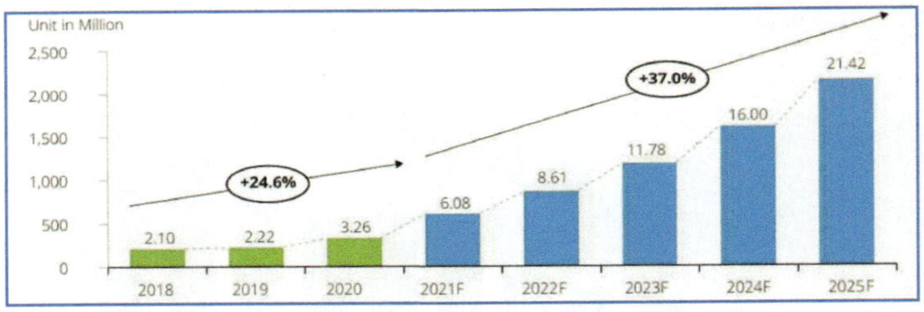


**[그림 254] 세계 친환경차 보급 전망**
**출처: Deloitte**

차량용 반도체의 시장 트렌드는 connectivity, autonomous, sharing, electrification으로 요약할 수 있다. 시장 규모는 연결과 자율주행이 크지만, 성장 속도는 공유가 가장 빠를 것으로 보고 있다.

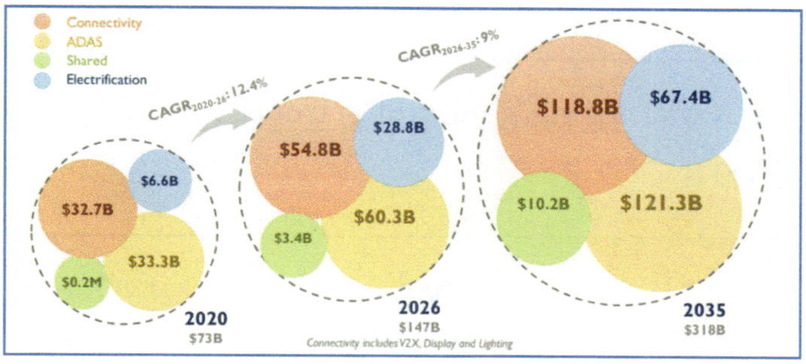


**[그림 255] 세계 C.A.S.E. 시장 전망(모듈 수준)**
**출처: Yole**

기존 모듈별 제어를 위한 ECU(Electronic Control Unit)에서 도메인별 제어를 위한 DCU(Domain Control Unit)로 시장의 흐름이 급변해 DCU의 사용이 보편화 될 전망이다.

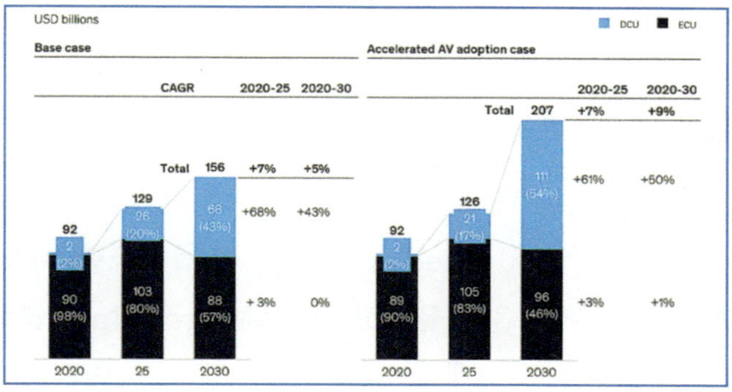


**[그림 256] 세계 C.A.S.E. 시장 전망(모듈 수준)**
**출처: Yole**

기존의 Tesla, Arcfox, Lucid 등 전기차 업체를 넘어서 Apple, Xiaomi, Huawei 등 이에 버금가는 IT 기반 완성차 업체가 출현할 것으로 예상된다.

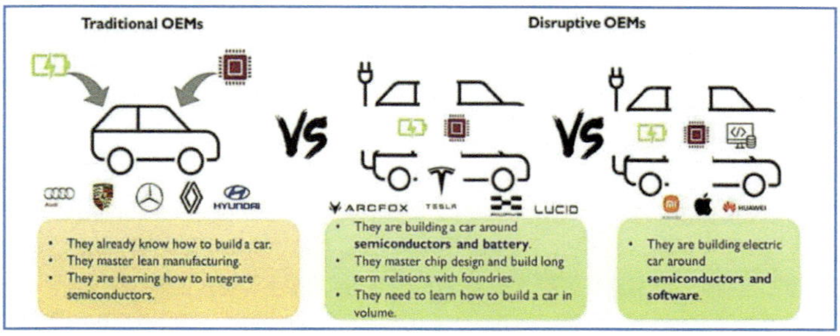


**[그림 257] 전통적 OEM vs. 잠재적 OEM**
**출처: Yole**

## 3.4.5 우주·항공용 반도체

우주·항공 반도체 시장은 2021년 69억 달러 규모에서 2031년 129억 달러로 7.6%의 고성장을 전망하고 있다.

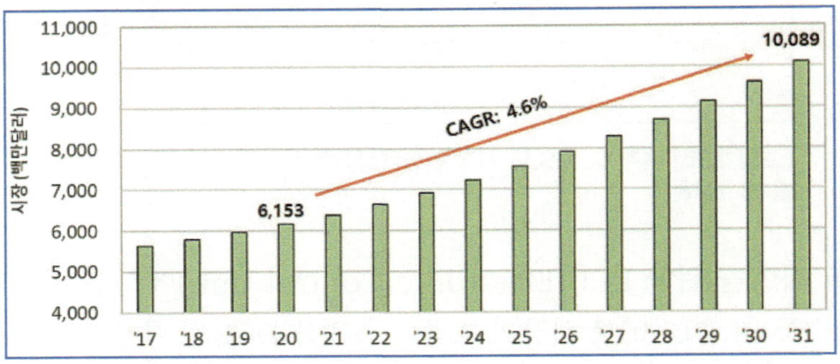


**[그림 258] 우주·항공 반도체 시장 규모**
**출처: Transparency Market Research21**

주요 기업은 Infineon, TI, Teledyne, Microchip, NXP, Intel 등이 있다.

- (미국) TI는 8만 가지가 넘는 다양한 제품을 기반으로 항공제어, 엔진제어, 레이더, 통신, 프로세서를 개발하고 있다. Teledyne은 CIS, 항법시스템, 메모리 등을 공급하며, 우수한 내방사선 패키징 기술을 보유하고 있다. Microchip은 군용네트워크 등을 개발하고, 방사선 피폭량 100kRad에 견딜 수 있는 RT polarfire FPGA를 출시하였다.
- (독일) Infineon은 항공용 배터리 충방전, 모터제어, RF 통신 반도체, 메모리 등을 공급하고 인공위성에 사용되는 F-RAM을 공급하고 있다.
- (일본) 우주항공개발기구(JAXA)는 도레이사와 함께 고밀도직물, 특수필름, tricot를 배치한 3층 복합소재를 방사선 차폐 복합소재로 개발하였다.

| 구분 | '22 | '24 | '30 | CAGR ('22-'30) |
|---|---|---|---|---|
| 메모리 | 25% | 26% | 28% | 11% |
| 센서 / 액추에이터 | 14% | 13% | 12% | 7% |
| 광학 | 12% | 11% | 11% | 8% |
| 마이크로컨트롤러 | 13% | 13% | 13% | 10% |
| 로직IC | 22% | 22% | 21% | 9% |
| 기타(아날로그 IC등) | 16% | 16% | 16% | 10% |

**[그림 259] 우주·항공 반도체 분류별 비중**
**출처: Transparency Market Research21**

미래 데이터의 수집 처리 용량이 증가하면서 메모리 수요가 상대적으로 증가하고 있고, 내방사선 패키징 수요가 증가할 것으로 예측하고 있다. 특히 미래 항공모빌리티 비행체에 사용될 항공전자부품 사용도입을 위한 극한의 신뢰성 검증이 필요하다.

# 3.5 산업별 시장

## 3.5.1 웨이퍼 순위

첨단 기술이 집약된 분야인 만큼 기술 경쟁력을 갖추기 어려워 전 세계적으로도 소수의 기업만이 살아남았다. 현재 글로벌 웨이퍼 시장은 한국의 SK실트론과 일본의 신에츠, 섬코, 대만의 글로벌웨이퍼스 그리고 독일의 실트로닉이 전체 시장의 94%를 과점하고 있다.

글로벌 300mm 실리콘 웨이퍼 출하량 기준 점유율

| 구분 | 2018 | 2019 | 2020 | 2021 |
|---|---|---|---|---|
| 신에츠 | 32.50% | 32.90% | 31.10% | 29.80% |
| 섬코 | 25.10% | 25.30% | 25.30% | 24.80% |
| SK실트론 | 14.70% | 17.00% | 18.60% | 18.10% |
| 실트로닉 | 13.70% | 13.00% | 13.20% | 14.10% |
| 글로벌웨이퍼스 | 13.40% | 11.30% | 11.00% | 11.60% |

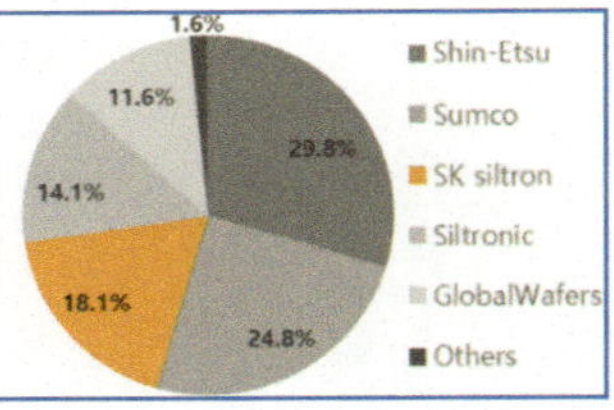


[그림 260] 2021년 기준 실리콘 웨이퍼(300㎜) 출하량 시장 점유율
출처: SK실트론

300㎜ 실리콘 웨이퍼 출하량 기준으로 2018년 대부분 하락 또는 유지인 데 반해 SK실트론은 점유율을 끌어올렸다. 점유율 확대는 기존 반도체 소재 강자인 일본과의 기술·품질 경쟁력을 좁혔기에 가능한 일이다.

현재 웨이퍼의 주류는 200㎜(8인치)에서 300㎜(12인치)로 넘어간 상태다. 시장조사기관 옴디아에 따르면 2021년 실리콘 웨이퍼 시장 규모가 129억 달러(15조3,000억 원)에 달하며, 이 가운데 300㎜ 비중이 71.7%이고, 2025년은 75.5%로 확대될 것으로 전망했다.

## 3.5.2 팹리스 순위

팹리스 시장은 미국이 약 69%를 점유하고 있다. 이중 Top 10에 6개 회사, Top 20에 10개의 회사를 보유한 미국이 시장을 지배하고 있다.

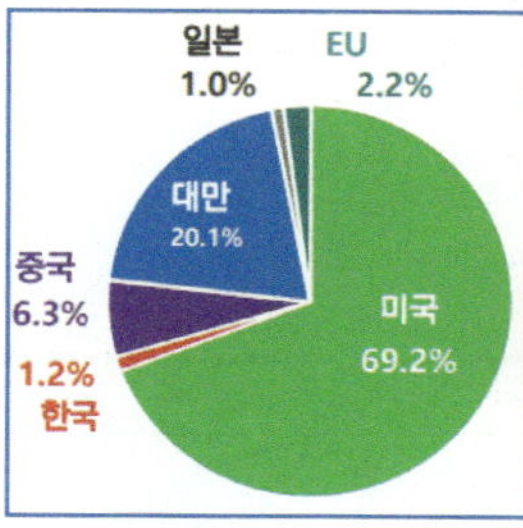


| 국가 | Top 10 內 | Top 20 內 |
|---|---|---|
|  | 6개 | 10개 |
|  | 0개 | 1개 |
|  | 0개 | 3개 |
|  | 4개 | 5개 |
|  | 0개 | 1개 |

**[그림 261] 글로벌 팹리스 시장(2021)**
**출처: OMDIA, IC Insights**

전 세계 상위 10개 팹리스 기업의 매출액은 총 1,274억 달러(약 156조 원)로 2020년 대비 48% 증가했다. 반도체 공급 부족이 계속되면서 팹리스 수요도 크게 늘어난 데 따른 것이다.

| 순위 | 기업명 | 매출(달러) | 전년대비 성장률 |
|---|---|---|---|
| 1 | 퀄컴 | 293억3300만 | 51% |
| 2 | 엔비디아 | 248억8500만 | 61% |
| 3 | 브로드컴 | 210억2600만 | 18% |
| 4 | 미디어텍 | 176억1900만 | 61% |
| 5 | AMD | 164억3400만 | 68% |
| 6 | 노바텍 | 48억3600만 | 79% |
| 13 | LX세미콘 | 약 15억5000만<br>(1조8988억원) | 63% |

**[그림 262] 2021년 팹리스 시장 매출 순위**
**출처: 트렌드포스, 옴디아**

1위는 퀄컴으로 지난해 반도체 설계 매출은 293억3,300만 달러로 같은 기간 51% 증가했다. 스마트폰 시스템온칩(SoC) 매출이 51%, 사물인터넷(IoT) 칩 매출이 63% 증가했다.

2위인 엔비디아(248억8,500만 달러)는 게임용 그래픽카드와 데이터센터 매출이 각각 64%, 59% 성장하면서 전체 매출이 전년보다 61% 뛰었다.

3위인 브로드컴(210억2,600만 달러)의 매출도 18% 늘었고, 6위인 노바텍(48억3,600만 달러)의 매출은 79%나 뛰어 10대 기업 중 가장 높은 증가율을 기록했다.

10대 팹리스 기업 중 퀄컴·엔비디아·브로드컴·AMD·마벨·자일링스 등 6곳은 미국 기업이며 미디어텍·노바텍·리얼텍·하이맥스 등 4곳은 대만 기업이다. 전 세계 팹리스 시장에서 한국 기업이 차지하는 비중은 1.5%로 미국(56.8%)·대만(20.7%)에 크게 못 미치고, 중국(16.7%)과도 격차가 크다. 국내 팹리스 업체 중 가장 규모가 큰 기업은 지난해 1조 8,988억 원의 매출을 올린 LX세미콘으로 세계 13위 수준이다.

## 3.5.3 파운드리 순위

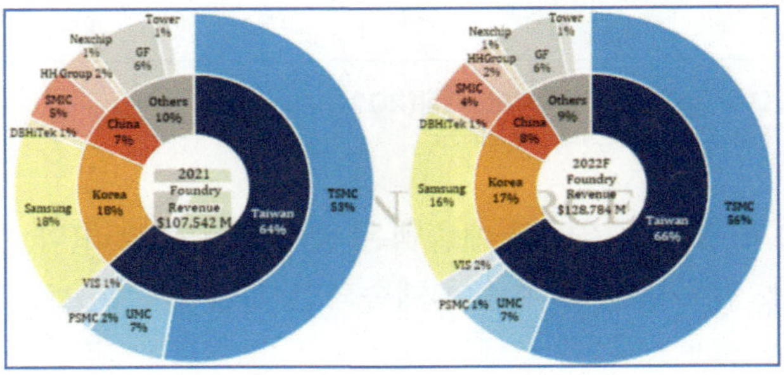


**[그림 263] 글로벌 파운드리 시장 점유율(2021~2022)**
**출처: 트렌드포스**

트렌드포스(TrandForce)에 따르면 2021년 파운드리 매출에 따른 시장 점유율에서 대만이 64%를 차지해 1위를 기록했다. 한국은 전체에서 2위를 기록했지만, 18%의 점유율로 대만과 3배가 넘는 격차를 보였다.

2022년 전망치에서는 차이가 더 벌어졌는데, 대만은 66%로 2% 상승, 한국은 17%로 1% 하락이 예상됐다.

대만은 TSMC를 앞세워 글로벌 파운드리 시장을 압도했다. 8인치와 12인치 파운드리에서 대만의 24개 팹이 지배적이다. TSMC는 2021년 53%와 2022년 전망치 56%를 기록해 사실상 대만 파운드리 점유율의 대부분을 차지하고 있다.

| Foundries | | New Fab Location |
|---|---|---|
| Taiwan | TSMC | Taiwan, US, Japan, China |
| | UMC | Taiwan, Singapore |
| | PSMC | Taiwan |
| | Vanguard | Taiwan |
| China | SMIC | China |
| | Huahong | China |
| | Nexchip | China |
| Korea | Samsung | Korea, US |
| Others | GlobalFoundries | US, Singapore |
| | Tower | Europe |

**[표 16] 글로벌 파운드리 상위 10개사의 신규 팹 분포**

2021년 이후 신규 팹 증설 계획에도 TSMC는 대만, 미국, 일본, 중국에 6개 신규 팹 건설을 추진하고 있다.

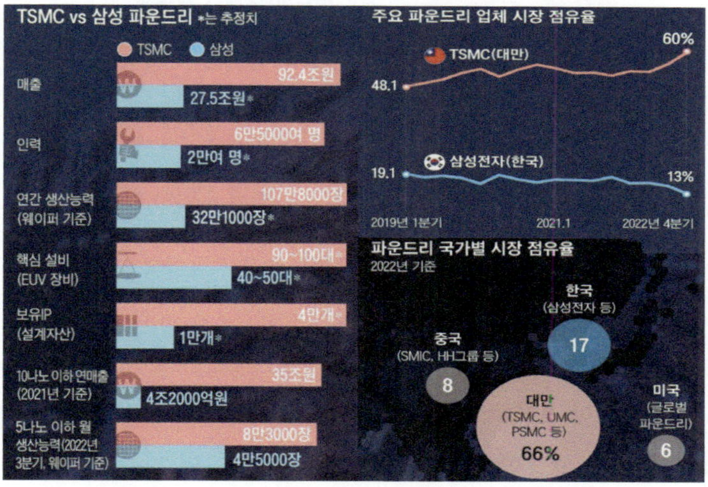


**[그림 264] TSMC vs 삼성파운드리, 업체·국가 시장 점유율**
**출처: 트렌스포드, 카운터포인트, 스태디스타, 조선일보(2023.1.26.)**

## 3.5.4 패키지 순위

2021년 2분기 전 세계 상위 10대 반도체 조립·테스트 아웃소싱(OSAT: Outsourced Semiconductor Assembly and Test) 기업의 매출 규모는 지난해 같은 기간보다 26.4% 증가한 78억8,000만 달러(약 9조2,500억 원)였다. 이 기간 전 세계 반도체 시장 매출이 1,336억 달러(약 157조 원)인 것을 고려하면 6%도 안 되지만, 반도체 제조 공정에선 필수적인 시장이다.

반도체 후공정 시장은 대만 업체들이 장악하고 있다. 시장점유율 23.7%로 1위인 ASE를 비롯해 4위 SPIL(점유율 11.8%), 5위 PTI(9.4%), 8위 KYEC(3.5%), 9위 칩모스(3.2%), 10위 칩본드(3.2%) 등 대만 기업이 세계 10대 기업 중 6개를 차지하고 있다.

애플 의존도가 높은 시장 2위 미국 암코(Amkor)를 제외한 나머지 10위권엔 중국업체들이 포진해 있다. 업계 3위인 JCET(14%)와 6위 TFME(7.5%), 7위 화톈(5.9%) 등이다. 중국업체들 역시 AMD 등에서도 수주를 하지만 SMIC를 비롯한 자국 회사의 물량이 많다.

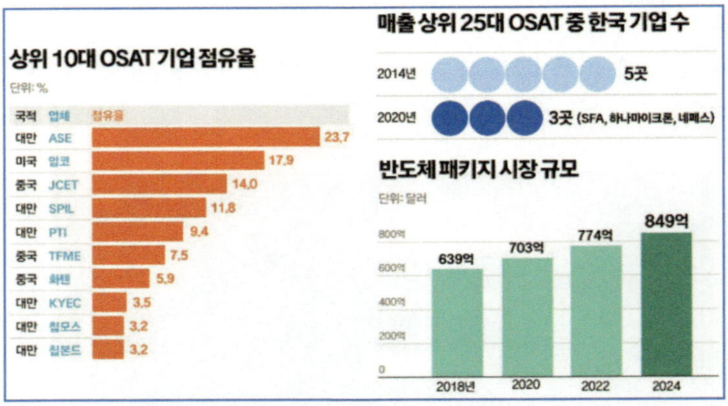


**[그림 265] OSAT 시장 점유율과 한국 기업 수 및 시장 규모**
**출처: 트렌드포스, KISTEP**

반도체 전문 시장조사업체인 욜디벨로프먼트와 한국과학기술기획평가원(KISTEP)에 따르면, OSAT 시장 규모는 2019년 575억 달러(약 67조6,000억 원)에서 2026년 823억 달러(96조7,000억 원)로 성장할 전망이다. 하지만 2018년 기준 상위 25대 OSAT 기업에 한국은 SFA반도체와 하나마이크론, 네패스 세 곳만 포함됐다. 대만은 12곳, 중국은 4곳이었다.

한국에도 하나마이크론, SFA반도체, 엘비세미콘, 네패스, 윈텍, 시그네틱 등의 전문 OSAT 기업이 있다. 하지만 세계 메모리 1~2위 업체인 삼성전자 · SK하이닉스의 혜택을 많이 받지 못했다.

메모리 패키지 전문기업 하나마이크론의 경우 최근 WLP 제품에 대한 범위를 넓혀 나가고 있으며, 비메모리 반도체 분야에서도 활발한 활동을 보인다.

WLP(Wafer Level Package) 전문 기업인 네패스의 경우 일찌감치 FO(Fan Out)기술을 개발하여 첨단패키지 시장에 진입 하였으며, 최근에는 Deca Technologies(美)의 유관 기술, 라이선스 및 영업권과 생산설비들을 인수하여 관련 포트폴리오 강화에 힘쓰고 있다.

삼성전자는 시스템반도체 파운드리 생산도 수행하고 있으며, 3D 패키지 기술에 대한 투자와 개발에 집중하여 업계 1위 TSMC와 경쟁 중이다. 후공정 분야는 TSMC 대비 상대적으로 열세이나 2019년 삼성전기의 FO-PLP(Panel Level Package)기술을 인수하여 기술을 보강하고 있다.

| 기업 | 최신 동향 |
|---|---|
| ASE<br>(대만) | • 전 세계 1위 OSAT 기업으로 글로벌 파운드리 기업과 전략적 파트너를 구축하고 패키지에서 테스트까지 독립적인 서비스를 제공<br>• ASE Group 전체 매출은 '19년 대비 13~15% 상승한 92억 달러 수준의 매출 예상되며, ASE KOREA의 매출은 2019년 4억2천만 달러에서 2020년 4억 5천만 달러로 상승 예상<br>• 2020년 상반기 FC/Bumping/WLP/SiP에서 36% 수준의 상승으로 전체 매출 성장을 이끌고 있고, Fan-out의 경우 매출은 크지 않지만 68% 성장세 전망<br>• Application 별 매출로는 Communication 53%, Consumer 21%, Computing 14%, Automotive 5%로 예상 |
| Amkor<br>(미국) | • Thin 패키지, TSV, TMV, SIP 등 새로운 패키지 기술개발에 주력<br>• Amkor Group 전체 매출은 2019년 대비 18% 상승한 48억 달러 수준, Amkor KOREA의 매출은 2020년 24억 달러로 예상됨<br>• 국내 주 고객으로는 삼성이 절반 이상 차지하고 이외 Siliconworks, ADT 등 FABLess 업체가 고루 분포<br>• 2020년 상반기 FC/WLP/SiP에서 30% 이상의 매출 상승으로 매출 성장을 견인<br>• SiP 등 첨단패키지 기술은 약 2배의 매출 성장이 예상되나, 기존 와이어본딩 및 리드프레임 제품은 자동차 시장 약화로 다소 둔화 예상<br>• Application 별 매출로는 Communication 38%, Consumer 26%, Computing 16%, Automotive/Industrial 21% 예상 |

| 기업 | 최신 동향 |
|---|---|
| JCET<br>(중국) | · 패키지 패러다임의 변화에 대응하여 웨이퍼 레벨 패키지, 플립 칩 인터커넥트 및 TSV 등 차별화된 솔루션 개발을 위해 노력 중이며, 2020년 JCET Group 전체 매출은 2019년 대비 6% 상승한 35억 달러 수준의 매출 전망<br>· 중국 Jiangyin에 HQ를 둔 기업으로써, Leadframe 위주의 Low end 패키지를 시작으로 SMIC와 합작으로 WLCSP, FC, SiP 등을 시작하고 StatsChipak을 인수하면서 Global OSAT 업체로 편입<br>· JCET Korea의 경우, SiP, PoP 등 첨단패키지 사업이 주를 이루고 있으며, iPhone / 삼성 저가형 스마트폰, Qualcomm 관련 매출이 큰 것으로 파악 |
| TSMC<br>(대만) | · 파운드리 기업임에도 불구하고, 패키징 분야 기술력을 확보하여 원스톱 패키지 서비스 및 프로브카드 설계 등 통합 서비스 제공<br>· Wafer level chip scale package(WLCSP), Chip-on-Wafer-on-Substrate, Integrated FO 등과 같은 첨단 패키징 기술을 세계 최고 수준으로 서비스<br>· 패키징뿐만 아니라 어셈블리·테스트 분야 외주 파트너의 공급망을 관리하여 고객에게 후공정 분야의 turn-key 서비스를 제공<br>· 2020년 기준 매출의 9% 수준을 최첨단 기술 R&D에 할당하여 최신의 소자 집적화와 패키징 기술 구현 추진 |
| SFA<br>반도체<br>(한국) | · 국내를 비롯한 중국, 필리핀에 현지법인을 구축하여 생산력 향상 및 원가 경쟁력을 강화하는 등 글로벌경쟁력 확보에 주력<br>· 차세대 패키지 관련 연구개발에 집중함으로써 다양한 특허와 원천기술 확보 및 Bumping에서부터 패키지 및 테스트까지 일괄공정 체계 구축 |
| 하나<br>마이크론<br>(한국) | · 주력기술인 FC를 포함하여 SiP, MCP, 인터포저 등 다양한 패키지 기술 보유<br>· 반도체 제조 및 재료 부문의 기업부설 연구소를 설립하여 전반적인 후공정 분야 연구개발 수행 - 최근 FCBGA(Flip-chip ball grid array), 플랙서블 패키지 등 차세대 패키징 기술 개발과 함께<br>· 제품 맞춤형 최적화 패키지 기술을 적용하는 서비스 제공 |
| 네페스<br>(한국) | · 타 OSAT 기업과 달리 전통적인 패키지에 대한 투자를 축소하고, 첨단 패키지 중심의 후공정 사업에 집중<br>· 2020년 FO 패키지 특화된 자회사 '네페스 라웨'를 설립하여 FO-WLP, FO-PLP 등 기술 개발에 주력 - ASE社에 집중된 FO패키지 의존도를 낮추기 위해 Deca Technologies(미국)의 자산과 특허를 인수하는 등 시장에 적극적으로 대응 중<br>· TSMC에 집중된 후공정 의존도를 낮추기 위해 국내 파운드리와의 적극적인 협력을 통해 생태계 강화 노력 |

**[표 17] 국내·외 OSAT 주요 기업 최신 동향**

반도체 패키징 세계시장은 2015년부터 연평균 4.84% 성장하여 2024년 849억 달러에 이를 것으로 전망되며, 우리나라의 생산 비중은 평균 22% 수준으로 보고 있다.

| 구분 | '16년 | '17년 | '18년 | '19년 | '20년 | '21년 | '22년 | '23년 | '24년 | CAGR |
|---|---|---|---|---|---|---|---|---|---|---|
| 반도체 패키지 세계시장 | 582 | 610 | 639 | 670 | 703 | 738 | 774 | 810 | 849 | 4.84% |
| 해외생산 (비중) | 451 (77.5%) | 476 (78.0%) | 499 (78.1%) | 523 (78.1%) | 549 (78.1%) | 579 (78.0%) | 604 (78.0%) | 640 (79.0%) | 679 (80.0%) | 4.85% |
| 국내생산 (비중) | 131 (22.5%) | 134 (22.0%) | 140 (21.9%) | 147 (21.9%) | 154 (21.9%) | 162 (22.0%) | 170 (22.0%) | 170 (21.0%) | 170 (20.0%) | 4.80% |

**[표 18] 반도체 패키지 세계시장 전망(단위: 억 달러)**
**출처: 한국IR협의회, KISTEP**

첨단 패키징 세계시장은 향후 Flip-Chip, SiP, WLP가 높은 비중을 차지하고 있으며, PLP와 stacking은 작은 비중에도 응용 분야에 따라 큰 성장이 예상된다.

| 구분 | '20년 | '21년 | '22년 | '23년 | '24년 | CAGR | 점유율 ('24년 추정) |
|---|---|---|---|---|---|---|---|
| Flip-Chip | 273.0 | 288.0 | 305.0 | 322.0 | 340.0 | 5.6% | 48.4% |
| FI-WLP | 47.0 | 52.0 | 57.0 | 62.0 | 69.0 | 10.1% | 9.8% |
| FO-WLP | 19.0 | 23.0 | 27.0 | 32.0 | 39.0 | 19.5% | 5.5% |
| FO-PLP | 0.5 | 0.8 | 1.5 | 2.7 | 4.8 | 79.0% | 0.7% |
| SiP | 141.0 | 150.0 | 158.0 | 167.0 | 177.0 | 5.8% | 25.3% |
| 적층(2.5/3D) | 28.0 | 35.0 | 45.0 | 57.0 | 73.0 | 27.0% | 10.4% |
| 전체 세계시장 | 509.3 | 549.0 | 594.5 | 644.4 | 703.1 | 8.4% | 100.0% |

**[표 19] 패키지 기술 분야별 세계시장 전망(단위: 억 달러)**
**출처: Yole, Systemplus, KISTEP**

모바일 프로세서(AP)의 기술개발 경향이 패키지에서 실리콘 소자 집적으로 변화함에 따라 높은 수준의 기술이 요구되므로 기존 OSAT 업체를 대신해 대형 파운드리가 주요 플레이어로 부상하고 있다.

IC 기판 및 PCB 기판 제조업체들 역시 첨단 후공정 기반 AP 시장 경쟁에 참여하여, 전통적인 OSAT·IDM 업체의 영역이었던 패키징 분야가 거대 파운드리·기판·PCB 업체들의 진입에 따라 경쟁이 심화 중이다.

## 3.5.5 반도체 장비 순위

국제반도체장비재료협회(SEMI)에 따르면 2020년 매출 710억 달러에서, 2021년 1,030억 달러로 44.7% 증가했다.

| 국가 | 2021 | 2020 | 성장률 |
|---|---|---|---|
| 중국 | 296.2 | 187.2 | 58% |
| 한국 | 249.8 | 160.8 | 55% |
| 대만 | 249.4 | 171.5 | 45% |
| 일본 | 78.0 | 75.8 | 3% |
| 북미 | 76.1 | 65.3 | 17% |
| 기타 | 44.4 | 24.8 | 79% |
| 유럽 | 32.5 | 26.4 | 23% |
| 합계 | 1,026.4 | 711.9 | 44% |

**[그림 266] 2021년 부문별 반도체 장비 매출액과 총 예측과 국가별 투자 규모**
**출처: SEMI, SEAJ**

중국의 2021년 반도체 장비 매출액은 약 58% 증가한 296억2천만 달러로 전 세계 최대 규모의 반도체 장비 투자 국가로 올라섰다. 2위를 기록한 한국은 2019년 61%, 2020년 55%로 성장했고 2020년 249억8천만 달러로 전 세계 모든 지역에서 가장 높은 증가세를 보였다.

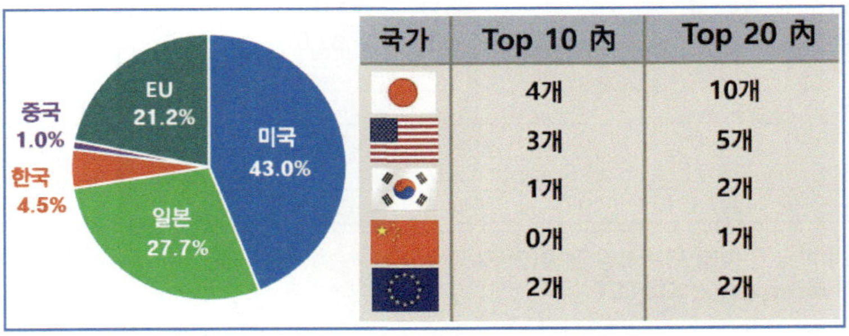


| 국가 | Top 10 內 | Top 20 內 |
|---|---|---|
| (일본 국기) | 4개 | 10개 |
| (미국 국기) | 3개 | 5개 |
| (한국 국기) | 1개 | 2개 |
| (중국 국기) | 0개 | 1개 |
| (EU 국기) | 2개 | 2개 |

**[그림 267] 글로벌 장비 점유율 및 Top 10, 20 국가별 기업 수**
**출처: OMDIA, IC Insights**

| Rank | AOW | Company | 2021 | 2020 | 2019 | Growth | Share |
|---|---|---|---|---|---|---|---|
| 1 | USA | AMAT | 17,738 | 16,365 | 13,468 | 21.5% | 17.7% |
| 2 | EU | ASML | 16,150 | 15,396 | 12,770 | 20.6% | 16.7% |
| 3 | Japan | Tokyo Eletron | 14,129 | 11,321 | 9,552 | 18.5% | 12.3% |
| 4 | USA | Lam Research | 13,746 | 11,929 | 9,549 | 24.9% | 12.9% |
| 5 | USA | KLA | 6,013 | 5,443 | 4,704 | 15.7% | 5.9% |
| 6 | Korea | SEMES | 2,214 | 1,056 | 489 | 116.0% | 1.1% |
| 7 | Japan | SCREEN | 2,200 | 2,331 | 2,200 | 6.0% | 2.5% |
| 8 | Japan | Kokusai Electic | 1,783 | 1,455 | 1,127 | 29.1% | 1.6% |

| Rank | AOW | Company | 2021 | 2020 | 2019 | Growth | Share |
|---|---|---|---|---|---|---|---|
| 9 | EU | ASM International | 1,666 | 1,516 | 1,261 | 20.2% | 1.6% |
| 10 | Japan | Advantest | 1,219 | 2,531 | 2,470 | 2.5% | 2.7% |
| 11 | USA | Teradyne | | 2,259 | 1,553 | 45.5% | 2.4% |
| 12 | Japan | Hitachi High-Tech | | 1,717 | 1,490 | 15.2% | 1.9% |
| 13 | Japan | Nicon | | 1,085 | 1,104 | -1.7% | 1.2% |
| 14 | ROW | ASM Pacific | | 1,027 | 894 | 14.9% | 1.1% |
| 15 | Japan | Daifuku | | 940 | 1,107 | -15.1% | 1.0% |
| Others | | | | 16,034 | 14,294 | 12.2% | 17.4% |
| Total | | | | 92,032 | 78,032 | 18.4% | 100% |

**[표 20] 2021년 반도체 장비업체 랭킹 톱 10(백만 달러)**
**출처: VLSIresearch**

1위는 미국 Applied Materials(AMAT)가 견지했다. 과거 한 번 2002년 ASML에 1위를 내줬지만, 그 외에는 수년간 최고의 자리에 있다.

향후 인텔이 EUV를 7nm CPU의 제조에 많이 이용하고, 새롭게 건설하는 애리조나주의 2개 팹에도 EUV 노광 장치를 도입할 것을 선언, 1대에 2천억 원 규모인 EUV 노광 장치가 TSMC, 삼성전기, SK하이닉스에 이어 인텔에도 다수 납품되면 매출에서 ASML이 AMAT를 제치고 정상에 설 가능성도 나온다.

3위는 도쿄일렉트론과 4위는 Lam Research로 이 4개 업체가 연간 130억 달러(약 16조 원)를 넘는 4강이다.

2020년 SEMES가 매출을 전년 대비 116% 증가하여 순위 밖에서 단숨에 13위로 들어왔고, 2021년 6위까지 올라왔다.

Chapter 04

# 반도체 정책 및 이슈

# 4.1 국내 정책 및 이슈

## 4.1.1 국가 주도

반도체 부동의 1위…바이오·배터리·화장품도 '수출주력'으로 부상-한국경제 2021.12.13

**[그림 268] 한국 수출 현황**
**출처: 한국경제 2021.12.13.**

올해 한국 수출이 6400억 달러에 이르러 사상 최대를 기록할 것으로 전망되는 것은 무엇보다 세계 경제가 코로나19에서 회복된 덕분이다. 국제통화기금(IMF)은 세계 경제 성장률이 지난해 -3.1%에서 올해 5.9%로 급반등할 것으로 보고 있다. 올해 미국은 6%, 유럽연합(EU)은 5%, 중국은 8% 성장할 전망이다. 하지만 그간 한국 기업의 기초 체력이 튼튼해졌기 때문에 회복 국면에서 26%에 이르는 수출 증가율 달성이 가능했다는 것이 전문가들의 진단이다. 지난 10년간 한국 수출을 이끌어온 반도체, 자동차, 석유화학 등 전통산업이 올해도 수출 증가를 이끌었다. 여기에 바이오, 화장품, 전기차 배터리 등이 뒤를 밀고 있다.

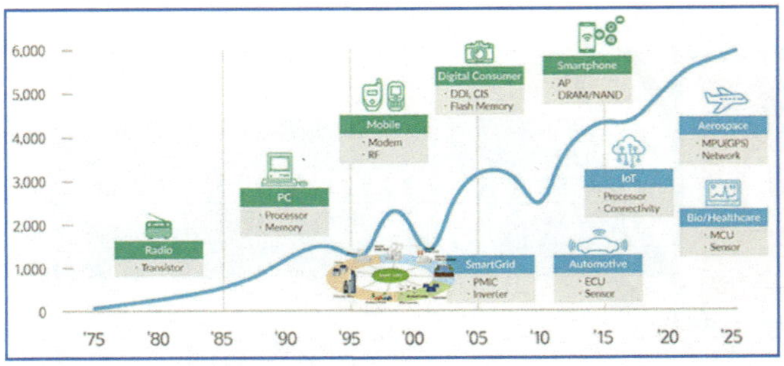


**[그림 269] 반도체 산업 확산**
**출처: 한국반도체산업협회**

4차산업혁명 시대 기술혁신의 핵심인 반도체는 AI, IoT, 자동차, 바이오, 항공우주, 에너지 등 전 산업으로 확산하는 추세이다.

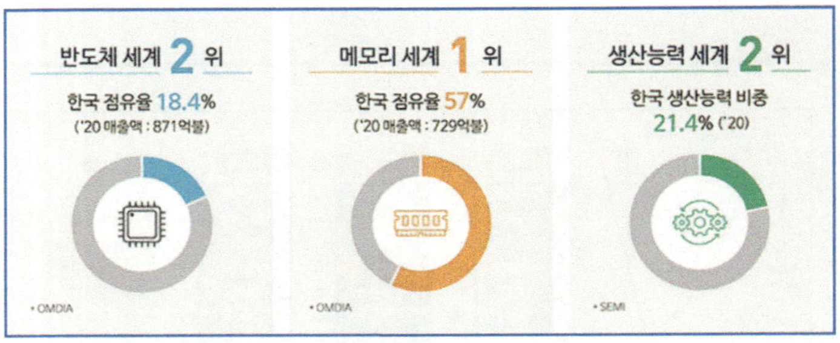


**[그림 270] 한국 반도체 현황(2020)**
**출처: 한국반도체산업협회**

세계 반도체 시장을 선도하는 한국 반도체의 시장 점유율은 세계 2위이고, 그중 메모리 반도체는 세계 1위이다.

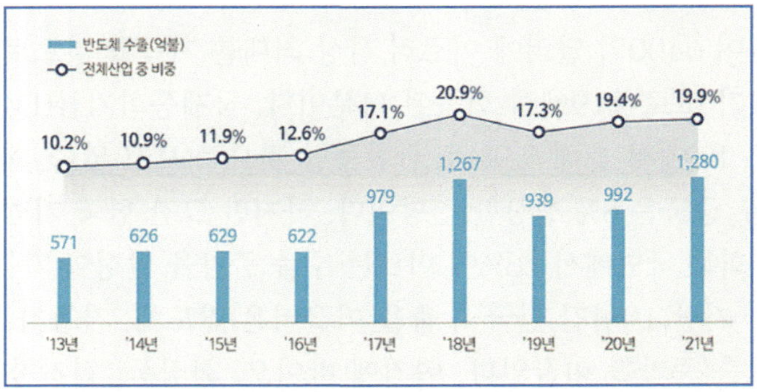


**[그림 271] 한국 반도체의 수출 비중**
**출처: 한국반도체산업협회**

2013년 이후 현재까지 두 자릿수의 수출 비중을 유지하며, 한국 수출 1위 산업으로 경제 성장을 주도하고 있다.

# Ⅰ. 한국 정부의 반도체 산업 육성 정책 분야

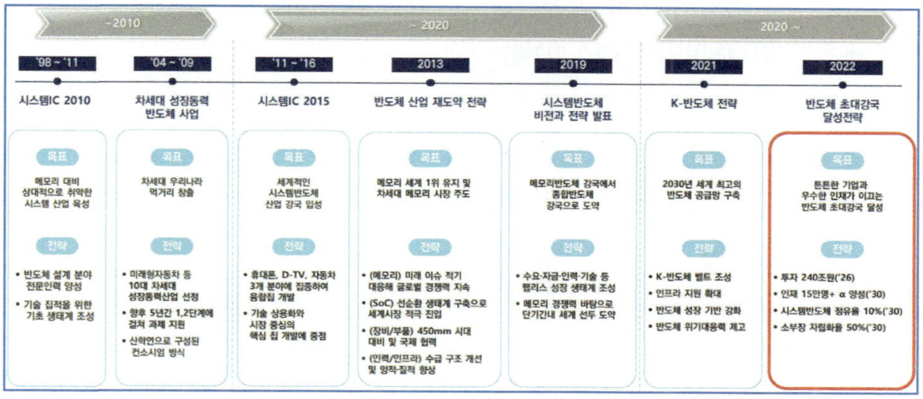


**[그림 272] 한국 반도체 지원정책 현황**
**출처: 반도체협회 이창한**

- **시스템IC 2010(1998~2011년)**
  - 13년간 40개 R&D 과제를 대상으로 2,467억 원 투자, 소규모(과제당 5억 원 내외)로 반도체 기반조성을 위해 투자 지원
- **시스템IC 2015(2011~2016년)**
  - 약 1천억 원을 투입하여 휴대폰, D-TV, 자동차 등 3개 분야의 시스템 반도체 기술개발 및 팹리스·파운드리 육성지원
- **시스템 반도체 발전전략(2019년 4월)**
  - 팹리스 업계 경쟁력 확보를 위해 수요 창출 및 단계별 지원 강화
  - 파운드리 R&D·제조시설 투자 지원과 팹리스-파운드리 상생 협력 생태계 조성,
  - 시스템 반도체 고급·전문인력 1.7만 명 양성(2030년) 목표
  - 차세대 반도체 기술확보를 위해 향후 10년간 1조 원 이상 투자 예정
  - 시장점유율 목표
    - » 팹리스: 2018년(1.6%) → 2022년(3.0%) → 2030년(10%)
    - » 파운드리: 2018년(16%) → 2022년(20%) → 2030년(35%)
    - » 고용창출: 2018년(3.3만 명) → 2022년(4만 명) → 2030년(6만 명)

- **소재·부품·장비 경쟁력 강화 대책(2019년 8월)**
  - 핵심품목 중 기술확보가 어려운 분야는 M&A 인수자금(2.5조 원 이상) 및 세제지원
  - 핵심 전략품목에 대한 외국인투자 현금지원 비율 최대 40%, 외투지역 입주 시 임대료 최대 50년 무상제공
  - 전략품목에 대하여 신속 인허가, 도로·전력 등 사회간접자본 확충 우선지원
- **AI 반도체 산업 발전전략(2020년 10월)**
  - AI 반도체 퍼스트무버 도약을 위한 혁신기술·인재·래퍼런스 확보
  - 산업 경쟁력 조기 확보를 위한 선제적·자생적 산업생태계 구축
  - AI 반도체 선도국가 도약으로 AI·종합반도체 강국 실현
  - 시장점유율 목표
    - » 글로벌 시장: 2026년(10%) → 2030년(20%)
    - » AI 반도체 혁신기업: 2026년(10개) → 2030년(20개)
    - » AI 반도체 고급인재: 2024년(1,000명) → 2030년(3,000명)
- **K-반도체 전략(2021년 5월)**
  - 반도체 공급망 안정을 위해 제조·소부장·패키징·팹리스 융복합 단지 K-반도체 벨트 조성
  - 제조 인프라 구축을 위해 세제 혜택, 금융지원, 규제 완화에 대한 투자 확대
  - 반도체 전주기 인력양성을 목표로 반도체학과 정원 확대 및 석·박사급 전문인력 양성
  - 차세대 전력 반도체, AI 반도체, 첨단 센서 등 미래 기술개발에 1.5조 원 이상 투입

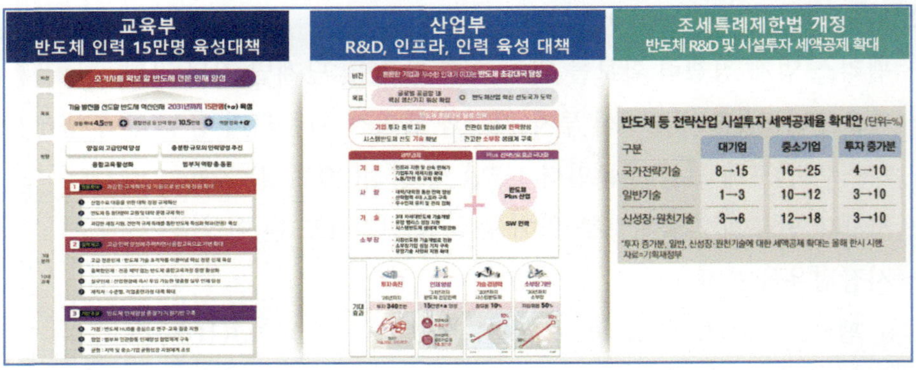


**[그림 273] 정부 반도체 지원정책**
**출처: 반도체협회 이창한**

2022년 7월 정부(산업부, 교육부)에서는 인력양성(정원확대 등), 제도지원(세제, 인프라)에 대한 반도체 지원을 발표하였다.

'조세특례제한법' 개정을 통해 반도체 R&D 및 시설 투자분에 대해서는 세액공제 확대를 추진하고 있다.

## II. 반도체 필수원료 '초순수'

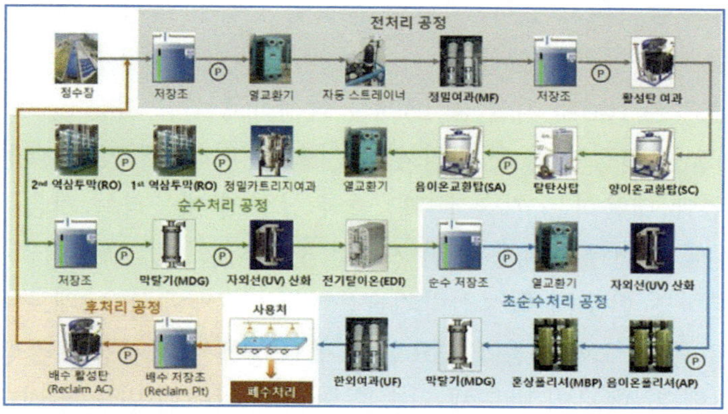


[그림 274] 초순수 생산공정 과정
출처: 대한민국 정책브리핑(2021.07.14.)

환경부는 한국수자원공사, 한국환경산업기술원과 '고순도 공업용수 설계·시공·운영 통합 국산화 기술개발' 사업에 착수하고, 이를 통해 반도체 사업의 필수원료인 초순수(ultra pure water)의 생산기술 국산화를 본격적으로 추진한다고 2021년 7월 14일 밝혔다. '고순도 공업용수 설계·시공·운영 통합 국산화 기술개발'은 지난 2019년 일본의 수출 규제에 대응하려는 조치 중 하나로 추진됐다. 국산기술을 활용해 반도체 공정 등에서 사용되는 고순도 공업용수를 생산 및 공급하는 기술개발(R&D) 사업이다. 초순수는 수백 개의 반도체 생산 단위공정 중에 나오는 부산물, 오염물 등을 세정할 때 쓰이는 필수 공업용수로 초미세회로(nano meter)로 구성된 반도체를 세척해야 하므로 총유기탄소량(TOC: Total Organic Carbon)의 농도가 '10억 분의 1(ppb)' 이하일 정도로 고순도를 유지해야 한다. 그동안 우리나라에서는 반도체 사용 용수의 약 50%를 차지하는 초순수 공업용수의 생산·공급을 일본 등 해외업체에 의존했다.

### Ⅲ. 소재·부품·장비 경쟁력 강화 대책 Ⅱ(2022년 10월)

산업부에 따르면 과거 일본 수출 규제 대응 중심의 소부장 정책으로 100대 핵심품목의 대일 의존도는 2019년 30.9%에서 2021년 24.9%까지 떨어졌다. 100대 핵심기술 기준 매출액은 4134억 원이며 2381명의 고용 창출 효과가 발생했다. 1065건의 관련 특허도 출원했다.

하지만 반대급부로 소부장 품목의 중국 의존도가 2012년 24.9%에서 올해 상반기 29.6%로 지속해서 증가하고 있다. 아울러 글로벌 공급망 상황에 대한 대처도 미비해 지난해 요소수 부족 사태 등도 발생했다.

산업부는 우선 기존 100대 기술 중 13개를 삭제하고 신규 기술 63개를 추가해 총 150개의 핵심전략기술을 선정했다. 63개의 신규 기술 중 미래산업 변화 대응 관련 기술은 31개이며 미국 산업에 대응하는 기술 13개, 중국 산업에 대응하는 기술 9개, 독일 산업에 대응하는 기술 4개 등 전세계 대응 관련 기술은 32개다.

산업별로 구분하면 반도체 핵심전략기술은 기존 17개에서 32개로 확대한다. 불화수소, 포토레지스트 등 반도체 공정에 필요한 소재 중심에서 패키징 후공정, 증착과 같은 공정기술까지 확대했다. 메모리 반도체 기술뿐 아니라 시스템 반도체(비메모리) 기술도 포함됐다.

## 4.1.2 기업 주도

### Ⅰ. 삼성전자, SK하이닉스

반도체 실적 부진이 현실화된 삼성전자와 SK하이닉스가 차량용 반도체에 눈을 돌리며 위기 극복을 위해 안간힘을 쓰고 있다. 전기차·자율주행차 등 미래차 시장 급성장세에 힘입어 데이터 연산·처리 기능을 수행하는 최첨단 차량용 반도체 수요가 크게 늘어나면서 국내 기업들의 관련 투자도 대폭 늘어날 전망이다. 전기차·자율주행차 등 미래차 시장 급성장에 힘입어 고부가 반도체 수요가 증가하자 국내 기업들도 관련 투자를 확대하며 적극 대응에 나섰다.

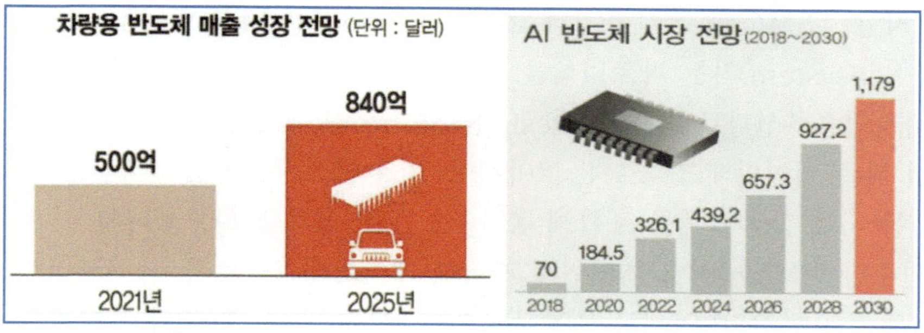


**[그림 275] 차량용과 AI 반도체 시장 전망**
**출처: 옴디아, 가트너**

AI 반도체는 AI 서비스 구현에 필요한 대규모 학습·추론·연산 등을 실행하는 반도체로, CPU 등과 함께 작동한다. 시장조사업체 가트너와 정보통신정책연구원에 따르면 글로벌 시장 규모는 올해 184억 달러(약 20조 원)에서 2030년 1179억 달러(약 130조 원)로 커질 전망이다.

한국 반도체 업체들도 AI 반도체 개발 및 성능 향상에 힘을 쏟고 있다. 삼성전자는 미국 오스틴, 새너제이 등에 있는 R&D 조직에서 상시적으로 AI 반도체의 일종인 신경망처리장치(NPU) 전문 개발자를 채용하고 있다. SK하이닉스 역시 인텔에서 인수하기로 한 기업용 SSD(데이터저장장치) 사업을 통해 AI 반도체산업의 성장세에 올라탈 준비를 하고 있다.

## II. 삼성전자

**[그림 276] 삼성전자 디자인 솔루션 파트너**
**출처: 디지넷코리아**

TSMC는 일찍이 오픈이노베이션플랫폼(OIP: Open Innovation Platform)이라는 생태계를 구축하고 디자인하우스와 협력을 강화했다. 특히 가치사슬협력자(VCA·Value Chain Aggregator)라는 전문 디자인하우스 그룹을 만들어 팹리스들이 주문한 설계도를 VCA 내 8개 기업에 맡겨 최적화를 진행하고 있다.

삼성전자는 TSMC를 벤치마킹해 2018년 세이프(SAFE: Samsung Advanced Foundry Ecosystem)라는 파트너십을 구축했다. 그중 몇몇 업체를 모아 TSMC의 VCA와 같은 디자인솔루션파트너(DSP: Design Solution Partner) 그룹을 결성했다.

2021년 기준 에이디테크놀로지, 코아시아, 가온칩스, 하나텍, 알파홀딩스, 아르고, 세솔반도체 등 국내 7개 업체를 포함해 총 13개 DSP 업체를 확보했다가 이후 각 DSP 업체들 간 인수합병(M&A)이 진행되면서 지난해 에이디테크놀로지, 세미파이브, 코아시아, 가온칩스 등 총 9개 DSP 업체로 운영되고 있다. 삼성전자는 DSP와 시너지를 통해 2026년까지 고객사를 300곳으로 확대하는 것을 목표로 하고 있다.

현재 DSP에 속한 기업들이 공격적인 채용을 하고 있지만, 여전히 VCA와 비교하면 턱없이 부족한 수준이다. 국내 디자인하우스 고급 인력을 다 모아야 VCA의 가장 큰 업체인 대만 글로벌유니칩(GUC)과 알칩(Alchip)을 합친 것과 비슷한 수준에 그친다.

**[그림 277] 차량용 반도체 사업에 속도내는 삼성전자**
**출처: 삼성전자**

자율주행차용 반도체의 진입 장벽은 다른 분야보다 높다. 차로 유지 등을 담당하는 반도체가 제 기능을 못 하면 대형 사고로 이어질 수 있어서다. 이 때문에 반도체기업들은 영하 40도, 영상 100도 같은 극한 환경에서 기술 검증을 받는다. 혹독한 테스트를 통과하고 국제 인증을 받아야 납품할 수 있다.

2일 반도체업계에 따르면 삼성전자 파운드리사업부가 모빌아이의 첨단운전자보조시스템(ADAS) 칩을 생산한다. 삼성전자는 '자율주행차의 두뇌' 역할을 하는 모빌아이의 주력 제품 'EyeQ' 모델 중 5시리즈 이하 일부 물량을 맡은 것으로 알려졌다. 모빌아이는 주로 대만의 파운드리업체 TSMC가 수주했다.

삼성전자는 글로벌 자율주행 기업들의 반도체를 생산한 실적을 갖고 있다. 2019년부터 14나노미터(㎚, 1㎚=10억분의 1m) 공정에서 테슬라의 3세대 자율주행(FSD) 칩을 생산했다. 8㎚ 공정에서 4세대 FSD 칩 생산도 맡았다. 테슬라의 차세대 칩 수주를 놓고 TSMC와 경쟁을 벌이고 있다.

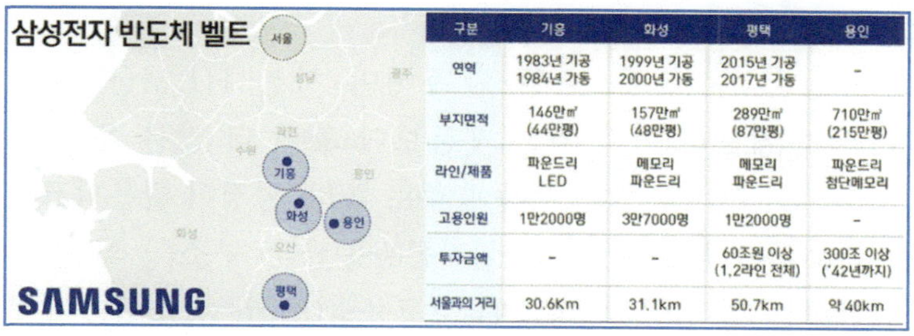


| 구분 | 기흥 | 화성 | 평택 | 용인 |
|---|---|---|---|---|
| 연혁 | 1983년 기공<br>1984년 가동 | 1999년 기공<br>2000년 가동 | 2015년 기공<br>2017년 가동 | - |
| 부지면적 | 146만㎡<br>(44만평) | 157만㎡<br>(48만평) | 289만㎡<br>(87만평) | 710만㎡<br>(215만평) |
| 라인/제품 | 파운드리<br>LED | 메모리<br>파운드리 | 메모리<br>파운드리 | 파운드리<br>첨단메모리 |
| 고용인원 | 1만2000명 | 3만7000명 | 1만2000명 | - |
| 투자금액 | - | - | 60조원 이상<br>(1,2라인 전체) | 300조 이상<br>('42년까지) |
| 서울과의 거리 | 30.6Km | 31.1km | 50.7km | 약 40km |

**[그림 278] 삼성전자 반도체 벨트**

2023년 3월 15일 삼성전자는 정부가 2042년까지 용인에 조성하는 710만㎡ 규모의 첨단 시스템 반도체 클러스터에 향후 20년간 300조 원을 투자하기로 했다고 밝혔다. 정부는 이곳에 첨단 반도체 공장 5개를 구축하고, 국내외 소재·부품·장비 업체, 팹리스 등 최대 150개 기업을 유치할 계획이다.

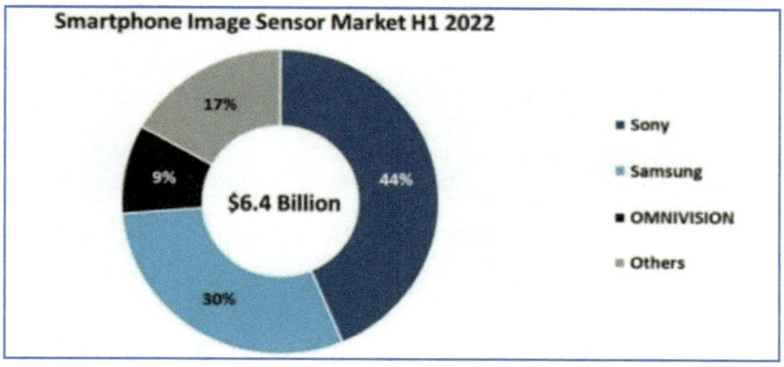


**[그림 279] 2022년 1분기 스마트폰 이미지 센서 시장점유율**
**출처: StrategyAnalytics**

시장조사업체 스트래티지애널리틱스에 따르면 올 상반기 삼성전자의 이미지센서 시장 점유율은 30%로 1위 일본 소니(44%)에 이어 2위를 차지했다. 점유율 격차는 14%포인트(p)로 지난해 같은 기간 격차(17%P) 보다 좁혀졌다.

## Ⅲ. SK하이닉스

SK하이닉스는 2007년부터 고성능이 요구되는 그래픽 DRAM(graphic DRAM)에 전통적인 패키징과 WLP를 조합한 기술인 플립칩(flip chip) 공정을, 메인 메모리(main memory)에는 RDL(Redistribution Layer) 공정을 도입했다. 2007년에서 2010년대까지는 세계 최초로 WLCSP(Wafer Level Chip Scale Package)를 적용한 메모리 모듈을 연이어 발표하고, 2014년에는 이 기술을 기반으로 3DS(3D stack)를 적용한 128GB

DRAM 모듈을 선보였다.

최근에는 고용량, 고성능을 모두 만족해야 하는 HBM(High Bandwidth Memory, 고대역폭 메모리)이나 기존 제품보다 훨씬 더 많은 용량이 필요한 컴퓨팅 DRAM(computing DRAM)과 같은 제품에 주로 WLP 공정이 활용되고 있다.

2013년 TSV(Through Silicon Via, 실리콘관통전극) 구조를 적용한 HBM을 세계 최초로 개발 및 양산하는 데 성공했으며, 이후 고용량(high density) 제품향으로 개발된 3DS 제품의 양산도 진행했다. 2019년에는 HBM2E을 개발하고 단 10개월 만에 양산에 성공하면서 HBM 시장에서 압도적인 우위를 선점, 지금까지도 이를 유지하고 있다.

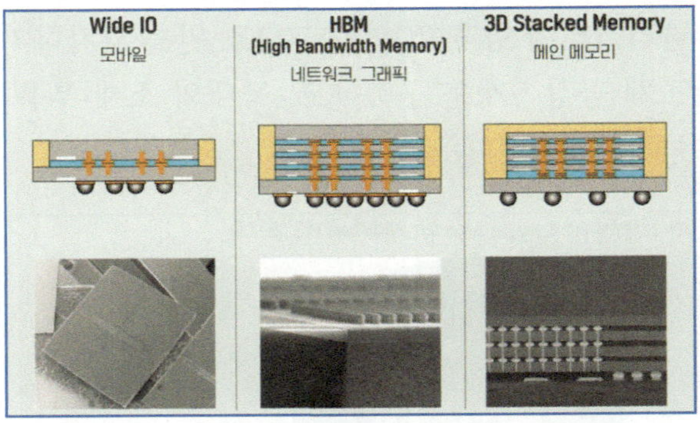


**[그림 280] TSV 기술이 적용된 DRAM 제품**
**출처: 하이닉스 뉴스룸**

MR-MUF(Mass Reflow Molded Underfill)라는 자체 특화 기술을 세계 최초로 개발해 HBM 제품에 적용했고, 이 기술을 기반으로 열 방출 성능을 경쟁사 대비 10℃ 이상 향상할 수 있었다. 8개의 16Gb DRAM 칩을 TSV 기술로 수직 연결해 이전 세대 대비 2배 이상 늘어난 16GB를 구현했다. TSV는 현재 SK하이닉스가 주력하고 있는 WLP 기술 중 하나로, 업계 최고 수준의 경쟁력을 갖추고 있다.

현재 SK하이닉스는 주력 패키징 기술 외 앞으로 수익 창출에 이바지할 미래 먹거리 기술로 '팬아웃 웨이퍼 레벨 패키지(Fan Out-Wafer Level Package, 이하 FO-WLP)'에 주목하고 있다.

WLCSP(Wafer Level Chip Scale Package)에는 팬인 웨이퍼 레벨 패키지(Fan In-Wafer Level Package, 이하 FI-WLP)와 FO-WLP가 있다. 두 기술 모두 기판과 같은 매개체 없이 솔더볼(입출력 단자)을 칩 위에 바로 붙여 패키징하는 방식으로, 배선의 길이가 줄어든 만큼 전기적 특성이 향상되거나 패키지 두께를 줄여 칩을 더 많이 적층할 수 있는 장점이 있다.

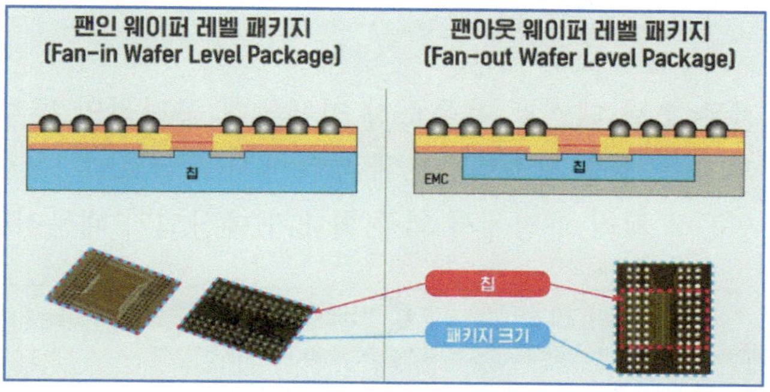


**[그림 281] FI/FO-WLP**
**출처: 하이닉스 뉴스룸**

시장조사기관 트렌드포스에 따르면 2022년 글로벌 HBM 시장 점유율은 SK하이닉스(50%) 삼성전자(40%), 마이크론(10%) 순이었다. 2023년에는 SK하이닉스가 HBM 5세대 제품인 HBM3E를 필두로 점유율 격차를 더 벌리면서 SK하이닉스(53%) 삼성전자(38%), 마이크론(9%)이 될 것이라는 전망이 나왔다. 한편 SK하이닉스는 AI용 GPU 시장 점유율 90%를 차지하는 엔비디아에 HBM 4세대 제품인 HBM3E를 단독 제공하고 있다.

## Ⅳ. DB하이텍

국내 8인치 파운드리 업체 DB하이텍이 차세대 전력반도체 소재인 SiC(실리콘카바이드) 개발에 속도를 내고 있다. 차세대 화합물반도체인 SiC, GaN(질화갈륨) 분야를 동시에 개발하고 있다. GaN의 경우 올해부터 8인치 웨이퍼 기반의 공정 개발을 시작했다. 2~3년 내 개발을 완료하는 것을 목표로 두고 있다. SiC는 6인치 웨이퍼 기반 전력반도체를 개발하기 위해 부산테크노파크 파워반도체상용화센터와 협력 중이다.

상우캠퍼스는 주로 90㎚~180㎚ 급의 CMOS 이미지센서, 혼합신호 IC 등을 생산하는 라인으로, 총 2층 건물로 지어졌다. DB하이텍은 이 중 1개층만을 사용해 공장을 가동해왔다.

SiC는 기존 반도체 소재인 실리콘 대비 고온에 대한 내구성이 뛰어나며, 밴드갭이 3배가량 넓어 전력 효율성이 높다. 차세대 전력반도체 소재로서 자동차, 에너지, 산업 시스템, 통신 인프라 등 다양한 분야에서 활용도가 점차 증가는 추세다. 특히 전기차(EV)용 메인 인버터(트랙션 인버터) 등 자동차 산업에서 수요가 많다.

## V. OSAT

반도체 후공정 전문 조립·테스트 아웃소싱 업체들이 공격적인 투자에 나섰다. 삼성전자가 최근 대규모 투자를 통해 시스템반도체 부문에서도 글로벌 1위에 도약하겠다는 의지를 드러낸 만큼 후공정 처리 과정에서 외주 확대가 예상되기 때문이다.

| 기업명 | 엘비세미콘 | 하나마이크론 | 네패스아크 |
|---|---|---|---|
| 영위 사업 | 반도체 후공정 | 반도체 패키징 및 테스트 | 반도체 테스트 |
| 투자 공시일 | 9월 28일 | 8월 25일 | 9월 10일 |
| 투자 금액 | 955억원 | 1500억원 | 995억원 |
| 투자 목적 | 반도체 테스트 설비 시설투자 | 반도체 테스트 설비 시설투자 | 반도체 테스트 장비 매입 |
| 투자 기간 | 2021년 10월 ~ 2022년 5월 | 2021년 8월 ~ 2021년 12월 | 2022년 6월 30일<br>(양수 예정일) |

**[그림 282] 엘비세미콘, 하나마이크론, 네패스아크 투자 내역**
**출처: 시사저널 2021.09.29.**

반도체 후공정업체 엘비세미콘은 2021년 9월 28일 비메모리 반도체 테스트 설비 증설 및 관련 토지, 건물 취득 목적으로 955억 원을 투자한다고 공시했다. 부지는 경기도 안성시로 기계장비와 건물 등 신규시설 투자에 나설 예정이다.

반도체 패키징 및 테스트 전문기업인 하나마이크론과 반도체 후공정 업체 네패스의 자회사 네패스아크도 증설에 나섰다. 하나마이크론은 지난달 25일 비메모리 테스트 신규시설에 1500억 원, 네패스아크는 2021년 9월 10일 반도체 테스트 장비 투자에 995억 원을 투자한다고 각각 공시했다.

## VI. 그밖의 기업들

반도체협회는 산업계의 투자계획 조사를 바탕으로 '22년 56.7조 원 규모의 국내 투자계획을 발표하였다, 이는 '21년 51.6조 원 투자실적 대비 10%가 증가한 수치이다. 반도체기업들은 작년에 이어 올해도 56조 원이 넘는 대규모 투자를 계획하며 고용 창출, 생태계와 공급망 강화에 큰 기여를 하고 있다.

특히, 금년도 반도체 투자계획 가운데, 소·부·장 및 후공정 분야 중소·중견 기업은 약 1조 8,000억 원, 팹리스·전력반도체 등 시스템 반도체 분야 중소·중견 기업은 약 1조 3,000억 원 규모의 투자계획을 밝혔다.

반도체 분야 주요 외국인 투자기업 분야는 다음과 같다.

- **ASML 코리아 (ASML 반도체 장비 세계 2위, 2020년)**
  - 노광 장비 분야 세계 1위, 차세대 EUV 노광 장비를 독점 공급하는 기업으로서 1996년 한국 법인을 설립하며 국내 시장 진출
  - ASML 코리아는 2025년까지 경기도 화성에 제조공장과 트레이닝 센터를 포함한 EUV 클러스터를 조성할 예정으로 총 2,400억 원 규모의 투자를 진행할 계획
- **램리서치 코리아 (Lam Research 반도체 장비 세계 3위, 2020년)**
  - 식각 장비 분야 세계 1위 기업으로서 1992년 경기도 오산에 글로벌 생산기지를 설립하여 2021년 국내 생산장비 7,000호기 출하(글로벌 시장에도 판매)를 달성함
  - 램리서치 코리아는 2021년 하반기까지 경기도 용인 R&D센터를 완공할 예정이며, 한국 내 생산능력도 두 배 증설 추진
- **온세미컨덕터코리아**
  - 온세미컨덕터가 2016년 9월 페어차일드를 인수함으로써 페어차일드코리아 반도체도 온세미컨덕터로 인수됨
  - 페어차일드 세미컨덕터는 고전압 반도체에 강점이 있고, 온세미컨덕터는 저전압 반도체에 강점을 가지고 있어, 합병으로 인해 다양한 제품 포트폴리오를 확보하게 됨
- **포스코**
  - 포스코는 삼성과 함께 100% 전량 수입하는 제논가스를 국산화 2023년 하반기까지 광양제철소에서 제논을 추출하는 설비를 개발해 2024년 본격적으로 생산·공급 예정
  - 제논은 네온(Ne), 크립톤(Kr)과 반도체 생산에 필수적으로 사용되는 희귀한 가스 중 하나이며, 공기 중에 약 0.000009%가 포함되어 있다

## 4.1.3 국가+기업 주도

### Ⅰ. 한·일 화이트 리스트 관련

| 년 | 월 | 주요 내용 |
|---|---|---|
| '19 | 07/01 | 일본, 반도체·디스플레이 주요 소재 3종 수출 규제 발표 |
| | 07/07 | 한국, 화이트 리스트에서 제외 |
| | 07/08 | 일본, 대한국 수출 규제 대상 품목 1건 허가 |
| | 07/12 | 한국, 화이트 국가 명단서 일본 제외 |
| | 07/19 | 일본, 대한국 수출규제 대상 품목 수출 두 번째 허가 |
| | 07/22 | 한국, 한일 군사정보보호협정(GSOMIA) 종료 결정 |
| | 09/11 | 한국, WTO에 일본의 수출규제 제소 |
| | 09/18 | 한국, '화이트 국가서 일본 제외' 시행 |
| | 11/22 | 한국, 한일군사정보보호협정(GSOMIA) 종료 유예 및 WTO 제소 절차 정지 |
| | 11/23 | 한일 외교장관 회담 |
| | 12/20 | 일본, 반도체 소재(포토레지스트) 수출 규제 일부 완화 |
| '20 | 03/10 | 한일'제8차 수출관리 정책 대화' |
| | 06/18 | WTO 분쟁해결절차 진행 |
| '23 | 03/06 | WTO 분쟁해결절차 중단, 양국 수출규제 이전으로 복귀 추진 |

[표 21] 한·일 화이트 리스트 관련 규제 일지

## Ⅱ. 반도체 수출 규제 3개 품목 현황

반도체 핵심 소재 3개 주요 품목별 산업 동향

| 포토레지스트 | | | 에칭가스 | | | 플루오드폴리이미드 | | |
|---|---|---|---|---|---|---|---|---|
| 국가 | 수입액 | 비중 | 국가 | 수입액 | 비중 | 국가 | 수입액 | 비중 |
| 총계 | 112,663 | 100.0 | 총계 | 64,786 | 100.0 | 총계 | 12,964 | 100.0 |
| 일본 | 103,516 | 91.9 | 중국 | 30,025 | 46.3 | 일본 | 12,142 | 93.7 |
| 미국 | 8,325 | 7.4 | 일본 | 28,436 | 43.9 | 대만 | 508 | 3.9 |
| 벨기에 | 486 | 0.4 | 대만 | 6,276 | 9.7 | 중국 | 180 | 1.4 |
| 대만 | 259 | 0.2 | 인도 | 35 | 0.1 | 미국 | 76 | 0.6 |

[표 22]

- **포토레지스트(PR: Photo Resistor):** 표면에 패턴화된 코팅을 형성하기 위해 Photolithography(노광공정), 사진 인쇄판 제작 등 여러 공정에 사용되는 광반응 물질로 감광성이 있는 수지를 말한다.
  - (동진쎄미켐) '안료(PR원료)' 국산화 완료, SK에 독점 공급,
    2018년(6,321억 원) 〉 2022년(10,502억 원).
  - (송원산업) '폴리머(산화방지제)' 점유율 국내 1위(60%)·세계 2위(22%),
    2018년(7,887억 원) 〉 2022년(13,295억 원).
  - (켐트로닉스) '광개시제(광중합소재)' 국산화 완료, 삼성Display 전담,
    2018년(3,374억 원) 〉 2022년(3,775억 원).
  - (EMF테크놀로지) '안료(PR원료)' 삼성·SK 매출 꾸준, 미국 공장 가동,
    2018년(4,254억 원) 〉 2022년(6,802억 원).

▷ 2019년 화이트 리스트 지정 〉 2020년 국산화 성공 〉 수출 증가
(2019년 8,396만 불 〉 2022년 19,812만 불_236% 증가)

- **에칭가스(HF: Hydrogen Fluoride):** 표면에 패턴을 세기거나 세정하는데 쓰이는 에칭가스, 플루오린화 수소는 플루오린과 수소의 화합물이다.
  - (솔브레인) 순도 12N의 액체 초고순도 불화수소 대량생산 능력확보,
    2018년(9,634억 원) 〉 2022년(10,909억 원).
  - (램테크놀러지) 순도 15N의 현존 최고 초고순도 불화수소 개발,

2018년(326억 원) 〉 2022년(670억 원).

- (후성) 국내 유일 불화수소 원료 무수불산 양산, 삼성·SK 최초 투입,

  2018년(2,749억 원) 〉 2022년(6,106억 원).

▷ 일본 수입은 감소(2018년 41.9% 〉 2022년 7.7%) 하고, 중국 수입은 증대(2018년 52.0% 〉 2022년 80.1%)함.

- **폴리이미드(PI: Polyimide):** 금속을 대체할 첨단 고기능성 산업용 플라스틱으로 유연한 폴리머 기반 내구성, 내열성이 뛰어난 재료이고, 필름은 우수한 유전특성을 가짐.
  - (이녹스첨단소재) 수출 규제 관련 없이 기술개발에 의한 매출액 증대,

    2018년(2,925억 원) 〉 2022년(4,894억 원).
  - (이소플렉스) 폴리이미드 직접생산 능력확보,

▷ SKC와 코오롱인더스트리가 주력으로 국산화를 추진하여 2023년 전년 대비 수입량 36.5% 감소하여 국산화로 대체함.

- **결론**
  - 100대 소·부·장 반도체 핵심전략기술 수입액의 일본 비중인 2018년 34.4%에서 2022년 24.9%로 9.5% 감소하였다.
  - (삼성전자) 매출액 2019년 154조 원에서 2021년 199조 원으로 증가하였다.
  - (SK하이닉스) 매출액 2019년 25조 원에서 2021년 41조 원으로 증가하였다.

**[그림 283] 반도체분야 및 100대 소부장 수입액 일본 비중, 삼성sk 생산실적**
**출처: 한국무역협회, 금융감독원**

일본 수출 규제 관련한 반도체 3대 소재 전체 수입액은 포토레지스트는 큰 변화가 없으나, 에칭가스와 폴리이미드는 큰 폭으로 감소하였다.

일본에 대한 수입의존도는 3대 소재 모두 눈에 띄게 감소함을 알 수 있다.

이는, 공급망의 다변화와 국산화로 인한 일본 의존도 감소로 나타났고, 해외 수출에 대한 증가까지 확대되었다.

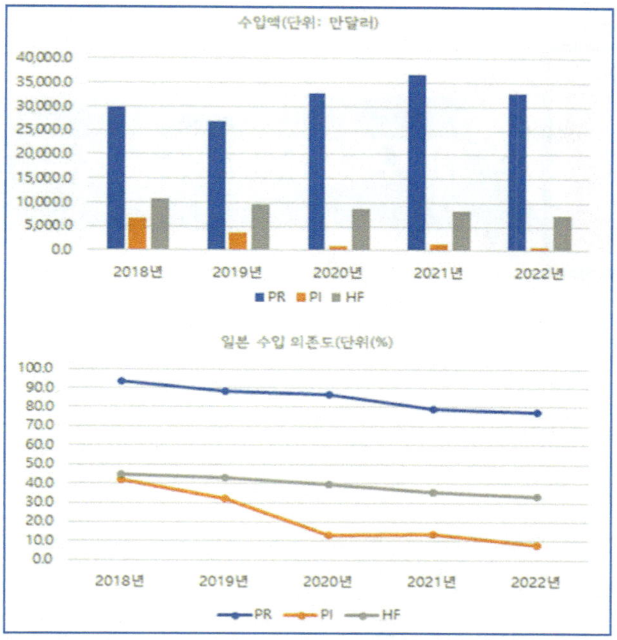


**[그림 284] 반도체 3대 소재 수입액 및 의존도**
**출처: 한국무역협회 2023**

# 4.2 해외 정책 및 이슈

| 국가 | 정책 개요 |
|---|---|
| 미국 | - 반도체 산업협회 주도로 반도체연구서비스회사(SRC, '82) 설립하여 SEMATECH, 반도체로드맵 등 정부와 산업계 간 가교역할 수행<br>- SRC는 Nanoelectronics Research Initiative(NRI, '06~) 연구관리 추진(산학연 협력 연구)<br>- 제조업경쟁력강화법: Fast Prototyping Center<br>- "The CHIPS for America Act('20.6)" 등을 통해 본격적인 투자, 인재양성, R&D를 포함하는 리더쉽 확보 프로그램을 가동 |
| 유럽 | - EuroPAT-MASIP프로젝트<br>- mobility, living, health 등 산업 분야 전자SW 응용네트워크 적용을 위한 Silicon Euorope 프로젝트 추진<br>- Europractice 프로그램(1.8조원)<br>- IMEC(벨기에): 기초원천-사업화까지 전주기 연구와 사업화, 교육 훈련 등 복합기능을 수행하나, Rapid Prototyping & Testing 중점 |
| 중국 | - 중국제조2025계획(2025년 반도체 자급률 70%)<br>- 국가첨단패키지센터(NCAP, 2012) 설립<br>- 최근 "신시대 집적회로산업 및 소프트웨어산업 고품질 발전추진정책"('20. 8)을 통해 전방위적인 반도체산업 지원책을 제시 |
| 대만 | - 대만반도체연구소(TSRI, '19) 설립: 반도체설계센터(CIC)와 나노부품실험실(NDL)를 통합하여 설계-제작-패키지를 전과정 통합 연구 지원<br>- Semiconductor Moonshot Project('19-2022, 1.3억US$): AI칩, AR·VR, IoT, 자율주행 분야 투자 |
| 일본 | - Society 5.0 사회 구현을 위한 과학기술기본계획 → 지능형 반도체 R&D투자 강화<br>- 국책사업 추진: ASUKA-I('01-'06, 8,331억원), MIRAI 프로젝트('01-'07, 3,306억원), VDEC프로그램 (1,180억원) |

**[표 23] 주요국의 시스템 반도체 관련 정책**
**출처: KISTEP**

## 전체계 주요국은 반도체 클러스터 구축을 통해 전후방 산업 협력 강화

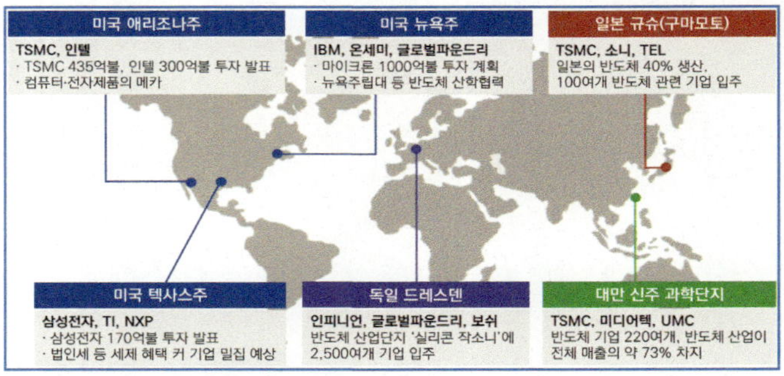


**[그림 285] 세계 주요 반도체 클러스터**
**출처: 반도체협회 이창한**

## 4.2.1 미국 주도 반도체 전쟁

1980년대부터 지속적인 반도체산업 육성으로 공고히 다진 전통적인 글로벌 1위로 지속적인 기술혁신생태계가 작동 중이다. 미국 반도체협회 산하 SRC(Semiconductor Research Corp.)가 산업계와 정부 간의 가교 역할을 수행하며, 이를 통한 반도체 경쟁력 재탈환과 혁신생태계를 구축하고 있다. 반도체 제조기술 연구 조합인 SEMATECH, Albany Nanotech 등을 설립하여 지속적으로 육성하고 있으며, NNCI(National Nanotechnology Coordinated Infrastructure)를 통해 연구개발 시설도 지원하고 있다.

### Ⅰ. 반도체산업 지원법(Chips and Science Act)

미국 내 반도체 생산 증대를 위한 반도체산업 지원법을 2022년 8월 법안을 제정하였다.

**[그림 286] 미국 반도체지원법**
**출처: 반도체협회 이창한**

CHIPS Act를 통한 자국 내 반도체역량 강화와 첨단 기술 제품과 기술·생산 장비 수출 규제를 통한 대중 견제의 일환이다.

미국 CHIPS Act 발효로 미국 내 대규모 투자와 신규 일자리 창출 등의 경제적 파급효과가 발생할 것으로 예상한다. 그리고 CHIPS Act 하에서 2030년까지 미국 내 최소 2개 이상의 첨단 반도체 제조 클러스터를 집중적으로 육성하겠다고 발표하였다.

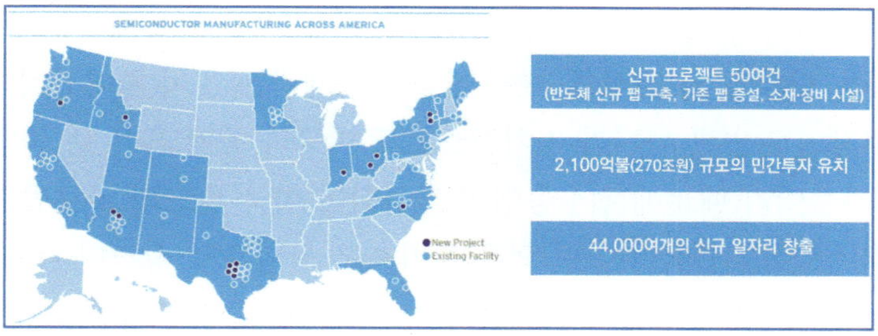


**[그림 287] 미국 반도체지원법 효과**
**출처: 반도체협회 이창한**

애리조나, 유욕, 텍사스 등 주정부에서도 반도체 인프라 구축 및 제도 지원으로 글로벌기업을 적극적으로 유치하고 있다.

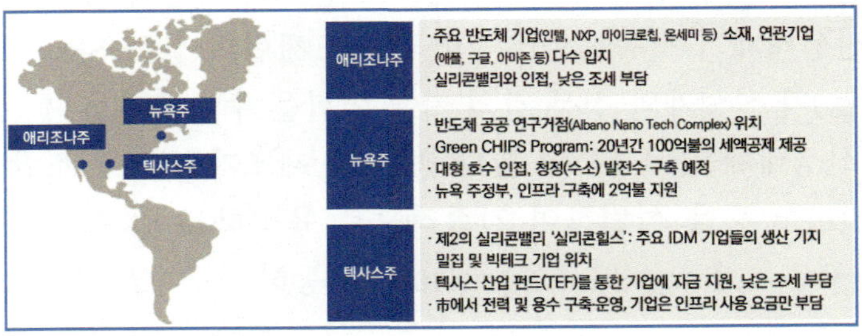


**[그림 288] 미국 반도체 제조단지**
**출처: 반도체협회 이창한**

## II. 칩4 동맹

**[그림 289] 미국 주도 칩4 동맹**
**출처: NEWSIS 2022.09.22.**

미국이 최근 몇 년간 아시아-태평양 지역에서 형성하고 있는 QUAD (미국-일본-호주-인도)나 AUKUS (미국-영국-호주), 나아가 IPEF (인도-태평양 경제 프레임워크) 같은 정치, 경제 공동체의 또 하나의 모형으로도 볼 수 있다. 다만 다른 공동체와는 달리 '칩4 동맹'은 반도체산업이라는 단일 산업 중심의 경제-기술 공동체라는 것이 차이점이다. 특히 한국, 대만, 일본은 경제적인 측면뿐 아니라 정치적으로도 미국과 동맹 혹은 준 동맹에 가까운 체제의 민주주의 국가들이기 때문에 칩4 동맹이 결성되어 미국 주도의 글로벌 서플라이 시스템 재편에 참여할지는 사실 선택이 아닌 의무에 가까운 상황으로 성격이 바뀌고 있다. 미국이 동맹이라는 언급을 한 것은 단순히 이익 공유가 아닌, 안보와 국제정치 프레임에서의 가치 공유에 해당한다고 보는 것이 옳을 것이다.

ASML이 필요한 걸 전부 M&A 해서 사 왔다. ASML 장비를 지금 중국에 EUV 노광 장비는 못 팔고, DUV는 가능하다. EUV는 원래 EUVL(Extrem Ultra Violet Lithography)이다. 그 레이저 광원을 만드는 사이머(cymer) 라는 회사가. 샌디에이고에 있는 미국 회사이다. 미국 특허가 들어간 것을 중국에 팔 수가 없다.

미국은 제조까지 다 가지고 있어야 패권을 잡을 테니, 계속 미국에 공장을 지으라고 하는데, 그럼 삼성전자나 TSMC은 결국 미국에 공장을 지을 수밖에 없다. 한국은 하루라도 빨리 미국 공장을 세팅하고 준비를 하는 게 유리한데, 미국이 인프라가 좋은 것도 아니지만 미국에서 생산성을 구현해야만 한다. 왜냐하면, TSMC는 더 불리한데, 대만이 한국보다 물가 수준이 한참 낮기 때문이다. 또 TSMC가 최첨단 공정, 예를 들어 3나노나 2나노 공장을 미국에 지으면 대만으로선 안보 때문에 무서워하므로 5나노 공장을 짓는 것이다. 한국도 테일러시에 투자하는 삼성전자 라인이 최첨단 공정이 아닌 5나노인데, 한국은 그럴 이유가 없다. 지금은 한국의 첨단 파운드리 공정에 고객이 없으니, 원산지 규정을 이용해야 한다. 미국으로 공장을 유치하려면 강제로 원산지 규정을 만들게 될 것이고, 예컨대 '퀄컴도 미국 내 생산 비중 50%', 이런 식이 된다면 미국 진출을 좀 더 세게 준비할 필요가 있다.

**[그림 290] 국내 반도체기업 중국 생산 현황**
**출처: nate뉴스 2022.08.03.**

그뿐만 아니라 삼성전자, SK하이닉스 등 중국에 낸드플래시와 D램 생산 공장을 둔 한국 반도체기업들이 미국산 장비 공급 중단 위기에 놓였다. 미 상무부가 중국 내 반도체 생산 기업에 미국산 반도체 장비 판매를 금지하는 수출통제조치를 공식 발표한 데 대한 후속 조치로 고객사 장비납품 중단이 통보해서이다. 직접 영향권에 든 한국 기업들은 개별 심사를 통한 장비 수출 승인 작업에 집중한다는 계획이지만 생산 차질이 빚어질 가능성도 있게 됐다.

2021년 한국 반도체 수출액 1280억 달러 중 대(對)중국 수출은 502억 달러로 39%를 차지했다. 홍콩을 포함하면 60%에 달한다. 삼성전자와 SK하이닉스의 전체 매출에서 중국 매출이 차지하는 비중은 각각 30%를 넘는다.

## 4.2.2 대만 주도 파트너십 강화

1970년대부터 국가적 차원으로 연구·산업단지를 조성하여 R&D, 기업육성, 인력양성 등 지속적이고 종합적인 지원을 이어나가고 있다. 1973년 반도체 선행기술 개발·이전을 담당하는 ITRI(Industrial Technology Research Institute)를 설립하는 등 국가 지원을 통한 활발한 기업육성이 이루어지고 있다.

1980년대 국가적 차원의 지원을 통해 산업단지 및 연구단지를 출범하여 적극적인 기술 개발을 추진하고 있다. 정부 주도하에 신주과학산업단지를 조성하여 긴밀한 산·학·연 협력을 통한 시스템 반도체 중심의 첨단산업단지를 조성하였다.

1991년 국가 차원의 반도체 연구기관 대만반도체연구센터(TSRI: Taiwan Semiconductor Research Institute)를 출범하여 설계 및 제조공정 등 종합적인 연구·개발 및 인재육성에 이바지하고 있다.

### I. TSMC의 가치사슬동맹

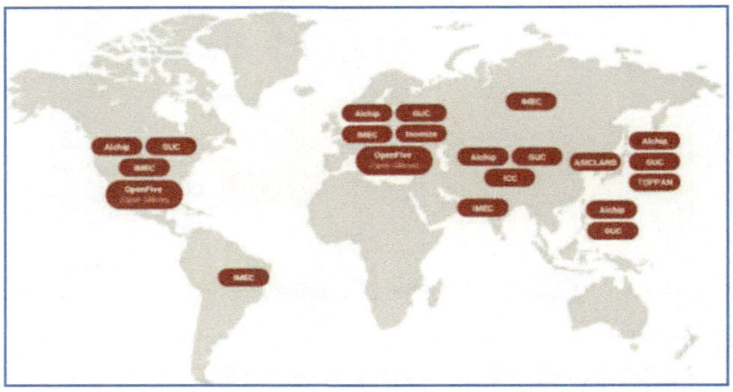


**[그림 291] TSMC의 가치사슬동맹**
**출처: 지디넷코리아**

대만의 TSMC는 가치사슬동맹(VCA: Value Chain Aggregator)을 구축해 IP, DSP 업체들과 협력해 오고 있다. 파운드리 사업에서 DSP의 중요성을 일찌감치 간파하고 운영한 것이다.

**[그림 292] TSMC VCA에 속한 8개 기업**

TSMC의 대만 DSP 업체로는 GUC, 알칩 등이 대표적이다. 1998년 설립된 GUC는 2003년 TSMC가 투자하면서 최대 주주로 등극했다. GUC의 설계 엔지니어 인력은 약 800명 이상에 달한다. 이는 단일 DSP 기업 기준으로 압도적인 엔지니어 수다. 그런데도 GUC는 공격적으로 엔지니어 인력을 확보하기 위해 힘쓰는 중이다.

## 4.2.3 EU 주도 반도체법

### Ⅰ. EU 반도체법 개요

| 연도 | 주요 내용 |
|---|---|
| `20. 12. | EU 회원국은 「Shaping Europe's Digital Future」 일환으로 '유럽 프로세서 및 반도체 기술 이니셔티브 공동선언문' 발표 |
| `21. 03. | 한국, 화EU 집행위는 `30년까지 디지털 전환을 위한 비전과 목표를 담은 「2030 Digital Compass」를 제안이트 리스트에서 제외 |
| `21. 09. | 우르줄라 폰데어라이엔(Ursula von der Leyen) EU 집행위원장은 연례정책 연설에서 「EU 반도체법」 입법 예고 |
| `22. 02. | EU 집행위는 「EU 반도체법」을 발표, EU의 반도체산업 경쟁력 강화 방안을 단계별로 제시 |
| `22. 12. | EU 27개 회원국 담당장관들이 반도체 생산 확대에 430억 유로(약 62조 원)를 투자하는 EU 반도체법에 합의 |
| `23. 01. | 유럽의회 산업연구에너지위원회(European Parliament committee on Industry, Research and Energy)를 통과 |
| `23. 04. | 유럽의회는 430억 유로 규모의 보조금을 지급하는 반도체법에 대한 다자간 협의가 타결 |

[표 24] EU 반도체법 개요

### Ⅱ. 추진배경

①. 최근 전 세계적으로 반도체 공급 부족을 겪으면서 산업·경제발전과 직결되는 반도체 공급망에 관한 관심이 증대됨.

②. EU의 반도체산업 관련 기존 투자 방식에서 벗어나 반도체산업 전반의 통합적 전략 수립 및 투 필요성이 대두됨.

③. 반도체를 중심으로 미·중 기술패권 경쟁이 격화되고 있고, 한국, 일본, 대만 등 주요국은 미래기술 개발·공급망 확보에 적극적으로 나서고 있고, EU 내 반도체 지원방안 마련이 논의되고 있었음.

IMEC(Interuniversity Microelectronics Centre)은 반도체 설계부터 공정, 소자, 시험, 제작 등 모든 공정의 R&D를 지원하는 반도체 종합연구소로, 현재 약 100개국과 공동연구를 수행 중이다.

그뿐만 아니라 CEA-LETI, Fraunhofer 등 반도체 분야 경쟁력 강화를 위한 단체 설립·유지하고 있고, 유럽 내 국가별로 자본금 및 세제 등 지원으로 자국 기업을 육성하고 있다.

## Ⅲ. EU 반도체 법안

이 법안은 오는 2030년까지 EU의 전 세계 반도체 생산 시장 점유율을 20%로 확대하는 것을 목표로 하고 있다. 현재 시장 점유율 10%보다 비중을 2배로 확대하는 게 목표다. 2030년까지 반도체 생산 시장 규모가 2배로 확대될 것으로 예상하기 때문에 EU는 반도체 생산 규모를 4배로 확대해야 한다. 이 법안은 유럽이 아시아나 미국 등 다른 지역에 대한 반도체 의존도를 줄이는 것을 목표로 하고 있다.

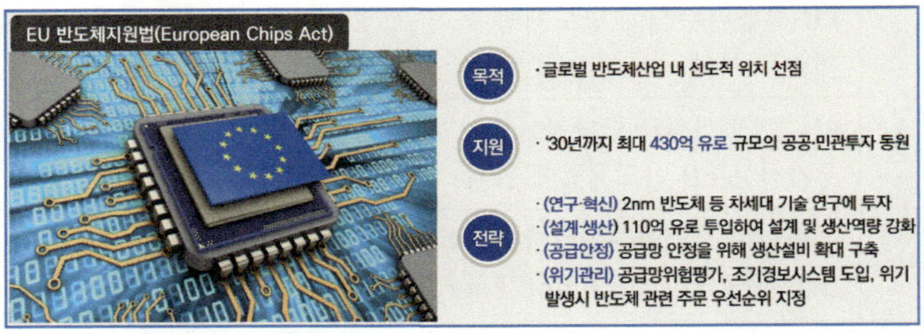


[그림 293] EU 반도체 정책
출처: 반도체협회 이창한

| 분야 | 주요 내용 |
|---|---|
| 연구 및 혁신 | 반도체 이니셔티브(Chips for Europe Initiative)를 수립하여 설계역량 강화, 파일럿 라인 구축, 양자 칩 개발역량 제고, 인력양성 등을 지원하고 관련 기금 마련 및 투자유치 |
| 공급 안정성 | 반도체 제조 역량을 갖추고 있으며 이 법안에서 제시하는 요건을 갖춘 통합생산설비 및 개방형 제조공장(Open EU Foundries)에 보조금을 지원하여 투자유치 및 반도체 생산역량 강화 |

| 분야 | 주요 내용 |
|---|---|
| 위기 대응 | 공급망 위험평가 및 조기경보체제를 구축하고, 위기 발생 시 주문 우선순위 지정(Priority Rated Order) 및 공동 구매 등을 추진 |

**[표 25] EU 반도체법 개요**
*** 공식 명칭: 유럽 반도체 생태계 강화를 위한 체계 수립에 관한 규정(안)(Proposal for a Regulation Establishing a Framework of Measures for Strengthening Europe's Semiconductor Ecosystem)**

①.(연구·혁신) 유럽이 반도체산업 내 강점을 보유한 연구·혁신 부문에서 우위를 유지하기 위해 차세대 기술 연구 등에 투자를 실시함.

②.(설계·생산) 110억 유로 규모의 '유럽 반도체 이니셔티브(Chips for Europe Initiative'를 마련하여 EU 반도체 설계·생산역량을 강화하는 한편 인증체계를 구축함.

③.(공급안정) 반도체 공급 안정화를 위해 생산설비 확대 → 투자 및 자금지원 강화 → 인재 양성 전략을 수립.

④.(위기관리) 글로벌 반도체 부족 사태에 대응하기 위해 지속적인 모니터링 시행, 위기 대응 조치를 수립.

⑤.(국제협력) EU의 반도체 시장 점유율을 확보하고 공급망 위기 시 협상력을 갖추기 위해 국제 협력 관계 구축 필요.

| 경쟁력 요소 | 주요 내용 |
|---|---|
| 입지 여건·제도 | - 인피니언, 글로벌파운드리, 보쉬, X-FAB 등 주요 반도체 기업 위치<br>· 인근에 자동차 기업이 밀집, 차량용 반도체 수요 풍부<br>- 산·학·연 생태계 형성<br>· 프라운호퍼연구소, 라이프니츠연구소 등의 연구 거점 확립 및 드레스덴 공대와 기업간 협력<br>- 작센 州 첫 투자기업에 5년간 인건비 절반 지원 또는 설비 투자비용의 25~30% 지원<br>· 신생 스타트업은 작센 州, 독일 연방정부, EU로부터 3중 지원금 수령 가능 |
| 인프라 | - 작센 州, 공장 신설 허가 절차 간소화 및 전력·용수 관련 기업 투자 유도 |
| 인력 | - 입주 기업의 공동 교육 플랫폼인 '드레스덴 칩 아카데미' 운영 |

**[그림 294] 독일 실리콘 작소니**
**출처: 반도체협회 이창한**

독일 '실리콘 작소니'는 유럽의 첨단산업단지로 2,500여 개 기업이 입주하여 산·학·연 생태계 형성을 통해 협력을 강화하고 있다. 작센州는 반도체기업에 공장 신설 허가 절차를 간소화하고, 인건비 및 설비 투자비용 지원 등 혜택을 제공한다.

## 4.2.4 일본 주도 소·부·장 규제와 반도체 산업의 부활

2001년~2006년 840억 엔 규모로 첨단 LSI 설계기술 및 프로세서 개발을 목표로 'ASUKA I' 프로젝트를, 후속으로 2006년~2011년 산·학·연 연계를 통한 신기술 조기 실용화를 목적으로 'ASUKA II' 프로젝트를 추진하였다. 그뿐만 아니라 반도체의 고성능화, 에너지 고효율화 중심의 '기술전략맵 2010'을 수립하여 반도체 분야에 대한 목표와 미래 실현 사회상을 제시하였다.

### Ⅰ. 소·부·장 규제

2019년 일본은 한국의 주력 수출 제품인 반도체·스마트폰·디스플레이에 사용하는 자국산 소재·부품·장비에 대한 수출 규제에 나섰다. 아울러 외국환 및 외국무역관리법에 따른 우대 대상인 '화이트(백색) 국가, 리스트에서 한국을 뺄 것으로 알려졌다.

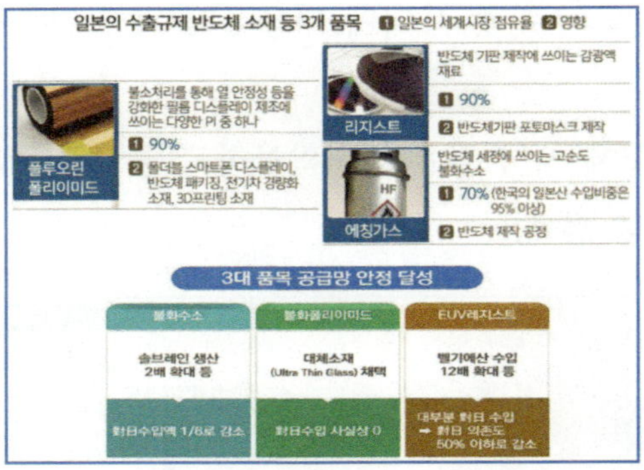


**[그림 295] 일본 반도체 소재 수출 규제(2019)와 2021년 공급망 안정(2021)**
**출처: 세계일보 2019.07.02., 산업통산자원부 2021.07.01.**

산업통상자원부는 일본의 수출 규제 조치가 시행된 지 2년 만에 100대 핵심품목에 대한 대일 의존도 감소세가 3배 가속화되고, 우리 소부장 기업의 매출이 20.1% 증가하는 등 성장이 가시화되고 있는 것으로 나타났다.

특히, 일본 수출 규제의 대상이었던 불화수소·불화폴리이미드·EUV레지스트 등 3대 품목의 경우, 불화수소의 대일 수입액이 ⅙ 수준으로 하락하는 등 위기 극복을 위한 국민과 기업, 정부의 노력이 결실을 맺은 것으로 평가된다.

## Ⅱ. 반도체산업 부활(일본 규슈 클러스터)

미일 반도체협력을 발판삼아 첨단 반도체 기술개발 및 생산에 주력하여 글로벌 리더십 회복을 목표로 하고 있다.

"일본은 반도체 첨단 공정 분야에서 10~20년 뒤처져 있다. (위상을) 되찾는 건 쉽지 않다. 이번 기회는 (우리에게) 주어진 마지막 기회다." 일본 도요타자동차 등 8개 업체가 합작 설립한 반도체기업 라피더스(Rapidus) 고이케 아쓰요시 사장은 지난 11일 기자회견에서 이렇게 말했다. 반도체 드림팀을 만들어 1990년대 이후 한국 등에 내줘야 했던 반도체 왕좌를 다시 찾아오겠다는 의지를 강력하게 내비친 것이다.

[그림 296] 일본 정책
출처: 반도체협회 이창한

라틴어로 '빠르다'라는 뜻이 있는 회사명에서 알 수 있듯 라피더스는 이미 시장 선두를 지키고 있는 한국과 대만의 기술력을 빠르게 추격하겠다는 비전을 제시하며 주목을 받고 있다. 하지만 당장 해결해야 할 과제가 산적해 있어 목표 달성이 쉽지만은 않을 것으로 보인다. "5년 뒤 2나노 생산" 목표합작사 라피더스에 참여하고 있는 기업들의 면면은 화려하기 그지없다. 세계 최대 자동차 기업인 도요타를 비롯해 세계 3위 낸드플레시 업체인 키옥시아, 한때 전자 왕국을 일궜던 소니, 일본 최대 통신기업 NTT가 이름을 올렸다. 이 밖에 소프트뱅크, NEC, 덴소, 미쓰비시UFJ 등 8곳이 참여하고 있다.

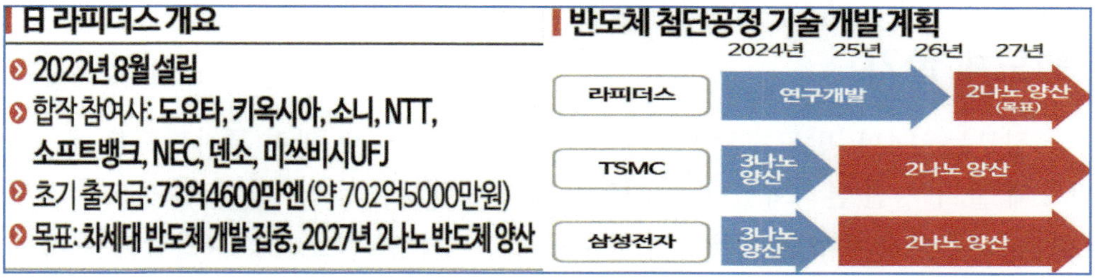


[그림 297] 일본 라피더스 개요와 기술 개발 계획
출처: 아시아경제 2022.11.28.

규슈는 일본 반도체 생산의 40%를 차지하는 반도체 중심지로, TSMC 공장 유치를 기점으로 예산·인프라를 적극적으로 지원하고 있다.

| 경쟁력 요소 | 주요 내용 |
|---|---|
| 입지 여건·제도 | - TSMC 구마모토 팹 유치를 위해 4,760억엔 지원<br>· TSMC 중심으로 일본 반도체 핵심 소부장 기업 집결<br>· 일본 내 반도체의 반도체의 안정적인 수급 확보<br>(TSMC 인근에 소니 이미지센서 공장 착공)<br>- 소니세미컨덕터솔루션, 도쿄일렉트론 등 100여개 반도체 관련 기업 밀집 |
| 인프라 | - 지자체 차원에서 지하수로 공업용수 확보, 류몬댐의 용수 활용 사업 진행<br>- 도로 정비 및 신규 건설 추진 |
| 인력 | - 반도체 전문인력 배출 거점 조성<br>· 규슈 지역 8개 고등전문학교에 반도체 제조·개발 교육과정 신설<br>· 구마모토대학 '반도체연구교육센터' 신설, 반도체 제조·공정 학부 개설 |

**[그림 298] 일본 규슈(구마모토) 클러스터**
**출처: 반도체협회 이창한**

규슈 지역 8개 고등전문학교에 반도체 교육과정을 신설하고, 구마모토대학교에 반도체 연구교육센터를 신설하는 등 반도체 인력을 집중적으로 육성하고 있다.

그런데 일본 반도체기업 임원은 "삼성전자와 TSMC는 한 해 R&D(연구개발)에만 수조 엔(수십조 원)을 투자하는 반면에, 라피더스는 정부 지원이 700억 엔(약 6700억 원)에 8개 기업의 초기 투자금이 고작 73억 엔(약 700억 원)이다. 게임이 안 될 것"이라며 냉소적인 반응을 보였다.

일본 정부가 주도한 반도체 부활 프로젝트는 사실 이번이 처음은 아니다. 1999년 일본 정부 주도로 다수의 메모리반도체 회사를 합쳐 설립된 엘피다메모리가 삼성전자와의 치킨게임에서 패배해 사라진 전례가 있다. 이 충격을 기억하는 일본 반도체업계는 라피더스의 투자금 규모를 볼 때 이번에도 결국 보여주기에 그칠 것이라며 정부를 의심하고 있다.

## 4.2.5 중국 주도 반도체 굴기

### Ⅰ. 반도체 굴기

중국 정부는 '14년 '반도체산업발전추진요강'을 발표하고 관련 투자펀드를 조성함으로써 반도체 굴기 추진 본격화했다. 국가안보를 지탱하는 전략적, 기초적, 선도적 산업임을 강조하고, 내수시장 우위를 활용하여 글로벌 선진 수준을 빠르게 따라잡겠다는 의지 표명했다.

- 2020년까지 중국 반도체산업의 글로벌 선진 수준과의 격차 축소 계획: 반도체산업 매출 증가율을 20%대로 유지하고 16/14㎚ 제품의 대량생산을 실현한다는 목표 설정

• 2030년까지 중국 반도체산업을 세계 선진 수준으로 도약시키고 일부 기업을 선두 대열에 포진시킨다는 목표

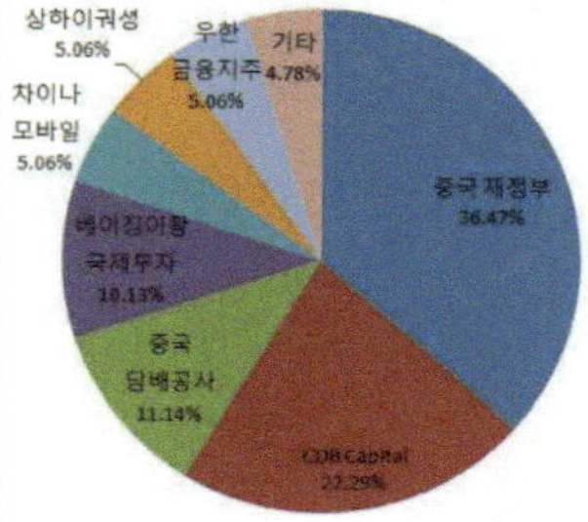


(단위: 억위안)

| 기업명 | 투자액 | 분야 | 주요 내용 |
|---|---|---|---|
| 칭화유니 | 289.00 | 설계<br>메모리<br>제조 | ·자회사 Unisoc에 투자<br>·자회사 창장메모리(YMTC) 설립 및 R&D 지원 |
| 중신궈지<br>(SMIC) | 210.71 | 파운드리 | ·SMIC(11.54%)와 자회사 중신베이팡(32%), 중신난팡(27%)에 지분투자<br>·상하이화리 공정개발 지원 |
| 싼안광전 | 64.39 | LED<br>제조 | ·지분투자, 11.30% 보유<br>·화합물 반도체 분야 진출 |
| 화홍<br>반도체 | 59.54 | 파운드리 | ·지분투자, 29% 보유 |

**[그림 299] 중국반도체산업투자펀드 지분구조와 주요 투자 기업(2018년 기준)**
**출처: KDB미래전략연구소, 이은영**

2015년 중국의 반도체 자급률 목표를 2020년 40%, 2025년까지 70%로 설정한 이후 세제 혜택 등 정책 지원 강화한다고 밝혔다. 중국 정부는 2015년 '중국제조2025'를 발표하고 반도체를 포함한 첨단산업 분야의 핵심 부품과 소재의 자급률 목표 제시하였다. 2016년 말 제13차 5개년 국가 정보화 계획(2016~2020)을 발표하고 5G, 사물인터넷 등 4차산업혁명 분야 관련 반도체 칩 연구개발에 주력할 것임을 명시하였다.

## II. 현재 상황

실제 중국은 세계 반도체 시장에서 가장 빠른 성장세를 보이고 있다.

블룸버그는 최근 1년 동안 가장 빠르게 성장한 반도체기업 20곳을 추렸다. 그런데 그 중 19개가 중국업체였다. 2020년에는 세계 20위권 가운데 중국 기업이 8곳이었다.

중국 반도체 제조사 씨코어의 지난해 매출이 1년 새 338% 폭증했다. 인공지능(AI) 반도체 스타트업 캠브리콘 매출도 144% 증가했다. 반도체 설계 도구를 만드는 프리마리우스(100.4%)도 2배 넘게 성장했다.

중국 반도체 위탁생산(파운드리) 업체 중신궈지(SMIC)와 화홍반도체는 상하이 공장을 최대 용량으로 가동하고 있다. 중국 최대 파운드리 중신궈지의 1분기 매출은 66.9% 늘었다. 같은 기간 세계 1위 파운드리인 대만 TSMC 매출 증가율은 35.5%였다.

중국반도체산업협회에 따르면 지난해 중국 반도체 관련 기업의 매출은 18% 증가하면서 1조 위안(약 193조 원)을 돌파했다.

## Ⅲ. 2년째 반도체 장비 최다 수입국

국제반도체장비재료협회(SEMI)에 따르면 2021년 중국은 2020년 187억 달러보다 58% 늘어난 296억 달러(약 39조 원)어치의 반도체 제조 장비를 수입했다. 전년에 이어 2년 연속 최대 수입국이었다.

한국이 55% 증가한 250억 달러로 뒤를 이었다. 다음으로 대만(249억 달러), 일본(78억 달러), 북미(76억 달러) 순이다.

## Ⅳ. 반도체 소재 내재화율 6년 새 10% 상승

2021년 중국이 조달한 반도체 소재의 27%가 국산이다. 2015년 17%이던 반도체 소재 내재화율이 6년 만에 10%포인트 뛰었다.

## Ⅴ. 미국의 반도체 제재

2022년 10월 7일 바이든 미국 행정부가 내놓은 반도체 대중 수출 통제 조치가 너무 강력해 앞으로 생존을 걱정해야 할 처지가 됐다. 이번 조치는 '첨단 컴퓨터와 반도체 제조 항목에 대한 새로운 대중 수출 통제'라는 제목을 달고 있는데, 크게 봐서 세 가지 메시지가 담겨 있다.

첫 번째로는, 슈퍼컴퓨터, 인공지능 개발 등에 쓰이는 고성능 반도체 칩 수출 차단이다. 자율주행차, 5G 통신망, 클라우드 등 많은 첨단 분야에서 중국 기업들이 미국산 고성능 칩을 사용한다. 극초음속 미사일 등 첨단 무기 개발에도 쓰이기 때문에, 국가안보 차원에서 이런 칩에 대한 중국의 접근을 원천 봉쇄하겠다는 것이다.

두 번째로는 중국 반도체 싹 자르기이다. 반도체 제조 공정에 들어가는 장비와 중간재 수출을 막은 것이다. 대부분 미국과 일본 기업이 공급하는데, 이런 장비나 자재가 없으면 삼성전자나 하이닉스도 못 버틴다.

세 번째로는, 중국계 미국인 취업도 차단. 미국 고급인력의 중국 반도체 업체 취업 차단이다. 중국 반도체기업엔 많은 미국인 기술자들이 들어가 최고경영자(CEO)나 개발 담당 임원으로 일한다. 대부분 미국 반도체 업체에서 근무한 경력이 있는 중국계 미국인인데, 그 수가 200명가량 된다고 한다. 이들이 미국에서 장비와 자재를 사오고 기술을 제공해 중국이 그나마 이 정도 반도체 생산을 하는 건데, 미국이 이런 인력의 공급을 막으면 중국 반도체기업은 마비가 된다고 한다.

화웨이 이어 YMTC도 정조준 - 화웨이는 지난 2년간 미국 기술이 들어간 반도체 칩 공급을 차단당하면서 매출액이 급감하고 스마트폰 시장 경쟁 대열에서 탈락했다. 이걸 보고 미국은 이번엔 중국 반도체 업계의 맏형으로 통하는 국유기업 YMTC를 예비제재대상인 미검증리스트에 올렸다.

반도체 장비 불 공급 가속화 - 세계 5대 반도체 장비업체인 미국의 어플라이드 머티리얼즈·램리서치·KLM과 일본의 도쿄일렉트론, 세계 1위의 반도체 노광 장비 생산업체인 네덜란드의 ASML이 참여하기 때문이다. 블룸버그는 투자자문사 스탠퍼드 C 번스타인의 스테이시 라스곤의 말을 인용해 “중국이 스스로 첨단산업을 구축할 방법도, 기회도 없어졌다”고 평가했다. 그러나 네덜란드 관리들은 지난주 중국에 대한 새 수출 제재 계획을 수립 중이었으며 일본 정부는 일부 기업이 중국 시장을 잃지 않기 위해 반대 입장을 보였는데도 네덜란드와 보조를 맞추기 위해 제재에 합의했다.

일본과 네덜란드 양국은 14나노(㎚, 10억분의 1m) 이상의 첨단 반도체 제품을 제조할 수 있는 장비 수출을 금지하는 방안을 마련 중인 것으로 전해졌다. 지난 10월 발표한 미국의 규제 수준에 맞춘 것이다. 14나노 기술은 첨단 반도체 제조기술에 최소한 3세대나 뒤처진 것이지만, 중국의 핵심 반도체기업 SMIC(中芯國際·중신궈지)의 핵심 공정기술이다.

# 4.3 반도체별 정책 및 이슈

## 4.3.1 AI 반도체

### Ⅰ. 주요국 정책 동향

- (미국) 방위고등연구계획국(DARPA)을 통해 AI 시스템을 위한 소형·고대역·고효율 나노광자 기술개발 착수(2018년 9월).
- (유럽) Horizon 2020 프로그램을 통해 뉴로모픽 컴퓨팅 기술 및 HW 개발과 함께, 고성능·저전력 프로세스 로드맵 수립이행 중(2018년 12월).
- (대만) 세계 최고 반도체 공정 인프라를 인공지능 반도체 영역으로 확장, TSMC를 필두로 글로벌 인공지능 반도체 생산기지 역할 공고화 중.
- (일본) 산업기술종합연구소(NEDO) 중심 고효율·고속처리 AI칩 차세대 컴퓨팅 기술 R&D 추진과 함께, 인공지능 반도체 설계거점 센터 운영(2018년).
- (중국) 주요 기업 AI 기술혁신으로 시장 확대와 함께 정부 육성지원 중.

### Ⅱ. 국내 정책 동향과 시사점

정부도 세계 최고 AI기술의 축적과 산업적 활용을 위해, 인공지능 반도체 전략, 종합반도체 전략 등을 통해 인공지능 반도체 육성을 추진하고 있다.

'인공지능 반도체산업 발전전략(2020년 10월)'을 필두로, 기술·인력·생태계 등 지원을 본격화하고 있다. NPU·PIM(Processing In Memory) 기술 등에 1.2조 원 투자(~2029

년), 특성화 대학 등을 통한 고급인력 7천 명 육성(~2027년), 스타트업·중견기업 대상 스타 팹리스(2022년 5월) 선정 등을 추진하고 있다.

최근 인공지능 반도체를 국정과제(2022년 5월)에 포함하고 '인공지능 반도체산업 성장 지원대책(2022년 6월)' 등을 발표하며, 기업의 경쟁력 강화 등을 지원 중이다.

| 국정과제 및 과학기술 정책 주요 내용 | | 시사점 |
|---|---|---|
| 제4차 과학기술 기본계획[3] ('18.2) | • 반도체 등 첨단기술 산업 분야 국가경쟁력 강화 및 성장동력화 추진<br>• 상기 성장동력 산업화를 위한 패키지형 지원 강화 | • 반도체를 국가 성장동력으로 지속적 인식<br>• R&D 단계 이후, 표준·인증, 특허, 실증, 금융, 세제 등 종합적 산업화 정책지원 기조 마련 |
| 대한민국 과학기술 미래전략 2045[4] ('20.10) | • 금융거래·심사, 자율주행, 의료 등 산업과 사회 각 분야에서 인공지능과 인류의 유기적 관계 강조<br>• 인공지능의 지적 능력 향상을 위해 인공지능 반도체 등 HW 고도화 필요(단기: NPU·PIM, 장기: 양자 등) | • 미래수요→AI 기술→AI 구현용 HW (인공지능 반도체 등) 도출로 미래 수요로부터 인공지능 반도체 필요성 제시<br>• 인류의 삶을 근본적으로 변화시킬 범용기술로서 AI를 주목, 인공지능 반도체를 필수 요소기술로 포함 |
| 정부 110대 국정과제[5] ('22.5) | [미래전략산업 초격차 확보 (국정과제 24)]<br>• 반도체, 배터리, 디스플레이 등 전략산업 생태계·R&D·국제협력 등 종합 지원<br>• 반도체 특성화 대학 지정, 계약학과, 산학연계 프로그램 등 인재 양성 생태계 구축<br>[디지털 경제 패권국가 실현 (국정과제 77)]<br>• 초일류 인공지능 국가를 목표로 최고 수준의 인공지능 기술 확보<br>• 상기 목표달성을 위해 인공지능의 핵심 두뇌인 인공지능 반도체 육성 추진 | • 제4차 과학기술 기본계획의 기조에 따라 기술개발 뿐 아니라, 실증·세제·시장조성 등 생태계 육성을 위한 패키지형 종합 지원 기조 유지<br>• 대학과 기업을 중심으로 인공지능 반도체 인력양성 생태계 강화 예상<br>• 세계 최고 수준의 인공지능 기술 확보를 위해 세계 최고 수준의 인공지능 반도체 육성 병행 예정<br>• 인공지능 반도체 육성 결과의 AI기술·제품·서비스와 연계·활용 중요 |
| 반도체 초강대국 달성전략[6] ('22.7) | • 글로벌 공급망 내 핵심 생산기지 위상 확립 및 반도체 산업 혁신 선도국 도약을 통해 반도체 초강대국 달성<br>• ❶기업투자 총력 지원, ❷민관이 합심한 인력양성, ❸시스템반도체 선도기술 확보, ❹견고한 소부장 생태계 구축 추진 | • 공급망과 경제안보 관점에서 반도체의 중요성에 주목, 인공지능 반도체 관련 정책 역시 지속적인 강화<br>• 시스템반도체의 핵심 기술로 인공지능 반도체 R&D를 강화하는 동시에 관련 인력·생태계 육성 |
| **인공지능 반도체 관련 정책 주요 내용** | | **시사점** |
| 인공지능 반도체 산업 발전전략[7] ('20.10) | • 퍼스트무버형 혁신기술·인재 육성을 위해 ❶세계 최고 기술력 도전, ❷기술·사업화 장벽 해소, ❸차세대 전문인재 양성 추진<br>• 혁신성장형 산업 생태계 조성을 위해 ❶민간·공공 수요 마중물 창출, ❷연대·협력의 밸류체인 구축, ❸기업 성장 인프라 강화 추진 | • 인공지능 반도체에 특화된 최초의 정책으로 선도국 대비 정책수립 시점은 1~2년 늦으나, 기술·인력·생태계 측면에서 체계적 정부지원 착수<br>• 특히 수요-공급 연계, 설계역량 지원 등을 통해 선도 팹리스 등의 신속한 성장과 제품출시 등의 결과로 이어져 생태계 조기 활성화에 기여 |
| K-반도체 전략[8] ('21.5) | • 2030년 세계 최고의 반도체 공급망 구축을 위해 ❶K-반도체 벨트 조성, ❷인프라 지원 확대, ❸반도체 성장기반 강화, ❹반도체 위기대응력 제고 추진<br>• 인공지능 반도체 관련, ❶팹리스 설계지원 강화, ❷특화 대학(원) 육성, ❸기술개발·수요연계 실증 포함 | • 글로벌 반도체 공급망 위기대응과 신성장동력으로서 반도체 산업 육성을 위한 클러스터 조성, 인프라 지원 등 반도체 종합전략 수립<br>• 인공지능 반도체 산업 발전전략 내 일부 내용 재반영으로 정책 이행 의지 재확인 |
| 인공지능 반도체 산업 성장 지원대책[9] ('22.6) | • 인공지능 반도체 시장선점 및 강국 도약을 위해 ❶초격차 기술력 확보, ❷초기 시장수요 창출, ❸산·학·연 협력 생태계 조성, ❹전문인력 양성 추진 | • 산·학·연 오피니언 리더의 인공지능 반도체 최고위 전략대화 신설을 통한 신속한 정책수요 반영 채널 공식화 및 산·학·연 협력 생태계 강화 |

[표 26] 국정과제 및 과학기술 정책, 인공지능 반도체 관련 정책
출처: KETI 2022.

## Ⅲ. 국내·외 기업 및 제품

AI SW 기술은 인공지능 반도체 중 서버 중심 서비스를 위한 SW 기술로 NPU, GPU 등이 대표적인 사례이다. 해외 선도기업 중심으로 상용화 단계 진입, 성능과 전력효율은 향상되었으나, 기업간 기술격차는 크지 않은 상황이다.

| 구분 | 기업 및 제품 특징 | 목적 및 제품형태 | |
|---|---|---|---|
| 해외기업 | • (NVIDIA) 데이터센터, 영상처리, 서버 기반 자연어처리 등 분야 글로벌 리더로 시장 旣선점<br>* (H100) 120TFPLS/700W 성능으로 기존 자사 A100 대비 30배 빠른 반도체 출시 예정('22. 3Q) | 데이터센터<br>(학습+추론) | 〈H100〉<br><br>* (출처) NVIDIA |
| | • (Intel) Habana Labs를 인수('19), 학습/추론용 인공지능 반도체를 개발하고, 자사 데이터 센터 제품과 연계<br>* (Gaudi2) NVIDIA A100 대비 2배 높은 자연어처리 학습 성능을 가진 학습용 제품 출시('22.5) | 데이터센터<br>컴퓨터비전 등<br>(학습) | 〈Gaudi2〉<br><br>* (출처) Intel(Habana) |
| | • (AMD) CDNA2 방식 고유 GPU 구조를 탑재한 MI250 시리즈 AI가속기 출시('21.11)<br>* (MI250) 383TFLOPS/500~600W 성능으로 NVIDIA A100 대비 약 2.4배 빠른 OpenMM 벤치마크 기록 | 데이터센터<br>(학습) | 〈MI250〉<br><br>* (출처) AMD |
| 국내기업 | • (사피온) '17년에 설립, SK하이닉스, SKT 등 SK ICT 연합이 설립한 인공지능 반도체 전문 기업<br>* (X220) 6.7KFPS/60W 수준의 첫 AI칩 출시('20.11), SK 텔레콤의 자체 데이터센터에 적용 중 | 데이터센터<br>(추론) | 〈X220〉<br><br>* (출처) SKTelecom |
| | • (퓨리오사AI) '17년 설립, 고성능 인공지능 반도체에 필요한 HW /SW를 설계·개발 중<br>* (Warboy) A100 대비 약 4배 수준의 전력 대비 성능(64TOPS /40~ 60W)을 기록, 출시 예정('22.4Q) | 데이터센터<br>컴퓨터비전 등<br>(추론) | 〈Warboy〉<br>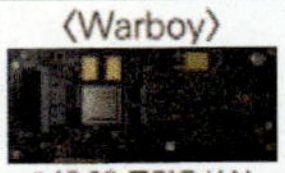<br>* (출처) 퓨리오사AI |
| | • (리벨리온) '20년 설립, 금융거래 특화칩 '아이온(ASIC)' 출시 예정('22.下), 데이터센터용 '아톰' 개발 중<br>* (ION) 인텔 Goya 대비 30% 이상 빠르고, 전력효율이 2배 이상으로 JP모건 등과 구매협의 중 | 금융거래 등<br>(추론) | 〈ION〉<br><br>* (출처) 리벨리온 |

**[표 27] AI SW 기업 및 제품 특징**
**출처: KETI 2022.**

AI HW기술은 현재 활발히 기술개발이 진행 중인 영역이며, 소형화·고전력효율·고성능의 장점으로 뉴로모픽 등 On-chip HW기술은 향후 의료, 제조, 미래차 등 다양한 응용 분야에 적용될 전망이다.

뉴로모픽 칩은 현재 정형화된 학습방법이 부재한 상황에서 인간의 뇌와 유사한 학습방법은 일부 적용해 상용화 가능성을 확인하는 단계이다. 해외에서는 인텔과 IBM이 개발했으나 상용화까지는 많은 기간이 소요될 전망이고, 국내에서는 KETI를 중심으로 학습방법·신경망 구조 원천연구가 진행 중으로 헬스케어, 건물 모니터링 등의 응용 분야에서 활용 가능성을 확보하였다.

| 구분 | 기업 및 제품 특징 | 제품형태 |
|---|---|---|
| 해외기업 | • (IBM) 방위고등연구계획국(DARPA) 주도 인공두뇌 프로젝트에 참여해, 인간 신경망을 모방한 TrueNorth 개발 성공('14.8)<br>* (TrueNorth) 54억개 트랜지스터를 내장한 4,096개의 프로세서로 구성, 기존 마이크로프로세서 대비 1/10,000 전력 소모<br>• (Intel) 인간의 지도를 통한 학습 대신, 실시간 유입정보를 스스로 학습하는 뉴로모픽 반도체 Loihi 개발('17)<br>* (Loihi) 128개의 코어 내 13만 개의 뉴런과 1억 3,000만 개의 시냅스로 구성, 집적도는 14nm 수준 | 〈TrueNorth〉<br><br>* (출처) IBM<br>〈Loihi〉<br><br>* (출처) Intel |

**[표 28] AI HW 기업 및 제품 특징**
**출처: KETI 2022.**

범용 인공지능 반도체는 메모리 내 AI에 필요한 연산기능을 융합하고, 메모리에서 병렬 연산이 가능한 기술로 PIM(Processor In Memory)이 대표적인 사례이다. 해외에서는 Graphcore, Upmem 등이 서버용 PIM 솔루션을 사업화 중이며, 국내에서는 삼성전자와 SK하이닉스가 최근 제품을 개발 완료하였다.

## 4.3.2 차량용 반도체

### Ⅰ. 차량용 반도체 수급난 이후 동향

수입 물량이 98%에 달할 정도로 해외 의존이 심한 국내 자동차용 반도체 공급망이 앞으로 수년 안에 재편될 것으로 보인다. 현대자동차그룹이 팹리스들과 함께 자동차용 반도체의 개발·양산에 나서기로 했다.

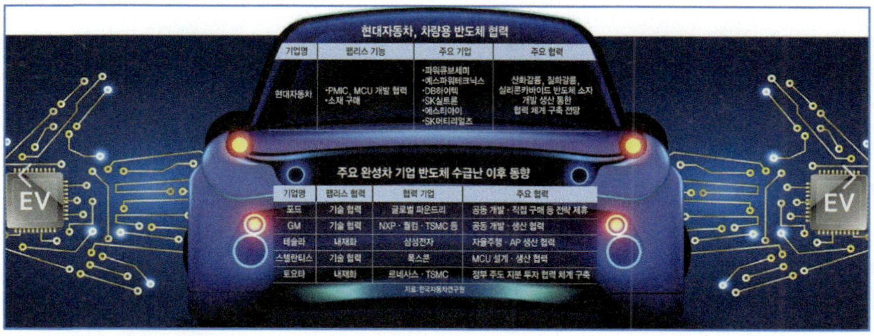


**[그림 300] 현대자동차 차량용 반도체 협력**
**출처: 한국자동차연구원**

## II. 기술 트랜드

차량 전자 시스템 아키텍쳐가 분산 아키텍쳐에서 도메인 아키텍쳐를 조날 아키텍쳐로 발전할 것으로 예상된다.

- **Domain Architecture(도메인 아키텍쳐):** 파워트레인, 커넥티비티, 인포테인먼트, ADAS(Advanced Driver Assistance Systems) 등 각 도메인별 DCU(Domain Control Unit)가 제어를 수행하고 DCU간 게이트웨이로 연결한다.
- **Zonal Architecture(조날 아키텍쳐):** 초고성능 단일 AP(Application Processor)가 차량 전체의 제어를 수행하고, 차량 내 모든 모듈이 인접한 조날 게이트웨이에 연결된다.

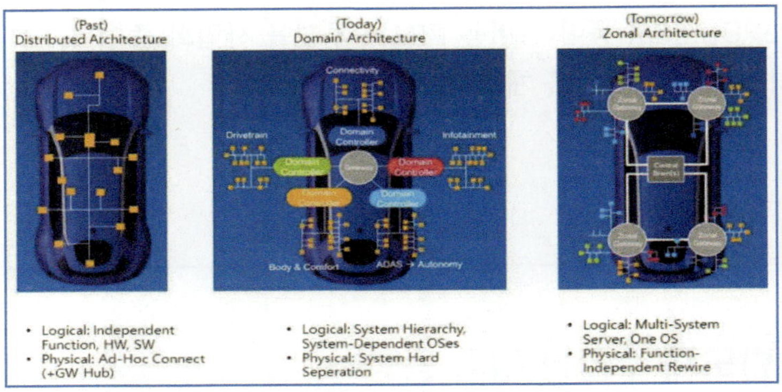


**[그림 301] 차량 전자 시스템 아키텍쳐의 변화**
**출처: NXP**

## III. 자율주행

운전자의 개입이 필요없는 고도자율주행(Level 4), 단일 AP 통합, 엣지 컴퓨팅 등이 전망된다.

- **단일 AP 통합:** 자율주행 반도체가 ECU, MCU, NPI 칩셋 형태에서 AI 기반 단일 AP로 통합되고 있으며, 센서의 종류·정밀도·개수가 증가하고 있다.
- **엣지 컴퓨팅:** 네트워크 기반 클라우드 컴퓨팅에서 통신 단절에도 안전한 엣지 컴퓨팅으로 변화하고 AP의 컴퓨팅 파워가 더욱 고도화되고 있다.

# 4.3.3 반도체 패키징

## Ⅰ. 첨단 패키징 투자 현황

시장조사업체 Yole Development에 따르면, 지난해 반도체 패키지에 가장 많이 투자한 기업은 인텔이다. 인텔은 35억 달러(약 4조2천억 원)를 투입했다. 2021년 반도체 패키지 전체 투자 가운데 30% 정도를 차지하는 금액이다. TSMC가 30억 달러로 뒤를 이었고, ASE가 3위, 삼성전자가 4위로 국내 기업의 패키지 투자는 아직 미진하다.

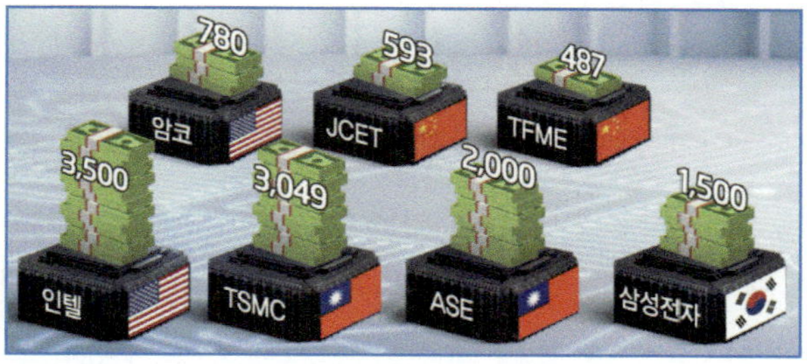


[그림 302] 반도체 후공정 투자 추이(단위: 백만 달러)
출처: Yole Development

중국 반도체 업계에 패키지 투자도 증가했다. 중국 JCET, TFME는 반도체 패키지에 10억달러를 투자했다. 인텔, TSMC, 삼성보다 규모는 크지 않지만 투자를 확대하며 패키징 시장 수요에 대응하고 있다. 패키징 투자는 기술 개발과 관련 다양한 반도체를 만들 수 있는 역량을 강화할 수 있게 해줄 것으로 보인다. 공격적인 후공정 투자를 하지 않으면 시장에서 기술 개발 경쟁력 저하도 배제할 수 없다.

후공정 투자와 맞물려 시장 자체도 급성장하고 있다. 특히 첨단 패키징 시장이 대폭 커질 전망이다. 지난해 첨단 패키징 공정 시장은 총 27억4000만 달러에서 2027년에는 78억7000만 달러로 3배가량 확대될 것으로 예상한다. 연평균 19%의 가파른 성장세다.

현재 가장 큰 규모는 '실리콘 인터포저(interposer)' 시장이다. 복수 칩을 결합할 때 실리콘 인터포저를 사용한다. 지난해 9억6400만 달러에서 연평균 12%씩 성장, 5년 뒤에는 18억8000만 달러까지 확대될 것으로 예상된다.

가장 높은 성장률을 보이는 건 3D 낸드플래시다. 지난해 1억7800만 달러였던 3D 낸드 플래시 시장은 연평균 29%씩 고속 성장해 2027년에는 8억1200만 달러 시장이 형성될 전망이다. 고대역폭메모리(HBM) 연간 성장률이 25%로 뒤를 이을 전망이다. HBM은 데이터센터 등 고성능컴퓨팅(HPC) 시장에서 수요가 확대, 첨단 패키징 시장의 주요 성장 동력으로 자리매김했다.

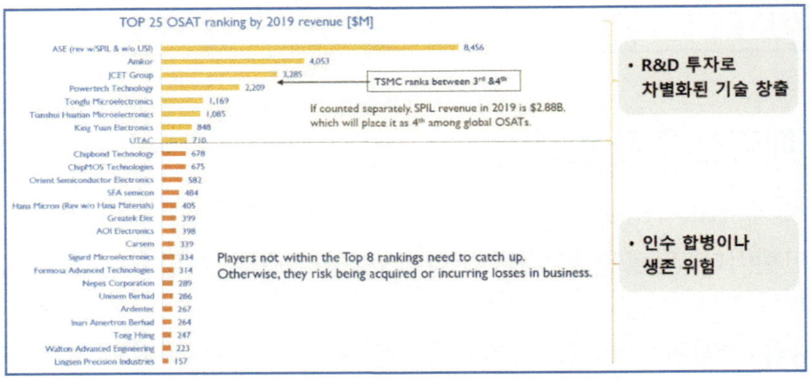


**[그림 303] TOP 25 OSAT ranking by 2019 revenue [$M]**
**출처: 한양대학교 유봉영**

- **TSMC와 일본 기업들의 패키지 생태계 공고화:** TSMC 역시 패키지 분야에 적극적으로 투자하고 있다. 2023년 일본 이바라카현에 반도체 제조공장(fab)을 건설하겠다고 밝혔다. 지난해 패키징 공장 150억 달러 투자계획의 일환이다. 일본 정부는 TSMC 연구개발 거점 마련에 1억5,800만 달러 보조금을 지원한다. TSMC는 대만을 비롯한 동남아시아 패키지 생산 허브를 활용하여 후공정 경쟁력을 확대할 것으로 예상한다.
- **일본은 여전히 기판의 최강자:** 속도 차이는 있으나 투자의 필요성에 대해서는 모든 반도체 기판 업체가 공감하는 분위기다. FCBGA(Flip Chip Ball Grade Array)는 볼 형태 범프(bump)로 연결하는 PCB이다. 칩과 기판이 밀착되어 있어 적은 신호 손실과 빠른 전달력이 강점이다. CPU와 GPU 등 패키징에 주로 쓰인다. 전 세계적으로 두 제품의 수요공급 불균형이 발생하면서 FCBGA 몸값이 천정부지로 오른 것이다.

이에 시장을 주도하던 일본 이비덴, 신코덴키 등은 대형 투자를 단행했다. 양사는 지난해만 2~3조 원을 쏟아부으면서 고객사 요청에 부응했다. 후지쿠라, 메이코, 교덴 등 중견업체들도 FCBGA 투자에 집중했다.

대만도 세계 3위 유니마이크론을 비롯해 난야PCB, 킨서스 등이 각각 1~2조 원 내외 자금을 투입하기로 했다. 작년에 이어 올해까지 공격적인 투자 기조를 유지하고 있다.

후발주자인 오스트리아 AT&S도 FCBGA 등 고부가가치 기판 사업에 3조 원 이상을 투자하기로 했다. 말레이시아, 베트남 등 후공정 생산라인이 밀집한 지역에 공장을 설립할 계획이다.

상대적으로 FCBGA 시장이 작았던 한국 업체도 기지개를 켰다. 삼성전기는 베트남 법인에 1조 원 이상을 투입한다. FPCB를 여러 층으로 적층한 RFPCB(Rigid Flexible Printed Circuit Board, 경연성인쇄회로기판) 등 수익성이 악화한 제품 대신 FCBGA에 집중하겠다는 의도이다. LG이노텍은 작년 사업화 논의를 마치고 전담 조직을 신설했다. 장비 발주를 시작하는 등 공장 구축이 초읽기다. 대덕전자와 코리아써키트 등도 삼성전기와 같은 이유로 FCBGA를 신성장동력으로 낙점했다. 투자자 전후로 고객사 수주를 따내면서 생산능력 확대에 무게를 두고 있다.

## II. 국내 반도체 패키지 기술 로드맵

설계와 공정에서 성능의 확대가 한계에 다다른 지금은 차세대 패키징 기술을 이용하여 이를 극복하려 하고 있다.

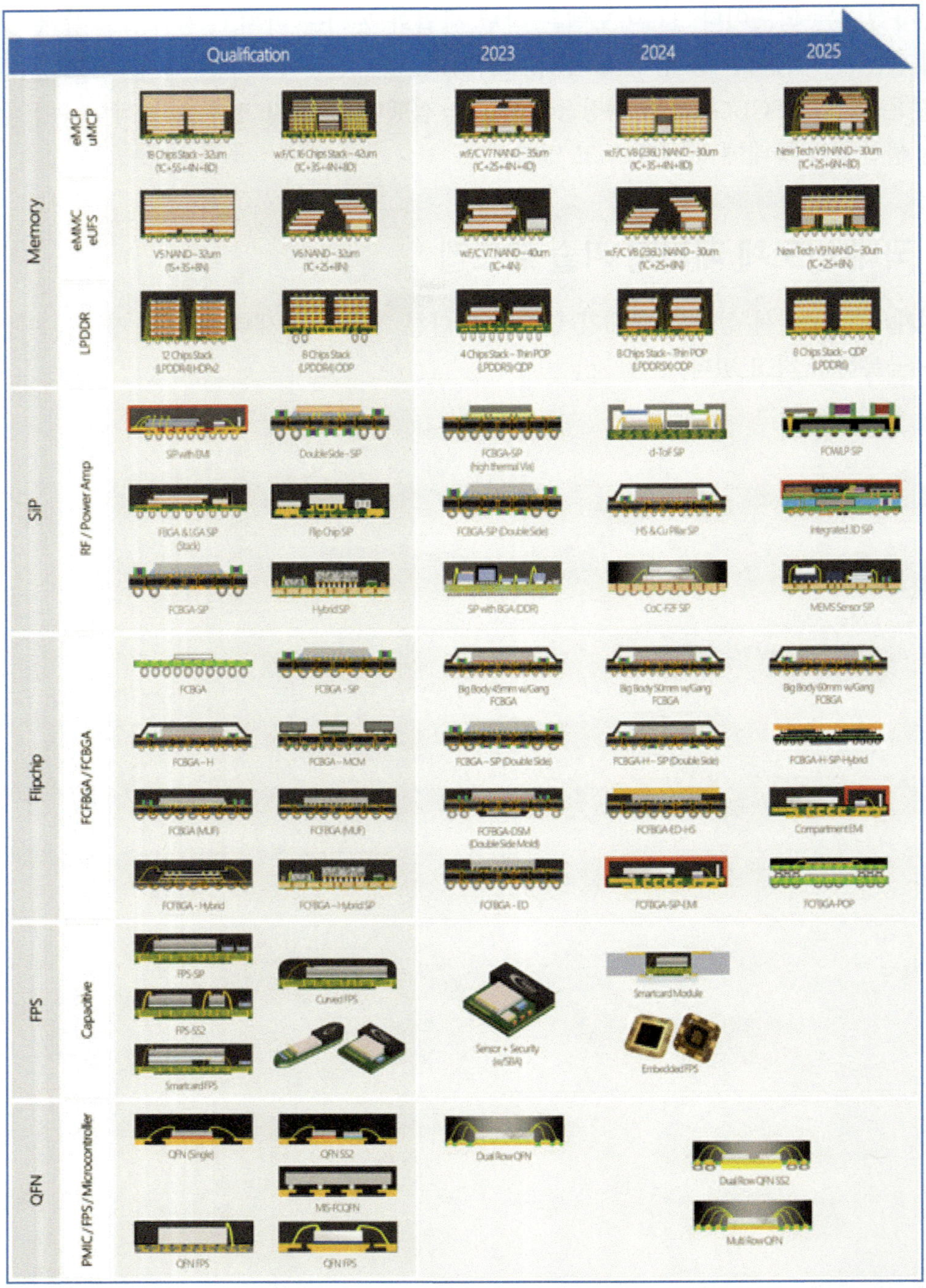


**[그림 304] Package Road Map**
**출처: 하나마이크론**

# Ⅲ. AI 반도체 패키징

2.5세대 AI 반도체의 핵심은 Chiplet 이라는 2.5D 패키지 공법을 이용한 것인데 다음 그림과 같다.

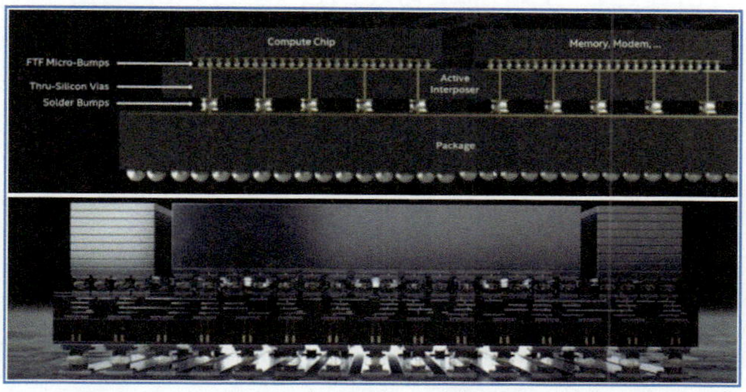


**[그림 305] 2.5D Package 기술 Chiplet**
**출처: Intel**

여러 개의 DRAM을 적층하여 만든 HBM(High Bandwidth Memory, 고대역폭 메모리)은 TSV(Through Silicon Via) 공법을 이용한 것으로, 메모리와 메모리의 I/O단을 수직으로 통과시켜 신호를 주고받을 수 있게 한 것이다. 메모리는 기본적으로 기반 면적당 크면 클수록 높은 용량을 가지기 때문에 좁은 공간에서 큰 용량을 가지는 메모리가 가능하다.

서로 다른 기능을 하는 반도체인 연산 반도체, 메모리 반도체, 로직 반도체를 하나의 반도체처럼 동작하기 위해서는 직접적인 연결이 필요한데, 이를 위해서는 다층의 Si Interposer에 RDL(ReDistributed Layer) 공법을 사용하여 연결한 것이다.

공정을 살펴보면 다름 그림과 같다.

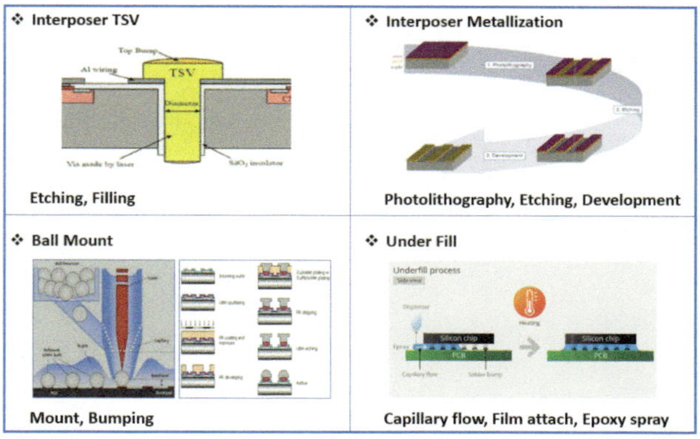


**[그림 306] 2.5D Package 공정**

## Ⅳ. 3D 반도체 패키징

3세대 반도체 패키징의 핵심은 하이브리드 본딩 기술이다. 칩과 칩을 솔더를 이용하여 열로 녹여서 연결하여 적층하고 그사이를 under fill로 메우는 방식이라면, 하이브리드 본딩은 칩과 칩을 다이렉트로 본딩하는 방식이다. 플라즈마 챔버 안에서 칩과 칩의 계면을 플라즈마를 사용하여 포면을 산화하여 공유결합시키므로 어떤 접착성분을 바르지 않고 본딩하는 것이다.

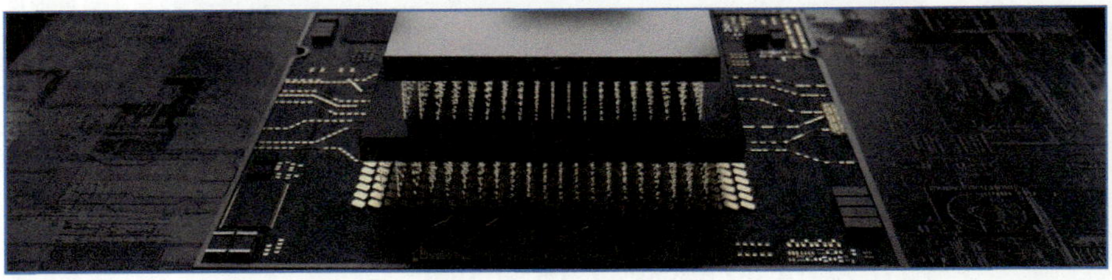

**[그림 307] 3D package**
**출처 삼성전자**

이를 위해서는 칩간에 컨택을 하기 위한 구리(copper)를 성장시킨 후, 평탄화를 위한 CMP(Chemical Mechanical Polishing, 평탄화 공정) 장비, 칩간 copper의 정확한 결합을 위한 align 장비, 진공 플라즈마 챔버 등 전공정에서 사용하는 장비가 필요하므로 현재의 패키징 회사 기술로는 구현이 어려워 전공정 회사에서 진행하고 있다.

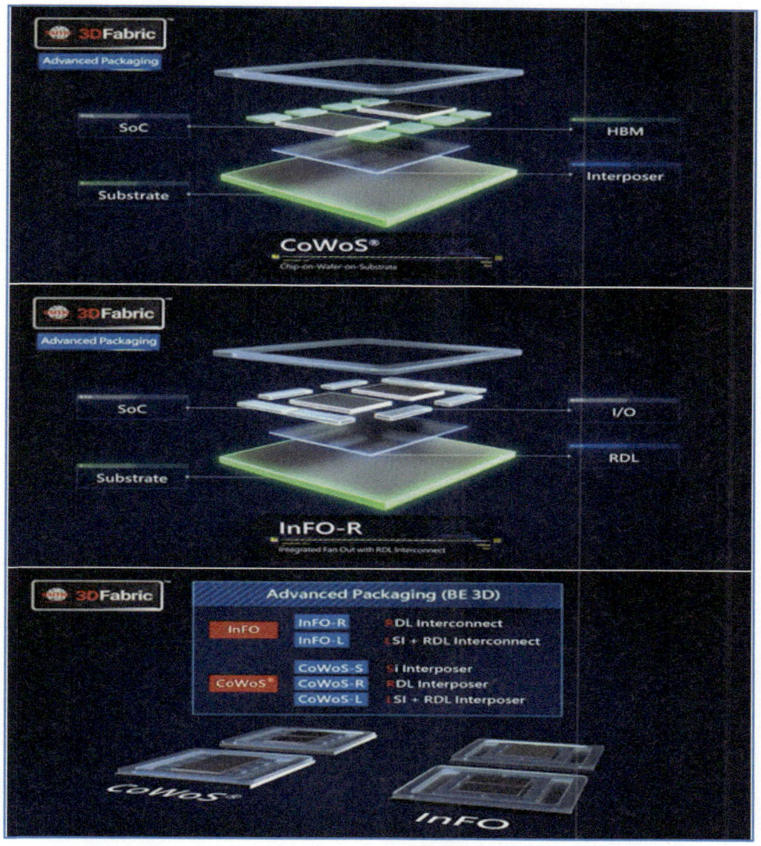


**[그림 308] 3D package_CoWoS & InFO**
**출처: TSMC**

TSMC는 전공정 기술을 접목한 3세대 패키징 기술을 선보였는데, CoWoS(Chip on Wafer on Substrate)와 InFO(Interposer Fan Out) 방식을 제시하였다.

그뿐만 아니라 CoW(Chip on Wafer)와 WoW(Wafer on Wafer) 기술까지 선보여, 전공정 기술을 활용한 차세대 반도체 패키징 기술의 선두주자로 치고 나가고 있다.

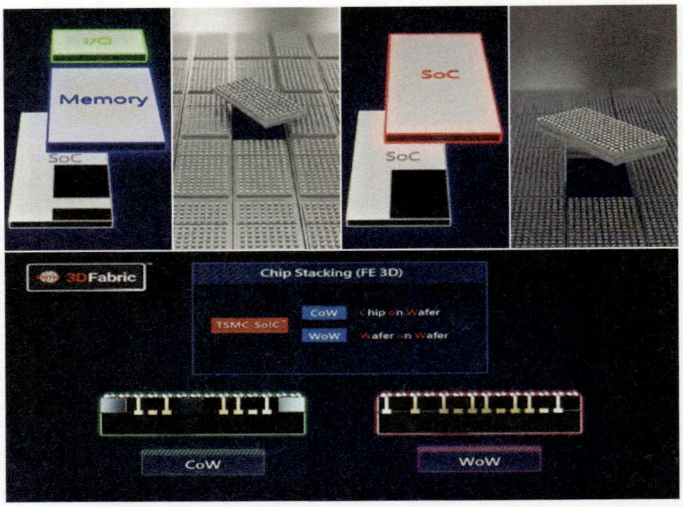


[그림 309] 3D package_CoW & InFO
출처: TSMC

Memo

Chapter 05

# 그 밖의 반도체 산업

# 5.1 설계 툴·시뮬레이션

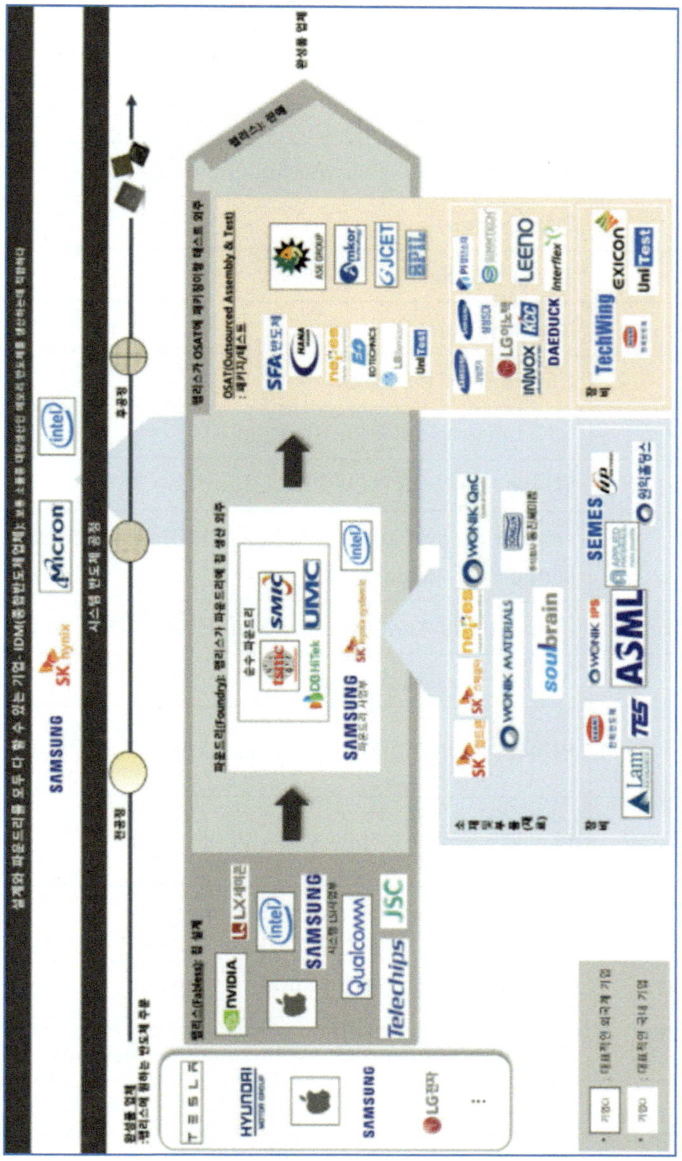

[그림 310] 반도체 산업 지형도
출처: CATCH

| Vendor | EDA Tool 명 | 기능 |
|---|---|---|
| Aldec | Active-HDL | FPGA Design & Simulation |
| AMIQ | Design Verification Tool(DVT) | System Verilog/Verilog Coding & Verification simulation |
| Ansys | PowerArtist-XP | Power Management & Estimation |
| ARM | SoC Designer, Cycle Model Studio & Runtime | SoC Virtual System Validation and Architecture simulation |
| Blue Pearl Softeare | Visual Verification Suite | (RTL 코드 디버깅) Blue Pearl의 Visual Verification simulation |
| Cadence | Cadence University Package | Circuit/ Layout/ verification simulation |
| Cadence | Spectre, Virtuoso | Schematic Editor, Layout Suite, Simulation |
| Cadence | OrCAD | PCB Design |
| Cogenda | Visual TCAD | TCAD Simulation |
| COSEDA | COSIDE | Digital Virtual Platform |
| CSiTEK | CSiEDA5 | Circuit & PCB Design |
| Defacto | SoC Compiler | SoC Integration & Verification |
| Intel | Quartus II | 알테라 디바이스(FPGA, CPLD, HardCop ASIC) |
| Keysignt | Golden Gate | simulation and analysis solution for integrated mixed signal RFIC designs |
| Plunify | InTime Software | (Timing and Area optimization) FPGA 설계 최적화 |
| Primarius | Nanospice | Analog Spice Simulator |
| Scientific Analog | MODELZEN | 임의의 아날로그 회로로부터 SystemVerilog |
| Scientific Analog | XMODEL | 아날로그 회로의 동작을 SystemVerilog상에 |
| Seloco | MyCAD | Full custom Layout & Verification |
| Siemens EDA | Siemens EDA Universtiy package | Circuit/ Layout/ verification simulation |
| Sigasi | Sigasi Studio | SystemVerilog/Verilog Coding and Verification |
| Silvaco | Atlas/Athena | Process & Device Simulation |

| Vendor | EDA Tool 명 | 기능 |
|---|---|---|
| Silvaco | Smartspice&Expert | Analog Circuit Simulator & Layout Editor |
| Synopsys | ASIP Designer | Application-specific instruction-set Design |
| Synopsys | PrimeSim Continuum Base | A Unified Workflow to Accelerate Design |
| Synopsys | Saber | Mechatronic system simulation |
| Synopsys | SBG (구 Synplify) | FPGA의 합성(Synthesis) |
| Synopsys | Synopsys Back-end Package | Physical Implementation/Physical Verification |
| Synopsys | Synopsys Front-end Package | Functional and Formal verificaition |
| Synopsys | Systems (구 Coware) | SoC Architecture exploration & Validation |
| Synopsys | TCAD (Sentaurus) | Simulation |
| Xilinx | Vivado Design Suite | 7㎚, 20㎚, 28㎚ FPGA design & simulation |

**[표 29] 설계 툴·시뮬레이션**
**출처: 반도체설계교육센터**

최근에는 AI가 설계 오류를 찾아내고 개선사항을 자동으로 감지하는 등 비용·개발기간을 줄이면서 엔비디아, TSMC, 미디어텍 등을 중심으로 AI를 활용한 칩 양산 사례가 늘고 있다.

2023년 5월 22일 반도체설계자동화(EDA: Electronic Design Automation) 또는 전자컴퓨터활용설계(ECAD: Electronic Computer Aided Design) 중 하나인 SYNOPSYS는 자사의 AI tool을 활용해 전 세계적으로 200개의 칩이 설계돼 생산되기 시작했다고 밝혔다. AI를 바탕으로 칩의 트랜지스터 배치와 경로를 최적화해 더욱 효율적인 칩을 만들 수 있었다는 설명이다. 엔비디아, TSMC, 미디어텍, 르네사스, IBM 등이 모두 칩 설계 작업에 AI 툴을 상용화하기 시작했다.

일반적으로 반도체 설계는 소비전력(Power), 성능(Performance), 면적(Area) 등 이른바 'PPA'에 최적화된 소자 배치를 찾아내는 것이 핵심이다. 반도체 설계 엔지니어들은 설계 과정에서 발생하는 수많은 경우의 수를 프로그래밍해 수십억 개의 소자들로 구성된 칩의 도면을 만든다. 이 과정이 적게는 수 주일에서 수개월 이상 소요된다.

이 같은 반도체 설계 과정에 AI가 도입되면서 상황이 달라졌다. AI가 엔지니어들의 설계 오류를 감지하고 개선사항을 자동으로 제시해 더 나은 설계안을 도출하게 된 것이다.

특히 전공정 중에서도 가장 핵심으로 꼽히는 설계자동화 단계에서 높은 집적도가 필요한 칩 설계에 필요한 비용과 시간, 인력 부족 문제를 해소할 수 있게 됐다.

반도체 설계 자동화 소프트웨어 전문회사 CADENCE 관계자는 “한 명의 엔지니어가 AI tool을 사용해 10일 만에 5㎚ 휴대폰 칩의 성능을 14% 개선하고 소비전력을 3% 감축했다.”라며 “이는 10명의 엔지니어가 수개월 작업을 해야 가능한 일이었다. AI와의 협업이 10배 이상의 생산성을 낸 셈”이라고 설명했다.

칩이 첨단화할수록 설계에 필요한 인력도 늘고 있다. 업계에 따르면 통상 5나노 이하 반도체 설계에는 100명 이상의 인력이 필요한 것으로 알려졌다. 한 대형 팹리스 관계자는 “5나노 이하 선단 공정에는 기본적으로 필요한 인력뿐만 아니라 설계 소프트웨어 비용도 급격하게 늘어난다.”라며 “6억 달러에 육박하는 비용 중 거의 절반은 소프트웨어 라이선스라고 보면 된다.”라고 설명했다.

가시적인 성과도 나오는 중이다. 딜로이트에 따르면, 미국 메사추세츠공대(MIT)가 개발한 AI 반도체 설계 툴은 엔지니어가 설계한 회로보다 에너지 효율성이 2.3배 높은 회로를 설계했다. 대만 반도체 설계업체 미디어텍은 AI 툴을 활용해 핵심 프로세서 부품 크기와 소비전력을 각각 5%, 6% 줄였다.

# 5.2 전공정

## 5.2.1 장비

### Ⅰ. 국외 대표 반도체 전공정 장비 회사

- **어플라이드머티리얼즈 – 박막증착 공정:** 전세계 반도체 장비 업계의 최대 기업이다. AMAT이라고도 불린다. 증착 분야에서 업계 1위를 유지하고 있으며 반도체뿐만 아니라 디스플레이, 태양광에서도 점유율을 가지고 있다. 삼성전자, SK하이닉스를 비롯해 인텔, 중국 BOE 등 주요 업체에 증착-변형-검사-측정 등 각종 장비를 공급하고 있다.
- **ASML – 포토 공정:** 네덜란드의 ASML이라는 회사는 대표적인 전공정 장비 회사다. nm(나노미터) 공정을 위해서는 EUV(극자외선) 노광 장비가 필수적인데 이 장비를 제작할 수 있는 회사는 전세계에 ASML 한 곳뿐이다. 이 장비는 1대에 3000억이 넘는 초고가 장비로, 사고 싶다고 살 수 있는 장비가 아니기 때문에, 슈퍼 을이라고 불린다. 삼성전자는 2019년에 이 장비를 20대 구매했는데, 당시 비용으로 약 4조 원에 달했다. 한국에는 ASML의 지사인 ASML코리아가 있다. 삼성전자, SK하이닉스 등 국내 대표 반도체 제조사들과 협업하고 있다.
- **램리서치 – 식각 공정:** 램리서치는 반도체 식각, 증착, 세정 장비 부문에서 두각을 보이고 있고, 식각 장비 분야에서 압도적인 점유율을 자랑한다. 램리서치코리아는 2021년 램리서치의 첫 독립 연구개발센터인 램리서치 코리아테크놀로지 센터를 출범할 예정이다. 센터 출범을 시작으로 램리서치의 핵심 고객인 삼성전자와 SK하이닉스의 장비

수요에 적극적으로 대응할 환경이 조성될 것으로 전망된다.

- **도쿄일렉트론 – 식각, 박막증착 공정:** 도쿄일렉트론코리아는 2006년 설립된 일본 전기전자기업 도쿄일렉트론이 설립한 법인체로, 반도체 및 디스플레이 제조업체다. 웨이퍼에 감광액을 도포 현상하는 코터 및 디벨로퍼 장비를 전문으로 제작하고 있다. 동종업종 상위 1%로, 안정성과 수익성이 높은 기업이다.

## II. 국내 대표 반도체 전공정 장비 회사

- **원익IPS – 국내 유일 비메모리 증착 장비:** 원익IPS는 원익홀딩스에서 인적분할되어 설립된 회사로써 반도체, 디스플레이 및 태양광 장비의 제조사업 부문을 담당하고 있다. 반도체 장비 사업 부문이 65% 정도 차지하고 있으며, 파운드리 증설 경쟁이 강화되고 있어 원익IPS에 대한 수혜는 계속 이어질 전망이다. 삼성전자/삼성디스플레이가 7%대 지분을 보유하고 있다.
- **테스 – 반도체 증착 장비, 식각 장비:** 테스는 반도체 제조에 필요한 전공정 장비를 생산하는 장비제조업뿐만 아니라 디스플레이, UVC LED 등 장비제조업을 영위하는 기업이다. 그중 반도체 장비 관련 매출이 전체 매출의 70% 이상을 차지한다. 주력 제품은 PE CVD 증착 장비, GPE 및 클리닝 장비 등이 있다. 독자기술 '리젠'은 반도체 업체의 유휴설비를 생산라인에 적용 가능한 활동 장비로 탈바꿈하는 것으로, 국내에서 테스가 유일했다. 원가절감 장점이 주목받으면서 국내 삼성전자 및 SK하이닉스와 같은 반도체 선두주자들에게 장비를 제조하여 공급해왔다.
- **피에스케이 – 감광액 제거기:** 피에스케이는 반도체 표면처리 장비 중 감광액 제거기(PR strip)을 주력으로 생산하고 있는 반도체 전공정 장비 제조업체이다. 대표 제품으로는 dry strip, dry cleaning 등이 있다. 최근 피에스케이는 식각 장비 중 하나인 '베벨 에처(경사면 식각 장비)' 개발을 통해 국산화에 성공했다. 국내 반도체 제조사와 공급 협의에 들어갔으며 기존 감광액 세정 장비에 이어 반도체 식각 분야로 사업을 확대하는 계기를 마련했다. 나아가 메모리에서 시스템 반도체로 사업을 확대하고 장비 제품 포트폴리오는 스트립에서 클리닝, 식각 장비까지 늘려갈 계획이다.
- **케이씨텍 – 반도체 CMP/세정 장비:** 케이씨텍은 반도체 및 디스플레이 공정에 사용되는 전공정 장비 및 소모성 재료의 제조 및 판매를 주력사업으로 하는 기업이다. 따라서 반도체 전공정 장비회사이자 소재회사이면서 디스플레이 회사로도 볼 수 있다. 반도체

부문이 총 매출의 60% 정도를 차지하고 있어 반도체 사업 비중이 큰 편이라고 볼 수 있다. 케이씨텍의 주 고객은 삼성전자와 SK하이닉스로, 삼성전자는 케이씨텍에 직접 투자하고 있기도 하다.

- **세메스 – 세정 장비, 코팅·현상, 식각 장비:** 세메스는 삼성전자의 장비 자회사이다. 2021년 사상 처음 연 매출 3조 원대를 기록했으며, 세계 전공정 반도체 장비업체 순위에서 6위를 기록했다(가트너). 세메스는 반도체 전공정 중 세정, 코팅-현상, 식각 장비 등을 주력하고 있다. 특히 경쟁이 치열한 식각 공정 장비에서 두각을 나타내는 것으로 알려져 있다. 세메스는 반도체 후공정 장비도 생산하고 있다.

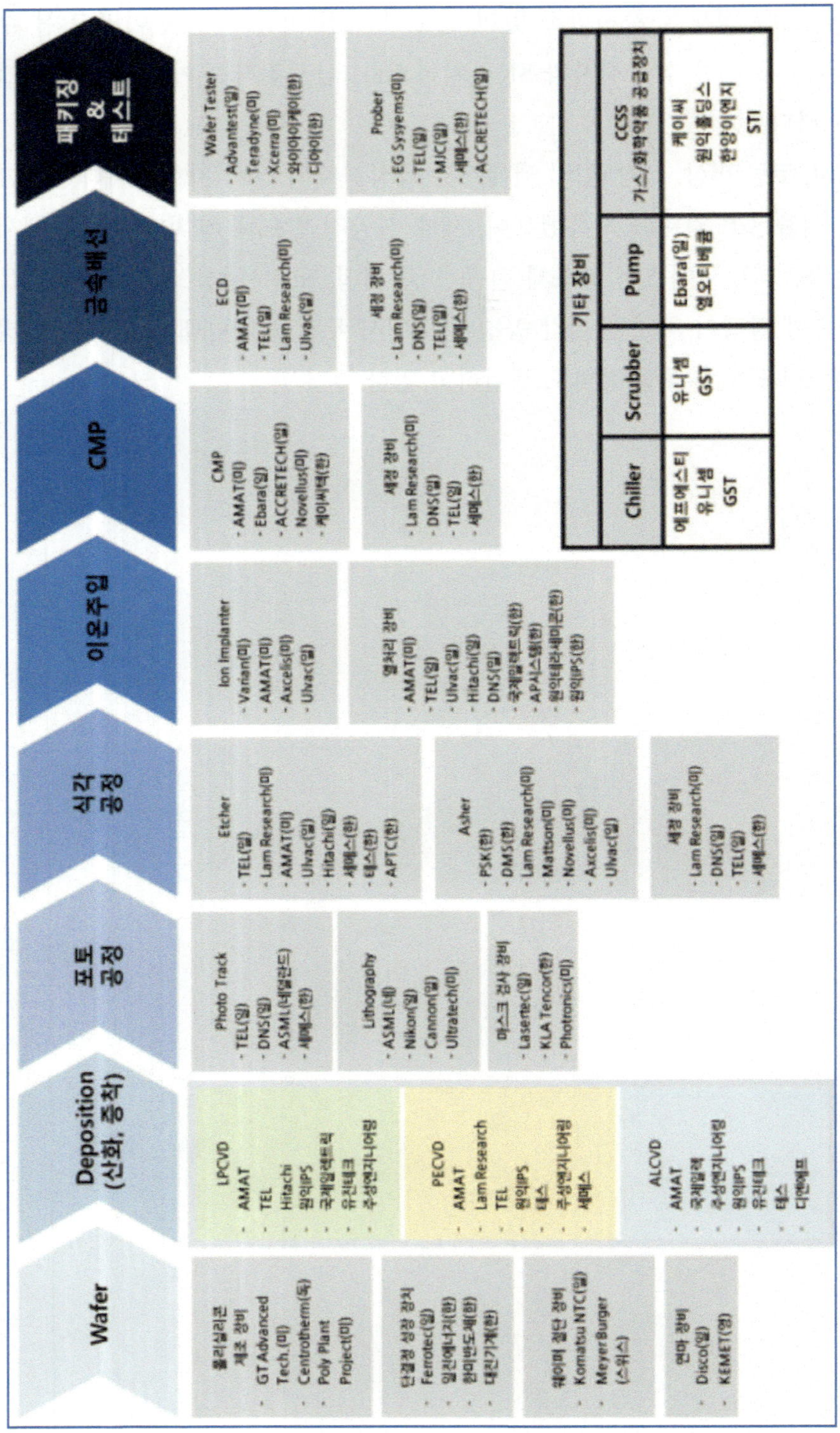


[그림 311] 전공정 장비
출처: SK증권 리포트

### 5.2.2 소재

- **SK실트론 – 실리콘 웨이퍼:** SK실트론은 국내 유일 실리콘 웨이퍼 제조 전문기업이다. 주요 고객사는 삼성전자와 SK하이닉스로 수출 비중은 약 50%, 내수 비중은 약 40%다. 지난해 미국 듀폰의 실리콘카바이드 웨이퍼 사업부를 인수하며 차세대 웨이퍼 사업에 박차를 가하고 있다. 웨이퍼 공장 증설을 위해 미국 오번에 위치한 현 생산시설에 더해 베이시티에 약 4천 평 부지를 증설할 계획이며 한국에서도 내년 하반기 양산을 목표로 공장 증설을 추진 중이다.
- **SK스페셜티 – 반도체·디스플레이용 특수가스, 산업용 가스:** SK스페셜티는 반도체, 디스플레이, 태양광 전지 제조 공정에 사용하는 특수가스의 제조, 판매를 주요 사업으로 하는 기업이다. 22년 SK머티리얼즈에서 SK스페셜티로 사명을 바꾸면서 특수가스 중심에서 배터리 소재 등으로 사업영역 확대에 시동을 걸었다. 2025년 매출액 1조 원대 진입을 목표로 하고 있다.
- **원익머트리얼즈 – 반도체용 특수가스:** 원익머트리얼즈는 반도체용 특수가스 전문기업이다. 원익머트리얼즈는 국내 최초로 고순도 NH3, NO, BF3 가스 국산화에 성공하며, 관련 제품 국산화율을 획기적으로 끌어올렸다. 또한, 지속적인 노력을 통해 F2 혼합가스, BCI3 혼합가스를 포함, 반도체/디스플레이 공정 전반에 신속한 대응이 가능한 100여 종의 제품 라인업을 확보했다. 현재 세계적인 기술력으로 국내 및 해외 유수의 반도체·디스플레이 회사를 고객사로 확보하여 고품질의 특수가스를 안정적으로 공급하고 있으며, 미국과 중국에 현지법인을 설립하여 운영하고 있다.
- **동진쎄미켐 – 반도체·디스플레이용 포토레지스트, 박리액, 세척액, 식각액:** 동진쎄미켐은 반도체 및 디스플레이용 재료, 대체에너지용 재료와 발포제를 제조 및 판매하는 기업이다. PVC 및 고무발포제를 국내 최초로 개발, 국산화하면서 성장의 토대를 마련하였고, 1973년부터는 발포제 수출업체가 되었다. UNICELL은 동진쎄미켐의 화학발포제 및 발포촉진제의 고유 상표명이며, 국내는 물론 세계시장에서 그 품질을 인정받아 세계 시장의 30%를 점유하고 있다. 별도의 수주 및 공급계약 없이 삼성전자, LG디스플레이, 삼성디스플레이 등 반도체 및 평판디스플레이 제조업체에 관련 감광액 등 전자재료 제품을 공급 중이다.
- **솔브레인 – 반도체용 화학재료, 식각액, 세정액, CMP Slurry:** 솔브레인은 반도체 및 전자와 관련된 화학재료의 제조 및 판매 사업을 영위하고 있다. 삼성전자, SK하이닉

스, LG디스플레이 등 국내 유수의 반도체 및 디스플레이 기업을 고객사로 두고 공정에 필요한 화학 재료를 공급하고 있다. 솔브레인의 사업영역은 반도체 재료사업, 디스플레이 재료사업, 이차전지 재료사업, 전자 재료사업으로 세분화된다. 특히 반도체 재료사업 부문에서는 $SiO_2$ 박막 증착용 화합물인 TEOS(TetraEthyl OrthoSilicate, $(OC_2H_5)_4Si$)를 국내 최초로 국산화했다.

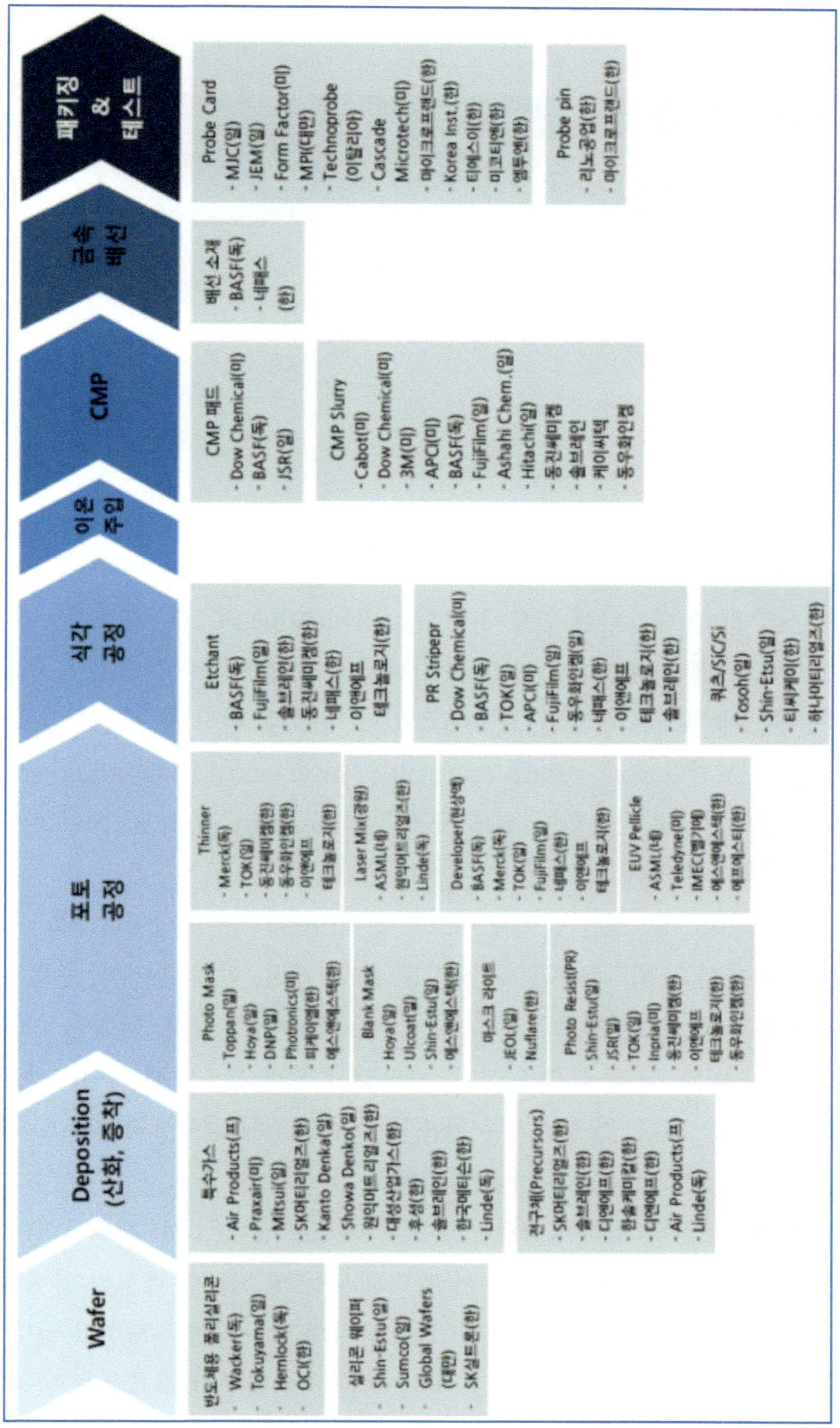


[그림 312] 전공정 소재
출처: SK증권 리포트

# 5.3 후공정

## 5.3.1 장비

- **테스나 – 반도체 테스트 장비:** 테스나는 반도체 테스트 장비(WLP 테스트) 제조사이다. 테스나는 2002년 반도체 제조 관련 테스트 및 엔지니어링 서비스를 주요 사업 목적으로 설립되어, 현재 반도체 테스트 사업을 진행하고 있다. 시스템 반도체 중에서 logic 및 mixed signal IC를 포함한 SoC, micro controller/smart card IC 및 analog 반도체 테스트 등을 사업영역으로 운용한다. 매출 구성은 wafer test 92.18%, package test 7.82% 등으로 이루어져 있다.
- **테크윙 – 반도체 테스트 장비:** 테크윙은 반도체 테스트 장비(핸들러) 제조사이다. 테크윙은 반도체 후공정 라인에서 사용되는 자동화 장비를 설계, 개발, 판매 중이며, 주력제품은 양품과 불량품을 자동으로 분류하는 반도체 테스트 핸들러가 있다. 연결대상 종속회사로는 디스플레이 패널, 모듈 공정용 전기, 광학검사 장비 제조업체 이엔씨테크놀로지 포함 6개 사가 있다. 2021년 3월 기준 매출 구성은 반도체 검사장비(테스트 핸들러, C.O.K 등)가 87.47%로 가장 큰 비중을 차지하고 있다.
- **유니테스트 – 반도체 테스트 장비:** 유니테스트는 반도체 테스트 장비(소켓) 제조사이다. 유니테스트는 반도체 후공정 검사장비 업체로서 메모리 모듈 테스트 및 메모리 컴포넌트 테스터를 국내 업계 최초로 개발 완료하여 반도체 장비의 국산화를 주도하고 있다. 유니테스트는 기존의 SI 태양전지를 대처할 수 있는 보다 저렴하면서 고효율을 낼 수 있는 페로브스카이트 물질을 이용한 신규의 태양전지를 개발 중이다. 주요 매출 구성

은 태양관 사업 60.1%, 반도체 검사장비 39.9% 등으로 이루어져 있다.

- **한미반도체 – 비전 플레이스먼트 장비:** 한미반도체는 후공정 과정에서 사용하는 비전 플레이스먼트 장비를 제조하는 회사이다. 1980년 설립 후 제조용 장비의 개발 및 출시를 시작했다. 최첨단 자동화 장비에 이르기까지 반도체 생산장비의 일괄 생산라인을 갖추고 세계적인 경쟁력을 확보하고 있다. 한미반도체의 주력 장비인 비전 플레이스먼트는 반도체 제조공정의 필수적 장비로서 높은 안정성과 속도 등으로 인해 2000년 중반 이후 세계 시장 점유율 1위를 굳건히 지키고 있고, flip chip bonder 5.0도 좋은 평가를 받고 있다.
- **디아이 – 반도체 테스트 장비:** 디아이는 반도체 검사장비 부문은 1955년 과학기기 수입 판매업으로 출범하여 반도체 검사장비 제조사이다. 주요 사업은 반도체 검사장비 사업부문, 전자파 차폐체(EMC: Epoxy Molding Compound) 등을 제조하는 전자부품 사업부문, 수처리 관련 환경사업, 음향·영상기기 사업부문으로 구성되어있다. 2021년 3월 종속회사로는 디지털 프런티어, 두성산업, 디아이엔바이로 등 국내외에 8개 회사가 있다.

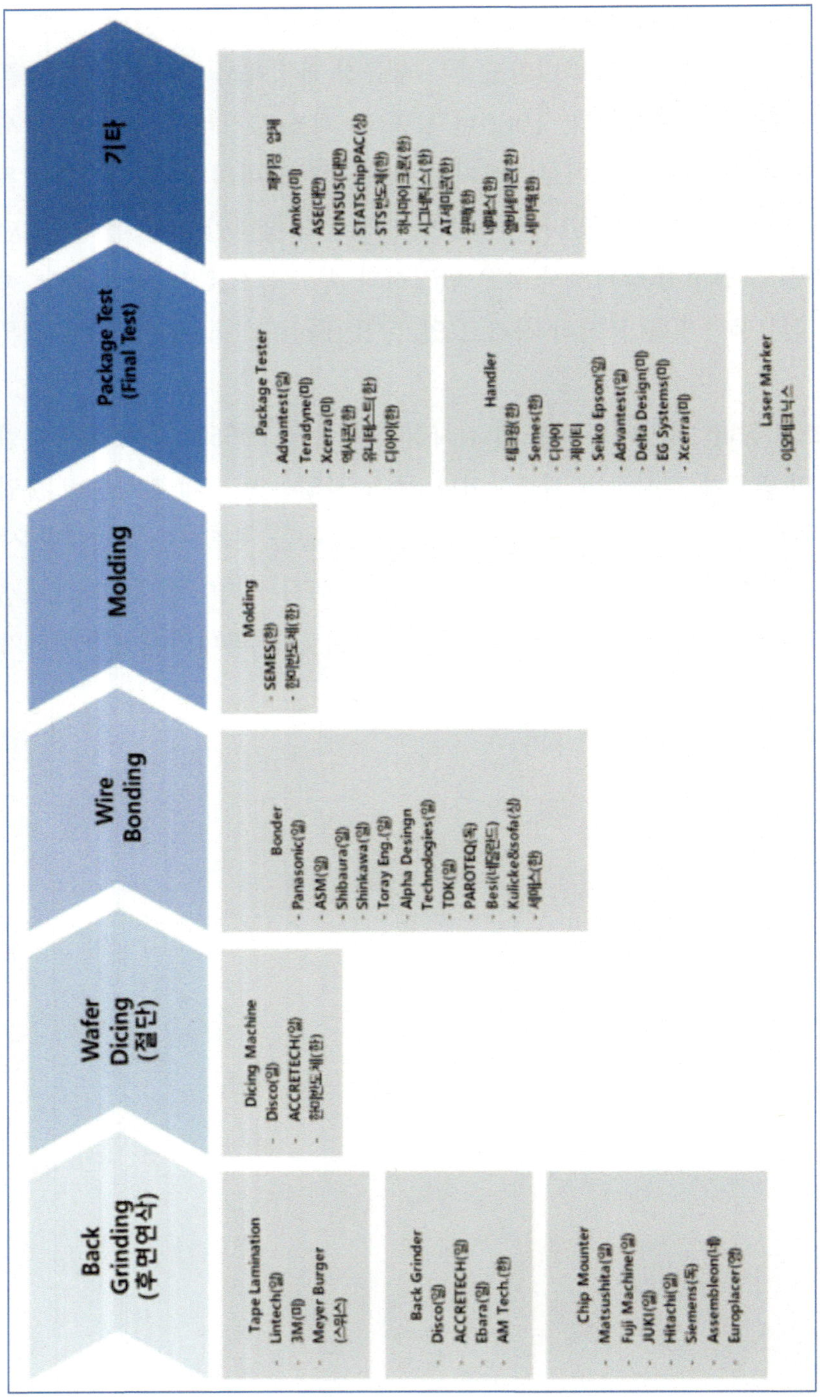


[그림 313] 후공정 장비
출처: SK증권 리포트

## 5.3.2 소재

- **하나마이크론 – 반도체 테스트 소재:** 하나마이크론은 반도체 패키징 기술을 바탕으로 반도체산업의 후공정 분야인 반도체 조립과 테스트에 주력하는 패키징 전문기업이다. 중장기적으로 생산 중인 cathode와 ring 외 450mm test 용 wafer와 boat 및 pedestal 등으로 제품 포트폴리오를 확대하고 있다.
- **이녹스첨단소재 – 반도체 소재:** 이녹스첨단소재는 반도체 패키징용 접착 테이프, FPCB 용 소재 및 LED 등 디스플레이 필터 소재를 제조하는 회사이다. 2017년 ㈜이녹스의 IT소재 사업부문이 인적분할되어 설립되었으며, 충남 아산시 둔포면에 본사를 두고 있다. 중국에 있는 광저우이녹스전자과기유한공사와 INNOX ADVANCED MATERIALS VINA 등 생산법인을 종속기업으로 보유하고 있다.
- **대덕전자 – 반도체용 PCB:** 대덕전자는 반도체용 PCB 전문 제조업체로 주요 매출처는 삼성전자, SK하이닉스, SKYWORKS, 엠씨넥스 등이며, 필리핀과 베트남, 중국에 종속기업을 두고 있다. 2022년 ㈜대덕의 PCB 사업부문이 인적분할되어 설립되었다. 반도체 공정미세화, 서버 수요 증가, 고대역폭 메모리 용량증가 등으로 비메모리 반도체 시장이 확대 중인바 신규 시설투자로 FC BGA 시장에 진출하였음.
- **천보 – EMC 소재:** 천보는 2007년 설립되어 EMC 수지원료, LCD와 반도체의 첨가물, 의약품 첨가물 제조회사이다. 사업부문은 전자소재(LCD 식각액 첨가제, OLED 소재, 반도체 공정 소재 등), 2차전지 소재(전해질, 전해액 첨가제), 의약품 소재(의약품 중간체), 정밀화학 소재로 구분. LCD 식각액 첨가제인 아미노테트라졸(ATZ) 글로벌 점유율 1위, 반도체 공정 소재 국내 시장 점유율 80% 이상을 차지하고 있는바 시장경쟁력을 확보하고 있다.
- **덕산하이메탈 – 반도체 패키징 소재:** 덕산하이메탈은 반도체 패키징 솔더볼을 제조하는 회사이다. 1999년 설립되었으며, 2014년 인적분할을 통해 지주회사로 전환했다. 반도체 패키징 재료인 솔더볼의 제조를 주요 사업으로 영위하고, 대부분의 고객사가 반도체 메이저업체여서 반도체 업황에 직접적인 영향을 받는다. 국내에 삼성전자, SK하이닉스, 앰코테크놀로지, 시그네틱스 등과 해외에 SESS, ATC 등과 공급계약 체결을 통해 안정적인 점유율 확대를 도모한다.

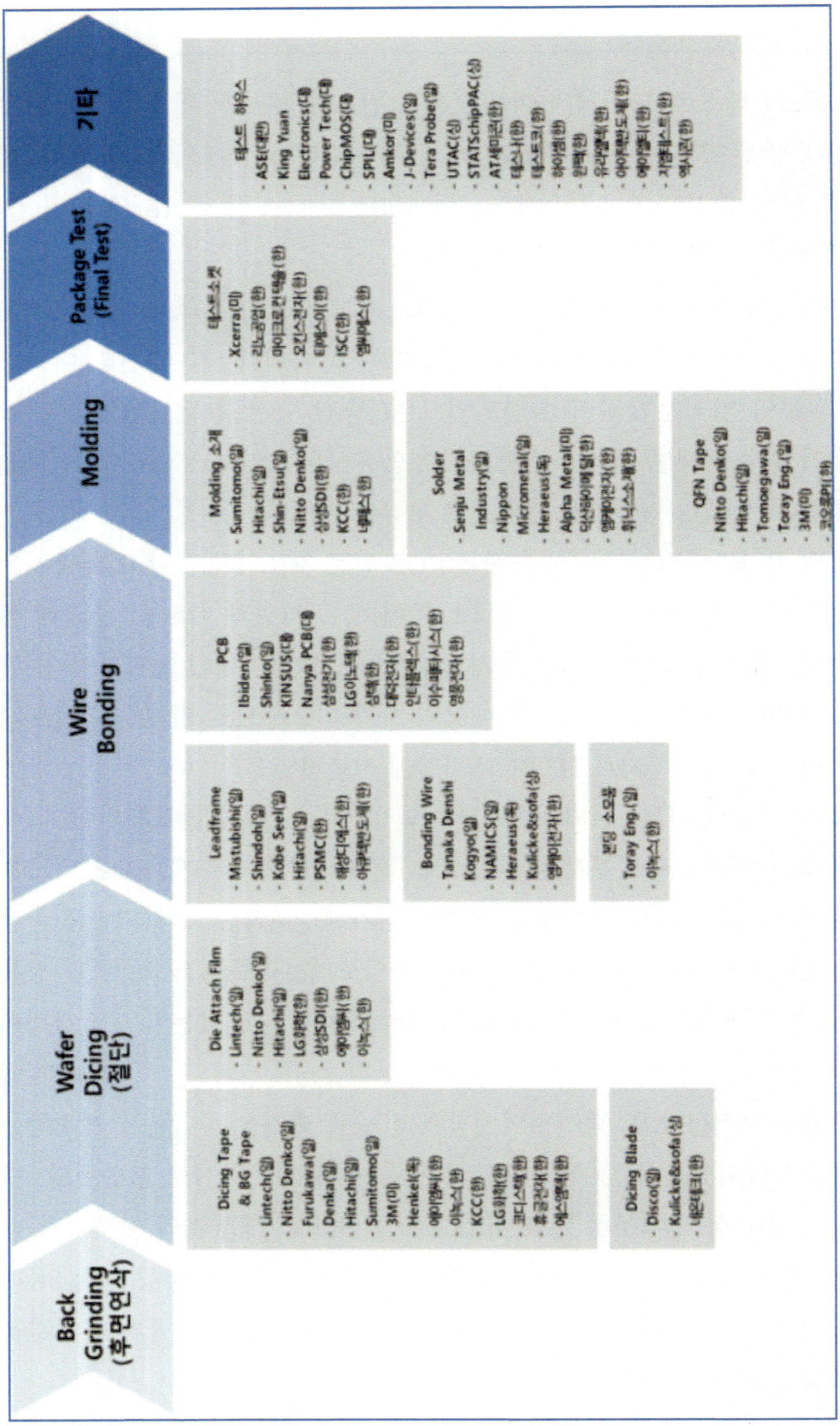


[그림 314] 후공정 소재
출처: SK증권 리포트

# 5.4 클린룸

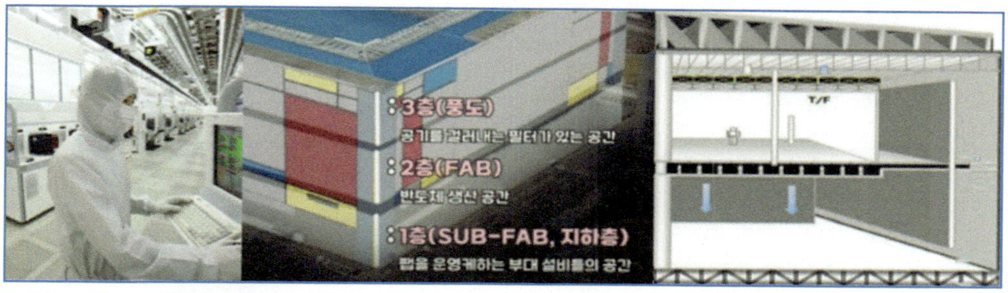


[그림 315] 반도체 클린룸

클린룸(clean room)은 1층(SUB-FAB, 지하층)은 팹을 운영케 하는 부대설비들의 공간과 먼지를 아래로 흘려보내는 층과 2층(FAB) 그리고 3층(풍도) 공기를 걸러내는 필터가 있는 공간으로 구분된다.

공기 중에 떠다니는 먼지, 산화철로 구성된 화장품 파우더의 가루 하나, 피부에서 떨어져나온 유기물 조각 하나, 모두 반도체 제조 중에 유입되면 바로 불량이 발생한다.

클린룸의 기준에 따라 class10부터 class 100, 1000, 10000까지 다양하다. 이 붙은 숫자의 의미는 $1ft^3$당 크기 0.5㎛ 이상의 입자(particle) 개수이다. 즉 Class10 클린룸은 $1ft^3$부피의 공기 안에 0.5㎛보다 큰 입자가 10개 미만이어야 한다는 뜻이다.

- **에스와이:** 에스와이는 삼성엔지니어링과 협업해 2시간 내화 클린룸 패널을 개발하였으며, 국내에서 유통 중인 내화 패널은 최대 90분간 내화가 가능하다.
- **케이씨:** 케이씨는 클린룸 배관설비 시공사이고 추가로 가스공급설비를 제조하고 있다. 반도체/디스플레이 장비 및 소재 사업부문과 유틸리티 사업부문을 영위하고 있다.

- **위드텍:** 위드텍은 반도체, 디스플레이 클린룸 내 분자성 화확적 오염 물질을 모니터링 하는 장비 등을 개발, 생산하고 있있다.
- **원방테크:** 원방테크는 시스템, 실링, 외조기 등 산업용 클린룸 내 장치 공급사로 공기 중 수분량을 일정 값 이하로 제어할 수 있는 드라이룸도 생산 판매하고 있다.
- **케이엠:** 케이엠은 클린룸 소모품, 안전용품 제조사이다. 현재 ESD class 100 glove(실험·생산용 장갑)는 미국 OAK사와 세계시장을 양분하고 있으며, 한국에서는 독점 공급하고 있다.

저자와의
협의에 의해
인지 생략

# 반도체 산업과 기술의 이해

2판 1쇄 2026년 1월 15일

| | |
|---|---|
| 저 자 | 김주현 |
| 발행인 | 송광헌 |
| 발행처 | **북두(더)** |
| 주 소 | 서울특별시 영등포구 경인로 82길 3-4<br>센터플러스 807호<br>(우) 07371 |
| 전 화 | 02-2164-2580 |
| FAX | 02-2164-2584 |
| 등 록 | 1993. 11. 22. 제 10-902 호 |

**정가 : 30,000원**

ISBN : 979-11-6675-638-2 93560

한국과학기술출판협회 회원사